HZ BOOKS

华章图书

一本打开的书，
一扇开启的门，
通向科学殿堂的阶梯，
托起一流人才的基石。

云计算与虚拟化技术丛书

Cloud Native Architecture Based on OpenShift
Principle and Practice

OpenShift云原生架构
原理与实践

山金孝 潘晓华 刘世民 著

机械工业出版社
China Machine Press

图书在版编目（CIP）数据

OpenShift 云原生架构：原理与实践 / 山金孝，潘晓华，刘世民著 . —北京：机械工业出版社，2020.2
（云计算与虚拟化技术丛书）

ISBN 978-7-111-64965-6

I. O… II.① 山… ② 潘… ③ 刘… III. 软件工程 IV. TP311.5

中国版本图书馆 CIP 数据核字（2020）第 039193 号

OpenShift 云原生架构：原理与实践

出版发行：机械工业出版社（北京市西城区百万庄大街 22 号 邮政编码：100037）

责任编辑：罗词亮　　　　　　　　　　　　　责任校对：李秋荣

印　　刷：大厂回族自治县益利印刷有限公司　　版　　次：2020 年 4 月第 1 版第 1 次印刷

开　　本：186mm×240mm　1/16　　　　　　印　　张：28.75

书　　号：ISBN 978-7-111-64965-6　　　　　　定　　价：99.00 元

客服电话：(010) 88361066　88379833　68326294　　投稿热线：(010) 88379604

华章网站：www.hzbook.com　　　　　　　　　读者信箱：hzit@hzbook.com

为什么要写这本书

"未来已来，只是尚未流行。"

——威廉·吉布森

　　查尔斯·狄更斯的《双城记》中有句耳熟能详的名言："这是一个最好的时代，也是一个最坏的时代。"作为技术从业者，在这个数字化浪潮和技术变革接连发生的时代，我对这句话感慨颇深！当前，全社会都在经历新型数字经济基础设施的解耦、重构，也正在经历一场技术架构的大迁徙，我们的经济基础设施正在由传统 IT 架构向云计算架构体系迁移，以云计算为核心的数字化转型正在席卷全球，各行各业都在迈向数字化和智能化经济时代。伴随着我国极高的消费端数字化普及程度，复杂多变、个性需求高、体验至上和以用户为中心的商业模式，正在倒逼供给侧和产业端向数字化和智能化转型，而数字化时代需要面临的消费者主权崛起及其带来的复杂商业系统，则要求我们必须基于云计算架构、基于新兴技术群，对传统商业系统基础设施进行敏捷化和智能化的重构升级，以实现企业在应对复杂商业系统的多变性和不确定性时，具有实时响应和精准决策的能力。事实上，纵观人类社会的发展史，每一次产业革命的到来，无不以基础设施的更新、迭代和重构为代价。为此，我们的 IT 基础设施经历了物理机、虚拟化、云计算、容器，直至无服务器计算的发展，而与之对应的应用架构也经历了单体、多层、SOA、微服务到函数计算的发展。

　　面对商业系统的日趋复杂和技术变革的持续演进，当前阶段，我们应该聚焦的不是敷衍、无视技术的进步和传统基础设施的臃肿落后，不是犹豫、徘徊是否拥抱云计算，也不是在自我封闭中量化、评估数字化转型的风险和收益，而是应该思考如何利用新技术快速构筑企业新型竞争力，如何以最快捷、最稳健和最敏捷的方式走向云原生时代，更应该思考如何以云计算为核心，以新兴技术群为能力，解耦并重构传统基础设施，进而迈向智能化和数字化时代。为了实现这些目标，企业需要聚合云计算、大数据、人工智能、区块链、IoT、边缘计算和 5G 通信等新兴前沿技术，打造企业数字化转型赋能平台、技术中台和创新引擎。为此，企业级云原生 PaaS 平台应运而生。作为云计算三大模式之一的 PaaS，在企业数字化转型加剧和云计算发展进入深水区的今天，凭借其在应对数字化时代传统复杂应用上云、个性需求与日俱增、市场需求敏捷响应、中台战略加速落地和新兴技术持续集成等方面的能力，正以强劲增长的态势赶超以通用计算能力为主的 IaaS 和具有特定行业属性的 SaaS，并真正成为云计算的未来！因此，以云原生 PaaS 平台为引擎，构建企业技术中台，已成为企业数字化转型的必由之路！

作为以 Kubernetes 为核心的平台，OpenShift 已成为当下最受欢迎的企业级云原生 PaaS 平台。在企业数字化转型时代，OpenShift 的价值和意义，并不在于其作为云计算 PaaS 服务模式的存在，而在于其拓展并延伸了 PaaS 的内涵，带来了全栈融合云时代，实现了应用生命周期的全栈自动化，打通了传统企业通往云原生、DevOps、微服务和 Serverless 等新世界的隧道，而且打通的是一条极为宽敞光明的大道，而在过往，这些都是横亘在企业通往数字化道路上的"珠峰"。通过开源容器云 OpenShift，企业可快速构建自己专属的云原生 PaaS 平台，同时，利用 OpenShift 强大的云原生技术集成创新能力，企业能简单快速地打造具备全栈自动、弹性灵活、敏捷迭代、全域赋能的强大技术中台，进而重塑企业全新的数字经济基础设施，最终助推企业迈向数字化时代。

鉴于 OpenShift 在企业数字化转型道路上所展现出来的价值和意义，考虑到当前市面上仍然缺乏一本从终端企业用户的实践经验出发，并通过实战方式介绍基于 OpenShift 构建云原生企业技术中台的实践书籍，我们决定编写此书，希望能够帮助企业用户深入理解并掌握 OpenShift 容器云平台的设计和架构原理。通过云原生架构的讲解、应用自动构建部署的介绍，以及 DevOps、Service Mesh、Serverless 和 Spark 数据科学在 OpenShift 云原生 PaaS 平台上的集成和应用实践，希望能够帮助企业用户快速构建全域赋能数字化转型的技术中台。同时，也希望本书能够为开源社区的技术普及和推广贡献微薄之力，为广大技术爱好者提供实践参考，为广大处于数字化转型中的企业用户提供实践思路和前行者的经验。

未来已来，只是尚未流行！希望本书能与大家携手前行，共迎未来！

读者对象

❑ 负责企业数字化转型的 CTO/CIO/CDO，或者信息技术总监等
❑ 开源社区、开源云计算的贡献者和爱好者

- 云原生技术爱好者、架构师
- PaaS 平台从业者、云计算爱好者
- OpenShift 实施部署工程师、运维工程师
- DevOps 或 CI/CD 实践者
- 云原生应用开发工程师、云原生应用运维工程师
- 微服务、Serverless 技术爱好者
- 云原生数据科学爱好者、大数据工程师
- 对云计算进行研究实践的科研院校学生或教师

本书特色

本书是一本专注于 OpenShift 企业用户经验总结的著作，以实现企业数字化转型为最终目标，深度讲解并实践基于 OpenShift 的云原生架构，以云原生应用的构建部署、DevOps、Service Mesh、Serverless 和 Spark 数据科学为核心内容，基于 OpenShift 构建企业数字化转型云原生技术中台。通过阅读本书，读者就能以云原生方式，简单轻松地集成当前最主流的开源技术。

如何阅读本书

本书是企业数字化转型时代基于 OpenShift 构建企业云原生技术中台的匠心之作。作者基于多年在企业用户中从事云计算和数字化转型的实战经验，从开源云原生 PaaS 平台 OpenShift 的架构设计和原理讲起，深入介绍了 OpenShift 平台的部署及运维实践，并以实战方式介绍云原生应用的构建编排和生命周期管理，同时介绍了 DevOps、Service Mesh、Serverless 和 Spark 数据科学在 OpenShift 平台上的云原生实现，并以此为基础构建了企业数字化转型所必需的技术中台。

阅读本书之前，读者应具备一定的云计算知识，并对企业数字化转型的迫切需求和动机具有初步了解，对开源云计算及其相关运维工具，如 Linux、OpenStack、Ansible 等具有一定的了解，对 DevOps、微服务、Serverless 和 Spark 等技术具备概念性的了解。

全书分为 8 章，各章具体内容如下。

第 1 章主要介绍了云原生 PaaS 平台在企业数字化转型中的关键作用，不仅讲解了 PaaS 与云计算、微服务、DevOps、Serverless 和云原生之间的关系，PaaS 平台如何赋能企业数字

化转型，还对企业级云原生 PaaS 平台 OpenShift 进行了初步介绍。

第 2 章深入讲解了 OpenShift 云原生 PaaS 平台的架构设计与原理。本章从 OpenShift 的总体架构讲起，详细阐述了 OpenShift 内部的网络架构、路由器、DNS、存储卷、权限控制和服务目录等功能组件的实现原理。

第 3 章系统讲述了 OpenShift 集群的部署与运维实践，主要介绍了 OpenShift 集群部署前的准备工作和资源需求，同时介绍了如何针对开发测试环境和生产环境实现 OpenShift 集群的高可用部署，以及如何对 OpenShift 集群进行运维管理。

第 4 章重点讲解了基于 OpenShift 平台的云原生应用的自动构建与部署，包括对基于 OpenShift 的云原生应用自动构建与部署的流程、方法，以及 OpenShift 应用部署资源模板和应用实践。

第 5 章介绍了如何在 OpenShift 上实现云原生 DevOps 工具链，从 DevOps 发展背景和历程讲起，详细介绍了持续集成工具 Jenkins 在 OpenShift 上的云原生实现，DevOps 工具链 GitLab、SonarQube 和 Nexus 在 OpenShift 上的云原生实现及其与 Jenkins 的集成，并通过实战方式介绍了如何实现 JeeSite 应用的 DevOps 流水线。

第 6 章主要介绍了微服务架构在 OpenShift 上的实践，在介绍传统微服务架构和云原生微服务架构基础之上，以新一代微服务架构 Service Mesh 为主旨，剖析了 Istio 在 OpenShift 上的实现，以及基于 Istio 的微服务应用在 OpenShift 上的实践，并对 Istio 的功能特性进行了验证测试。

第 7 章重点讲解了 Serverless 架构在 OpenShift 上的实践，在详细介绍了软件架构演变历程的基础之上，深入分析了 Service Mesh 与云原生、微服务、PaaS 和 FaaS 之间的关系，同时对 Serverless 的现状进行了概述，对 Knative 功能模块进行了深入分析，对 Knative 在 OpenShift 上的实现进行了讲解，同时在 OpenShift 上实现了基于 Knative 的 Serverless 应用，并对 Knative 的功能特性进行了验证测试。

第 8 章重点介绍了以 Spark 为核心的数据科学应用及其在 OpenShift 上的云原生实践。详细介绍了 Spark 计算框架及其与数据科学的关系，同时对 Spark 在 Kubernetes 上的实现进行了详细介绍。通过 Radanalyticsio 项目，详细介绍了 Spark 集群在 OpenShift 上的实现过程，并基于云原生 Spark 集群，详细介绍了自然语言和推荐引擎应用案例在 OpenShift 上的实现过程。

勘误和支持

在本书的写作过程中，我们参考了很多 OpenShift、Kubernetes 和 CNCF 等官方社区的资料以及历届各种开源技术峰会的讨论文档与视频，同时也参考了很多开源软件的官方资料和技术专家的经验分享，我们诚恳希望能够为 OpenShift 爱好者、云原生架构爱好者，以及数字化转型从业者呈现一本理论基础与应用实践相结合的参考书籍。但是由于技术变化很快，加之笔者水平有限，书中难免存在不恰当和谬误观点，若读者发现书中有任何不妥之处，恳请读者朋友批评指正。另外，鉴于 OpenShift 版本的迭代更新，本书主要以当前最为稳定的 OpenShift 3.11 为主，并有部分 OpenShift 4.2 的功能介绍。读者如果在阅读过程中有任何问题和意见，恳请将其发送至邮箱 yfc@hzbook.com，我们会认真听取大家的宝贵意见。我们将实时跟进社区技术的发展变化，读者可通过关注微信公众号 "OpenShift 开源社区" 获取最新的技术文章或者进行意见反馈。

致谢

本书的编写历时一年有余，在工作和生活极为繁忙的阶段，我仍然坚持每日查阅资料和整理文章，其间得到了招商银行很多同事和领导的关心，同时也得到了很多前 IBM 同事和领导的支持，在此一并谢过，正是你们的关心和支持，才使得我在繁忙的工作之余仍然怀着一颗敬畏之心进行写作。在本书的策划和写作期间，机械工业出版社华章分社的杨福川先生给予了极大的关心和帮助，在此感谢杨福川先生对本书的策划以及罗词亮、张锡鹏对全文的审阅校对，正是你们的辛勤付出才有了本书的顺利问世。

另外，还要感谢我的妻子杨彩凤女士在写作期间对我的照顾与理解，在多少个深夜与凌晨，正是你的理解与支持，我才能全身心投入写作中。在此也要感谢我的父母，感谢你们的默默养育和辛勤付出。

最后，感谢所有为本书的编写提供了帮助、支持与鼓励的朋友们。

山金孝

2020 年 2 月于重庆

目　录 *Contents*

PaaS 赋能云原生时代数字化转型

随着云计算的深入发展和 IT 技术架构的大变革，企业数字化转型已经步入深水区。初期，伴随数字化转型的是云计算三大模式中的 IaaS 和 SaaS，然而随着转型的深入和云原生时代的到来，PaaS 的价值和重要性日益显现。当前，许多技术名词和架构概念时刻都在渗透、冲击着每个人的知识体系，包括虚拟化、容器、编排引擎、DevOps、微服务架构、无服务器计算、物联网、云计算、大数据、区块链、人工智能和企业中台等。如何对技术正本清源，透视技术变革背后的规律和本质，并以敏捷变化应对外部环境的不确定性，考验着每个企业的技术能力、生存能力和创新能力。身处这样的时代，唯有通过 PaaS 平台赋能，方可应对万变！本章将从多个维度阐述 PaaS 平台的价值及其重要性，并论述为何 PaaS 平台是企业数字化转型的必由之路。同时，对于云计算发展至深水区后全栈融合云的集大成者 OpenShift，我们将简单介绍其发展历史及其与云原生 PaaS 平台、Kubernetes 之间的关系。

1.1 PaaS 重塑云计算时代

1.1.1 PaaS 统一云计算架构

如今，各行业都在关注和讨论着的智能经济、数字化转型、智能制造、人工智能、工业互联网、5G 与边缘计算等，实质上都是在描述一件事情——人类正在重构新的技术架构体系，正在经历一场技术架构的大变迁！这场技术架构的变革牵引着我们从传统信息技术时代进入基于云计算技术的架构体系时代。在智能经济和数字化时代，复杂商业系统的不确定性需求与日俱增，基于传统 IT 架构的信息系统或解决方案正在面临业务系统"孤岛林立"、复杂臃肿、数据碎片化、迭代交付缓慢、市场需求响应迟钝等困境。为了满足企业的发展需求，我们需要一整套构建于云计算架构体系上的软件应用系统、新型商业模式和智能运维体系，并实现传统 IT 架构下业务系统的云化迁移和改造，打造基于"大中台、小前台"的平台赋能支撑体系，实现当代信息系统的主要特性，包括业务系统数据共享与互通、功能复用与快速迭代、需求敏捷开发与高效交付、应用流水线部署与滚动升级、资源弹性扩展与实时在线、运维自动化与智能化等。

商业的逻辑在于竞争，竞争的本质在于对企业各种社会资源的获取与整合能力，以及响应交付效率。软件应用系统作为当代企业竞争手段与工具的重要载体，直接决定了企业在智能经济和数字化时代的生存与发展。因此，能够实时响应用户需求、敏捷交付实现业务逻辑的云计算架构体系成为企业的必然选择。在基于云计算的应用架构体系中，存在由下至上和由上至下两种抽象，现阶段我们所看到、听到和正在学习研究的诸多技术架构和各种云原生技术栈，其目的都是实现这两种抽象。

所谓由下至上的抽象，实际上是一种基础设施的抽象，其最终的目标是下沉应用系统中的全部基础设施，从而将业务逻辑与基础设施完全解耦，并将全部精力聚焦在业务创新和逻辑功能实现上。从物理服务器到应用系统函数代码之间的全部技术架构和工具软件，都可认为是为了实现这一抽象过程。而这一抽象过程的实现可谓历时弥久，从 20 世纪便开始的虚拟化技术（Xen、KVM、PowerVM、ESXi、Hyper-V 等），到现在的云计算（Eucalyptus、CloudStack、OpenStack、AWS 等）、容器（LXC、Garden、Docker 等）、编排引擎（Swarm、Mesos、Kubernetes 等），以及服务网格（Linked、Envoy、Istio 等）和无服务器计算（OpenWhisk、OpenFaaS、Knative 等），无不是在为了实现这一抽象而努力，而这一从虚拟化开始的抽象过程，在可预测的将来，会以无服务器计算（Serverless）终结。我们当前所处的阶段，正是这一传统 IT 基础架构设施抽象过程即将进入高潮和尾声，而基于云计算架构体系的新型应用架构正在爆发的云原生数字化时代。

由上至下的抽象，实际上是一种业务逻辑能力的抽象，其目的是从前端业务系统中抽象、提取出共性能力，并将这些能力下沉至共性可复用的赋能平台，形成以厚平台赋能薄前端的业务架构体系，打造小而精的业务灵活创新前台和厚而广的共性能力赋能中台的企业平台架构，即所谓的"大中台、小前台"业务系统架构。而这种由上至下中台能力的抽象，很大程度上取决于由下至上基础架构设施的抽象进度。如果在中台能力的抽象过程中，企业还需要过多地考虑或是依赖于底层基础架构设施，那么中台能力抽象的灵活创新、敏捷响应、能力复用等初衷也将无法实现。例如，在中台能力建设过程中，如果没有微服务架构，没有云原生和 DevOps 等技术架构、组织架构和企业文化的支撑，那么中台能力的建设本身就没有坚实的落地基础。

基础架构设施和业务能力的抽象过程，其实就是企业 IT 架构、组织架构不断调整与变化的过程。在这一过程中，新的技术架构不断在提出、否定和否定之否定中交替螺旋前进，由下至上诞生并积累了覆盖不同领域和功能的分支技术栈，这些技术栈的交互集成、编排调度、维护治理以及全生命周期的管理,构成了智能经济和数字化时代的云原生技术架构体系。而企业如何以简单、高效的方式构建并维护这些历经几十年发展才沉淀下来的技术架构,将从核心基础层上决定企业数字化转型的成败和未来几十年的战略发展机遇。在这样的背景之下,企业 PaaS 平台一直伴随着基础架构设施的抽象过程默默发展。事实上,业界一直期盼可以将抽象之后的基础设施全部沉淀到一个 PaaS 平台上,由这个 PaaS 平台集成并治理所有的软件技术栈,并将企业上层应用逻辑与下层基础设施完全解耦。过去,这样的 PaaS 平台实现难、维护难、应用难,而且功能也非常有限,伴随云计算、容器技术、编排调度技术和微服务架构等新一代云原生技术的应用,由下至上集成全部云原生技术栈,并实现自动治理和应用全生命周期管理的 PaaS 平台时代已经到来,并且正在支撑起企业由传统 IT 架构向云计算架构体系的迁移。可以这样说,PaaS 平台正在帮助企业塑造基于云计算体系的应用架构,帮助企业由信息化向智能化和数字化转型。

1.1.2 PaaS 构建云计算未来

云计算从出现至今已走过十余年的发展历程,云计算的 IaaS、PaaS 和 SaaS 三大服务模式(见图 1-1)已被各行业广泛接受和认可。在这 3 大服务模式中,SaaS 以其轻量级、产品标准化、实时购买且及时可用、无须应用构建和维护等便捷特性,从最前端的应用侧切入,深受广大中小企业和创业公司群体的青睐,迅速占领了云计算市场,成为早期云计算的代表。以巨头和资本加持、重资产的 IaaS 服务模式紧随其后,在弹性灵活的基础设施、规模经济效益和数据即生产资料等技术和行业背景下,迅速迎来市场发展风口,并一举反超 SaaS,在云计算市场中占据了主导地位,在各大巨头厂商的宣传下,IaaS 似乎已成为大众心目中云计算的代名词。

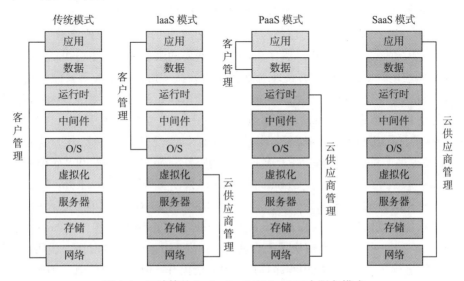

图 1-1 云计算的 IaaS、PaaS 和 SaaS 三大服务模式

与 IaaS 面向基础设施和 SaaS 面向行业应用不同，PaaS 上承应用、下接基础设施，位于 IaaS 和 SaaS 之间，PaaS 在云计算中的战略地位，注定其不会在云计算发展的初期就得到广大用户的青睐和巨头厂商的垂青。但是，在云计算发展已十余年后的今天，随着传统大中型企业的数字化转型，以及各行各业"互联网＋"战略的推进，IaaS 的通用计算能力和 SaaS 的特定行业应用属性，在传统行业复杂应用上云、定制化需求与日俱增、市场需求敏捷响应以及企业中台战略不断普及的今天，显得力不从心。而下沉了共性能力又可赋能行业应用的 PaaS，正随着以 Docker 容器、Kubernetes 编排引擎和微服务为代表的新兴技术迎来新一轮爆发，并开始占据云计算后半场的制高点。现阶段，几乎所有 IaaS 厂商都在向上攻取 PaaS，而 SaaS 厂商则在向下沉淀，以提升企业在复杂多变和不确定性环境下的核心竞争力。

具有后发优势的 PaaS 正在上拓下扩，不断融合 IaaS 与 SaaS 服务模式，当前云计算市场，正朝着"两端黯然，中间闪光"，并最终实现全栈云的态势发展。然而，PaaS 虽好，却也最难！在云计算三大服务模式中，SaaS 进入门槛最低，竞争格局也最为混乱，IaaS 则过于依靠巨头和资本的投入，最终的竞争格局很有可能是几家头部企业瓜分 IaaS 市场。而 PaaS 却是真正的技术高地，进入门槛最高、实现难度也最大，至今仍未出现 PaaS 领域的巨头。

也正是因为 PaaS 的高度，行业里对 PaaS 的认知和理解各不相同，在对 PaaS 的划分上，就有 APaaS（Application PaaS）和 IPaaS（Integration PaaS），以及轻 PaaS 和厚 PaaS 之分。所谓的 APaaS，是指应用运行和部署平台，也就是我们通常所说的 PaaS。APaaS 解决的是单个应用如何基于 PaaS 基础设施快速和自动化地部署与运行的问题。IPaaS 则是指资源集成平台，其解决的是多个应用间如何基于 PaaS 平台实现集成和交互的问题。而所谓的轻 PaaS 更倾向于 APaaS，厚 PaaS 则是 APaaS 和 IPaaS 的融合。早期 PaaS 主要基于公有云实现，提供的主要是 APaaS 能力，如 force.com、Heroku、GAE 等。

但是，随着传统企业数字化转型的不断加速，私有云 PaaS 平台建设的需求与日俱增，私有云环境下，基于 PaaS 平台构建的应用之间存在大量的交互和集成需求，在很多传统、复杂应用云化时更是如此。另外，私有 PaaS 平台底层的服务和能力本身可以被编排、组装和整合成新型应用，因此 IPaaS 在传统企业数字化转型中扮演着极为重要的角色。而 PaaS 平台的根本目标是简化开发、贯通 DevOps、实现应用和业务的弹性敏捷，因此融合 APaaS 和 IPaaS 的厚 PaaS 才是未来 PaaS 平台的发展之路。

从 PaaS 的发展历史来看，PaaS 的出现并不比 SaaS 晚。早在 2005 年，公有云供应商 Rackspace 就提供了托管 PHP 和 .NET Web 应用的服务，在 2007 年和 2008 年前后，SaaS 领域巨头 Salesforce 的 force.com 和 Google 的 GAE 提供了基于 Python、Ruby 和 Java 的应用托管服务。这一时期的 PaaS 平台使用门槛较高、用户需要学习特定的 API，平台绑定性较强，应用可移植性也较差。随后以 Heroku 和 Engine Yard 为代表的第二代 PaaS 平台开始出现，这类 PaaS 平台一定程度上解决了平台特定 API 依赖的问题，同时用户代码无须做过多修改便可直接运行在平台上，应用程序移植性也有所提升，但是支持的语言仍然非常有限。

2011 年前后，Pivotal 的 Cloud Foundry 和 RedHat 的 OpenShift 问世，并掀起了开源

PaaS 的浪潮，但是早期的 OpenShift 和 Cloud Foundry 并非基于 Kubernetes 和 Docker 来设计，如 OpenShift 采用了 Cartridge 和 Gear 机制来进行设计⊖，而 Cloud Foundry 主要基于 Garden 容器和 Diego 调度系统来实现，因此在易用性、功能性和所支持的语言方面都有所限制。2014 年前后，随着 Kubernetes 和 Docker 的成熟和普及，PaaS 迎来了最佳的历史发展机遇。2015 年，RedHat 基于 Kubernetes 和 Docker 彻底重构了 OpenShift，推出了全新架构的 OpenShift 3.0 版本，而 Cloud Foundry 也在 2017 年开始兼容 Kubernetes 和 Docker。这一阶段的 PaaS 在易用性、兼容性、应用可移植性、多语言支持、DevOps、应用生命周期管理和开源社区支持等方面都达到了前所未有的高度。不过，此时的 PaaS 与 IaaS 还存在比较明显的边界和依赖关系，传统企业尤其是传统大中型企业，在数字化转型过程中，仍然需要按照先 IaaS 后 PaaS 的顺序来构建自己的私有云和 PaaS 平台，而这势必会导致企业的 PaaS 平台建设周期较长、运维管理难度增加。

　　随着 PaaS 与 IaaS 的不断整合，最新一代的 PaaS 正在朝着全栈云模式发展，在这个大趋势下，RedHat 在 2018 年收购了不可变容器操作系统 CoreOS，并将应用全自动生命周期管理框架 Operator 大量运用到最新一代 OpenShift 中，于 2019 年推出了基于 CoreOS 和 Operator 的全栈自动化 PaaS 平台——OpenShift 4.0，实现了 PaaS 向下对 IaaS 的完全整合和管理，并以"基础设施即代码（Infrastructure as Code）"理念实现了对 IaaS 资源的自动化高效率使用。因此，我们完全可以预测，鉴于企业对 PaaS 平台赋能数字化转型的迫切需求，全栈融合 PaaS 平台的时代即将到来！而作为云计算三大服务模式之一，随着云计算发展进入深水区和企业数字化转型热潮的来临，PaaS 正在超越 IaaS 和 SaaS，必将成为云计算的未来，PaaS 平台发展简史如图 1-2 所示。

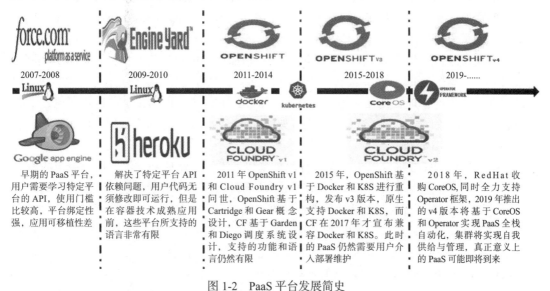

图 1-2　PaaS 平台发展简史

⊖　https://docs.okd.io/3.11/whats_new/carts_vs_images.html.

1.1.3 PaaS 赋能微服务架构

微服务是一种软件架构设计模式，是一种具备细粒度、松耦合、可扩展、高可用、故障隔离和高度自治等特性的分布式软件架构设计体系，其解决的是应用系统软件架构设计的问题，是面向服务架构（SOA）的一种实现。微服务架构的重点在于强调业务系统需要彻底组件化和服务化，原有的单个业务系统被拆分为多个可独立开发、设计、运行和运维的小应用（Microservices，微服务）。这些服务基于业务能力构建，并通过自动化机制进行独立部署和管理维护，同时这些微服务组件使用不同的编程语言实现，使用不同的数据存储技术，并保持最低限度的集中式管理。

事实上，微服务所倡导的设计思路由来已久，但是"微服务架构"这一术语的流行时间并不太久。以 Spring Cloud 和 Dubbo 为主的微服务架构被认为是最流行的第一代微服务应用开发框架，但是随着 Docker 容器和 Kubernetes 编排引擎技术的兴起和普及，以 Service Mesh（服务网格）为主的新一代微服务架构正在开启后 Kubernetes 时代应用架构的新方向。此外，伴随时下企业数字化转型浪潮的到来，越来越多的开发者和企业正在拥抱和践行微服务架构，由于在快速响应市场需求、敏捷业务开发及快速迭代科技创新等方面所扮演的关键角色，微服务正在成为企业数字化转型的基石和必由之路。

在传统企业的数字化转型道路上，采用微服务架构就意味着众多单体或集中式的传统应用需要进行微服务化改造。而传统巨型单体应用在微服务架构下的细粒度拆分，必然给企业带来数量庞大、管理复杂的众多服务对象，微服务的拆分不仅是对原有应用系统的一种挑战，更是对如何部署、管理和维护众多微服务的一种挑战，尤其对于传统企业而言，这些挑战是数字化转型过程中前所未有而又必须面对的。在面对这些挑战时，我们需要非侵入式的微服务架构、轻量级和依赖封装的服务运行环境、自动编排调度微服务的引擎、实现从开发测试到部署运维全流程自动化的 DevOps，以及针对微服务集群的跟踪和监控服务等，而这一切的需求正是当代云原生 PaaS 平台所赋予的能力。所谓的云原生 PaaS 平台，是指以新一代容器 Docker 及其编排引擎 Kubernetes 技术为核心，集成日志、监控、安全、跟踪等微服务集群管理工具及实现 CI/CD 的 DevOps 工具链，提供多语言运行环境、中间件和数据库等服务目录，支持新一代微服务架构 Service Mesh，并满足云原生应用运行环境的 PaaS 平台（见图 1-3）。

在图 1-3 中，PaaS 平台以生态链服务组件集成的方式，赋能和支持上层云原生微服务应用的敏捷开发和全生命周期管理。由于 PaaS 平台屏蔽了微服务通信层以下的全部基础设施，因此基于 PaaS 平台的分布式微服务应用系统的开发将会像单体应用一样简单，因为开发者只需关注如何以微服务架构实现业务逻辑和编码，服务的构建、部署管理和运维监控已完全由 PaaS 实现。因此，可以说，作为企业数字化转型的关键和必由之路的微服务正在重塑当代软件架构，而 PaaS 则是微服务得以落地生长的土壤和得以推进实施的平台保障，没有 PaaS，尤其是当代云原生的 PaaS 平台，则基于微服务架构的企业数字化转型恐将寸步难行。

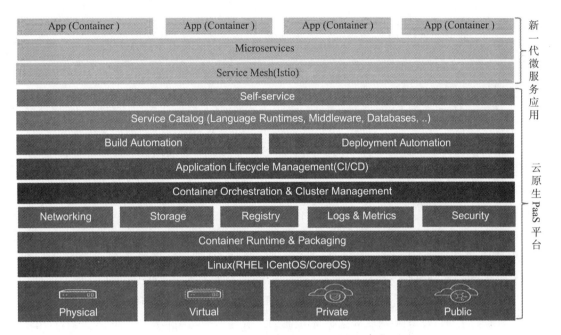

图 1-3　基于 PaaS 平台的微服务架构实现

1.1.4　PaaS 加速 DevOps 实践

DevOps 是实现敏捷企业过程中的工具链、方法论和企业文化，是一种敏捷理念。
DevOps 最早在 2009 年就被提出，但直到容器和微服务架构普及之后才得到广泛实践和快速发展。在企业数字化转型的现阶段，DevOps 已成为众多传统企业进行数字化转型的切入点。而在具体的实践过程中，DevOps 并不是某种技术或方法，而是企业组织、流程、技术和文化的结合。在企业数字化转型过程中，DevOps 理念能够更好地帮助打通开发（DEV）、测试（QA）和运维（OPS）之间的隔阂并进行优化，实现开发运维一体化，从而帮助企业缩短交付周期、提升交付质量和交付的投入产出比，并进一步帮助企业完善流程管理体系、形成持续改进机制和敏捷文化。通过践行 DevOps 文化和理念，企业能够打通需求、开发、测试、发布、部署上线和运维管理等各个环节，促进需求、开发、测试和运维团队的紧密合作，实现敏捷开发、持续交付和自动运维，最终帮助企业走向敏捷化和数字化，提升企业应对市场需求不确定性和用户需求多样化的能力。

当前，数字化转型是大势所趋，微服务架构已成为传统企业数字化转型的必由之路，而 DevOps 则是实施微服务架构的关键点和切入点。在传统企业巨型单体应用向微服务架构转型升级的过程中，首先需要做的便是从自动化配置部署开始来改造传统应用，在此过程中逐步打造企业 DevOps 平台，并以 DevOps 平台为生产线，对企业应用进行统一的自动化管理和运营。在企业文化、组织架构和技术工具链均已达到 DevOps 所倡导的成熟理念后，再将传统应用架构改造为微服务架构，最后实现传统应用向云端的顺利迁移，并最终实现企业数字化转型。在这个过程中，企业 DevOps 生产线的构建至关重要，然而 DevOps 的构建并不简单，究其原因，主要在于 DevOps 工具链上所涉及的诸多软件具有不同的技术体系、形态架构、运行依赖环境、部署维护流程，这会导致 DevOps 落地需要大量定制化，工具链落地难度极大。

随着基于 Docker 和 Kubernetes 等云原生技术的 PaaS 平台的出现，DevOps 工具链难以落地实现的情况正在改善，云原生 PaaS 平台为 DevOps 工具链软件在平台支撑、服务组件支持、运行依赖环境上进行了标准化。通过 PaaS 平台提供的自动编排、自动部署、生命周期自动管理等云原生共性能力，DevOps 工具链的部署得以从基础架构设施中解耦出来，同时借助 PaaS 平台一致性能力，基于传统 IT 架构或 IaaS 服务的 DevOps 的实现难度得到极大降低，DevOps 的落地实现变得极为优雅、简洁。此外，配合 PaaS 平台对云原生微服务应用架构的支持，基于 PaaS 平台构建的 DevOps 生产线与微服务应用天然契合，可以直接为企业数字化转型中的微服务提供 DevOps 服务能力。因此，借助 PaaS 平台，DevOps 的价值优势才能得到最大程度的发挥。

图 1-4 所示为基于云原生 PaaS 平台实现的 DevOps 工具链，从图中可以看到，基于云原生 PaaS 平台的自动编排调度和集群管理能力，利用 DevOps 工具链上的诸多软件功能，可以将 DevOps 流水线可视化、自动集成、代码质量分析、持续管理、持续集成、持续测试、持续交付和持续运维等敏捷功能在 PaaS 平台上简洁且优雅地实现。简单来说，PaaS 简化和促进了 DevOps 在企业中的应用实践，同时也最大化了 DevOps 的价值，而作为企业微服务应用架构转型的切入点，DevOps 极大地推动了传统应用向微服务架构的快速转型，最终推动了企业的数字化转型进程。

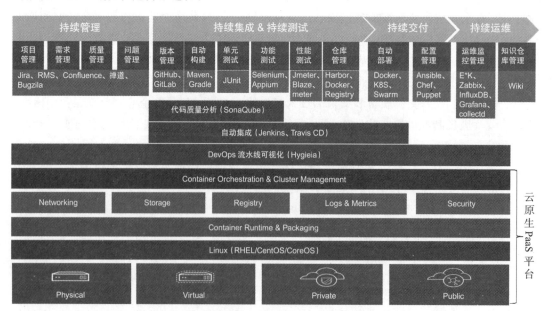

图 1-4　DevOps 工具链在云原生 PaaS 平台上的实现

1.1.5　PaaS 构筑云原生时代

云原生的概念由 Pivotal 公司的 Matt Stine 于 2013 年提出，之后得到业界的广泛认可和持续完善，是在云计算时代指导企业基于云架构设计和开发应用，并将应用向云端迁移的一套全新的技术理念。所谓的云原生应用，就是完全基于云计算资源而设计的应用，即为云而生，并可在所有云平台上无缝移植运行的应用。

2015 年，Google 牵头成立的云原生计算基金会（Cloud Native Computing Foundation，CNCF）是云原生理念发展到特定阶段，为了响应业界对云原生应用的呼吁而成立的官方组织，致力于推动云原生计算的普及和可持续性发展，是 CNCF 成立的初衷。目前 CNCF 在全球已拥有近 400 家企业会员，托管 22 个云原生开源项目，大名鼎鼎的 Kubernetes、Prometheus、etcd、Envoy 等都是毕业于 CNCF 的项目。

根据 CNCF 对云原生的定义，云原生技术是通过一系列软件、规范和标准，帮助企业和组织在现代化的云计算架构体系（公有云、私有云和混合云）中构建和运行敏捷、可扩展应用程序的一整套技术栈，容器及其编排引擎、微服务及其治理、声明式 API 等都是极具代表性的云原生技术。通过云原生技术的应用，基于云原生 12 要素⊖开发的分布式松散耦合系统将具备更好的可扩展性和可管理性，同时也更易于监控、跟踪和观察。将云原生技术与 DevOps 工具链结合，系统管理员和软件工程师便可频繁且可预见地任意更改应用系统，并尽可能地减少由此带来的工作量，进而以最简洁的方式实现对业务实时需求的快速响应，而这正是云原生技术为企业带来的价值。

在 CNCF 维护的云原生技术栈 Landscape 中，包含一张路线图和一张全景图⊜。路线图（Trail Map）是 CNCF 推荐的使用开源项目及云原生技术构建云原生应用的过程，在路线图的每个步骤中，用户都可以选择使用开源项目或供应商提供的产品，而路线图帮助用户梳理了整个云原生应用的最佳流程（如图 1-5 所示）。整个路线图分成 10 个步骤，包括容器化、CI/CD、应用编排、监控与分析、服务发现与治理、网络与策略、分布式数据库与存储、流和消息处理、容器运行环境与镜像仓库、软件发布。其中每个步骤都是用户在开发、实践云原生应用过程中需要循序渐进地思考和实现的环节，只有实现了路线图中所有步骤的应用才是真正意义上的云原生应用。

在按照 CNCF 云原生路线图实现云原生应用的过程中，用户需要了解每个环节都有哪些具体的开源项目或成熟供应商产品可供选择，而这正是 CNCF 云原生全景图所要做的事情。全景图将 CNCF 定义的云原生生态圈划分为"五横两纵"（如图 1-6 所示），"五横"分别是应用定义与开发、编排与治理、运行时、供应保障和云基础设施，"两纵"分别是平台、观察与分析。全景图中包含经过 CNCF 社区认证的较为成熟或使用范围较广、具有最佳实践的产品和方案，试图从云原生的层次结构及不同的功能组成上让用户了解云原生体系的

⊖　https://12factor.net/.

⊜　https://github.com/cncf/landscape.

全貌，并帮助用户在不同的云原生应用实践环节选择恰当的软件和工具来实现。

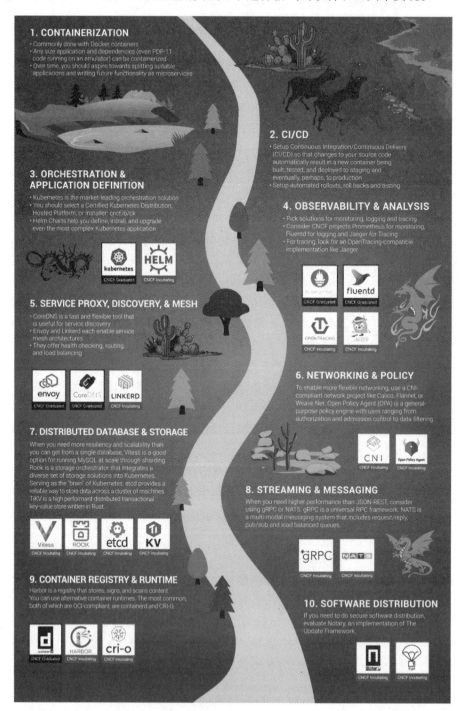

图 1-5　CNCF 云原生路线图

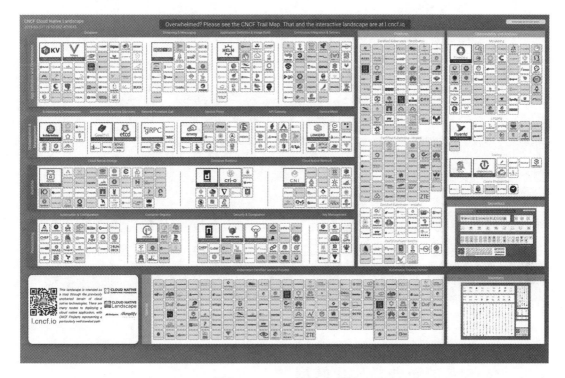

图 1-6　CNCF 云原生全景图

尽管 CNCF 为企业用户定义了云原生应用实践的实现路径和在这个路径中可以选择的云原生软件或产品，但是如果用户完全从零开始，参考图 1-5 和图 1-6 来构建自己的云原生应用，其难度不言而喻，这将会是一个需要耗费大量人力和财力的复杂工程。由此，云原生 PaaS 应运而生，将企业 IT 化繁为简一直是 PaaS 的使命。只不过，云原生时代的 PaaS 需要参考 CNCF Landscape 进行重构，如基于 Docker 和 Kubernetes 进行构建，实现对 CI/CD、DevOps 的支持，实现服务编排与治理、微服务架构、监控与分析等 CNCF 云原生路线图中的步骤。云原生 PaaS 的目标是让企业开发者只需提交代码即可运行云原生应用，为企业屏蔽 CNCF 云原生路线图中的十大步骤，快速交付满足 12 要素的云原生应用。

随着云原生 PaaS 平台的出现，企业构建云原生应用的门槛越来越低，越来越多的企业正在考虑向云原生架构迁移，云原生时代正在到来！图 1-7 所示便是云原生 PaaS 平台典型参考实现架构，利用 CNCF 全景图中云原生生态圈认证推荐的开源项目或软件，该参考架构基本实现了对 CNCF 云原生路线图中十大步骤的全覆盖，并实现了对 Microservices 和 Serverless 这两大当下和未来云原生软件架构的支持。可以说，随着 PaaS 平台的不断成熟和完善，技术隔阂正在被打破，PaaS 正在构筑起云原生时代。

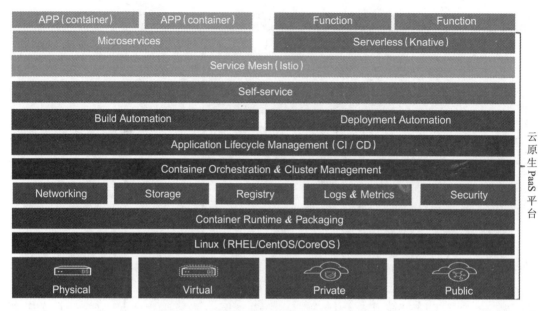

图 1-7 云原生 PaaS 平台参考实现架构

1.2 PaaS 赋能企业数字化转型

1.2.1 数字化转型的本质

伟大的哲学家罗素曾经说过："恐惧是迷信的根源，智慧始于征服恐惧。"人类社会的发展史，其实就是一部征服不确定性、追求人类命运发展确定性的历史，对不确定性的恐惧和对确定性的追求一直是人类社会向前发展的动力源泉。当前阶段，人类社会正在经历一个万物互联、智能互联及从消费互联向产业互联过渡的时代，新技术群不断井喷，与之对应的企业系统架构正在由传统单体系统向分布式微服务系统、大系统、巨系统和"系统之系统"演化，企业所要应对的内外部环境变得越来越复杂，而这种复杂性不仅体现在企业之间产销关系、供应链等横向互联的复杂性上，还体现在企业内部纵向生产环节的复杂性上，如用户需求的多样复杂性、排产计划的复杂性、产品设计研发的复杂性、全工艺生产流程的复杂性、库存周转及产品全生命周期服务的复杂性等。在面对如此众多的复杂性时，企业的决策具有极大的不确定性，而如何化解复杂系统和环境给企业带来的不确定性，克服企业在决策过程中对不确定性的恐惧，才是企业数字化转型的根本逻辑。

安筱鹏博士在《重构：数字化转型的逻辑》一书中，以极其深邃的思想揭示了企业数字化转型的本质，认为企业数字化转型就是在由数据和算法定义的世界中，以数据的自动流动化解复杂系统的不确定性，优化资源配置效率，构建企业新型竞争优势。而所谓数据的自动流动是指，正确的数据在正确的时间以正确的方式传递给正确的人和机器。企业数字化转型的目的是在由数据、算力和算法定义的智能经济时代，以云计算、大数据、人工智能、物联网、5G 通信技术和边缘计算等新兴产业技术群为基础，利用数字化支撑技术体系，实现产业技术群的"核聚变"，通过数据的自动流动完成企业在生产经营中的问题描述（发生了什么）、诊断分析（为什么会发生）、未来预测（接下来将会发生什么）、科学决策（应对将来可能发生的变化）和精准执行（对决策作出的响应）5 个闭环赋能环节，最终提升企业适应竞争环境快速变化的能力、业务快速创新的能力和应对复杂系统及不确定性的能力（见图 1-8）。

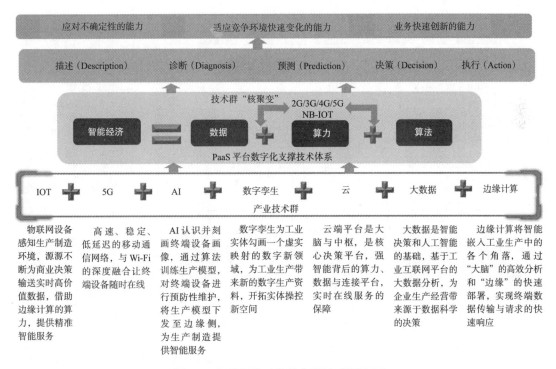

图 1-8　智能经济时代技术群的"核聚变"

1.2.2　PaaS 赋能企业中台

"中台"的概念源自阿里巴巴提出的业务中台，随后不断拓展，目前已发展为以业务中台、数据中台和技术中台为主的企业数字化转型中台战略。中台的故事始于 2015 年年中马云带领阿里巴巴高管团队拜访位于芬兰赫尔辛基的移动游戏公司 Supercell。Supercell 以"部落"形式组成独立部门，专门负责为各个前端开发小团队提供游戏开发中所需的基础设施、游戏引擎、内部开发工具和平台等共性能力，而每个前端游戏开发团队都配有开发一款游戏所需的全部角色，因而每个团队可以快速决策、快速开发、快速试错和迭代。在 Supercell 的游戏开发架构中，"部落"不负责游戏开发，只负责为前端开发团队提供游戏开发所需的能力，而前端开发团队负责利用"部落"提供的能力快速开发、试错迭代，

Supercell 的"部落"便是我们现在通常所讲的中台。

在马云带队访问 Supercell 后，阿里巴巴于 2015 年年底启动了 2018 中台战略（计划在 3 年内达成战略调整目标），其目的在于构建更具创新性和灵活性的"大中台、小前台"组织架构，即将前端各大事业部的技术能力和数据运营能力从前台剥离，沉淀形成独立的中台，从而形成"厚平台、薄应用"的架构形态，进而保证前台的精简性和充分的敏捷度，以便更好地满足多元业务的发展和创新需求。阿里巴巴"大中台、小前台"架构形态如图 1-9 所示。

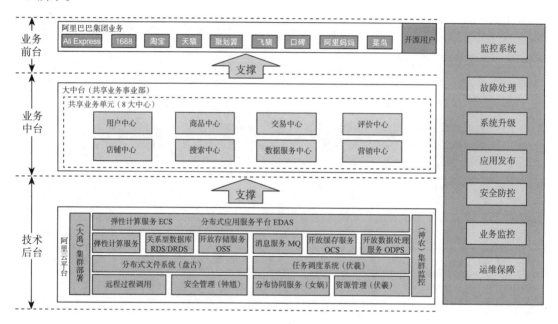

图 1-9   阿里巴巴"大中台、小前台"架构形态㊀

事实上，关于中台的定义，目前业内并没有权威的标准，在阿里巴巴的中台战略成功之后，越来越多的企业和从业者才开始研究中台的内涵。通常认为，中台就是通过对业务、数据和技术的抽象，对共性服务能力进行沉淀复用，构建起企业级的通用服务能力，以消除企业内部各业务部门、各分子公司间的壁垒，适应企业，特别是大型企业集团业务多元化的发展战略。基于中台，企业可快速构建满足最终消费者和客户需求的前台应用，从而满足各种具有个性化特征的前台需求，为企业的数字化转型提供明确的道路。因此，从技术层面来看，中台是企业级的共享服务平台，是企业能力的枢纽和对能力的共享，是企业数字化转型的整体参考架构和最佳实践。

目前越来越多的企业正在基于中台战略进行数字化转型，正朝着"大中台、小前台"的业务进行组织架构调整。中台沉淀了共性业务服务和技术、集合了技术和产品能力、连

㊀ 图源自钟华编著的《企业 IT 架构转型之道：阿里巴巴中台战略思想与架构实践》。

接了前台需求和后台资源、提升了用户响应能力，现已成为企业战略转型的重要主题，而中台能力的建设是多数企业的当务之急。

在中台能力的建设过程中，企业首先想到的必然是云计算三大模式中的 PaaS 平台，甚至有观点认为，PaaS 即中台。虽然我们不完全认同这种观点，但是不可否认，比中台出现更早、更成熟的 PaaS 平台与中台确实有诸多共性，如 PaaS 中抽象并沉淀上层 SaaS 和下层 IaaS 共性能力的初衷、实现技术能力的复用、将应用与基础设施进行解耦、为企业应用和开发者创新赋能等，其实也是中台建设的必然要求。对比当前 PaaS 与中台，二者的区别应该在于，中台更倾向于业务复用，并通常涉及组织架构的调整，而现阶段的 PaaS 更倾向于技术复用，更多地表现为构建企业统一的技术中台。但是，随着 PaaS 的发展进入深水区，当前的 PaaS 在向下渗透并统管 IaaS 的同时，也在越来越向上层前端应用靠近，越来越具备业务中台和数据中台的特性，呈现出 PaaS 平台支撑业务中台、数据中台和技术中台之势（见图 1-10）。换句话说，中台建设离不开 PaaS 平台，PaaS 平台正在赋能企业中台建设。

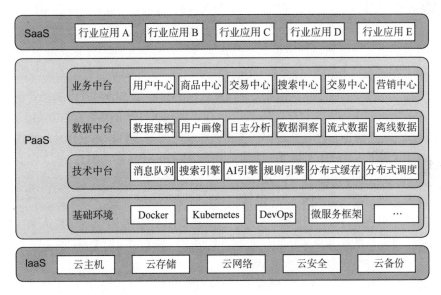

图 1-10　PaaS 赋能企业中台建设

1.2.3　PaaS 助力数字化转型

正如安筱鹏博士在《重构：数字化转型的逻辑》一书中所言，企业数字化转型的本质，就是在由数据与算法定义的世界中，以数据的自动流动化解复杂系统的不确定性，优化资源配置效率，构建企业新型竞争优势。而在具体的实现上，就是利用云计算、大数据、人工智能、区块链和物联网等新兴技术群构建企业闭环赋能平台，通过数据的闭环流动实现企业的科学决策和精准执行。在企业数字化转型，尤其是传统企业的数字化转型过程中，业务系统的云化或上云已成为企业的必然选择，从传统 IT 架构系统迁移至基于云计算的微服务架构和云原生应用架构体系，实现企业业务能力、数据能力和技术能力的平台赋能和能力复用，满足企业业务需求的快速响应和敏捷交付，实现新型业务或功能的快速创新、快速试错与高频迭代，提升企业在复杂多变和不确定性环境下的核心竞争力，是企业数字化转型的必由之路和最终目标。

然而，企业上云并不能一蹴而就，尤其是传统企业在长期发展过程中遗留下了诸多历史包袱，而企业为了平滑过渡和新旧兼顾，必然在数字化转型的初期选择"双态"模式，即基于传统 IT 架构的稳态模式和基于云计算架构的敏态模式。虽然"双态"模式可以帮助企业赢得数字化转型的过渡时间，但是如何将传统业务系统逐步云化迁移，并最终实现完全云化的业务架构，仍然是企业在进行数字化转型时面临的首要问题和难题。而在企业业务系统朝着云原生和微服务架构云化迁移的过程中，如何让传统应用摆脱对基础设施的依赖，如何将传统应用中非业务逻辑的部分解耦下沉，如何全栈治理复杂基础架构设施及其之上的微服务，如何推行基于 DevOps 的敏捷文化，如何将最新的技术集成并应用到业务系统中，如何通过技术的快速创新驱动业务的高速增长，这些都是企业必须思考和首先要解决的问题。在云计算的发展历程中，PaaS 服务模式的存在正是为了帮助企业解决数字化转型过程中所面临的上述难题，而如何以简单高效、弹性可扩展，以及高可用、高灵活性、强兼容和低成本的方式来解决这些问题，也正是 PaaS 这些年来一直在努力的方向。

PaaS 作为云计算三大模式的中间层，在企业数字化转型的初期并未受到普遍重视，而随着企业数字化转型进入纵深领域，PaaS 平台建设的需求开始不断增强。从市场层面来看，根据 Gartner 的调查数据，伴随 2017 年以来的数字化转型浪潮，截至 2019 年，整个 PaaS 市场有 360 多家厂商，在 21 个品类下提供 550 多种云平台服务，而到 2022 年，市场规模还将增加一倍，这也说明 PaaS 正在成为企业数字化转型的主流解决方案。从技术层面来看，通过对服务器、存储、网络、操作系统、运行时、中间件等基础设施进行抽象，PaaS 使得业务逻辑不再依赖于基础设施，省去了高度复杂的 IT 架构给企业开发人员带来的不必要付出，使开发人员能够专注于功能创新和业务逻辑实现。通过对 DevOps 理念文化的集成和工具链的实现，开发人员可以在 PaaS 平台上以自助服务的方式大规模、可持续地部署和运行应用程序，并实现业务功能的敏捷开发和快速交付。通过高度模块化、灵活性、通用性和弹性的架构设计，PaaS 可作为企业数字化转型的创新引擎平台，为企业提供新技术不断集成、不断试错和快速迭代的能力，帮助企业在快速变化的竞争环境中保持以技术驱动创新所带来的核心竞争力。

随着 Docker、Kubernetes、Service Mesh、Serverless 和 DevOps 等云原生技术、理念和文化的普及，PaaS 正在朝着自动化、简单化、标准化和通用性的方向发展，PaaS 平台的构建、使用、治理及其应用的生命周期管理等任务正在变得越来越智能，而 PaaS 平台在技术实现上的简洁化和低成本，也正在助力各行业数字化转型的快速推进。我们有理由相信，随着企业数字化转型的不断深入，PaaS 平台的价值将会越发凸显，而 PaaS 平台的建设也将成为企业数字化转型的必由之路！

1.3　企业级 PaaS 平台 OpenShift 介绍

近十年来，信息技术领域在经历一场技术大变革，这场变革正将我们由传统 IT 架构及其所支撑的臃肿应用系统时代，迁移至云原生架构及其所支撑的敏捷应用系统时代。在这场变革中，新技术的出现、更新和淘汰之迅速，以及新技术的架构集成度、复杂度之高，都是前所未有的。从虚拟化到云计算，从虚拟机到容器，从微服务到无服务器计算，技术的持续演进和推陈出新在不断重构企业的组织文化和商业逻辑的同时，也在推动企业朝着数字化、智能化时代迈进。但是，频繁更新的技术及其复杂程度给 IT 从业者，尤其是企业开发人员，也带来了空前的挑战，如何在保证业务高速发展的前提下，仍然保持持续创新的能力和对众多新技术的学习研究、掌握应用的能力，是每位 IT 从业者都在思考和权衡的问题。此外，如何从复杂多变的软件技术体系中把握住未来的技术趋势，并将之提前布局应用到业务创新领域，以便掌握竞争先机，这是每个企业的技术负责人必须考虑的问题。平台技术和开源社区为我们提供了解决问题的途径，而这也正是我们选择 OpenShift 开源PaaS 平台的原因之一。

1.3.1　OpenShift 及其发展简史

OpenShift 是由 RedHat 推出的企业级 Kubernetes 平台，其主要目标是构建以 OCI(Open Container Initiative) 容器封装和 Kubernetes 容器集群管理为核心，对应用生命周期进行管理并实现 DevOps 工具链等完整功能的开源容器 PaaS 平台。OpenShift 对应用的持续开发、多租户部署和安全管控等进行了优化，并在 Kubernetes 的基础上增加了以开发人员和操作管理为中心的工具集，以便实现应用程序的快速开发、轻松部署、简单扩展和全生命周期的维护。OpenShift 在上游开源社区的版本名称是 OKD（最初叫 Origin），OKD 版本与Kubernetes 发行版本相对应，如 OKD 1.10 对应 Kubernetes 1.10。

需要指出的是，OpenShift 并非在诞生之初就是以 Docker 和 Kubernetes 为核心的 PaaS平台。OpenShift 诞生于 2011 年，主要依赖于 Linux 容器来部署和运行用户应用程序，在OpenShift 的 v1 和 v2 版本中，使用的一直是 RedHat 自己特定于专有平台的容器运行时和容器编排引擎。早期的 OpenShift 使用一种称为 "Gear" 的专有容器技术，并通过一种称为 "Cartridge" 的技术来制作容器模板。随着 2013 年 Docker 容器技术的问世和流行，RedHat开始与 Docker 公司合作，并在 2014 年 8 月宣布将在 OpenShift v3 版本中采用 Docker 容器。随着 Docker 容器技术的普及，以 Mesos、Docker Swarm 和 Kubernetes 为主的大规模容器集群编排调度引擎开始出现，RedHat 也逐渐意识到容器编排引擎在 OpenShift 中的重要性，并在进行了一系列调研之后选择了 Kubernetes 作为 OpenShift v3 版本的调度引擎。

2015 年，对于 RedHat 来说具有划时代意义的 OpenShift v3 版本诞生，由 OpenShift v1和 v2 版本中基于 "Gear" 和 "Cartridge" 的技术，完全重构为 v3 版本中基于 Docker 和Kubernetes 的技术，OpenShift v3 开始以标准和开放的姿态领跑 PaaS。在 Kubernetes 之上，

OpenShift v3 又引入了强大的用户界面，通过源代码到镜像（Source-to-Image，S2I）和管道（Pipeline）技术快速创建和部署应用程序，OpenShift v3 版本迅速获得了大量开发者，并成为 PaaS 当仁不让的王者。然而，OpenShift 的发展并未停止，在 2018 年完成对 CoreOS 的收购，对 Service Mesh（Istio）和 Serverless（Knative）等技术的集成，并使用 Kubernetes Operator 来实现应用程序管理的自动化之后，RedHat 在 2019 年发布了 OpenShift v4 版本（如图 1-11 所示）。OpenShift v4 版本的问世，意味着全栈融合 PaaS 时代的到来，向上通过 Operator 实现应用全生命周期的自动化管理，向下通过 CoreOS 实现基础设施的自动化管理。也许未来，裸机以上都将在 OpenShift 的统管之下！

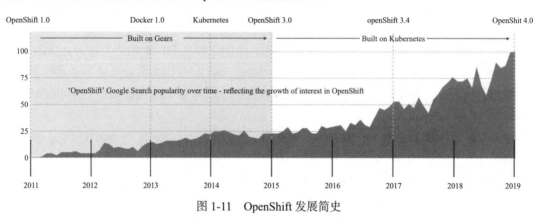

图 1-11　OpenShift 发展简史

1.3.2　OpenShift 与云原生架构

在云原生架构时代，我们在谈数字化转型的时候，实质上就是在谈组织架构、应用流程和基础架构设施的转型。近十年来，我们的开发流程从瀑布到敏捷再到 DevOps，应用架构从单体到多层再到微服务架构，软件交付与封装经历了物理机、虚拟机再到容器，应用运行的基础设施也从传统数据中心到主机托管再到云计算（如图 1-12 所示），技术的变革在多个维度同时进行，云计算、DevOps、容器、微服务架构等技术的成熟与普及，事实上也预示着云原生时代的到来。

在云原生时代，企业应该如何构建自己的云原生平台，以支撑其数字化转型过程中的应用云化迁移呢？企业若要从下至上地构建自己专属的云原生平台，其过程将是极其复杂的。我们以完全采用开源技术栈构建云原生平台为例，首先需要通过 Linux、OpenStack、Ceph 等开源系统和集群软件构建 IaaS 层，然后再基于 Kubernetes 和 Docker 技术来构建 PaaS 层。事实上难度是在 PaaS 层的构建上，因为在 PaaS 层，基于 Kubernetes 的功能，我们还需要自己实现对多语言运行环境、各类中间件、数据库等服务编目的支持，实现应用的自动构建与部署、基于 CI/CD 和 DevOps 的应用全生命周期管理，实现镜像仓库、日志、监控、服务追踪、安全和多租户等集群管理功能，实现基于 Web 的集群管理和自助服务的极好用户体验，实现对诸如 Istio 等微服务架构和 Knative 等 Serverless 应用架构的支持。而这一切的实现，对于很多企业而言，将会是个极大的挑战。因为这需要集成来自众多开源社区的软件，而每一个开源软件的应用都意味着极大的学习成本、时间成本以及不确定性风险。然而，驱动开源社区、集成开源技术正是 OpenShift 的价值所在。如图 1-13 所示，RedHat 以 OpenShift 为中心，以其多年在开源社区的耕耘为基础，以开源方式集成了用户所能想到和用到的各种开源软件。从这个层面上来讲，我们可以认为 OpenShift 本身就是个集成创新引擎。

图 1-12　信息技术的变革

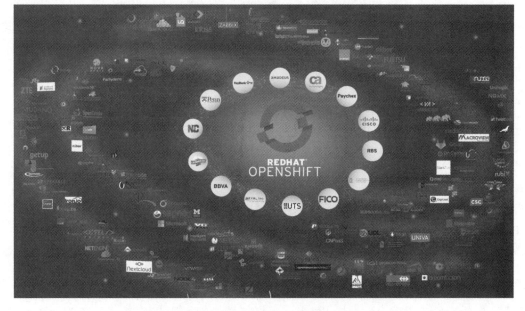

图 1-13　OpenShift 生态圈集成创新引擎

因此，借助 OpenShift 构建企业级云原生平台将会事半功倍。因为在最新的 OpenShift
v4 版本中，借助不可变容器操作系统 CoreOS，裸机以上部分，OpenShift 已完全实现自动
化接管。当然，OpenShift 也支持在公有云、私有云和混合云上部署实现，目前已支持在
AWS、Azure、GCP、OpenStack 和 vSphere 等公有云和私有云平台上的自动部署。因此，
借助企业级开源 PaaS 平台 OpenShift，企业云原生平台的构建将可一步到位。如图 1-14 所
示，OpenShift 已基本集成并实现了云原生平台所需的全部软件和功能。

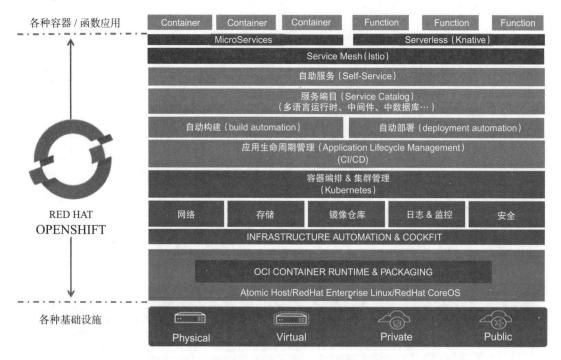

图 1-14　OpenShift 构建企业云原生平台

1.3.3　OpenShift 与 Kubernetes

Kubernetes 是主流的容器编排引擎，也是 CNCF 孵化出的最成功的项目。在一定程度
上，可以认为 OpenShift 的成功离不开 Kubernetes 社区的支持，或者说正是 Kubernetes 的
成功赋予了 OpenShift 极强的生命力，Kubernetes 已成为 OpenShift 不可分割的一部分。前
文提到，OpenShift v3 以后的版本都是基于 CRI 容器技术和 Kubernetes 重构的版本，那么
OpenShift 与 Kubernetes 之间究竟有什么关系？企业为什么不直接使用 Kubernetes 而要选择
使用 OpenShift 呢？或者说选择 OpenShift 的企业用户将会获得什么好处呢？本节中我们将
就这几个问题进行重点讨论，以消除很多用户对于 OpenShift 和 Kubernetes 的困惑。

首先，我们要清楚 OpenShift 更偏向于一个产品，而 Kubernetes 是一个开源项目。这
就意味着 OpenShift 在安全性、易用性、多租户和用户体验等方面必然优于 Kubernetes，这

是一个产品区别于一个开源项目最明显的地方（OpenShift 企业级功能特性如图 1-15 所示）。举一个比较直观的例子，OpenShift 的用户接口界面体验要远优于 Kubernetes 原生界面。OpenShift 的商业产品叫作 OpenShift 容器平台（OpenShift Container Platform，OCP），通过订阅 RedHat 的 OCP 服务，企业用户可以获得来自 RedHat 的专业服务和支持，而如果使用 Kubernetes，就只能获取社区的技术支持，这是很多企业用户在进行技术选型时的一个重要考虑因素。另外，OpenShift 也提供了开源版本 OKD，OKD 具有与商业版本类似的功能，只是 RedHat 不提供技术支持和服务，用户需要自己对 OKD 有较为深入的理解。（帮助用户理解 OKD 正是我们写作本书的目的所在。）

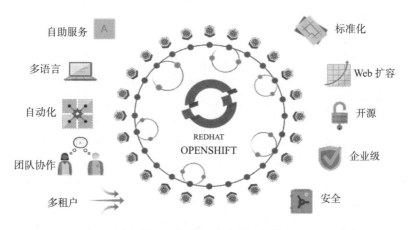

图 1-15　OpenShift 企业级功能特性

其次，OpenShift 发行的每个版本与 Kubernetes 基本上是对应的，Kubernetes 每年大概发行 4 个版本，与之对应的 OpenShift 版本通常会滞后 1 到 3 个月发行，在这段时间内 RedHat 会对最新的 Kubernetes 版本进行测试，并在缺陷（Bug）和性能问题修复后，集成各种经过验证的中间件服务和功能软件，如用于 CI/CD 管道的 Jenkins、用于监控的 Prometheus、用于可视化的 Grafana、服务网格 Istio、无服务器计算 Knative 等。所以，OpenShift 在稳定性和软件集成度上要远优于直接使用 Kubernetes。

最后，虽然 OpenShift 是基于 Kubernetes 实现的，但是 OpenShift 也会反馈并驱动 Kubernetes 的发展。OpenShift 的产品属性决定了其目标用户是企业而非个人，因此 OpenShift 中很多企业级的需求和功能最终也会反馈到 Kubernetes 社区中，如 Kubernetes 中的 Ingress、Deployment 的部分功能实现就分别来自 OpenShift 中的 Route 和 Deployment Configurations。另外，Kubernetes 中基于角色的访问控制（RBAC）功能也源自 OpenShift。所以说，就企业用户而言，OpenShift 有更多适合企业使用的功能，而 Kubernetes 通常需要在企业用户反馈后才能开发出这些功能。OpenShift 的产品属性决定了其会主动满足企业用户需求，而 Kubernetes 的项目属性决定了其是被动响应企业用户需求。

总体而言，从功能上来看，Kubernetes 具备的功能特性 OpenShift 一定具备，但是 OpenShift 具有的某些企业级功能特性 Kubernetes 却不一定拥有。从集成度上来看，OpenShift 是基于 Kubernetes 的高度集成产品，如果将 OpenShift 看成操作系统，那么 Kubernetes 就是这个系统的内核。系统极客只需安装内核，然后自己编译安装需要的依赖软件，也能运行应用程序，但是对于普通用户而言，一个仅有内核系统的使用成本和代价都是极高的。简单来说，Openshift 是一个用于构建、部署和智能化管理生产环境中 Kubernetes 应用程序的完整平台，通过 OpenShift 这个完整的 PaaS 平台，我们即可一步到位地迈向云原生时代！

1.4　本章小结

身处技术大变革的时代，是我们这代技术人的幸运，却也是极大的挑战！在短暂的时间里，我们要以有限的精力应对复杂、迅速的技术大变迁，技术更新迭代令人应接不暇。在这个技术频繁更新的时代，抓住时代脉搏、洞察技术演变背后的本质、做到以不变的能力应万变的技术、快速集成新一代技术以取得市场竞争优势，是企业数字化转型的前提和定力保障。云计算发展至今，PaaS 平台已衍生出更多、更广和更深层次的内涵，PaaS 是接下来的 10 年云计算发展的重要方向，是企业技术中台的基石，也是企业数字化转型的必由之路。

本章从多个维度介绍了 PaaS 平台在云计算时代企业数字化转型过程中的重要作用。作为云计算三大模式中的后来居上者，PaaS 服务随着容器技术、编排技术和微服务架构等云原生技术理念的普及应用，已基本实现对复杂信息系统的多层次全抽象，实现了裸机以上、代码以下全基础设施的抽象沉淀。借助 PaaS 强大的抽象赋能和自动化管理能力，广大开发者的生产力得以从复杂基础架构设施中释放出来，他们可以更加专注于业务创新和功能逻辑的实现。企业借助云原生 PaaS，将可快速实现微服务架构、形成 DevOps 文化、打造中台战略、加速数字化转型，并最终走进数字化和智能化时代。

作为云原生 PaaS 的杰出代表，相比原生的 Kubernetes 项目，OpenShift 具有更强大的集成创新能力和诸多企业级功能特性，是云计算发展至深水区后全栈融合云的集大成者。借助 OpenShift，企业可一站式构建自己专属的云原生 PaaS 平台，进而为企业数字化转型提供技术底座和创新原动力。

OpenShift 架构设计与原理

OpenShift 是由 RedHat 公司推出的企业级容器云 PaaS 平台，第 1 章中对其发展历史进行了简要介绍。2015 年，RedHat 推出完全重构后基于 Docker 和 Kubernetes 的 OpenShift 3.0，完善了强大的用户界面，以及诸如源代码到镜像和构建管道等 OpenShift 独有组件，极大简化了云原生应用的构建部署和 DevOps 理念文化的落地实践。2019 年，RedHat 推出了 OpenShift v4，集成了 CoreOS、Istio、Knative、Kubernetes Operator 等技术，将 OpenShift 推向了全栈融合云和应用全生命周期自动化管理时代。可见，作为当今最为成熟和主流的容器云 PaaS 平台，OpenShift 的架构也一直在演进。本章将基于 OpenShift 当前最为成熟稳定的 3.11 版本，介绍其设计理念和总体架构，并深入介绍和分析 OpenShift 网络、存储、权限控制、服务目录等核心功能，在部署实践 OpenShift 云原生 PaaS 平台前，为读者建立起完备扎实的理论基础。

2.1 OpenShift 总体架构

本节中，我们将探讨 OpenShift 在架构设计上的哲学理念，分析其与 Kubernetes 在主要功能上的区别，探讨 OpenShift 在构建以应用为中心的 PaaS 平台上的设计之道，同时还将介绍其核心组件、核心概念及部署架构等内容。

2.1.1 OpenShift 设计哲学

容器平台（Container Platform）是一种使用容器去构建、部署和编排应用的应用平台。OpenShift 是一种新型容器云 PaaS 平台，其使用两种主要工具在容器中运行应用，即以

Docker 作为容器运行时（Container runtime）在 Linux 环境中创建容器，以 Kubernetes 为容器编排引擎（Container Orchestration Engine）在平台中编排容器。OpenShift 在架构上具有以分层、应用为中心和功能模块解耦等主要特点。

1. 分层架构

OpenShift 采用分层架构，利用 Docker、Kubernetes 及其他开源技术构建起一个 PaaS 云计算平台。其中，Docker 用于基于 Linux 的轻量容器镜像的打包和创建，Kubernetes 提供了集群管理和在多台宿主机上的容器编排能力。图 2-1 所示为 OpenShift 分层架构图。

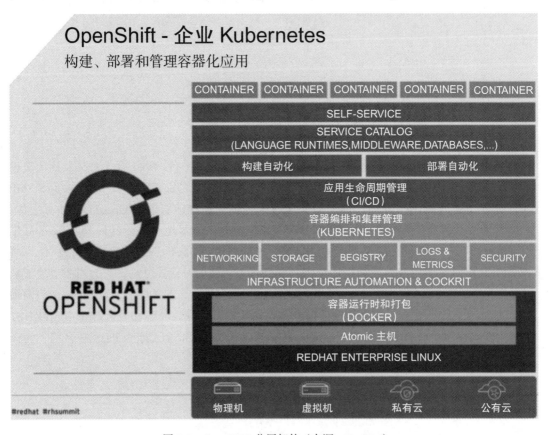

图 2-1　OpenShift 分层架构（来源：RedHat）

从技术堆栈的角度分析，OpenShift 自下而上包含了以下几个层次。

❑ 基础架构层：提供计算、网络、存储、安全等基础设施，支持在物理机、虚拟化、私有云和公有云等环境上部署 OpenShift。

❑ 容器引擎层：采用 Docker 镜像为应用打包方式，采用 Docker 作为容器运行时，负责容器的创建和管理。Docker 利用各种 Linux 内核资源，为每个 Docker 容器中的应用提供一个隔离的运行环境。

❏ 容器编排和集群管理层：为部署高可用、可扩展的应用，容器云平台需要具有跨多台服务器部署应用容器的能力。OpenShift 采用 Kubernetes 作为其容器编排引擎，同时负责管理集群。事实上，Kuberbnetes 正是 OpenShift 的内核。

❏ PaaS 服务层：OpenShift 在 PaaS 服务层提供了丰富的开发语言、开发框架、数据库、中间件及应用支持，支持构建自动化（Build Automation）、部署自动化（Deployment Automation）、应用生命周期管理（Application Lifecycle Management，CI/CD）、服务目录（Service Catalog，包括各种语言运行时、中间件、数据库等）、内置镜像仓库等，以构建一个以应用为中心的、更加高效的容器平台。

❏ 界面及工具层：向用户提供 Web Console、API 及命令行工具等，以便于用户使用 OpenShift 容器云平台。

2. 以应用为中心

图 2-2 显示了 OpenShift 和 Kubernetes 的主要功能差异。

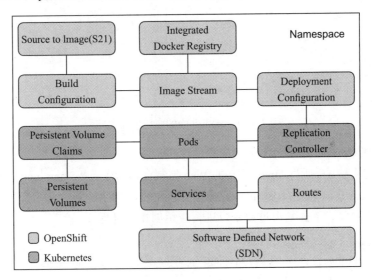

图 2-2　OpenShift 与 Kubernetes 组件对比

从图 2-2 中可以看出，相对于 Kubernetes，OpenShift 新增的全部内容几乎都是以应用为中心来展开的，这些新增功能模块说明如下。

❏ Souce to Image（S2I，源代码到镜像）：OpenShift 新增的一种构建方式，直接从项目源代码和基础镜像自动构建出应用镜像。

❏ 内置镜像仓库：用于保存 S2I 生成的镜像。

❏ 构建配置（BuildConfig）：构建的静态定义，定义构建的源代码来源、基础镜像、生产镜像等。每次执行即开始一次构建过程。

❏ 镜像流（ImageStream）：镜像流中包括一个或多个标签，每个标签指向一个镜像。镜像流可用于自动执行某些操作，比如将设定 DeploymentConfig 的触发器为某镜像流标签，当该标签所指镜像发生变化时，即可自动触发一次部署过程。

❑ 部署配置（DeploymentConfig）：部署的静态定义，除了定义待部署的 Pod 外，还定义了自动触发部署的触发器、更新部署的策略等。

❑ 路由规则（Route）：将部署好的应用服务通过域名发布到集群外供用户访问。

基于上述新增功能，OpenShift 支持如图 2-3 所示的应用从构建到发布的全自动化的过程。

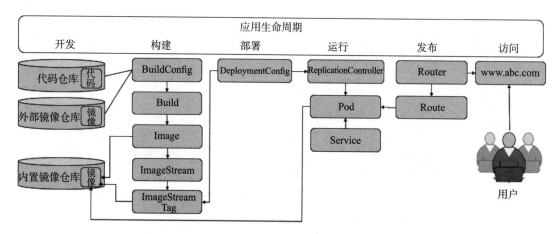

图 2-3　OpenShift 中的应用生命周期

下面介绍在 OpenShift 平台上创建应用的简要步骤。

1）创建应用。用户通过 OpenShift 的 Web 控制台或命令行 oc new-app 创建应用，根据用户提供的源代码仓库地址及 Builder 镜像，平台将生成构建配置、部署配置、镜像流和服务（Service）等对象。下面是通过命令行进行应用创建的过程：

```
[root@master1 ~]# oc new-app \
openshift/wildfly:13.0~https://github.com/sammyliush/myapp-demo \
--name mywebapp4
--> Found image af69006 (4 months old) in image stream "openshift/wildfly"
under tag "13.0" for "openshift/wildfly:13.0"
  * A source build using source code from https://github.com/
sammyliush/myapp-demo will be created
  * The resulting image will be pushed to image stream tag
"mywebapp4:latest"
  * Use 'start-build' to trigger a new build
  * This image will be deployed in deployment config "mywebapp4"
  * Port 8080/tcp will be load balanced by service "mywebapp4"
  * Other containers can access this service through the hostname
"mywebapp4"
```

```
--> Creating resources ...
  imagestream.image.openshift.io "mywebapp4" created
  buildconfig.build.openshift.io "mywebapp4" created
  deploymentconfig.apps.openshift.io "mywebapp4" created
  service "mywebapp4" created
--> Success
  Build scheduled, use 'oc logs -f bc/mywebapp4' to track its progress.
  Application is not exposed. You can expose services to the outside
world by executing one or more of the commands below:
    'oc expose svc/mywebapp4'
  Run 'oc status' to view your app.
```

2）触发构建。平台实例化 BuildConfig 的一次构建，生成一个 Build 对象。Build 对象生成后，平台将执行具体的 S2I 构建操作，包括下载源代码、实例化 Builder 镜像、执行编译和构建脚本等。

3）生成镜像。构建成功后将生成一个可部署的应用容器镜像，平台将把此镜像推送到内部的镜像仓库中。

4）更新镜像流。镜像推送至内部的镜像仓库后，平台将更新应用的 ImageStream 中的镜像流标签，使之指向最新的镜像。

5）触发部署。当 ImageStream 的镜像信息更新后，将触发 DeploymentConfig 对象进行一次部署操作，生成一个 ReplicationController 对象来控制和跟踪所需部署的 Pod 的状态。

6）部署容器。部署操作生成的 ReplicationController 对象会负责调度应用容器的部署，将 Pod 及应用容器部署到集群的计算节点中。

7）发布应用。运行 oc expose svc/mywebapp4 命令，生成用户通过浏览器可访问的应用域名。之后用户即可通过该域名访问应用。

8）应用更新。当更新应用时，平台将重复上述步骤。平台将用下载更新后的代码构建应用，生成新的镜像，并将镜像部署至集群中。OpenShit 支持滚动更新，以保证在进行新旧实例交替时应用服务不会间断。

3. 解耦式高扩展架构

一方面，OpenShift 利用 API Server（API 服务器）和各种 Controller（控制器）实现了控制层面的解耦。API Server 充当了消息总线角色，提供 REST API，这是客户端对各资源类型（Resource Type）的对象进行操作的唯一入口。它的 REST API 支持对各类资源进行增删改查监控等操作，提供认证、授权、访问控制、API 注册和发现等机制，并将资源对象的 Spec（定义）和状态（State）等元数据保存到 etcd 中。各控制器使用 Watch（监视）机制通过 API Server 来感知自己所监视的资源对象的状态变化，并在变化发生时进行相应处理，处理完成后会更新被处理对象的状态，必要时还会调用 API 来写入新资源的 Spec。图 2-4 中展示了 OpenShift 控制平面中的各组件。

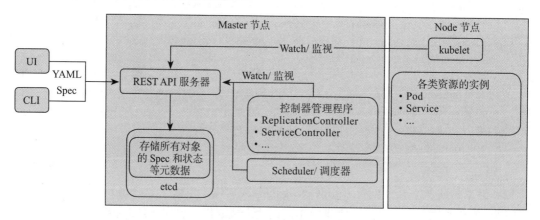

图 2-4　OpenShift 控制平面

以创建一个 Pod 为例，图 2-5 所示为该创建过程。

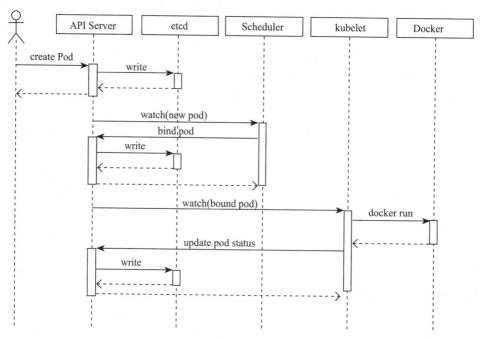

图 2-5　创建 Pod 过程中 OpenShift 各组件之间的协作⊖

1）客户端使用 HTTP/HTTPS 通过 API 向 OpenShift API Server 发送（POST）YAML 格式的 Pod Spec。

⊖　图片来源：blog.heptio.com。

2）API Server 在 etcd 中创建 Pod 对象并将 Spec 保存到其中。然后，API Server 向客户端返回创建结果。

3）Scheduler 监控到这个 Pod 对象的创建事件，它根据调度算法决定把这个 Pod 绑定到节点 1，然后调用 API 在 etcd 中写入该 Pod 对象与节点 1 的绑定关系。

4）节点 1 上的 kubelet 监控到有一个 Pod 被分配到它所在的节点上，于是调用 Docker 创建并运行一个 Pod 实例，然后调用 API 更新 etcd 中 Pod 对象的状态。

可见，OpenShift API Server 实现了简单可靠的消息总线的功能，利用基于消息的事件链，解耦了各组件之间的耦合关系，配合 Kubernetes 基于声明式的对象管理方式又确保了功能的稳定性。这个层面的架构解耦使得 OpenShfit 具有良好的规模扩展性。

另外，OpenShift 采用各种插件来实现资源层面的解耦。图 2-6 中展示了 OpenShift 所利用的各种资源。它采用身份认证程序（Identity Provider）来对接各种身份提供程序，完成身份保存和验证；通过 CRI（Container Runtime Interface，容器运行时接口）实现 kubelet 与容器运行时的解耦，支持 Docker 和 CRI-O 等容器运行时；通过 Docker Registry API，OpenShift 能与各种镜像仓库对接，实现镜像的上传、保存和拉取；通过 CNI（Container Network Interface）实现网络层面的解耦，支持多种网络插件实现 Pod 网络；通过存储插件实现存储层面的解耦，支持多种物理存储后端，为容器提供各种持久存储；通过 OSB API（Open Service Broker API，开放服务中介 API）实现服务目录层面的解耦，支持各种不同的服务中介，来为容器云平台用户提供丰富的服务。这个层面的架构解耦使得 OpenShfit 具有良好的功能扩展性。

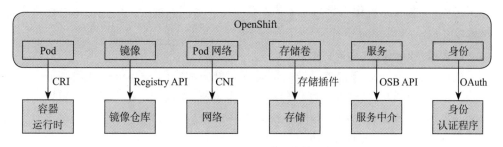

图 2-6　OpenShift 所利用的各种资源

2.1.2　OpenShift 核心组件

图 2-7 所示为 OpenShift 容器 PaaS 云平台的架构。

（1）Master 节点

Master 节点是 OpenShift 容器云平台的主控节点，由一台或多台主机组成，运行控制平面所有组件，比如 API 服务器（API Server）、各种控制器服务器（Controller Server）、etcd 和 Web Console 等。Master 节点负责管理集群状态以及集群内的所有节点，并将待创建的 pod 调度到合适的节点上。

（2）Node 节点

Node 节点是 OpenShift 容器云平台的计算节点，受 Master 节点管理，负责运行应用容器。OpenShift 支持在物理机环境、虚拟机环境和云环境中创建 Node 节点。

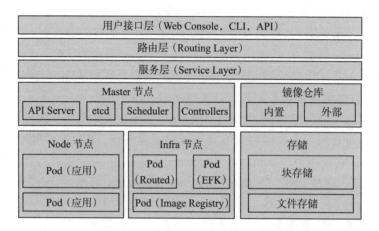

图 2-7　OpenShift 容器 PaaS 云平台架构

（3）容器仓库（Container Registry）

OpenShift 容器云平台支持实现 Docker Registry API 的多种镜像仓库，包括 Docker Hub、利用第三方软件比如 VMware Harbor 搭建的私有镜像仓库，还提供了名为 OpenShift Container Registry（OCR）的内置容器镜像仓库。OCR 用于存放用户通过内置的 S2I 镜像构建流程所产生的 Docker 镜像。每当 S2I 完成镜像构建后，它就会向内置镜像仓库推送构建好的镜像。

（4）路由层（Routing Layer）

为了让用户从 OpenShift 集群外访问部署在集群内的应用，OpenShift 提供了内置的路由层。路由层是一个软件负载均衡器，包括一个路由器（Router）组件，用户可以为应用的服务定义路由规则（Route），每条路由规则将应用暴露为一个域名。访问这个域名时，路由器会将访问请求转发给服务的后端 Pod。

（5）服务层（Service Layer）

在 OpenShift 中，容器运行在 Pod 中，每个 Pod 都会被分配一个 IP 地址。当应用具有多个 Pod 时，在集群内部访问这些 Pod 是通过 Service 组件来实现的。Service 是一个代理，也是一个内部负载均衡，它连接多个后端 Pod，并将访问它的请求转发至这些 Pod。

（6）Web Console 和 CLI

Web Console 是从 Web 浏览器上访问的 OpenShift 容器云平台的用户界面。Web Console 服务以 Pod 的形式运行在 Master 节点之上，如图 2-8 所示。OpenShift 还提供了命令行工具 oc。用户可以从 Web Console 上直接下载该工具。

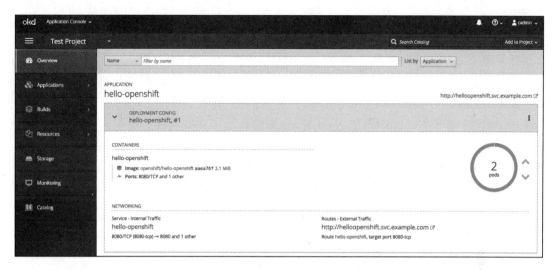

图 2-8　OpenShift Web Console 部分截图

2.1.3　OpenShift 核心概念

OpenShift 包含以下核心概念：

❑ 项目（Project）和用户（User）。

❑ 容器（Container）和镜像（Image）。

❑ Pod 和服务。

❑ 构建（Build）和镜像流。

❑ 部署（Deployment）。

❑ 路由。

❑ 模板（Template）。

1. 项目和用户

用户是与 OpenShift 容器云平台进行交互的实体，比如开发人员、集群或项目管理员等。OpenShift 容器云平台中主要有以下 3 类用户。

❑ 常规用户（Regular User）：常规用户可通过 API 创建，以 User 对象表示。

❑ 系统用户（System User）：大部分系统用户在集群被部署完成后自动创建，主要用于基础架构和 API 服务之间的安全通信。比如一个集群管理员（system:admin）、每个节点的一个系统用户等。

❑ 服务账户（Service Account）：这是 Project 内的特殊系统用户。某些服务账户在 Project 创建完成后自动创建，项目管理员可以创建服务账户。

通过命令 oc get user 命令来获取用户列表。

```
[root@master1 ~]# oc get user
```

```
NAME        UID                                FULL NAME   IDENTITIES
admin       3fe420b5-df2c-11e9-80a7-fa163e71648a allow_all:admin
cadmin      1028b3ab-e449-11e9-9b23-fa163e71648a allow_all:cadmin
regadmin    9825b876-df41-11e9-80a7-fa163e71648a allow_all:regadmin
```

Kubernetes 的 Namespace（命名空间）为集群中的资源划分了范围。OpenShift 的 Project（项目）基于 Kubernetes 的 Namespace 概念新增了一些功能，用于对相关对象进行分组和隔离。每个 OpenShift 项目对象对应一个 Kubernetes 命名空间对象。集群管理员可授予用户对某些项目的访问权限、允许用户创建项目，以及授予用户在项目中的权限。

通过 oc new-project <project_name> 命令来创建一个新项目。

```
[root@master1 ~]# oc new-project devproject --display-name='DEV \
Project' --description='Project for development team'
Now using project "devproject" on server \
"https://openshift-internal.example.com:8443".
```

通过 oc get project 命令获取当前环境中的所有项目。

```
[root@master1 ~]# oc get project
NAME                    DISPLAY NAME    STATUS
devproject              DEV Project     Active
......
openshift-web-console                   Active
testproject             Test Project    Active
```

2. 容器和镜像

容器是一个应用层抽象，用于将代码和依赖资源打包在一起。Linux 容器技术是一种轻量级进程隔离技术，使得运行在同一台宿主机上的众多容器中的应用拥有独立的进程、文件、网络等空间。因此，多个容器可以在同一台机器上运行，共享操作系统内核，但各自作为独立的进程在用户空间中运行。实际上，多年以前 Linux 内核中就应用了容器相关技术。

Docker 为方便地管理容器提供了管理接口。Docker 是一种容器运行时，还是一个工具，负责在所在主机上创建、管理和删除容器。除 Docker 外，OpenShift 还支持另一种容器运行时——CRI-O。OpenShift 调用 Docker 去创建和管理容器，提供了在多个宿主机上编排 Docker 容器的能力。

当使用 Docker 创建容器时，它会为每个容器创建命名空间（Namespace）和控制群组（Control Groups）。命名空间包括 Mount（用于隔离挂载点）、PID（用于隔离进程 ID）、Network（用于隔离网络设备）、IPC（用于隔离进程间通信）、UTS（用于隔离主机名和域名）和 UID（用于隔离用户和用户组 ID）等。Docker 还支持在同一个命名空间中运行多个容器。图 2-9 中的左图表示一个用 Docker 创建的 Nginx 容器，右图表示共享命名空间的 Nginx 容器和 Confd 容器，其中 Confd 容器负责维护 Nginx 的配置文件。

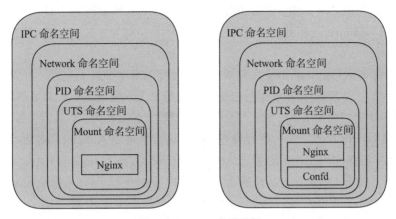

图 2-9　Docker 容器示例

容器镜像是轻量的、可执行的独立软件包，包含软件运行所需的所有内容，如代码、运行时环境、系统工具、系统库和设置等。OpenShift 容器云平台中运行的容器是基于 Docker 格式的容器镜像。

容器镜像仓库（Container Image Registry）是一种集中的存储和分发容器镜像的服务。一个 Registry 中可包含多个仓库（Repository），每个仓库可以包含多个标签（Tag），每个标签对应一个镜像。通常情况下，一个仓库会包含同一个软件不同版本的镜像，而标签就常用于对应该软件的各个版本。我们可以通过 < 仓库名 >:< 标签 > 的格式来指定具体是软件哪个版本的镜像。图 2-10 所示为上述概念之间的关系。

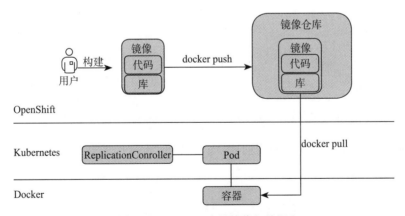

图 2-10　OpenShift 中的镜像相关概念

3. Pod 和 Service

OpenShift 引入了 Kubernetes 中的 Pod 概念。Pod 是 OpenShift 应用的最小可执行和可调度单元，即应用的一个实例。Pod 定义中包含应用的一个或多个容器、存储资源、唯一的网络 IP，以及其他定义容器如何运行的选项。OpenShift 容器云平台使用 Docker 来运行 Pod 中的容器。每个 Pod 都被分配了独立的 IP 地址，Pod 中的所有容器共享本地存储和网络，容器使用 localhost 互相通信。Pod 可拥有共享的存储卷，Pod 中的所有容器都能访问这些卷。

Pod 是有生命周期的，从被定义开始，到被分配到某个节点上运行，再到被释放。Pod 是不可以修改的，也就是说一个运行中的 Pod 的定义无法修改。Pod 又是临时性的，用完即丢弃，当 Pod 中的进程结束、所在节点故障，或者资源短缺时，Pod 即会被终止。

静态 Pod（Static Pod）是一类特殊的 Pod。这种 Pod 由 Kubelet 创建和管理，仅运行在 kubelet 所在的 Node 上，不能通过 API Server 进行管理，无法与 ReplicationController（副本控制器）等关联。OpenShift 容器云平台的控制平面组件（包括 etcd、API Server 和 Controller）会以静态 Pod 的形式运行在 Master 节点上，由其上的 kubelet 创建和管理。另一类特殊的 Pod 为守护 Pod（Daemon Pod），一个节点上只有一个守护 Pod 的副本。OpenShift 容器云平台的 openshift-sdn 和 openvswitch 组件以守护 Pod 的形式运行在所有节点上。

正是由于 Pod 具有临时性、不可修改、无法自愈等特性，用户很少直接创建独立的 Pod，而会通过 ReplicationController 这样的控制器来对它进行控制。如果需要，可通过 oc create –f <file> 命令来创建 Pod 实例。下面是一个 Pod 定义文件示例。

```
apiVersion: v1
kind: Pod
metadata:
  name: myapp-pod
  labels:
    app: myapp
spec:
  containers:
  - name: myapp-container
    image: busybox
    command: ['sh', '-c', 'echo Hello Kubernetes! && sleep 3600']
```

通过 oc get pod 命令，可查看当前项目中的 Pod。列表中的第三个 Pod 就是使用上面的 Pod 定义文件创建的。

```
[root@master1 ~]# oc get pod
NAME                        READY    STATUS    RESTARTS    AGE
hello-openshift-3-5lr24     1/1      Running   0           3h
hello-openshift-3-cjfbm     1/1      Running   0           3h
myapp-pod                   1/1      Running   0           2m
mywebapp-2-5wj2t            1/1      Running   0           1h
mywebapp-2-sr84n            1/1      Running   0           56m
```

一个 OpenShift Pod 可能会包括以下几种容器：

（1）Infra 容器

每个 Pod 都会运行一个 Infra 容器（基础容器），它负责创建和初始化 Pod 的各个命名空间，随后创建的 Pod 中的所有容器会被加入这些命名空间中。这种容器的名字以"k8s_POD_<pod 名称 >_<project 名称 >"开头，下面是在项目 testproject 中的名为 myapp-pod-with-init-containers 的 Pod 中的 Infra 容器：

```
4b6588d15798          docker.io/openshift/origin-pod:v3.11.0
"/usr/bin/pod"          About an hour ago    Up About an hour    k8s_POD_myapp-pod-
with-init-containers_testproject_25435bc3-003f-11ea-9877-fa163e71648a_0
```

该容器使用的镜像通过宿主机上的 kubelet 程序的启动参数 --pod-infra-container-image来指定。在笔者的测试环境中，其配置如下：

```
--pod-infra-container-image=docker.io/openshift/origin-pod:v3.11.0
```

（2）Init 容器

Init 容器（初始容器）是一种特殊的容器，一个 Pod 可以没有，也可以有一个或多个 Init 容器。Init 容器在 Pod 的主容器（应用容器）运行前运行。如果有一个 Init 容器运行失败，那么 Pod 中的主容器就不会启动。因此，可利用 Init 容器来检查是否满足主容器启动所需的前提条件。比如一个应用 Pod 中的主容器要求 MySQL 服务就绪后才能运行，那么可以在 Init 容器中检查 MySQL 服务是否就绪。在下面的 Pod 声明示例中，定义了两个 Init 容器，第一个 Init 容器会检查 myservice 服务是否就绪，第二个 Init 容器会检查 mydb 服务是否就绪。只有在这两个服务都就绪了之后，Pod 的主容器 myapp-container 才会运行。

```
apiVersion: v1
kind: Pod
metadata:
  name: myapp-pod
  labels:
    app: myapp
spec:
  containers:
  - name: myapp-container
    image: busybox:1.28
    command: ['sh', '-c', 'echo The app is running! && sleep 3600']
  initContainers:
  - name: init-myservice
    image: busybox:1.28
    command: ['sh', '-c', 'until nslookup myservice; do echo waiting for myservice;
sleep 2; done;']
```

```
 - name: init-mydb
   image: busybox:1.28
   command: ['sh', '-c', 'until nslookup mydb; do echo waiting for mydb; sleep 2;
done;']
```

Pod 被创建后，如果 myservice 服务尚未就绪，Pod 的状态为 Init:0/2，表示它的两个 Init 容器都未成功运行：

```
[root@master1 ~]# oc get pod
myapp-pod        0/1      Init:0/2           0        6m
```

在 myservice 服务就绪后，Pod 的状态会变为 Init:1/2，表示它的两个 Init 容器中有一个已成功运行，此时这个 Init 容器的状态为 "Terminated"，还有一个 Init 容器未成功运行：

```
myapp-pod        0/1      Init:1/2           0        7m
```

在 mydb 服务就绪后，第二个 Init 容器运行成功后，此时 Pod 状态变为 PodInitializing，表明它开始进入初始化状态：

```
myapp-pod        0/1      PodInitializing  0        8m
```

随后，Pod 中的所有主容器都运行成功，其状态变为 Running：

```
myapp-pod        1/1      Running            0        8m
```

（3）主容器

主容器即应用容器，通常一个 Pod 中运行一个应用程序的主容器。在某些场景下，一个 Pod 中会运行多个具有强耦合关系的主容器。比如，在一个 Pod 中以 sidecar（边车）形式运行一个日志采集容器，用于采集该 Pod 主容器中的应用写到日志文件中的日志，并将它们输出到标准输出。

因此，Pod 是一个或多个容器组成的集合，这些容器共享同一个运行环境。OpenShift 默认利用 Docker 作为容器运行时来创建和管理容器，Pod 内的所有容器共享命名空间。Docker 首先为 Pod 创建 Infra 容器，为该容器创建命名空间和控制组，然后依次创建和运行 Init 容器，等到所有 Init 容器都运行后，再创建和运行主容器。这些容器都共享 Infra 容器的命名空间。图 2-11 是 Pod 中的容器示意图。实际上，一个 Pod 中的所有容器中的进程都仿佛运行在同一台 "机器"上。Pod 中的所有容器共享网络空间，因此可以通过 localhost 互相直接通信；它们还使用同样的主机名（hostname），以及共享 Pod 的存储卷。

Pod 具有其生命周期，其声明中的 "phase" 字段表示其当前所处的运行阶段。Pod 的主要运行阶段包括：

❑ Pending：OpenShift API Server 已经创建好了 Pod 对象，但还未被调度到某个节点上，或者还在下载 Pod 所需镜像。

❑ Running：Pod 被调度到了 OpenShift 集群的某个节点上，Pod 中所有的主容器都已
经被创建出来，而且至少有一个在运行中。

❑ Failed：Pod 中所有容器都已被终止，而且至少有一个容器终止失败。

❑ Succeeded：Pod 中所有容器都已被终止，而且都终止成功了。

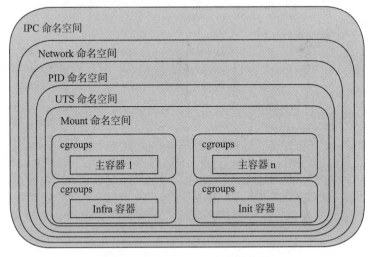

图 2-11　OpenShift Pod 中的容器

Pod 的状态（status）和 Pod 的阶段（phase）不是一一对应的。在 Pending 阶段，Pod 的
状态通常为"ContainerCreating"。在 Running 阶段，Pod 的状态可能为"Running"，表示
它在正常运行；也可能为"Error"，比如某个容器失败了。在 Succeeded 阶段，Pod 的状态
通常为"Completed"。通过 oc get pod 命令可查询当前项目中所有 Pod 的状态。图 2-12 显
示了一个具有两个 Init 容器和两个主容器的 Pod 启动过程中，各个容器的启动顺序和对应
Pod 的状态，以及 Pod 终止时和终止后的状态。

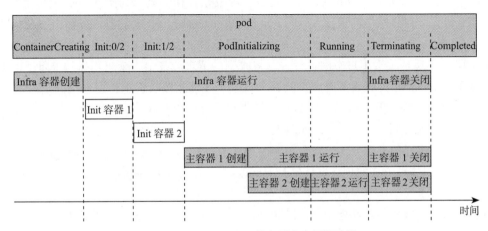

图 2-12　OpenShift Pod 的主要生命周期阶段

　　由于 Pod 是临时性的，因此它的 IP:Port 也是动态变化的。这将导致以下问题：如果一组后端 Pod 作为服务提供方，供一组前端 Pod 调用，那么服务调用方怎么使用不断变化的后端 Pod 的 IP 呢？为了解决此问题，OpenShift 引入了 Kubernetes 中的 Service 概念。一个 Service 可被看作 OpenShift 容器云平台的一个内部负载均衡器。它定位一组 Pod，并将网络流量导入其中。可以通过 oc get svc 命令来获取当前项目中的服务实例。

```
[root@master1 ~]# oc get svc
NAME               TYPE        CLUSTER-IP       EXTERNAL-IP     PORT(S)
hello-openshift    ClusterIP   172.30.10.229    <none>          8080/TCP,8888/TCP
mywebapp           ClusterIP   172.30.151.210   <none>          8080/TCP
```

通过 oc describe svc <service_name> 命令来查看某服务的具体信息。

```
[root@master1 ~]# oc describe svc/mywebapp
Name:           mywebapp
Namespace:      testproject
Labels:         app=mywebapp
Annotations:    openshift.io/generated-by=OpenShiftWebConsole
Selector:       deploymentconfig=mywebapp
Type:           ClusterIP
IP:             172.30.151.210
Port:           8080-tcp   8080/TCP
TargetPort:     8080/TCP
Endpoints:      10.129.0.108:8080,10.130.0.142:8080
```

　　该服务对象的名称为"mywebapp"，其后端通过 Selector（筛选器）筛选出来，本例中服务的后端是包含"deploymentconfig=mywebapp"的所有 Pod，其 IP 和端口号分别为 10.129.0.108:8080 和 10.130.0.142:8080。该服务被分配了 IP 地址 172.30.151.210，端口号为 8080。有了此服务后，服务使用方就可以使用服务的 IP:Port 来访问后端服务了。

　　那服务是如何将网络流量导入后端 Pod 的呢？OpenShift 支持两种服务路由实现。默认是基于 iptables 的，使用 iptables 规则将发送到服务 IP 的请求转发到服务的后端 Pod。另一种较早期的实现是基于用户空间进程，它将收到的请求转发给一个可用后端 Pod。相比之下，基于 iptables 的实现效率更高，但要求每个 Pod 都能接收请求；用户空间进程实现方式的速度较慢一些，但会尝试后端 Pod 直到找到一个可用 Pod 为止。因此，如果有完善的 Pod 可用性检查机制（Readiness Check），那基于 iptables 的方案是最佳选择；否则，基于用户空间代理进程的方案会比较安全。可在 Ansible 清单文件中设置 openshift_node_proxy_mode 来选择以哪种方式实现，默认值为 iptables，可设置为 userspace 以使用用户空间代理进程方式。

　　服务的后端服务器被称为端点，以 Endpoints 对象表示，其名称和服务相同。当服务的后端是 Pod 时，通常在 Service 的定义中指定标签选择器来指定将哪些 Pod 作为 Service 的后端，然后 OpenShift 会自动创建一个 Endpoints 指向这些 Pod。通过如下命令查询当前项目中的 Endpoints 对象。

```
[root@master1 ~]# oc get ep
NAME                                                    ENDPOINTS
hello-openshift 10.129.0.132:8888,10.130.0.140:8888 + 1 more...
mywebapp        10.129.0.133:8080,10.130.0.156:8080
mywebappv2      10.130.0.157:8080
```

4. 构建和镜像流

构建表示根据输入参数构建出目标对象的过程。在 OpenShift 容器云平台上，该过程用于将源代码转化为可运行的容器镜像。OpenShift 支持 4 种构建方式：Docker 构建、S2I 构建、Pipeline 构建和自定义构建。

- Docker 构建会调用 docker build 命令，基于所提供的 Dockerfile 文件和所提供的内容来构建 Docker 镜像。
- S2I 构建是 OpenShift 的原创，它根据指定的构建镜像（Builder Image）和源代码（Source Code），构建生成可部署 Docker 镜像，并推送到 OpenShift 内部集成镜像库中。
- Pipeline 构建方式允许开发者定义 Jenkins Pipeline。在项目首次使用该构建方式时，OpenShift 容器云平台会启动一个 Jenkins 服务，然后再将该 Pipeline 交由它来执行，并负责启动、监控和管理该构建。BuildConfig 对象中可以直接包含 Jenkins Pipeline 的内容，或者包含其 Git 仓库地址。

构建的配置由一个 BuildConfig 对象表示，其定义了构建策略和各种参数，以及触发一次新构建的触发器（Trigger）。通过 oc get bc 命令可获取当前项目中的构建配置列表。

```
[root@master1 ~]# oc get bc
NAME       TYPE     FROM         LATEST
mywebapp   Source   Git@master   3
```

通过 oc start-build <buildconfig_name> 命令可手动启动一次构建。通过命令 oc get build 可查看所有构建。

```
[root@master1 ~]# oc get build
NAME         TYPE     FROM         STATUS     STARTED          DURATION
mywebapp-2   Source   Git@d5837f1  Complete   34 minutes ago   7m50s
mywebapp-3   Source   Git@d5837f1  Complete   24 minutes ago   3m13s
```

使用 Docker 或 Source 策略的构建配置的一次成功构建会创建一个容器镜像。镜像会被推送到 BuildConfig 定义的 output 部分所指定的容器镜像仓库中。如果目标仓库的类型为 ImageStreamTag，那么镜像会被推送到 OpenShift 容器云平台的内置镜像仓库中；如果类型为 DockerImage，那么镜像会被推送到指定的镜像仓库或 Docker Hub 中。

```
spec:
  nodeSelector: null
  output:
    to:
      kind: ImageStreamTag
      name: mywebapp:latest
```

一个 ImageStream 及其所关联的标签为 OpenShfit 容器云平台内所使用到的容器镜像提供了一种抽象方法。镜像流由 ImageSteam 对象表示，镜像流标签由 ImageSteamTag 对象表示。镜像流并不包含实际镜像数据，而是使用标签指向任意数量的 Docker 格式的镜像。通过 oc get is 命令可以获取当前项目中 ImageStream 对象列表。

```
[root@master1 ~]# oc get is
NAME    DOCKER REPO                                              TAGS
myApp docker-registry.default.svc:5000/testproject/myApp99    latest
```

一个镜像流标签对象（ImageStreamTag）指向一个镜像，可以是本地镜像或者远程镜像。如下的名为"python"的镜像流包含两个标签，标签 34 指向 Python v3.4 镜像，标签 35 指向 Python v3.5 镜像。

```
Name:               python
Namespace:          imagestream
......
Tags:               2
34
  tagged from centos/python-34-centos7
  * centos/python-34-centos7@sha256:28178e2352d31f2407d8791a54d0
      14 seconds ago
35
  tagged from centos/python-35-centos7
  * centos/python-35-centos7@sha256:2efb79ca3ac9c9145a63675fb0c09220ab3b8d4005d3\
5e0644417ee552548b10
      7 seconds ago
```

通过 oc get istag 命令可查询当前项目中的镜像流标签。

```
[root@master1 ~]# oc get istag
NAME                      DOCKER REF
hello-openshift:latest    openshift/hello-openshift@sha256:aaeae2e
mywebapp:latest 172.30.84.87:5000/testproject/mywebapp@sha256:d6cb2d64617100b7\
6db176c88
```

使用 ImageStream 的目的是方便将一组相关联的镜像进行整合管理和使用，比如，可在新镜像被创建后自动执行指定构建或部署操作。构建和部署可以监视 ImageStream，在新镜像

被添加后会收到通知，并分别通过执行构建或部署来作出反应。例如，某 DeploymentConfig
使用一个 ImageStream，当该镜像版本被更新时，应用会自动进行重新部署。

默认情况下，部署完成后，OpenShift 容器平台会在 OpenShift 项目中创建一些镜像流
供用户直接使用。通过 oc get is -n openshift 命令可查看这些镜像流。每次向 OpenShift 内
置镜像仓库中推送镜像时，会自动创建一个指向该镜像的 ImageSteam 对象。如下手动创建
一个名为 "python"，标签为 "3.5" 的 ImageStream：

```
oc import-image python:3.5 --from=centos/python-35-centos7 --confirm
```

图 2-13 所示为上述概念之间的关系。

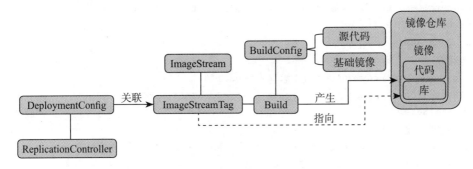

图 2-13　OpenShift 构建与部署相关概念之间的关系

❑ BuildConfig 是构建的静态定义，每次运行后会启动一次 Build。
❑ Build 完成后产生的镜像会被推送到镜像仓库中，并产生 ImageStream 和 ImageStream-
Tag。
❑ DeploymentConfig 是部署的静态定义，它关联某个 ImageStreamTag。每当 Image-
StreamTag 所指向的镜像发生变化，都会自动触发一次部署动作，生成一个
ReplicationController 对象。

有关构建的详细信息，请阅读 4.2 节。

5. 部署

为了更好地管理应用开发和部署生命周期，OpenShift 在 Kubernetes 的 Replication-
Controller 概念的基础上增加了 DeploymentConfig 的概念。DeploymentConfig 对象定义了
部署的元数据，包括 ReplicationController 的定义、自动进行新部署的触发器、在部署之间
进行状态转换的方法（Rolling Strategy），以及生命周期钩子（Life Cycle Hook）。通过 oc
get dc 命令可查看当前 Project 中的 DeploymentConfig 对象列表。

```
[root@master1 ~]# oc get dc
NAME        REVISION    DESIRED    CURRENT    TRIGGERED BY
```

```
hello-openshift    1     2     2  config,image(hello-openshift:latest)
```

通过 oc describe dc <name> 命令可查看指定 DeploymentConfig 对象的相关信息。

```
[root@master1 ~]# oc describe dc hello-openshift
Name:          hello-openshift
Namespace:     testproject
Created:       7 days ago
Labels:        app=hello-openshift
Latest Version: 1
Selector:      app=hello-openshift,deploymentconfig=hello-openshift
Replicas:      2
Triggers:      Config, Image(hello-openshift@latest, auto=true)
Strategy:      Rolling
Pod Template:
  Labels:          app=hello-openshift
                   deploymentconfig=hello-openshift
  Annotations: openshift.io/generated-by=OpenShiftWebConsole
  Containers:
    hello-openshift:
      Image:          openshift/hello-openshift@sha256:aaea76ff47e2e
      Ports:          8080/TCP, 8888/TCP
Deployment #1 (latest):
        Name:       hello-openshift-1
        Created:    7 days ago
        Status:     Complete
        Replicas:   2 current / 2 desired
        Selector:   app=hello-openshift,deployment=hello-openshift-
1,deploymentconfig= hello-openshift
        Labels:     app=hello-openshift,openshift.io/deployment-config.
name=hello-openshift
        Pods Status: 2 Running / 0 Waiting / 0 Succeeded / 0 Failed
  Events: <none>
```

通过 oc rollout latest dc/<name> 命令可手动触发该应用的一次部署过程。部署成功后，会创建一个新的 ReplicationController 对象。

```
[root@master1 ~]# oc rollout latest dc/hello-openshift
deploymentconfig.apps.openshift.io/hello-openshift rolled out
```

每次部署时都会创建一个 ReplicationController 对象，并由它创建所需 Pod。Replication-Controller 确保在任何时间上运行 Pod 的"replicas"数为定义中的数量。如果 Pod 超过指定的数量，ReplicationController 会终止多余的 Pod；如果 Pod 少于指定数量，它将启动更多 Pod。与手动创建的 Pod 不同，如果有 Pod 失败、被删除或被终止，ReplicationController

会自动维护并替代这些 Pod。通过 oc get rc 命令可查看当前项目中的 ReplicationController
对象列表。

```
[root@master1 ~]# oc get rc
NAME               DESIRED   CURRENT   READY    AGE
hello-openshift-1    0          0         0       7d
```

通过 oc describe rc <name> 命令可查看指定 ReplicationController 对象的详细信息。

```
[root@master1 ~]# oc describe rc/hello-openshift-3
Name:        hello-openshift-3
Namespace:   testproject
Selector:    app=hello-openshift,deployment=hello-openshift-3,deploymentconfig= \
hello-openshift
Labels:      app=hello-openshift
             openshift.io/deployment-config.name=hello-openshift
Annotations: openshift.io/deployer-pod.completed-at=2019-10-02 18:45:53 +0800 CST
             ......
    openshift.io/encoded-deployment-config={"kind":"DeploymentConfig", \
"apiVersion":"apps.openshift.io/v1","metadata":{"name":" hello-openshift","namespace
":"testproject","selfLink":" /apis/apps.openshift.io...
Replicas:    2 current / 2 desired
Pods Status: 2 Running / 0 Waiting / 0 Succeeded / 0 Failed
Pod Template:
  Labels:      app=hello-openshift
               deployment=hello-openshift-3
               deploymentconfig=hello-openshift
  Annotations: openshift.io/deployment-config.latest-version=3
               openshift.io/deployment-config.name=hello-openshift
               openshift.io/deployment.name=hello-openshift-3
               openshift.io/generated-by=OpenShiftWebConsole
  Containers:
    hello-openshift:
      Image:        openshift/hello-openshift@sha256:aaea76ff622d2f8bcb32e538e7b
3cd0ef6d 291953f3e7c9f556c1ba5baf47e2e
      Ports:        8080/TCP, 8888/TCP
      Host Ports:   0/TCP, 0/TCP
      Environment:  <none>
      Mounts:       <none>
      Volumes:      <none>
Events:
  Type     Reason            Age     From                     Message
  ----     ------            ----    ----                     -------
  Normal   SuccessfulCreate  39m     replication-controller   Created pod: hello-
```

```
openshift-3-cjfbm
    Normal   SuccessfulCreate  39m    replication-controller  Created pod: hello-
openshift-3-5lr24
```

还可以在 DeploymentConfig 配置中定义部署触发器，在指定条件发生时即进行一次新的部署。下面是某 DeploymentConfig 定义的 Trigger 部分，设置了 ImageChange 触发器，使得 mywebapp 镜像流的 latest 标签被监控，一旦该标签值发生改变（意味着有新的镜像被推送进来），即会触发一次新的部署过程。

```
triggers:
- type: "ImageChange"
  imageChangeParams:
    automatic: true
    from:
      kind: "ImageStreamTag"
      name: "mywebapp:latest"
      namespace: "myproject
```

图 2-14 所示为上述概念之间的关系。

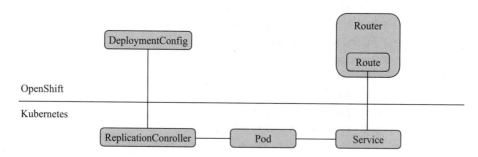

图 2-14　OpenShift 部署、Pod 及服务之间的关系

其中：

❑ DeploymenetConfig 是部署的静态定义，每次部署操作都会产生一个 Replication-Controller 对象。

❑ ReplicationController 对象负责维护在 DeploymenetConfig 中定义的 Pod 副本数。Pod 是 OpenShift 中最小的可调度单元，在其中运行应用容器。

❑ Service 是集群内部负载均衡器，本身带有 IP 地址和端口，以 Pod 作为其后端，将对自身的请求转发至这些后端 Pod。

❑ Router 中包含多个 Route，每个 Route 对应一个 Service，将其以域名形式暴露到集群外。

有关部署的详细信息，请阅读 4.3 节。

6. 路由器

为了从集群外部能访问到部署在 OpenShift 容器云平台上的应用，OpenShift 提供了路由器（Router）组件。Router 是一个重要组件，是从集群外部访问集群内的容器应用的入口。集群外部请求都会到达 Router，再由它分发到具体应用容器中。路由器组件由集群管理员负责部署和配置。路由器以插件形式实现，OpenShift 支持多种路由器插件，默认路由器采用 HAProxy 实现。

路由器组件就绪之后，用户可创建路由规则（Route）。每个路由规则对象将某服务以域名形式暴露到集群外部，使得从集群外部能通过域名访问到该服务。每个 Route 对象包含名字、公共域名、服务选择器（Service Selector）和可选的安全配置等配置。路由规则被创建后会被路由器加载，路由器通过路由规则的服务选择器定位到该服务的所有后端，并将其所有后端更新到自身的配置之中。同时，路由器还能动态地跟踪该服务后端的变化，并直接更新自己的配置。当用户访问域名时，域名首先会被域名系统（Domain Name System，DNS）解析并指向 Router 所在节点的 IP 地址。Router 服务获取该请求后，根据路由规则，将请求转发给该服务的后端所关联的 Pod 容器实例。通过 oc get route 命令可获取当前项目中的所有路由规则。

```
[root@master1 ~]# oc get route
NAME HOST/PORT PATH     SERVICES  PORT TERMINATION      WILDCARD
hello-openshift       helloopenshift.svc.example.com   \
hello-openshift    8080-tcp                 None
    mywebapp mywebapp-testproject.router.default.svc.cluster.local  \
mywebapp            8080-tcp                 None
```

OpenShfit 容器云平台中，路由器和服务都提供负载均衡功能，但使用场景和作用不同。Router 组件负责将集群外的访问请求转发给目标应用容器，而 Service 对象则将集群内的访问请求转发给目标应用容器。

有关路由器的详细信息，请阅读 4.2.3 节。

7. 模板（Template）

一个 Template 对象定义一组对象，这些对象可被参数化，经 OpenShift 容器化平台处理后会生成一组对象。这些对象可以是该用户在项目中有权创建的所有类型的对象，比如 Service（服务）、BuildConfiguraiton（构建配置）、DeploymentConfig（部署配置）等。

用户可以通过 JSON 或 YAML 文件来定义一个 Template，再通过 oc create –f <filename> 命令在 OpenShift 容器平台中创建该 Template 对象。通过 oc get template 命令可查看当前 Project 中的 Template 对象列表。

```
[root@master1 ~]# oc get template
NAME    DESCRIPTION         PARAMETERS      OBJECTS
```

```
jenkins-ephemeral     Jenkins service, without persistent storage....    6 (1
generated)   6
```

通过 oc process –f <filename> 命令或 oc process <template_name> 命令，可以生成模板中定义的对象。

默认情况下，OpenShfit 容器平台会在 OpenShift 项目中创建一些 Template 供用户使用。通过 oc get templates -n openshift 命令可查看这些模板。有关模板的更多内容，请阅读 4.4 节。

2.1.4　OpenShift 部署架构

OpenShift 可以在多种环境中部署，包括物理机、私有云、虚拟化环境和公有云环境。图 2-15 是基于 RedHat Linux 虚拟机部署 OpenShift 容器云生产环境的示例架构图。

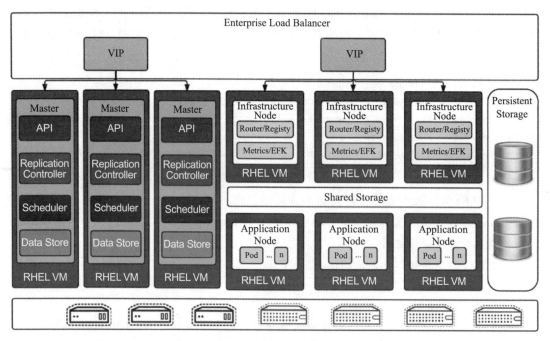

图 2-15　OpenShift 在 VMware 环境中的示例部署架构（来源：RedHat 公司）

该部署架构说明如下：

❑ 采用 3 台虚拟机作为 Master 节点，每个节点上均运行 API、控制器、调度器、etcd 等集群管理服务。

❑ 采用 3 台虚拟机作为 Infra 节点，每个节点上均运行路由器、内置镜像仓库、监控（Prometheus）和日志（EFK）等集群基础架构组件。

❑ 采用多台虚拟机作为 Node 节点，每个节点上均运行应用 Pod。

❑ 采用外置存储作为持久存储，比如 GlusterFS、NFS、Ceph 或者 SAN 存储。

❑ 采用企业级负载均衡器为 Master 节点上的服务和 Infra 节点上的服务提供负载均衡。

2.2 OpenShift 网络之 SDN

为了确保运行在其上的 Pod 之间能够通过网络互相通信，OpenShift 为每个 Pod 从其内网地址空间中分配了一个 IP 地址，使得所有 Pod 像运行在同一个主机上一样。这个网络地址空间是通过 OpenShift SDN（Sofware Defined Network，软件定义网络）建立和维护的。图 2-16 是 RedHat 公司发布的在 VMware 虚拟化环境中 OpenShift 容器云环境的参考部署架构图。图中的红线表示 OpenShift SDN 网络，也就是 Pod 网络，所有 Pod 都是在这个网络内互相通信的。

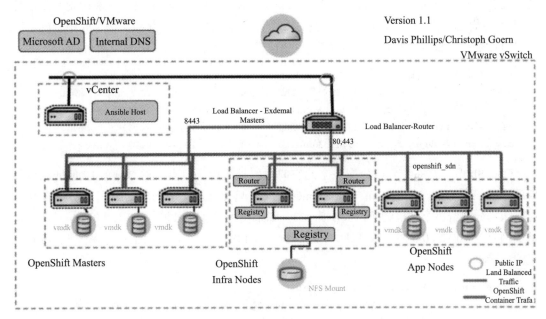

图 2-16 VMware 虚拟化环境中 OpenShift 的部署架构

默认情况下，OpenShift 以插件形式提供了 3 种符合 Kubernetes CNI 要求的 Pod 网络实现。

❑ ovs-subnet：默认被启用。它实现了一种扁平网络，所有租户的 Pod 都可以互访。因此，它未实现租户之间的网络隔离，这使得该实现无法用于绝大多数生产环境。本书将不做详细介绍，具体请查阅相关文档。

❑ ovs-multitenant：基于 Open vSwitch（OVS）和 VXLAN 等技术实现了项目内 Pod 间的通信和项目间的网络隔离。本节后面会详细介绍。

❑ ovs-networkpolicy：为应用提供更细粒度的进出网络规则。考虑到 ovs-multitenant

只实现了项目级别的网络隔离，这种隔离粒度在一些场景中过大，用户无法做更精细的控制，这种需求导致了 ovs-networkpolicy 的出现。本书将不做详细介绍，具体请查阅相关文档。

当使用 Ansible 部署 OpenShift 容器云环境时会默认启用 ovs-subnet。要使用其他网络模式，可修改 Ansible hosts 文件。比如，要使用 ovs-multitenant 模式，可使用如下配置：

```
[OSEv3:vars]
os_sdn_network_plugin_name=redhat/openshift-ovs-multitenant
```

2.2.1 OpenShift SDN 网络配置

在部署 OpenShift 容器云平台之前，需要对 SDN 做好规划，并在 Ansible 清单文件中进行配置。在 Ansible 清单文件中，使用 osm_cluster_network_cidr 配置项来设置 Pod 地址空间，默认值为 10.128.0.0/14。集群中所用户有的 Pod 的 IP 地址都会从该空间中分配，因此规划时需要考虑集群将来的使用容量。使用如下命令查看 Pod 的 IP 地址及所在节点。

```
[root@master1 ~]# oc get pod -o wide
NAME                        READY  STATUS   RESTARTS  AGE   IP            NODE
hello-openshift-3-cjfbm     1/1    Running  0         8d    10.130.0.140  node2
hello-openshift-3-jknxk     1/1    Running  0         12h   10.129.0.132  node1
mywebapp-3-kwvg5            1/1    Running  0         6h    10.129.0.133  node1
```

OpenShift 会为每个节点分配一个此空间内的子网段，节点上的 Pod 的 IP 地址从该节点的子网段中分配。使用 osm_host_subnet_length 配置项定义子网段的大小，默认值为 9。这意味着分配给每个主机的子网大小为 /23。如果使用默认 Pod 网段 10.128.0.0/14，那么每个子网将是 10.128.0.0/23，10.128.2.0/23，10.128.4.0/23，等等。使用如下命令查看所有节点的子网段。

```
[root@master1 ~]# oc get hostsubnet
NAME      HOST      HOST IP         SUBNET          EGRESS CIDRS   EGRESS IPS
master1   master1   10.70.209.68    10.128.0.0/23   []             []
master2   master2   10.70.209.67    10.131.0.0/23   []             []
master3   master3   10.70.209.65    10.128.2.0/23   []             []
node1     node1     10.70.209.64    10.129.0.0/23   []             []
node2     node2     10.70.208.229   10.130.0.0/23   []             []
```

在 Ansible 清单文件中，使用 openshift_portal_net 来指定 Service 的地址空间，默认值为 172.30.0.0/16。每个服务会从该空间内分配一个 IP 地址。请注意该值在部署完成后将无法改变。使用如下命令查看当前项目中所有服务的地址。

```
[root@master1 ~]# oc get svc
NAME                TYPE       CLUSTER-IP      EXTERNAL-IP    PORT(S)
```

```
hello-openshift   ClusterIP 172.30.10.229    <none> 8080/TCP,8888/TCP
mywebapp          ClusterIP 172.30.151.210   <none> 8080/TCP
mywebappv2        ClusterIP 172.30.136.181   <none> 8080/TCP
```

在 Ansible 清单文件中，使用 openshift_use_openshift_sdn 指定是否使用 OpenShift SDN。除了可以使用 OpenShift SDN 外，还可使用 Flannel 作为 Pod 网络，只要设置 openshift_use_openshift_sdn=false 以及 openshift_use_flannel=true 即可。要使用 OpenShift SDN 的话，设置 os_sdn_network_plugin_name 来指定 SDN 插件的名字，默认为 redhat/openshift-ovs-subnet，设置为 redhat/openshift-ovs-multitenant 以使用多租户 SDN 插件。

2.2.2　OpenShift Node 节点上的 SDN

Open vSwitch 是一种企业级可扩展的高性能 SDN 组件。OpenShift 利用 OVS 实现 Pod 网络。当部署 OpenShift 容器云环境或向容器云环境中添加新节点时，OVS 都会被安装到节点上并配置好。图 2-17 所示为节点上的 SDN 网络设备以及设备之间的连接关系。

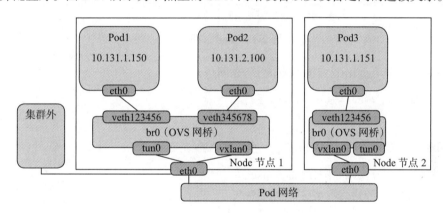

图 2-17　Node 节点中的 SDN 组件

节点上的主要网络设备如表 2-1 所示。

表 2-1　Node 节点上的 SDN 设备

网络设备	描述
br0	OVS 网桥，所有 SDN 设备皆挂接到此网桥上，使用 OpenFlow 规则来实现网络隔离和转发
veth××××	虚拟以太网接口设备，连接 Pod 内的 eth0，Pod 利用该设备发送和接收网络流量
tun0	连接到 br0 网桥的 OVS 内部端口，作为每个节点上的默认网关。OpenShift 集群外的网络流量经过此设备被发送出去
vxlan_sys_4789	连接到 br0 网桥，用于本地 Pod 和集群内其他节点上的 Pod 之间的网络通信

OpenShift 使用运行在每个节点上的 kubelet 组件来负责 Pod 的创建和管理，其中就包括 Pod 网络配置。每当一个 Pod 被创建时，OpenShift SDN 会执行以下操作：

1）从节点的子网中找一个空闲 IP 地址分配给 Pod。

2）将 Pod 在主机侧的 veth 设备挂接到 OVS 网桥 br0 上。

3）向 br0 增加 OpenFlow 规则。对于 ovs-multitenant 网络模式，这些规则会对来自 Pod 的网络包打上 Pod 的 VNID 标签，并只需要网络标签与 Pod 的 VNID 的网络包进入 Pod。

图 2-18 所示为创建 Pod 的网络设置总体过程。

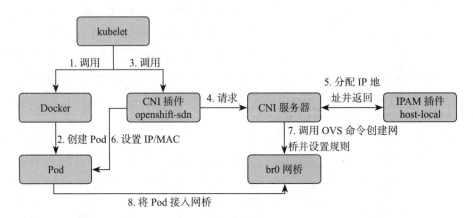

图 2-18　Pod 创建流程

使用如下命令可列出节点上所有的 OVS 网桥。

```
[root@node1 ~]# ovs-vsctl list-br
br0
```

使用如下命令可查看 OVS br0 网桥的详细信息。

```
[root@node1 ~]# ovs-vsctl show br0
137c4580-c55a-424e-960e-1277ea4bb0a6
Bridge "br0"
  fail_mode: secure
    Port "veth41af8699"
      Interface "veth41af8699"
    Port "vxlan0"
      Interface "vxlan0"
        type: vxlan
        options: {dst_port="4789", key=flow, remote_ip=flow}
    Port "tun0"
      Interface "tun0"
            type: internal
```

上面输出中的 vxlan0 是 vxlan_sys_4789 设备在 OVS 数据库中的名字。有一个 Pod 通过 veth 设备 veth41af8699 挂接到了 br0 网桥之上。那在有很多 Pod 的情况下，如何才能知道哪个端口对应的是哪个 Pod 呢？首先在 Pod 中查找 eth0 设备的对端设备的索引。

```
[root@master1 ~]# oc exec mywebapp-3-kwvg5 cat /sys/class/net/eth0/iflink
155
```

然后在 Pod 所在的 Node 节点上运行 ip 命令根据索引查找设备。

```
[root@node1 ~]# ip a | egrep -A 3 '^155.*:'
155: veth41af8699@if3: <BROADCAST,MULTICAST,UP,LOWER_UP> mtu 1450 qdisc noqueue
master ovs-system state UP group default
    link/ether ae:94:50:46:37:a2 brd ff:ff:ff:ff:ff:ff link-netnsid 4
    inet6 fe80::ac94:50ff:fe46:37a2/64 scope link
      valid_lft forever preferred_lft forever
```

从中可看出，Pod mywebapp-3-kwvg5 是通过 veth41af8699 设备挂接到 br0 网桥上的。创建好各网络设备并完成所需连接之后，OpenShift 会设置 OVS 网桥中的流表，通过流表实现了根据从 Pod 发出的网络包的不同目标从不同网络设备发送出去，以及项目间网络隔离的功能。图 2-19 所示为 OVS 各流表的功能和表间的关系。

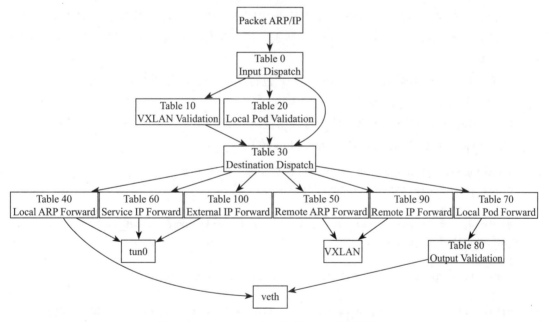

图 2-19　OpenShift 节点上的 OVS 网桥的流表

各流表的主要功能如下。

☐ 表 0：根据输入端口（in_port）做入口分流，来自 vxlan0 设备的流量被分流到表 10，来自 tun0 的流量被分流到表 30，来自各 veth 设备即本节点上的容器发出的流量被分流到表 20。

☐ 表 10：做 VXLAN 包入口合法性检查，如果隧道的远端 IP 是某集群节点的 IP 就认为是合法的，继续转到表 30 中去处理。

- 表 20：对本地 Pod 发来的包做入口合法性检查，对合法包继续转到 table 30 中去处理。
- 表 30：根据数据包的目的 IP 地址做转发分流，分别转到表 40 到表 70 中去处理。
- 表 40：本地 ARP 的转发处理，根据 ARP 请求的 IP 地址，从对应的端口（veth 设备）发出。
- 表 50：远端 ARP 的转发处理，根据 ARP 请求的 IP 地址，设置 VXLAN 隧道远端 IP，并从 vxlan0 发出。
- 表 60：Service 的转发处理，根据目标 Service 设置目标项目标记和转发出口标记，转发到表 80 中去处理。
- 表 70：对访问本地容器的包，根据其目标 IP，设置目标项目标记和转发出口标记，转发到表 80 中去处理。
- 表 80：做本地的 IP 包转出合法性检查，检查源项目标记和目标项目标记是否匹配等，如果满足条件则转发。该流表实现了 OpenShift SDN 的多租户项目级别的隔离机制，每个项目都会被分配一个 VXLAN VNI，表 80 只有在网络包的 VNI 和端口的 VNI Tag 相同时才会对网络包进行转发，这样确保了只有同一个项目中的 Pod 才能互访。
- 表 90：对访问远端容器的包做远端 IP 包转发"寻址"，根据目标 IP 设置 VXLAN 隧道远端 IP，并从 vxlan0 发出。
- 表 100：对出外网的转出处理，将数据包从 tun0 发出。

通过 ovs-ofctl 命令可查看 OVS OpenFlow 流表。

```
[root@node1 ~]# ovs-ofctl -O OpenFlow13 dump-flows br0
OFPST_FLOW reply (OF1.3) (xid=0x2):
……

table=0,  ip,in_port=1,nw_src=10.128.0.0/14 actions=move:NXM_NX_TUN_ID[0..31]-
>NXM_NX_REG0[],goto_table:10
……

table=100,udp,nw_dst=10.70.208.229,tp_dst=53 actions=output:2
……

table=111, n_packets=0, n_bytes=0, priority=100 actions=move:NXM_NX_REG0[]->NXM_
NX_TUN_ID[0..31],set_field: 10.70.209.64->tun_dst,output:1,set_field:10.70.209.65-
>tun_dst, output:1,set_field:10.70.209.67->tun_dst,output:1,set_field: 10.70.209.68->
tun_dst,output:1,goto_table:120
……
```

ovs-ofctl 输出结果的部分解释如下。

- in_port：输入端口。
- output：发送到指定输出端口；goto_table：转到指定流表继续处理。

❑ dl_src：源 MAC 地址；dl_dst：目标 MAC 地址。

❑ nw_src：源 IP；nw_dst：目标 IP。

❑ dl_type：以太网协议类型，0x0806 表示 ARP，0x0800 表示 IP。

❑ nw_proto：协议类型，需要和 dl_type 一起使用，比如当 dl_type 是 0x0800 时，nw_proto=1 就表示 ICMP Packet，nw_proto=6 表示 TCP，nw_proto=17 表示 UDP。

❑ tp_src：TCP UDP 源端口。

❑ tp_dst：TCP UDP 目标端口。

❑ NXM_NX_TUN_ID：VXLAN Tunnel ID。

❑ NXM_NX_REG0：寄存器 0，用于临时保存数据。

❑ move:NXM_NX_TUN_ID[0..31]->NXM_NX_REG0[]：将 Tunnel ID 保存到寄存器 0 中，以便后续从寄存器 0 中读取数据。

❑ set_field:10.70.209.64->tun_dst：设置包头中的字段，这里将该数据包的目标地址设置为 10.70.209.64。

通过 ovs-vsctl list-ports 命令查看 OVS 网桥上的所有端口。

```
[root@node2 ~]# ovs-vsctl list-ports br0
tun0
veth124e6133
veth2db06275
vethd4509668
vxlan0
```

通过 ovs-ofctl -O OpenFlow13 show 命令查看端口的详细信息，比如端口标签。vxlan0 端口的标签是 1，tun0 的标签是 2，veth 端口有各自的标签。在 OpenFlow 流表中检查数据包的输入端口的标签确定其来源，处理后转到某个目标端口出 OVS 网桥。

```
[root@node2 ~]# ovs-ofctl -O OpenFlow13 show br0
......
  1(vxlan0): addr:72:8d:49:6c:80:b3
     config:    0
     state:     0
     speed: 0 Mbps now, 0 Mbps max
  2(tun0): addr:d2:49:8c:89:1f:3a
     config:    0
     state:     0
     speed: 0 Mbps now, 0 Mbps max
  4(veth7ac463a0): addr:2e:8f:c3:d8:c5:b3
     config:    0
     state:     0
     current:   10GB-FD COPPER
```

```
    speed: 10000 Mbps now, 0 Mbps max
 83(veth124e6133): addr:1e:ac:87:03:00:af
    config:        0
    state:         0
    current:       10GB-FD COPPER
    speed:         10000 Mbps now, 0 Mbps max
```

2.2.3　OpenShift SDN 网络隔离

OpenShift 的 ovs-multitenant SDN 模式中的网络隔离是在项目级别实现的。每个项目都被分配了一个 NETID，它将被用作 OVS 网桥流表中的 VNI。可通过如下命令查看项目的 NETID。

```
[root@master1 ~]# oc get netnamespaces
NAME                    NETID        EGRESS IPS
default                 0            []
kube-system             6070888      []
management-infra        12814787     []
......
openshift-web-console   6631696      []
testproject             838759       []
```

流表 80 在向 veth 设备也就是 Pod 转发 IP 包之前，会检查网络包的来源项目 VNI（reg0）和目标项目 VNI（reg1）是否一致。如果一致，就转发给相应的 veth 设备。

```
table=80, n_packets=0, n_bytes=0, priority=300,ip,nw_src=10.129.0.1
actions=output:NXM_NX_REG2[]
    table=80, n_packets=0, n_bytes=0, priority=100,reg0=0x653110,reg1=0x653110
actions=output:NXM_NX_REG2[]
    table=80, n_packets=0, n_bytes=0, priority=100,reg0=0xccc67,reg1=0xccc67
actions=output:NXM_NX_REG2[]
    table=80, n_packets=0, n_bytes=0, priority=100,reg0=0xb59af5,reg1=0xb59af5
actions=output:NXM_NX_REG2[]
```

默认项目"default"的 VNID（Virtual Network ID，虚拟网络 ID）为 0，表明它是一个特殊项目，因为它可以发网络包到其他所有项目，也能接收其他所有项目的 Pod 发来的网络包。这从 table 80 的规则上可以看出来，如果来源项目的 VNID（reg0）或目标项目的 VNID（reg1）为 0，都会允许包转发到 veth 设备。

```
    table=80, n_packets=1402956, n_bytes=124382363, priority=200,reg0=0 \
actions=output:NXM_NX_REG2[]
    table=80, n_packets=1375, n_bytes=253841, priority=200,reg1=0 \
actions=output:NXM_NX_REG2[]
```

其他类型的 IP 包则会丢弃。

```
table=80, n_packets=0, n_bytes=0, priority=0 actions=drop
```

于是，通过流表 80 就保证了项目之间的网络流量是互相隔离的。

在笔者设置的测试环境中，default 项目默认就是 global 项目（VNID 为 0 的项目），笔者还把 cicd 项目设置为 global 的，因为它也需要访问其他项目。下面通过实验来说明其原理。

图 2-20 所示为两个项目间的 3 种网络连接状态。

❑ 左图显示的是默认状态：SIT 项目和 DEV 项目内的 Pod 无法互相访问。

❑ 中图显示的是打通这两个项目的网络：通过运行 oc adm pod-network join-projects 命令将两个项目连接在一起，结果就是 DEV 项目的 VNI ID 变成了 SIT 项目的 VNI ID，这样两个项目中的 Pod 网络就通了。

❑ 右图显示的是分离这两个项目的网络：通过运行 oc adm pod-network isolate-projects 命令将两个项目分离，其结果是 DEV 项目被分配了新 VNI ID。此时两个项目中的 Pod 之间又不能互通了。

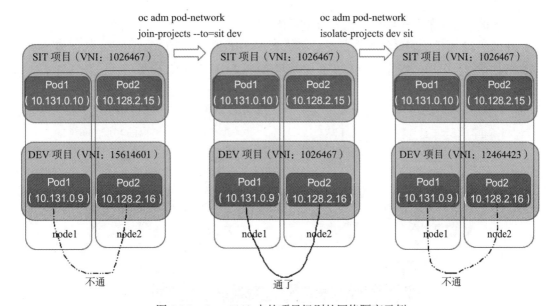

图 2-20 OpenShift 中的项目级别的网络隔离示例

2.2.4 OpenShift 典型网络访问场景

本节会介绍 OpenShift 环境中的几个典型网络访问场景并分析其网络路径。

1. 同一个节点上同一个网络中的两个 Pod 间互相访问

在图 2-21 所示的网络访问场景中，Pod1（IP 地址是 10.131.1.150）访问同一个节点上的且在同一个项目内的 Pod2（IP 地址是 10.131.1.152）。在这个场景中，网络包由 Pod1 中的应用程序发出，经过网络路径 Pod1 的 eth0 → veth12 → br0 → veth34 → Pod2 的 eth0，再到达 pod2 中的应用程序。

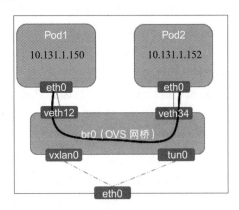

图 2-21　同一个节点上的 Pod 互访网络路径

2. 不同节点上的同一网络中的 Pod 间互访

在图 2-22 所示的网络访问场景中，前端 Pod1（IP 地址为 10.131.1.152）访问另一个节点上的且在同一个项目内的后端 Pod3（IP 地址为 10.131.1.153）。

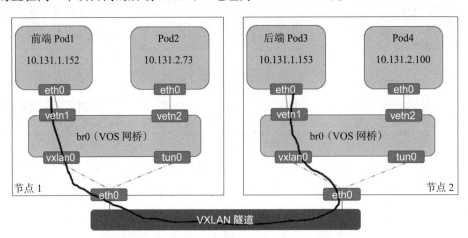

图 2-22　两个节点上的 Pod 互访网络路径

网络访问路径如图 2-22 中的深色粗线所示，节点 1 上的 Pod 的 eth0 → veth1 → br0 → vxlan0 → 节点 1 的 eth0 网卡→ VXLAN 隧道 → 节点 2 的 eth0 网卡 → vxlan0 → br0 → veth1 → Pod3 的 eth0。

3. 在 Pod 中访问外网

在图 2-23 所示的网络访问场景中，Pod2（IP 地址为 10.131.1.73）要访问集群外部网络。此时的网络路径如图中的深色粗线所示。

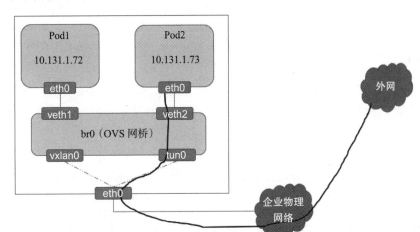

图 2-23　Pod 访问集群外网网络路径

网络路径：PodA 的 eth0 → vethA → br0 → tun0 → 通过 iptables 实现 SNAT → 物理节点的 eth0 → 企业物理网络 → 外网。

SNAT（Source Network Address Translation，源网络地址转换）：将 Pod 发出的 IP 包的源 IP 地址修改为宿主机的 eth0 网卡的 IP 地址。

---

4. 在集群节点上访问服务

以服务 mywebapp 为例介绍在集群内访问该服务时的网络路径。该服务 IP 为 172.30.151.210，端口为 8080，后端有两个 Pod，其 IP 地址和端口分别为 10.129.0.171:8080 和 10.130.0.156:8080，分别在节点 node1 和 node2 上。现在从节点 node1（IP 地址为 10.70.209.64）上访问该服务，可以得到其网页内容。

```
[root@master1 ~]# curl http://172.30.151.210:8080
......
<body>
     <div class="title">
     <div style="float: left;margin-left:20px;"> 示意 Web 应用 </div>
</body>
</html>
```

通过如下命令查看 node1 上的路由表。

```
[root@node1 ~]# route -n
Kernel IP routing table
Destination     Gateway         Genmask     Flags Metric Ref    Use Iface
```

0.0.0.0	10.70.209.1	0.0.0.0	UG	100	0	0 eth0
10.70.208.0	0.0.0.0	255.255.255.0	U	100	0	0 eth0
10.70.209.0	0.0.0.0	255.255.255.0	U	100	0	0 eth0
10.128.0.0	0.0.0.0	255.252.0.0	U	0	0	0 tun0
172.30.0.0	0.0.0.0	255.255.0.0	U	0	0	0 tun0

笔者的 OpenShift 测试集群的 Service 负载均衡方式采用 iptables 实现。当集群中加入 mywebapp 服务后，每个节点上的 iptables NAT 表中会增加多条表项，主要包括以下 5 条规则。

```
//第 1 条
-A KUBE-SERVICES -d 172.30.151.210/32 -p tcp -m comment --comment "testproject/
mywebapp:8080-tcp cluster IP" -m tcp --dport 8080 -j KUBE-SVC-2YBKRHOLN732B2ND
//第 2 条
-A KUBE-SVC-2YBKRHOLN732B2ND -m comment --comment "testproject/mywebapp:8080-
tcp" -m statistic --mode random
--probability 0.50000000000 -j KUBE-SEP-NZ3XEWO3AU34Y2OB
//第 3 条
-A KUBE-SVC-2YBKRHOLN732B2ND -m comment --comment "testproject/mywebapp:8080-
tcp" -j KUBE-SEP-FNH7S5WBBEDNHQ3L
//第 4 条
-A KUBE-SEP-NZ3XEWO3AU34Y2OB -p tcp -m comment --comment "testproject/
mywebapp:8080-tcp" -m tcp -j DNAT --to-destination 10.129.0.171:8080
//第 5 条
-A KUBE-SEP-FNH7S5WBBEDNHQ3L -p tcp -m comment --comment "testproject/
mywebapp:8080-tcp" -m tcp -j DNAT --to-destination 10.130.0.156:8080
```

在 Linux 操作系统中，iptables 是在内核中由一些内核模块实现的。iptables 包括许多个表，最重要的 3 个表是 mangle、filter 和 nat。其中，mangle 表用于修改 TCP 头，filter 表用于包过滤，nat 表用于做网络地址转换（Network Address Translation，NAT）。nat 表中又包括很多内置链（chain），其中有用于做 DNAT（目的地址转换）的 pre-routing 链，做 SNAT 的 post-routing 链和 output 链。这些表和链之间的先后关系大致如下：

PACKET IN --- PREROUTING(DNAT) --- ROUTING --- FORWARD --- POSTROUTING(SNAT) --- PACKET OUT

在该节点上，既有 iptables 做 DNAT，也有路由操作。根据 Linux iptables 的实现原理，会先做 DNAT 再做路由转发。因此，当 curl http://172.30.151.210:8080 命令发起后，首先经过 iptables 的 nat 表。

1）第 1 条：判断目的 IP 地址、端口和网络协议等，转到第 2 条和第 3 条。

2）第 2 条：随机将 50% 的流量转到第 4 条。

3）第 3 条：将剩下的 50% 流量转到第 5 条。

4）第 4 条：通过 DNAT 将目的 IP 地址和端口修改为 10.129.0.171:8080，这是第一个
Pod 的 IP 和端口。

5）第 5 条：通过 DNAT 将目的 IP 地址和端口修改为 10.130.0.156:8080，这是第二个
Pod 的 IP 和端口。

根据节点上的路由表访问这两个目的 Pod 的请求将到达 tun0，然后进入 OVS 网桥 br0。
我们继续来看 br0 的 OpenFlow 流表。为了简便，我们只看远端 Pod 10.130.0.156:8080 的包
的走向。以下步骤发生在 node1 上，先到表 0，因为 tun0 的标签为 2，因此转到表 30。

```
table=0, n_packets=11858, n_bytes=1299947, priority=200,ip,\
in_port=2 actions=goto_table:30
```

如果是从某个 Pod 中访问这个服务，那么网络包将从该 Pod 中发出，那么 in_port 为连
接 Pod 到 br0 的 veth 设备的索引号，此时表 20 会将该 veth 设备的 tag 也就是 Pod 所在的
namespace 的 NETID 保存到 reg0 中，并一直传到对端节点上的 br0 中，在流表 80 中做一
致性检查。

```
table=20, n_packets=0, n_bytes=0, priority=100,ip,in_port=6,nw_src=10.129.0.173 \
actions=load:0xccc67->NXM_NX_REG0[],goto_table:21
```

表 30 有很多规则，命中的规则如下。

```
table=30, n_packets=76023, n_bytes=5956135, priority=100,ip,nw_dst=10.128.0.0/14
actions=goto_table:90
```

表 90 会进行目的 IP 地址匹配，将 reg0 中保存的来源的 namespace 的 NETID 作为
TUN ID（当前场景中该值为 0），将目标 Pod 所在节点的 IP 地址作为 tun_dst，再从端口 1
也就是 vxlan0 端口发出。

```
table=90, n_packets=2671, n_bytes=211952, priority=100,ip,nw_dst=10.130.0.0/23
actions=move:NXM_NX_REG0[]->NXM_NX_TUN_ID[0..31],set_field: 10.70.208.229->tun_
dst,output:1
```

从 vxlan0 发出后，VETP 会将包封装成 VXLAN UDP 包，从 eth0 端口通过物理网络发
往远端 Pod 所在的 node2 节点的 4789 端口，对端 VETP 将 VXLAN UDP 包解封后将原始
包通过 vxlan0 端口进入 OVS 网桥 br0。Node2 上 4789 端口的 UDP 侦听进程如下。

```
[root@node2 ~]# netstat -lntpu | grep 4789
udp        0      0 0.0.0.0:4789        0.0.0.0:*        -
```

VXLAN（Virtual eXtensible Local Area Network，虚拟可扩展的局域网），是一种
Overlay 技术，通过三层的网络来搭建虚拟的二层网络。它创建在原来的 IP 网络（三层）
上，只要是三层可达（能通过 IP 互相通信）的网络就能部署 VXLAN。在每个端点上都有一
个 VETP 负责 VXLAN 协议报文的封包和解包，也就是在虚拟报文上封装 VXLAN 通信的

报文头部。物理网络上可以创建多个 VXLAN 网络，这些 VXLAN 网络可看作是隧道，不同节点的虚拟机和容器能够通过隧道直连。每个 VXLAN 网络由唯一的 VNI 标识，不同的 VXLAN 互不影响。VNI 是每个 VXLAN 隧道的标识，是一个 24 位整数，因此一共有 2^{24} = 16 777 216（一千多万）个，一般每个 VNI 对应一个租户，也就是说，使用 VXLAN 搭建的公有云理论上可以支撑千万级别的租户。

下面的情形发生在目标 Pod 所在的 node2 节点上。首先命中表 0 的规则如下。它将 TUNID 保存在 reg0 寄存器中，再转到表 10。

```
cookie=0x0, duration=1592353.539s, table=0, n_packets=3541684, n_
bytes=1287611008, priority=200,ip,in_port=1,nw_src=10.128.0.0/14 actions=move:NXM_
NX_TUN_ID[0..31]->NXM_NX_REG0[],goto_table:10
```

根据 tun_src 做匹配，命中这条，继续走到表 30。

```
cookie=0x799007b7, duration=1592476.482s, table=10, n_packets=438113, n_
bytes=532743327, priority=100,tun_src=10.70.209.64 actions=goto_table:30
```

表 30 根据 nw_dst 也就是 Pod 的 IP 地址转到表 70。

```
cookie=0x0, duration=1592597.159s, table=30, n_packets=7709195, n_
bytes=4569707560, priority=200,ip,nw_dst=10.130.0.0/23 actions=goto_table:70
```

根据 nw_dst，也就是包的目标 IP，首先将 0xccc67（目标 Pod 所在项目的 NETID）保存到 reg1 寄存器中，将 0x60（veth58cc8c25 的索引号，此设备连接目标 Pod 到 br0 上）保存到 reg2 中，再到表 80。

```
cookie=0x0, duration=280142.375s, table=70, n_packets=1102093, n_bytes=131824595,
priority=100,ip,nw_dst=10.130.0.156 actions=load:0xccc67->NXM_NX_REG1[],load:0x60-
>NXM_NX_REG2[], goto_table:80
```

表 80 中，因为原始包是从 node1 上发出的，因此不带有 namespace 的 NETID，也就是 reg0 的值为 0，因此命中下面这一条，将包发往 reg2 保存的索引指向的 veth58cc8c25 设备，到达目标 Pod。

```
cookie=0x0, duration=1594391.384s, table=80, n_packets=6013025, n_
bytes=4379481147, priority=200, reg0=0 actions=output:NXM_NX_REG2[]
```

如果源包是从某个 Pod 中发出的，那 reg0 将保存原始 Pod 所在 namespace 的 NETID，此时表 80 会要求 reg0 和 reg1 必须一致，才会将包发往 reg2 保存的索引指向的 veth 设备，从而到达目标 Pod。这就要求源 Pod 和目标 Pod 在同一个项目 /namespace 中。

```
table=80, n_packets=31, n_bytes=2630, priority=100,reg0=0xccc67,reg1=0xccc67
actions=output:NXM_NX_REG2[]
```

如果源包来自全局（global）项目，那么 reg0 =0，等同于源自节点，将直接发到 Pod。

```
table=80, n_packets=6013025, n_bytes=4379481147, priority=200, reg0=0
actions=output:NXM_NX_REG2[]
```

如果源包的目标是全局（global）项目，那么 reg1=0，那么将命中下面这一条，直接发到 Pod：

```
table=80, n_packets=1487, n_bytes=233175, priority=200,reg1=0 actions=output:NXM_
NX_REG2[]
```

这就是表 80 实现项目级别的网络隔离的原理。

从节点 1 上访问服务的网络路径如图 2-24 所示，从节点 1 上的某 Pod 上访问服务的网络路径如图 2-25 所示。

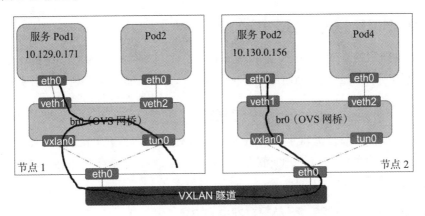

图 2-24　从节点 1 上访问服务的网络路径

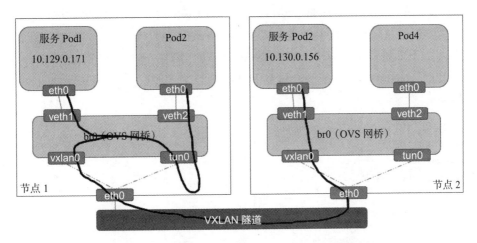

图 2-25　从节点 1 上的某 Pod 上访问服务的网络路径

OpenShift Service 要求在集群各节点上打开 IP 转发功能。如果从 Router 上可以访问某应用，但从 Service 上无法访问，那强烈建议查看该功能是否已开启。

Linux 系统默认情况下并没有打开 IP 转发功能，可使用 cat /proc/sys/net/ipv4/ip_forward 命令确认 IP 转发功能的状态。如果值为 0，说明未开启；如果值是 1，则说明 IP 转发功能已经打开。

可直接修改上述文件打开 IP 转发功能。运行 echo 1 > /proc/sys/net/ipv4/ip_forward 命令把文件的内容由 0 修改为 1。

该命令并没有保存对 IP 转发配置的更改，下次系统启动时仍会使用原来的值，要永久启用该功能，需设置 /etc/sysctl.conf 文件中的 net.ipv4.ip_forward 的值为 1。修改后可重启系统或执行 sysctl -p /etc/sysctl.conf 命令来使修改生效。

2.3 OpenShift 网络之路由器

2.2 节主要介绍的是 OpenShift 集群内部 Pod 之间是如何通信的，以及 Pod 是如何访问外网的。本节中，我们会介绍如何通过路由器服务从集群外部访问集群中的服务。

2.3.1 从集群外访问 OpenShift 中的服务

OpenShift 容器云平台提供了多种方式从集群外访问运行在 OpenShift 集群中的服务，包括通过 Service 对象的 NodePort（节点端口）、通过 Service 对象的 ExternalIP（外部 IP），以及通过负载均衡服务进行访问。

1. 通过 Service 的 NodePort 从集群外访问服务

OpenShift 支持 NodePort、ClusterIP 和 ExternalIP 3 种 Service。NodePort 方式将服务暴露为集群内每个节点上的一个特定端口。默认情况下，该端口的区间为 30000 ～ 32767。这样，从集群外通过 < 任一集群节点的 IP 地址 >:<Service 的 NodePort 端口 > 就可以访问到该服务了。下面是一个 NodePort 类型的 Service 的定义：它名称为 mywebapp4-2，类型为 NodePort，NodePort 为 30080，后端 Pod 的端口为 8080，通过 app: mywebapp4 来筛选后端 Pod。

```
apiVersion: v1
kind: Service
metadata:
  name: mywebapp4-2
  labels:
    name: mywebapp4-2
spec:
  type: NodePort
  ports:
    - port: 8080
      nodePort: 30080
      name: http
```

```
selector:
  app: mywebapp4
```

通过如下命令查看 Service 实例。

```
[root@master1 cloud-user]# oc get svc
NAME        TYPE      CLUSTER-IP     EXTERNAL-IP   PORT(S)        AGE
mywebapp4-2 NodePort  172.30.6.111   <none>        8080:30080/TCP 21m
```

为什么通过节点 IP 地址和 Service 的 NodePort 端口就能访问到 Service 的后端 Pod
呢？ 这是因为 OpenShift 为每个 NodePort 类型的 Service 实例在集群所有节点上添加
了 iptables 规则，使得所有到 Service 实例的 NodePort 端口上的 TCP 连接都被转发到该
Service 的后端 Pod 上。下面是一个节点上为上述 Service 实例创建的 iptables 规则。

```
//OpenShift 为每个 NodePort 类型的 Service 实例创建了 iptables 规则
 -A KUBE-NODEPORTS -p tcp -m comment --comment "testproject/mywebapp4-2:http" -m
tcp --dport 30080 -j KUBE-MARK-MASQ
 -A KUBE-NODEPORTS -p tcp -m comment --comment "testproject/mywebapp4-2:http" -m
tcp --dport 30080 -j KUBE-SVC-7NCFJ6UX4JZWLQZZ
 -A KUBE-SVC-7NCFJ6UX4JZWLQZZ -m comment --comment "testproject/mywebapp4-2:http"
-j KUBE-SEP-RY4B4RUMNPO6CSRV
 // 通过 iptables DNAT 规则，将请求的目的 IP 地址和端口转换成 Service 的后端 Pod 的 IP 地址和端口
 -A KUBE-SEP-RY4B4RUMNPO6CSRV -p tcp -m comment --comment "testproject/mywebapp4-
2:http" -m tcp -j DNAT --to-destination 10.129.0.185:8080
```

2. 通过 Service 的 ExternalIP 从集群外访问服务

除了 NodePort 类型的 Service，OpenShift 还提供了 ExternalIP 类型的 Service。这种类
型的 Service 实例会被分配一个外部 IP 地址，从集群外可以通过该 IP 地址来访问该服务。
需要注意的是，外部 IP 地址不由 OpenShift 集群管理，因此，企业网络管理员需要确保通
过外部 IP 地址能访问到集群的某个节点。

可通过 oc patch svc <name> -p '{"spec":{"externalIPs":["<ip_address>"]}}' 命令为已存在
的 Service 实例分配一个外部 IP 地址。可以通过 oc get svc 命令来查看 Service 的信息。

```
NAME            CLUSTER-IP       EXTERNAL-IP      PORT(S)    AGE
mysql-55-rhel7  172.30.131.89    192.174.120.10   3306/TCP   13m
```

这个名为 " mysql-55-rhel7" 的 Servie 实例被分配了 192.174.120.10 这个外部 IP 地
址。现在，从集群外部通过 192.174.120.10:3306 就可以访问到该服务了。这种类型的
Service 的实现跟 NodePort 类型的服务非常类似，也是通过 iptables 规则来实现的，这里不
再赘述。

3. 利用 Router 服务从集群外部访问服务

通过 Service 实例的 NodePort 和 ExternalIP 地址来访问服务有诸多限制。比如 NodePort

模式会占用一个端口号，而集群内的端口号数量是有限的，因此对这种服务的总数有限制；ExternalIP 模式要求给每个服务分配一个外部 IP 地址，这些 IP 地址需要进行单独管理和配置，会产生管理成本。因此，这两种方式一般只用于特定的场景中。

OpenShift 还支持通过路由器服务来访问集群中的服务，这也是最常见的方式。此时，Router 服务就是从集群外部访问应用的入口。管理员为 OpenShift 集群配置路由器去接收外部请求，然后利用用户创建的路由规则将这些请求转发给路由规则所配置的应用。路由器只支持 HTTP/HTTPS/TSL 等协议，这也是访问 Web 应用最常见的方式。OpenShift 中的 Router 也采用插件式架构，默认插件基于 HAProxy 实现，也支持其他种类的实现，比如 F5 Router 采用 F5 BigIP 系统等。后文将以基于 HAProxy 的默认路由器为例，介绍 OpenShift Router 的工作原理和机制。图 2-26 所示为从集群外部通过路由器服务访问部署在 OpenShift 容器云平台中的应用的网络路径。

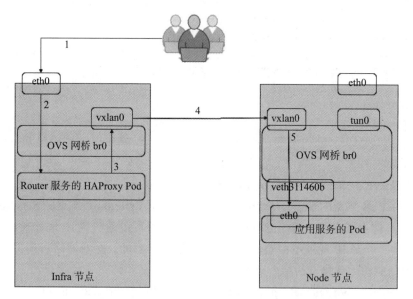

图 2-26　从集群外部通过 Router 访问集群内服务

过程简述如下：

1）外部用户访问 mywebapp 应用的外部域名 http://mywebapp-testproject.router.default.svc.cluster.local，该域名被企业 DNS 解析到 Router 所在的 Infra 节点的 IP 地址。

2）Router 服务 Pod 内的 HAProxy 进程在 Infra 节点的 eth0 网卡的 80 端口上监听。

3）HAProxy 进程收到 HTTP 请求，使用所配置的某种负载均衡策略，将其转发给后端应用 Pod。

4）HAProxy 的转发请求被封装为 VXLAN 包通过 Pod 网络到达 Pod 所在的 Node 节点。

5）请求经过 OpenvSwitch 网桥到达 Pod。

2.3.2　OpenShift HAProxy 路由器介绍

2.3.1 节介绍了从 OpenShfit 集群外部访问集群内应用的 3 种方式，其中，通过路由器访问是最常见的方式。本节将介绍 OKD 基于 HAProxy 实现的默认 Router。一个 OpenShfit 环境中可以有多个 Router 服务，每个 Router 服务可以有多个 Pod，每个 Pod 运行在一个 Infra 节点上。笔者使用的 Ansible 采用默认配置所部署的测试环境中只部署了一个 Router 服务。可通过如下命令查看 Router 服务。

```
[root@master2 ~]# oc get svc
NAME      TYPE        CLUSTER-IP        EXTERNAL-IP    PORT(S)
router    ClusterIP   172.30.150.189    <none>         80/TCP,443/TCP,1936/TCP
```

该服务使用 openshift/origin-haproxy-router 镜像，根据所配置的副本数，在一个或多个 Infra 节点（基础架构节点）上，用主机网络（Host Networking）模式运行一个或多个 Pod。笔者环境中的 Router 服务有两个 Pod，分别运行在两个 Infra 节点上。

```
[root@master2 ~]# oc get pod -o wide| grep router
router-2-5627x 1/1  Running   2    15d         10.70.209.65    master3
router-2-9n6vr 1/1  Running   0    13d         10.70.209.67    master2
```

Pod 中的主进程运行 /usr/bin/openshift-router 程序，用户通过 /usr/bin/openshift-router help 命令可查看其具体使用方法。openshift-router 负责连接 OpenShift API，监听用户创建的路由规则和端点（Endpoint），以维护路由器的配置，并启动路由器。使用基于 HAProxy 的默认路由器时，openshift-router 负责启动一个 HAProxy 子进程，并负责维护它的本地配置文件。

```
UID        PID   PPID  C STIME TTY      TIME      CMD
1000000+   1     0     0 Sep25 ?        02:37:40  /usr/bin/openshift-router
1000000+   4498  0       05:10 ?        00:00:15  /usr/sbin/haproxy -f /var/lib/
haproxy/conf/haproxy.config -p /var/lib/haproxy/run/haproxy.pid -x /var/lib/haproxy/
run/haproxy.sock -sf 4491
```

Router 服务的 Pod 中运行的 HAProxy 进程，会在 Pod 所在宿主机的所有网卡的 80 和 443 端口上进行监听，以接收外部 HTTP 和 HTTPS 访问请求；同时还会在宿主机上的 127.0.0.1 IP 地址所在网卡的 10443 和 10444 端口上进行监听，后文会介绍在这两个端口上进行监听的原因。

```
[root@master2 ~]# netstat -ulntp | grep haproxy
tcp   0  0 127.0.0.1:10443   0.0.0.0:*    LISTEN    18156/haproxy
tcp   0  0 127.0.0.1:10444   0.0.0.0:*    LISTEN    18156/haproxy
tcp   0  0 0.0.0.0:80        0.0.0.0:*    LISTEN    18156/haproxy
tcp   0  0 0.0.0.0:443       0.0.0.0:*    LISTEN    18156/haproxy
```

OpenShift 提供了 oc adm router 命令来创建 Router 服务。通过该命令部署一个单副本的 Router 服务。

```
[root@master1 cloud-user]# oc adm router router2 --replicas=1 --service-\
account=router
   info: password for stats user admin has been set to J3YyPjlbqf
   --> Creating router router2 ...
      warning: serviceaccounts "router" already exists
      clusterrolebinding.authorization.openshift.io "router-router2-role" created
      deploymentconfig.apps.openshift.io "router2" created
      service "router2" created
   --> Success
```

HAProxy 进程的配置文件 /var/lib/haproxy/conf/haproxy.config 主要包括 3 个部分。

❑ 全局（global）部分：包括 HAProxy 的全局配置，比如最大连接数 maxconn、超时时间 timeout 等。

❑ 前端（frontend）部分：该部分定义了两个 frontend，名为"public"的 frontend 负责在 80 端口上监听 HTTP 请求，名为"public_ssl"的 frontend 负责在 443 端口上监听 HTTPS 请求。

❑ 后端（backend）部分：定义每个服务的后端配置，包括后端协议（mode）、负载均衡方法（balance）、后端列表（server，这里是 Pod，包括其 IP 地址和端口）、证书等。openshift-router 会连接到 OpenShift API 以监听路由规则和端点等资源，然后动态地修改该部分，在下一节中会进行详细介绍。

```
# Plain http backend or backend with TLS terminated at the edge or a
# secure backend with re-encryption.
backend be_http:testproject:mywebapp
   mode http
   option redispatch
   option forwardfor
   balance leastconn

   timeout check 5000ms
   ......
   { ssl_fc_alpn -i h2 }
      http-request add-header Forwarded for=%[src];host=%[req.hdr(host)];proto=%[req.\
hdr(X-Forwarded-Proto)];proto-version=%[req.hdr(X-Forwarded-Proto-Version)]
      cookie 61da28b87e4ddd850ae23d93055ce21c insert indirect nocache httponly
      server pod:mywebapp-2-sr84n:mywebapp:10.129.0.108:8080 10.129.0.108:8080 \
cookie 25c2b59058690c3ed6d73b8328cf1d4d weight 256 check inter 5000ms
      server pod:mywebapp-2-5wj2t:mywebapp:10.130.0.142:8080 10.130.0.142:8080 \
cookie 83978b6a998518dd918432ab067e0a6a weight 256 check inter 5000ms
```

如需设置或修改 HAProxy 的全局和前端配置，可有以下两种方式：

❑ 使用 oc adm router 命令在创建 Router 时指定各种参数，比如 --max-connections 用于设置最大连接数。比如，运行下面的命令创建出来的 HAProxy 的 maxconn 将是 20000，router3 这个服务对外暴露出来的端口是 81 和 444，但是 HAProxy pod 的端口依然是 80 和 443。

```
oc adm router --max-connections=200000 --ports='81:80,444:443' router3
```

❑ 通过设置 dc/<dc router 名 > 的环境变量来设置 Router 的全局配置。在官方文档⊖中有完整的环境变量列表。比如运行以下命令后，Router3 服务会被重新部署，新 Pod 中的 HAProxy 进程的 HTTPS 监听端口为 444，HTTP 监听端口为 80，统计端口为 1937。

```
oc set env dc/router3 ROUTER_SERVICE_HTTPS_PORT=444 ROUTER_SERVICE_HTTP_PORT=81 \
STATS_PORT=1937
```

2.3.3　OpenShift 路由规则介绍

2.3.2 节介绍了 Router 服务，该服务还需利用路由规则才能将集群中的服务暴露出去。路由规则将集群内运行的服务通过一个外部域名暴露到集群外，比如 www.exampleapp.com，这样外部用户和客户端就可以通过该域名访问该服务了。OpenShift Router 支持 HTTPS 和 HTTP 协议。对于 HTTPS 协议，根据 TLS 终止的不同方式，又可分为 Passthrough（直通型）、Edge（边界型）和 Re-Encryption（再加密）3 个类型。

❑ Passthrough：Router 上不做 TLS 终结，加密网络包直接被发给 Pod，因此不需要在 Router 上配置证书或密钥。

❑ Edge：TLS 在 Router 上被终结，然后非 SSL 网络包被转发给后端 Pod，因此需要在 Router 上安装 TLS 证书或使用默认证书。

❑ Re-Encryption：这是 Edge 的一种变种。首先 Router 上会使用一个证书做 TLS 终结，然后再使用另一个证书进行加密，然后发给后端 Pod。因此，整个网络路径都是加密的。

1. 直通型路由规则

通过 oc create route passthrough 命令来创建直通型路由规则。比如为 mywebapp4 服务创建一个直通型路由规则。

```
[root@master1 ~]# oc create route passthrough mywebapp4-route \
--service=mywebapp4
route.route.openshift.io/mywebapp4-route created
```

该命令中可通过 --hostname 参数来指定域名。当未指定域名时，创建的路由规则会采用

⊖　https://docs.openshift.com/container-platform/3.4/architecture/core_concepts/routes.html#haproxy-template-router.

默认域名后缀 .router.default.svc.cluster.local，域名格式为 <route name>-<project name>.< 域名后缀 >。本例中，服务 mywebapp4 处于 testproject 项目中，因此它的域名为 mywebapp4-route-testproject.router.default.svc.cluster.local。

```
[root@master1 ~]# oc get route
NAME            HOST/PORT PATH SERVICES  PORT    TERMINATION    WILDCARD
mywebapp4-route           mywebapp4-route-testproject.router.default.svc.cluster.local
mywebapp4                 8080-tcp    passthrough    None
```

默认域名后缀可被设置和修改。在部署集群之前，可以在 Ansible 清单文件中指定 openshift_master_default_subdomain 的值来设置该域名后缀。集群部署完成以后，可修改 /etc/origin/master/master-config.yaml 文件中的 routingConfig.subdomain。比如做如下修改后，运行 master-restart api 和 master-restart controllers 命令重启 Master API 和 Controllers 服务，默认的服务域名将是 <route_name>-<project_name>.apps.example.com，比如 mywebapp2route-testproject.apps.example.com。

```
routingConfig:
    subdomain: apps.example.com
```

创建路由规则时通过 --service 参数指定的服务名称起到了选择器和连接器作用，它把 Route 的公共域名和服务的后端端点（也就是 Pod）连接了起来。创建的 Route 对象的详细信息如下。

```
Name:              mywebapp4-route
Namespace:         testproject
Created:           6 minutes ago
Labels:            app=mywebapp4
Annotations:       openshift.io/host.generated=true
Requested Host:    mywebapp4-route-testproject.router.default.svc.cluster.local\
                   exposed on router router 6 minutes ago
Path:              <none>
TLS Termination:   passthrough
Insecure Policy:   <none>
Endpoint Port:     8080-tcp
Service:           mywebapp4
Weight:            100 (100%)
Endpoints:         10.129.0.185:8080
```

路由规则被创建后，Router 服务的 Pod 中的 openshift-router 会监听到这个路由规则。它会通过 OpenShift API 获取该 Route 对象的信息，然后更新 Router 容器内的 HAProxy 配置文件，新增一个 backend，它带有两个后端 server，分别对应该服务的两个端点。新增的 Backend 如下：

```
    # Secure backend, pass through
    backend be_tcp:testproject:mywebapp4-route
      balance source
      hash-type consistent
      timeout check 5000ms}
      server pod:mywebapp4-4-cvr2z:mywebapp4:10.129.0.185:8080 10.129.0.185:8080 \
weight 256
```

同时，在文件 /var/lib/haproxy/conf/os_sni_passthrough.map 中多了一条记录。

```
mywebapp4-route-testproject\.router\.default\.svc\.cluster\.local(:[0-9]+)?(/.*)?$ 1
```

在文件 /var/lib/haproxy/conf/os_tcp_be.map 中也多了一条记录。

```
mywebapp4-route-testproject\.router\.default\.svc\.cluster\.local(:[0-9]+)?(/.*)?$ \
be_tcp:testproject:mywebapp4-route
```

HAProxy 进程会加载新的配置文件。当客户端访问 https://mywebapp4-route-testproject.router.default.svc.cluster.local 时，前端 public_ssl 会根据上述 map 文件中新增的这两条记录，为该 Route 选择新增加的后端 be_tcp:testproject:mywebapp4-route。该后端将客户端请求透传给服务的后端 Pod，其地址为 10.129.0.185:8080。动态选择后端的逻辑如下。

```
frontend public_ssl   // 解释: 该前端支持 HTTPS 协议
  bind :443   // 绑定端口 443
  # if the connection is SNI and the route is a passthrough don't use the
termination backend, just use the tcp backend // 如果是 SNI 连接，且路由规则是直通型的，那么
直接使用 TCP 后端
  // 如果 HTTPS 请求支持 SNI，则 sni 值为 True
  acl sni req.ssl_sni -m found

  // 如果通过 SNI 传来的域名在 os_sni_patthrough.map 文件中存在，则 sni_passthrough 值为
True
  acl sni_passthrough req.ssl_sni,lower,map_reg(/var/lib/haproxy/conf/os_sni_\
passthrough.map) -m found

  // 当 sni 和 sni_passthrough 值都为 True 时，在 oc_tcp_be.map 文件中根据 SNI 域名获取后端名
称并使用。本例中，后端名称为 be_tcp:testproject:mywebapp4-route，这正是 openshift-router 在
HAProxy 配置文件中为这个路由规则添加的 backend 的名称
  use_backend %[req.ssl_sni,lower,map_reg(/var/lib/haproxy/conf/os_tcp_be.map)] if \
sni sni_passthrough
```

理解上述脚本需要以下背景知识。

❑ TLS SNI[⊖]：SNI（Server Name Indication，服务器名称指示），它是 TLS 协议的一个扩展，用于解决一个服务器拥有多个域名的情况。当同一个 IP 部署不同 HTTPS 站点时，服务端利用 SNI 来确定前端要连接的是哪个站点。通过 SNI，TLS 会在握手前由客户端（Client）告知服务器端将要连接的域名（Hostname）。SNI 从 TLS v1.2 版本开始支持，从 OpenSSL 0.9.8 版本开始支持，较新的浏览器基本上都支持 SNI。

❑ HAProxy 对 SNI 的支持：HAProxy 支持根据 SNI 的信息中的域名去选择特定的后端。详情请参阅官方文档[⊜]。

❑ HAProxy ACL：HAProxy 利用 ACL（Access Control List，访问控制列表）去基于从请求、返回和其他环境状态中获取的信息做决策，详情请参阅官方文档[⊜]。

简言之，Router 服务各 Pod 中的主进程负责监听集群中的路由规则和端点，动态地更新 HAProxy 配置文件；当收到前端 HTTPS 请求时，会动态地根据请求中通过 SNI 传入的域名，在 os_tcp_be.map 文件中获取到 Backend 名称，然后通过 use_backend 指令使用该 Backend，从而完成前端请求向后端 Pod 的转发。

2. Edge 和 Re-Encryption 类型的路由规则

创建 Edge 和 Re-Encryption 类型的路由规则如下。

```
[root@master1 ~]# oc create route edge mywebapp4-edge --service mywebapp4
route.route.openshift.io/mywebapp4-edge created
[root@master1 ~]# oc create route reencrypt mywebapp4-re —service mywebapp4
route.route.openshift.io/mywebapp4-re created
```

创建的路由规则如下。

```
[root@master1 ~]# oc get route
NAME          HOST/PORT  PATH        SERVICES PORT  TERMINATION
mywebapp4-edge
mywebapp4-edge-testproject.router.default.svc.cluster.local
mywebapp4                                           8080-tcp   edge
mywebapp4-re
mywebapp4-re-testproject.router.default.svc.cluster.local
mywebapp4                                           8080-tcp   reencrypt
```

Router 服务的所有 Pod 中的 openshift-router 主进程监听到上述两个新增路由规则后，会更新映射文件 /var/lib/haproxy/conf/os_edge_reencrypt_be.map，在其中为这两个路由规则添加两行记录。

```
mywebapp-re\.router\.default\.svc\.cluster\.local(:[0-9]+)?(/.*)?$ be_\
```

```
secure:testproject:mywebapp-re.router.default.svc.cluster.local
    mywebapp-edge\.router\.default\.svc\.cluster\.local(:[0-9]+)?(/.*)?$ be_edge_\
http:testproject:mywebapp-edge.router.default.svc.cluster.local
```

再在 HAProxy 配置文件中增加两个后端。be_secure:testproject:mywebapp4-re 后端的主要配置内容如下。

```
backend be_secure:testproject:mywebapp4-re
  mode http
  ......
    server pod:mywebapp4-4-cvr2z:mywebapp4:10.129.0.185:8080 10.129.0.185:8080 \
cookie 26dbd8296392f0e0df9009f140fb0512 weight 256 ssl verifyhost mywebapp4.\
testproject.svc verify required ca-file /var/run/secrets/kubernetes.io/serviceaccount\
service-ca.crt
```

be_edge_http:testproject:mywebapp4-edge 后端的主要配置内容如下。

```
backend be_edge_http:testproject:mywebapp4-edge
  mode http
  ......
    server pod:mywebapp4-4-cvr2z:mywebapp4:10.129.0.185:8080 10.129.0.185:8080 \
cookie 26dbd8296392f0e0df9009f140fb0512 weight 256
```

根据前端 public_ssl 的配置，HAProxy 进程会在 443 端口监听以接收 HTTPS 请求。和直通型路由规则不同的是，访问 Edge 和 Re-Encryption 类型路由规则的域名的请求会转到 be_sni 后端。具体分析如下。

```
frontend public_ssl
    bind :443 //HAProxy 在 443 端口监听
    # if the connection is SNI and the route is a passthrough don't use the \
termination backend, just use the tcp backend
    // 如果 HTTPS 支持 SNI，则 sni 值为 True
    acl sni req.ssl_sni -m found
    // 和 os_sni_passthrough.map 文件中的条目进行比对。openshift-router 不会为 Edge 和 Re-
Encryption 类型的路由规则在此文件中添加记录条目，因此 sni_passthrough 值为 False
    acl sni_passthrough req.ssl_sni,lower,map_reg(/var/lib/haproxy/conf/os_sni_ \
passthrough.map) -m found
    // 因为 sni_passthrough 值为 False，所以不会执行这条指令
    use_backend %[req.ssl_sni,lower,map_reg(/var/lib/haproxy/conf/os_tcp_be.map)] if \
sni sni_passthrough

    # if the route is SNI and NOT passthrough enter the termination flow
    // 对 Edge 和 Re-Encryption 类型的路由规则会执行这条指令，从而使用 be_sni 后端
    use_backend be_sni if sni
```

而 be_sni 后端的地址为 127.0.0.1:10444。

```
backend be_sni
    server fe_sni 127.0.0.1:10444 weight 1 send-prox
```

在这个 IP 地址和端口进行监听的仍然是 Router 服务的 Pod 中的 HAProxy 进程。前端 fe_sni 定义了这个监听。根据配置，它会终结 SSL，使用 HTTP 协议连接后端，然后根据 /var/lib/haproxy/conf/os_edge_reencrypt_be.map 文件中的内容来确定使用哪个后端。其逻辑与直通型路由规则的处理逻辑类似，这里不再赘述。

```
frontend fe_sni
    # terminate ssl on edge
    bind 127.0.0.1:10444 ssl no-sslv3 crt /var/lib/haproxy/router/certs/default.\
pem crt-list /var/lib/haproxy/conf/cert_config.map accept-proxy
    mode http
......
    # map to backend
    #  use_backend directives below this will be processed.  use_backend \
%[base,map_reg(/var/lib/haproxy/conf/os_edge_reencrypt_be.map)]
```

3. 设置和修改路由规则的配置

路由规则主要有以下几个比较重要的配置属性。

（1）SSL 终结方式

SSL 终结方式可以在创建 Route 时设置，也可以通过修改 Route 的 termination 配置项来修改。具体请参考官方文档○。

```
apiVersion: v1
kind: Route
metadata:
  name: route-edge-secured
spec:
  host: www.example.com
  to:
    kind: Service
    name: appservice
  tls:
    termination: edge
......
```

（2）负载均衡策略

Router 支持以下 3 种负载均衡策略。

❑ roundrobin：根据权重轮流使用所有后端。

❑ leastconn：选择最少连接的后端来接收请求。

○ https://docs.okd.io/latest/architecture/networking/routes.html#edge-termination.

❑ source：将源 IP 进行哈希，确保来自同一个源 IP 的请求发给同一个后端。

要修改整个 Router 的负载均衡策略，可使用 ROUTER_TCP_BALANCE_SCHEME 环境变量，为该 Router 的所有 Passthrough 类型的 Route 设置负载均衡策略，使用 ROUTER_LOAD_BALANCE_ALGORITHM 为其他类型的 Route 设置策略。比如，运行 oc set env dc/router ROUTER_TCP_BALANCE_SCHEME=roundrobin 命令后，该 Router 实例会重新部署，所有 Passthrough 类型的 Route 都是 round-robin 类型的了。关于 Router 的环境变量可查阅官方文档[○]。

还可使用 Route 定义中的 haproxy.router.openshift.io/balance 为某个 Route 设置负载均衡策略。比如，要将名为"myroute"的路由规则的负载均衡策略修改为最小连接数策略，可运行命令 oc annotate routes myroute haproxy.router.openshift.io/balance='leastconn' 来实现。

4. 单个 Route 将流量分给多个后端服务

该功能常用于一些开发测试流程，比如做 A/B 测试。在图 2-27 所示的配置中，某应用有新旧两个版本的部署，前端采用一个 Route，各个版本的权重分别为 67 和 33。这会导致约 2/3 的请求会发送到第一个版本，约 1/3 的请求会发到第二个版本。

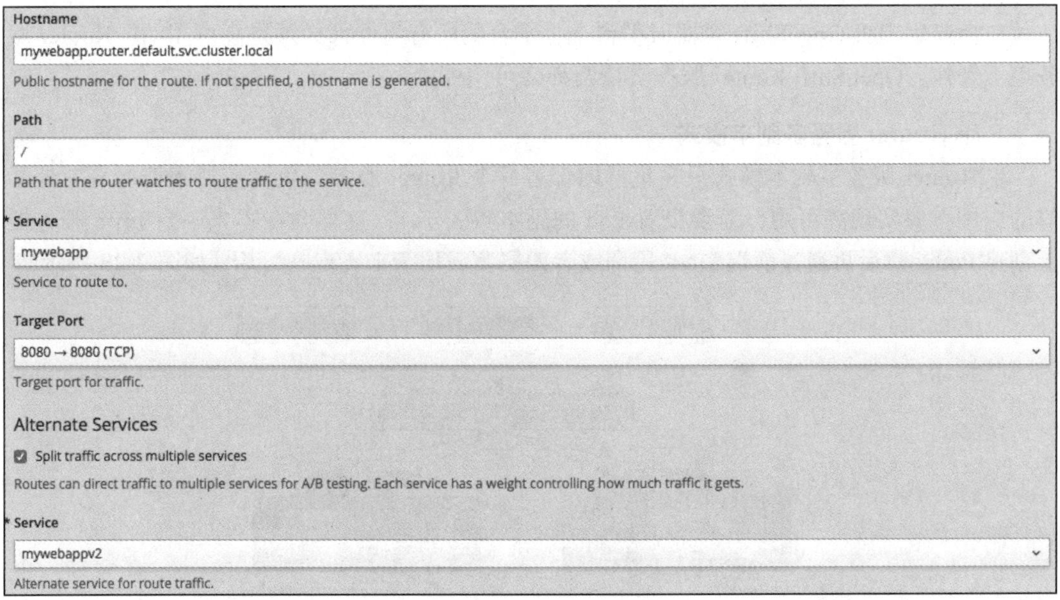

图 2-27　同一个 Route 支持两个后端服务

在 HAProxy 配置文件中，该 Route 采用 round-robin 负载均衡模式，OpenShift 根据两个服务的流量分配比例计算出了所有 Pod 的权重。

```
backend be_http:testproject:mywebapp
```

○ https://docs.openshift.com/container-platform/3.9/architecture/networking/routes.html.

```
mode http
option redispatch
option forwardfor
balance roundrobin

    timeout check 5000ms
......
    http-request add-header Forwarded for=%[src];host=%[req.hdr(host)];proto=%[req. \
hdr(X-Forwarded-Proto)];proto-version=%[req.hdr(X-Forwarded-Proto-Version)]
    cookie 61da28b87e4ddd850ae23d93055ce21c insert indirect nocache httponly
    server pod:mywebapp-3-kwvg5:mywebapp:10.129.0.133:8080 10.129.0.133:8080 \
cookie de6fec57b9a1a5f27761a49dac8fc91b weight 256 check inter 5000ms
    server pod:mywebapp-3-zl98r:mywebapp:10.130.0.156:8080 10.130.0.156:8080 \
cookie 03d321933c6dd8755edb8a5cf3f5edc4 weight 256 check inter 5000ms
    server pod:mywebappv2-1-tj5qf:mywebappv2:10.130.0.157:8080 10.130.0.157:8080 \
cookie 4b516df9e894fbf4bf1066a85e124f7d weight 252 check inter 5000ms
```

2.3.4 OpenShift 路由服务高可用

在企业生产级 OpenShift 容器云平台上，平台的所有组件都必须是高可用的，Router 服务也不例外。OpenShift Router 服务支持两种高可用模式。

1. 单 Router 服务多副本模式

单 Router 服务多副本模式只在集群内部署一个 Router 服务，负责支持集群所有对外暴露的应用。要实现高可用，需要设置 Pod 的副本数大于 1，这样会在不止一台 Infra 服务器上创建 Pod，然后再通过前端 DNS 轮询或者四层负载均衡来实现高可用（如图 2-28 所示）。

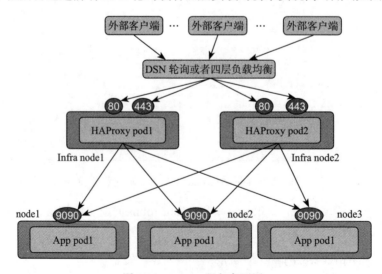

图 2-28 Router 服务高可用

2. 多 Router 服务分片模式

多 Router 服务分片模式下，管理员需要创建和部署多个 Router 服务，每个 Router 服务支持一个或几个项目。Router 和项目之间的映射使用标签（Label）来实现，具体的配置请参考官网⊖。实际上，和一些产品（比如 MySQL 和 memcached）的分片功能类似，该功能更多地是为了解决性能问题，而无法完全解决高可用问题。图 2-29 是这种模式的示意图。

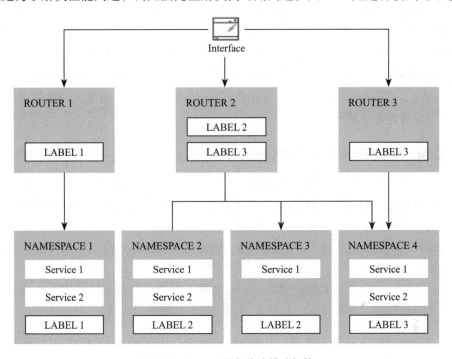

图 2-29　Router 服务分片模式架构

2.4　OpenShift 网络之 DNS

当在 OpenShift 容器云平台上运行包含多个前端和后端服务的微服务架构应用程序时，为了前端 Pod 能与后端服务通信，可将后端服务的 IP 地址定义为环境变量，然后将该变量传给前端 Pod。但是，当后端服务重新被创建后，会被分配一个新 IP 地址，这就要求前端 Pod 也需要被重建以读取新配置值。而且这种做法还要求后端服务必须在前端 Pod 重建之前被创建出来，因为只有这样其 IP 地址才能通过环境变量传递给前端 Pod。显然，前端 Pod 通过后端服务的 IP 地址来与之通信会很不方便。为了解决这个问题，OpenShift 容器云平台提供了内置 DNS，使得前端 Pod 可通过后端服务的域名与后端服务进行通信。OpenShfit 还规定了各种对象的 DNS 域名规范，如表 2-2 所示。

⊖　https://docs.openshift.com/container-platform/3.11/install_config/router/default_haproxy_router.html.

表 2-2　OpenShift 中的 DNS 名称规范

对象类型	DNS 名称规范
项目 / 命名空间	<pod_namespace_name>.cluster.local
服务	<service_name>.<pod_namespace_name>.cluster.local
端点	<endpoint_name>.<pod_namespace_name>.cluster.local

从上述规范中也可看出，无论 Service 对象的 IP 地址如何改变，只要其名称不变，其 DNS 名称就不会改变。这样一来，一方面，再也不需要使用环境变量来保存后端服务的 IP 地址；另一方面，即使后端服务的 IP 地址变化，前端 Pod 也不再需重启。

除了 OpenShift 内置 DNS 外，在 OpenShift 容器云平台还需用到企业 DNS，主要用于容器云环境各节点的内部和外部主机名称解析，以及基于路由器服务和路由规则发布到集群外的应用外部域名的解析。

2.4.1　OpenShift Pod 内部 DNS 配置

在 Linux 系统上，当应用程序通过域名连接远端主机时，DNS 解析会通过系统调用来进行，比如调用 getaddrinfo() 函数。Linux 系统上 DNS 的配置文件为 /etc/resolv.con，它主要包括以下 3 个部分。

❑ nameserver 字段：定义 DNS 服务器的 IP 地址。解析域名时使用该地址指定的主机为域名服务器。

❑ search 字段：定义域名的搜索列表。它的多个参数指明域名查询顺序。当查询没有域名的主机时，主机将在由 search 声明的域中分别进行查找。

域名（Domain Name）分为两种，一种是绝对域名（Absolute Domain Name，也称为 Fully Qualified Domain Name，FQDN）；另一种是相对域名（Relative Domain Name，也称为 Partially Qualified Domain Name，PQDN）。FQDN 是完整域名，它能够唯一地在 DNS 域名空间中确定一个记录。比如最高级别的域名 A 包括子域名 B 又包括子域名 C，那么 FQDN 是 C.B.A.，比如 cs.widgetopia.edu.。有时候我们也会使用 PQDN，它是不完全的、模糊的。

FQDN 能直接在 DNS 域名服务器中查询；而 PQDN 需要先转化为 FQDN 再进行查询。其做法是为 PQDN 附加一个搜索域名（Search Domain）以生成一个 FQDN。在域名系统中，域名结尾是否是"."被用于区分 FQDN 和 PQDN。比如 apple.com. 表示一个 Apple 公司的 FQDN，而 apple 则表示一个 PQDN，它的 FQDN 可能是 apple.cs.widgetopia.edu.；apple.com 仍然是一个 PQDN，它的 FQDN 可能是 apple.com.cs.widgetopia.edu.。

❑ options 字段：定义域名查找时的配置信息。当待查询的域名中包含的"."的数量少于 options.ndots 的值时，会依次匹配搜索列表中的每个值。其默认值为 1，因此，如果 DNS 解析器发现被解析的域名中有任何点（.）就会把它当作一个 FQDN 来解析；如果域名中没有任何点，就把它当作 PQDN 来处理，就会将域名与 search 字段的第

一个值拼接为 FQDN，如果解析不成功，则依次向下试，直到有一个成功或者全部失败为止。

和 Linux 操作系统一样，Pod 的 DNS 定义也是在 /etc/resolv.conf 文件中，它是 Kubelet 在创建 Pod 时根据 Pod 定义中的 dnsPolicy 来生成的。当 pod.dnsPolicy 值为 ClusterFirst 时（默认值），此时所有请求会优先在集群所在域查询，未查询到才会转发到上游 DNS；当 pod.dnsPolicy 值为 Default 时，Pod 继承所在宿主机的设置，也就是直接将宿主机的 /etc/resolv.conf 内容挂载到容器中。

在 OpenShift 集群中，运行命令 oc exec mywebapp-2-5wj2t cat '/etc/resolv.conf' 查看示例 Pod mywebapp-2-5wj2t 中的 /etc/resolv.conf 文件，其内容如下。

```
nameserver 10.70.208.229
search testproject.svc.cluster.local svc.cluster.local cluster.local
options ndots:5
```

- ❏ nameserver 字段值是 Pod 所在的宿主机的默认路由所使用的网卡的 IP 地址，也就是说，Pod 中发起的所有 DNS 查询请求都会被转发到宿主机的 53 端口。
- ❏ search 字段会加上 Pod 所在命名空间的域名，本例中是 testproject.svc.cluster.local；还会加上集群的域名，本例中是 svc.cluster.local；还会自动加上 Pod 所在宿主机上的 /etc/resolv.conf 文件中的各搜索域。因此，当进行 DNS 域名解析时，首先会尝试以当前 Pod 所在项目内的服务的域名进行解析，失败后再尝试以本集群内的服务的域名进行解析，再失败的话则搜索宿主机的搜索域。如果全部尝试都失败，则作为绝对域名来解析。
- ❏ options 字段的 ndots 的值被设为 5。这意味着，只要被解析域名中包含不超过 5 个点，该域名就会被当作 PQDN，然后依次使用搜索域名来组装成 FQDN 再做 DNS 查询。如果全部不成功，则会尝试将它直接作为 FQDN 来解析。

在某些场景中，这种机制使得 Pod 中的 DNS 查询速度会降低应用的性能。解决方法之一是通过自定义 Pod.dnsPolicy 来定义 /etc/resolv.conf 文件内容。具体请查看 Kubernetes 和 DNS 的有关文档。

2.4.2　OpenShift Node 节点 DNS 配置

2.4.1 节介绍了 Pod 中的 DNS 配置，本节将介绍 OpenShift Node 节点上的 DNS 配置，包括 resolv.conf 文件的配置和 dnsmasq 的配置两个部分。

1. Pod 所在宿主机中的 resolv.conf 文件

上一节的示例中，Pod mywebapp-2-5wj2t 所在宿主机中的 /etc/resolv.conf 文件内容如下。

```
# nameserver updated by /etc/NetworkManager/dispatcher.d/99-origin-dns.sh
```

```
# Generated by NetworkManager
search cluster.local
nameserver 10.70.209.64
```

在使用 Ansible 部署 OpenShift 容器云环境时，Ansible 会在每个节点上部署 /etc/NetworkManager/dispatcher.d/99-origin-dns.sh 文件。每当节点上的 NetworkManager 服务启动时，该文件就会被运行。它的主要任务包括以下几点。

❑ 修改 /etc/resolv.conf，设置搜索域。

❑ 修改 /etc/resolv.conf，将宿主机的默认路由网卡 IP 作为 nameserver。本例中，Pod mywebapp-2-5wj2t 所在宿主机的 IP 地址正是 10.70.209.64。

❑ 创建 dnsmasq 配置文件 origin-dns.conf 和 origin-upstream-dns.conf。

❑ 启动 dnsmasq 服务，并设置宿主机的默认路由网卡的 IP 为 dnsmasq 的监听 IP。

❑ 创建 /etc/origin/node/resolv.conf。

因此，宿主机上的 DNS 请求也会转到本机上的 53 端口。

每当 NetworkManager 服务重启或宿主机重启时，宿主机的 /etc/resolv.conf 文件内容都会被覆盖，因此，请不要手动修改此文件。

---

2. Dnsmasq 及其配置

从下面 netstat -lntp | grep 53 命令的输出中可以看出，有一个 Dnsmasq 进程（进程 ID 为 90456）在 Pod 网段的网关（10.129.0.1）、Service 网段的网关（172.17.0.1）、宿主机 IP 地址（10.70.209.64）这些 IP 的 53 端口上做 TCP 和 UDP 监听。

```
[root@node1 ~]# netstat -tulntp | grep 53
tcp   0   0 10.70.209.64:53    0.0.0.0:*   LISTEN  90456/dnsmasq
tcp   0   0 172.17.0.1:53      0.0.0.0:*   LISTEN  90456/dnsmasq
tcp   0   0 10.129.0.1:53      0.0.0.0:*   LISTEN  90456/dnsmasq
tcp   0   0 127.0.0.1:53       0.0.0.0:*   LISTEN  11243/openshift
udp   0   0 10.70.209.64:53    0.0.0.0:*           90456/dnsmasq
udp   0   0 172.17.0.1:53      0.0.0.0:*           90456/dnsmasq
udp   0   0 10.129.0.1:53      0.0.0.0:*           90456/dnsmasq
udp   0   0 127.0.0.1:53       0.0.0.0:*           11243/openshift
```

而在 127.0.0.1:53 上做 TCP 和 UDP 监听的 PID 为 11243 的进程如下。

```
[root@node1 ~]# ps -ef | grep 11243
root    11243  11194  0 Oct01 ?        00:45:25 openshift start \
network --config=/etc/origin/node/node-config.yaml \
--kubeconfig=/tmp/kubeconfig --loglevel=2
```

OpenShift 进程内封装了 SkyDNS，它是一个开源的构建在 etcd 之上的分布式服务宣告

（announcement）和发现（discovery）服务。利用它可通过 DNS 查询来发现可用的服务。关于 SkyDNS 的更多信息，请访问其开源社区⊖。开源社区版本的 SkyDNS 将记录保存在 etcd 中，在做查询时从 etcd 中获取数据并封装成 DNS 结果格式给客户端。在 Node 节点上运行的 OpenShift 进程利用了 SkyDNS Server 库，但它并没有采用默认的 etcd 后端，而是基于 OpenShift API 服务实现了新的后端，具体请查阅其代码⊖。SkyDNS 调用 OpenShift API 服务来获取主机名、IP 地址等信息，然后封装成标准 DNS 记录并返回给查询客户端。

Dnsmasq 服务的配置目录为 /etc/dnsmasq.d。origin-upstream-dns.conf 文件中定义了上游 DNS 名字服务器。

```
server=10.72.8.10
server=10.2.1.175
```

这些上游服务器的地址是从 DHCP 服务器或所在主机的网卡配置文件中获取的。从下面 Dnsmasq 的启动日志中可看出，Dnsmasq 将 in-addr.arpa 和 cluster.local 这两个域内的 DNS 请求都转到了 127.0.0.1:53 的 SkyDNS 上，而对其他请求则直接转到了上游 DNS 域名服务器上。因此，OpenShift 中的 Dnsmasq 扮演的角色更多的是 DNS 查询的转发器和 DNS 信息的缓存器。

```
Oct  7 19:49:56 dnsmasq[90456]: using nameserver 10.2.1.175#53
Oct  7 19:49:56 dnsmasq[90456]: using nameserver 10.72.8.10#53
Oct  7 19:49:56 dnsmasq[90456]: using nameserver 127.0.0.1#53 for domain in- \
addr.arpa
Oct  7 19:49:56 dnsmasq[90456]: using nameserver 127.0.0.1#53 for domain cluster. \
local
```

in-addr.arpa 是 DNS 标准中的一个特殊域，称为逆向解析域，其目的是完成从 IP 地址到域名的逆向解析。假设待进行逆向解析的 IP 地址为 218.30.103.170，其逆向解析域名则为 170.103.30.218.in-addr.arpa。而 30.172.in-addr.arpa 则表示 172.30.0.0/16 网段的逆向解析域。

2.4.3　OpenShift 集群内 DNS 查询流程

前文介绍了在 OpenShift Pod 内部和 Node 上的 DNS 配置，综合起来，可得出图 2-30 所示的在 OpenShift 集群内进行 DNS 查询的基本流程。

下面分析两种典型的 DNS 查询过程。

（1）Pod 中的应用通过域名访问外网服务器的 DNS 查询流程

在 IP 地址为 10.129.0.108 的 Pod 中运行 nslookup www.sina.com 命令，其 DNS 查询流程如上图中的 1 → 2.2 所示。从如下 Dnsmasq 进程日志中可以看出，Dnsmasq 直接将该查

⊖ https://github.com/skynetservices/skydns.

⊖ https://github.com/openshift/origin/blob/master/pkg/dns/.

询转给了上游 DNS 域名服务器 10.72.8.10。

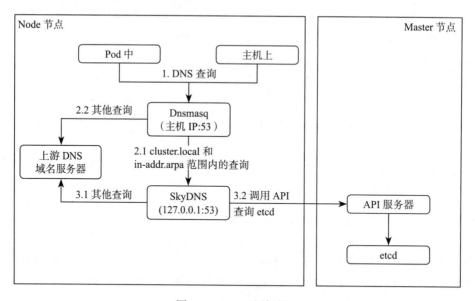

图 2-30 DNS 查询流程

```
Oct  7 20:05:57 dnsmasq[90456]: query[A] www.sina.com from 10.129.0.108
Oct  7 20:05:57 dnsmasq[90456]: forwarded www.sina.com to 10.72.8.10
Oct  7 20:05:57 dnsmasq[90456]: reply www.sina.com is <CNAME>
Oct  7 20:05:57 dnsmasq[90456]: reply us.sina.com.cn is <CNAME>
Oct  7 20:05:57 dnsmasq[90456]: reply wwwus.sina.com is <CNAME>
Oct  7 20:05:57 dnsmasq[90456]: reply ww1.sinaimg.cn.w.alikunlun.com is \
42.81.204.61
Oct  7 20:05:57 dnsmasq[90456]: reply ww1.sinaimg.cn.w.alikunlun.com is \
42.81.204.62
......
Oct  7 20:05:57 dnsmasq[90456]: query[AAAA] ww1.sinaimg.cn.w.alikunlun.com from \
10.129.0.108
Oct  7 20:05:57 dnsmasq[90456]: forwarded ww1.sinaimg.cn.w.alikunlun.com to \
10.72.8.10
```

而从 Pod 命令的输出中可以看出，该 DNS 请求的处理服务器为 10.70.209.64:53，即 Pod 所在宿主机上的 Dnsmasq 进程。

```
[root@node1 ~]# nsenter -t 122973 -n nslookup www.sina.com
Server:        10.70.209.64
Address:       10.70.209.64#53

Non-authoritative answer:
www.sina.com     canonical name = us.sina.com.cn.
```

```
us.sina.com.cn  canonical name = wwwus.sina.com.
wwwus.sina.com  canonical name = ww1.sinaimg.cn.w.alikunlun.com.
Name:   ww1.sinaimg.cn.w.alikunlun.com
Address: 42.81.204.61
Name:   ww1.sinaimg.cn.w.alikunlun.com
Address: 42.81.204.62
```

（2）Pod 内应用通过 Service 的内部域名查找其 IP 地址

在 IP 地址为 10.129.0.108 的 Pod 内运行 dig console.openshift-console.svc.cluster.local 命令，根据 Pod 内的 resolv.conf 中的配置，查询请求会被转发到 Pod 所在宿主机的 IP 地址，然后查询请求被其上的 Dnsmasq 进程收到（图 2-30 中的步骤 1）。根据 Dnsmasq 的配置，Dnsmasq 进程将查询转到运行在 127.0.0.1:53 上的 SkyDNS 服务（图 2-30 中的步骤 2.1）。SkyDNS 执行查询操作。SkyDNS 调用 OpenShift API，查询 Console 服务的信息，收到 API 返回的数据后封装成 DNS 返回数据包（图 2-30 中的步骤 3.2）。因此，整个流程如图 2-30 中的 1 → 2.1 → 3.2 路径所示。

在 Pod 中运行 dig console.openshift-console.svc.cluster.local 命令，结果显示 DNS 查询的处理服务器为 10.70.209.64，即 Pod 所在的宿主机。

```
[root@node1 ~]# nsenter -t 122973 -n dig console.openshift-console.svc.cluster.local
...
;; ANSWER SECTION:
console.openshift-console.svc.cluster.local. 30 IN A 172.30.228.62

;; Query time: 2 msec
;; SERVER: 10.70.209.64#53(10.70.209.64)
......
```

Dnsmasq 日志显示它收到了源自 Pod 的对 Console 服务的 DNS 域名的查询请求，请求被转发至 127.0.0.1。DSN 查询结果显示服务域名的 IP 地址为 172.30.228.62。实际上，这个查询结果是由 SkyDNS 查询 OpenShift API 获得的。

```
Oct  7 20:17:24 dnsmasq[90456]: query[A] console.openshift-console.svc.cluster.
local from 10.129.0.108
   Oct  7 20:17:24 dnsmasq[90456]: forwarded console.openshift-console.svc.cluster.
local to 127.0.0.1
   Oct  7 20:17:24 dnsmasq[90456]: reply console.openshift-console.svc.cluster.
local is 172.30.228.62
```

2.5　OpenShift 存储

运行容器化应用的一大挑战是持久存储支持。Docker 镜像是不可修改的，因此，缺省情况下，使用 Docker 镜像启动一个容器实例后，Docker 会在镜像层之上添加一个可读写的容器层（Container Layer）。容器中所有新增或修改的数据都保存在该容器层之中。在容器实例被删除后，该层也会随之被自动删除，因此所有写入的或修改的数据都会丢失。为了解决该问题，Docker 提供了 bind mount（绑定式挂载）、卷（Volume）和 tmpfs 挂载等功能。

运行在 Kubernetes 和 OpenShift 环境下的容器中的应用也有存储需求。Kubernetes 和 OpenShift 的卷功能将后端存储卷挂载到容器所在的宿主机上成为一文件夹，然后利用 Docker 的绑定式挂载功能将该文件夹挂载到 Docker 容器中，从而可为容器中的应用所用。

2.5.1　Docker 卷

Docker 镜像是分层的，而且每一层都是只读的。只有在运行容器的时候才会在镜像的只读层上创建一个可写层，如图 2-31 所示。在该层中保存数据在技术上是可行的，但有如下缺点：

❑ 数据是易失性的，不是持久性的。当容器停止时，数据不会被保存下来。

❑ 当其他进程需要访问它的时候，很难将容器中的数据导到容器外面。

❑ 容器的可写层和容器所在的宿主机紧耦合，数据无法被移动到其他宿主机上。

❑ 向容器的可写层中写入数据需通过存储驱动（Storage Driver，比如 AUFS、Brtfs、OverlayFS 等）来管理文件系统。存储驱动利用 Linux 内核提供联合文件系统（Union File System），会降低 IO 性能。

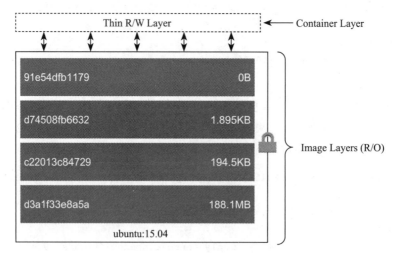

图 2-31　Docker 镜像分层

因为容器可写层存在以上缺点，一开始，Docker 利用 bind mount 功能将 Docker 容器所在宿主机上的目录映射为容器中的挂载点，如图 2-32 所示。容器停止运行后，挂载目录中的数据会保留在宿主机上，从而实现数据持久保存。

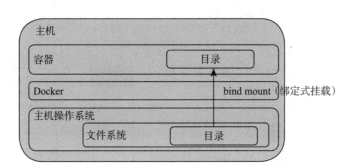

图 2-32　bind mount 示意图

使用 docker 命令 mount 参数时指定 type=bind 来使用 bind mount 模式。如下命令将宿主机文件夹 /usr/local/web 通过 bind mount 挂载到容器中的 /usr/share/nginx/html 文件夹。

```
docker run -d --name=bindtest —mount type=bind,source=/usr/local/
web,destination=/usr/share/nginx/html nginx:latest
```

随后，基于 bind mount 功能，Docker 发展出了卷。默认情况下，Docker Volume 将容器数据保存在宿主机上由 Docker 管理的文件系统中，通常在 /var/lib/docker/volumes/ 目录下。Docker 卷具有自己独立的生命周期，可以使用 docker volume 命令独立地创建和管理。在容器实例被删除后，卷依然存在，因此卷中的数据会被保留，从而实现容器数据的持久化。而且，数据卷直接将数据写入宿主机文件系统，性能相比容器的可写层有所提高。

```
// 创建一个 Docker 卷
docker volume create defaultVol1
// 使用该卷运行一个 busybox 容器
docker container run -it --volume defaultVol1:/data busybox sh
```

随后，Docker 发布了对卷插件（Volume Plugin）的支持。Docker 引擎的卷插件使得容器数据能够被保存在远端存储上，从而消除了默认实现中对容器所在节点的依赖。现在，Docker 支持众多卷插件，包括 GlusterFS 插件、Flocker 插件、DRBD 插件、Azure 文件存储插件等。

```
// 利用 Flocker 驱动创建一个卷
docker volume create --driver=flocker flockerVol1
// 使用该卷运行一个 busybox 容器
docker container run -it --volume flockerVol1:/data busybox sh
```

Docker 卷和 bind mount 将容器中的数据持久地保存到主机文件系统或远端存储中。有时候，出于安全或其他考虑，我们不希望将数据持久化保存到容器的可写层或宿主机上。此时，可使用 Docker tmpfs 挂载模式，它将数据存储在宿主机的内存中。当容器停止时，tmpfs 挂载将被移除。

```
docker run -d -it --name tmptest --mount type=tmpfs,destination= \
/app    nginx:latest
```

图 2-33 所示为 Docker 支持容器数据存储的 3 种方式。

2.5.2 OpenShift 存储卷

Docker Volume 解 决 的 是 Docker 容 器 的数据持久存储问题。与之类似，Kubernetes 也有 Volume 概 念， 而 OpenShift 则直接引入了Kubernetes Volume 概 念。Pod 是 Kubernetes 的最小可部署单元，Kubernetes 支持将多个容器

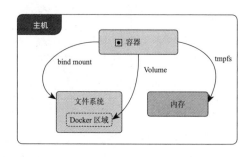

图 2-33　容器使用存储的 3 种方式

放进一个 Pod 中。Kubernetes 卷的生命周期与使用该卷的 Pod 完全相同，也就是说，两者同时被创建、同时被删除。而 Docker 卷有独立的生命周期，独立于容器。

Kubernetes 卷的核心是包含数据的目录，Pod 中的容器可以访问这些目录。至于该目录是怎么来的，后端介质是什么，内容是什么，则是由所使用的具体卷类型（Volume Type）决定的。使用卷时，Pod 声明中需要提供卷的类型（.spec.volumes 字段）和卷挂载的位置（.spec.containers.volumeMounts 字段）。 容器中的进程能看到由它们的 Docker 镜像和卷组成的文件系统视图。

在有些场景中，Pod 被删除后，数据也会被删除，比如 emptyDir 类型的卷；在有些场景中，Pod 停止后数据还需要存在，此时需要利用持久的存储后端，比如 Amazon EBS、NFS 和 GlusterFS 等。我们可以将 Kubernetes 卷分为两大类：一类是利用基于主机的存储；另一类是利用不基于主机的存储。第一类典型的类型是 emptyDir 卷和 hostPath 卷。emptyDir 在 Pod 启动时在 Pod 所在宿主机上被创建出来，在 Pod 运行期间一直存在，开始时是宿主机上的一个空目录。hostPath 卷将宿主机的一个目录或文件挂载到 Pod。这些卷是被 Kubernetes 创建和管理的。Kubernetes 支持多种存储类型，如表 2-3 所示。

表 2-3　OpenShift 中的卷类型

临时性卷	本地易失性卷	通过网络访问的持久性卷	其他类型卷
emptyDir	hostPath Local Secret DownwardAPI ConfigMap	awsElasticBlockStore CephFS Cinder FC（Fibre Channel） GlusterFS NFS persistentVolumeClaim ……	FlexVolume CSI（Container Storage Interface，容器存储接口）

下面以 GlusterFS 卷为例介绍 OpenShift 卷的使用方法。GlusterFS 是一种开源的可水平

扩展的文件系统。通过 Kubernetes GlusterFS 卷，GlusterFS 卷可以被挂载给 Pod 中的容器。GlusterFS 可以预先填充数据，因此这些数据可以在 Pod 之间 "传递"。

1）OpenShift 管理员在集群中创建一个 Endpoints 对象，指向 GlusterFS 服务器的 IP 地址。在笔者的测试环境中，由一台服务器提供 GlusterFS 服务，其 IP 地址为 10.70.209.69。

```
[root@master1 cloud-user]# oc get ep
NAME                    ENDPOINTS
GlusterFS-storage    10.70.209.69:24007
```

2）存储管理员在 GlusterFS 上创建卷 folder1。

```
[root@GlusterFS   folder1]# gluster volume list
folder1
```

3）开发工程师创建一个 Pod，使用 GlusterFS 类型的 Volume。在 Pod 的声明中，需要指定 GlusterFS 端点、GlusterFS 卷名称以及读写模式。

```
apiVersion: v1
kind: Pod
metadata:
  name: test-pod-with-GlusterFS-volume
spec:
  containers:
  - name: test-pod-with-GlusterFS-volume
    image: docker.io/openshift/hello-openshift
    volumeMounts:
    - mountPath: /volume/volume
      name: glustervol1
  volumes:
  - name: glustervol1
    GlusterFS:
      endpoints: glusterfs-storage
      path: folder1
      readOnly: false
```

4）Pod 运行后，OpenShift 会先将 GlusterFS 卷挂载到 Pod 所在的宿主机上，成为宿主机上的一个目录。

```
10.70.209.69:folder1 on /var/lib/origin/openshift.local.volumes/pods/5afad50a-
e9ae-11e9- 9b23-fa163e71648a/volumes/kubernetes.io-GlusterFS/glustervol1 type fuse.
GlusterFS   (rw,relatime,user_id=0,group_id=0,default_permissions,allow_other, max_
read=131072)
```

5）这个目录会被 Docker 绑定式挂载到容器中。

```
"Mounts": [
        {
            "Type": "bind",
            "Source": "/var/lib/origin/openshift.local.volumes/pods/5afad50a-\
e9ae-11e9-9b23-fa163e71648a/volumes/kubernetes.io~GlusterFS /glustervol1",
            "Destination": "/var/volume",
            "Mode": "",
            "RW": true,
            "Propagation": "rprivate"
        },
```

6）Pod 中的进程在 /var/volume 目录中进行数据读写。

2.5.3 OpenShift 持久化卷

图 2-34 所示为 2.5.2 节中介绍的 OpenShift GlusterFS 卷的使用过程。从中可看出，使用 OpenShift 卷的过程需要存储工程师和开发人员紧密合作。要使用某种类型的卷，开发人员需要了解后端存储的具体配置信息，以在 Pod 声明中进行卷设定。

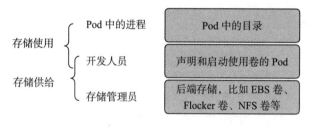

图 2-34 卷使用过程示意

实际上，存储信息对于应用开发人员来说其实不必可见。应用开发人员只关心有没有满足要求的存储可用，而无须关心后端是什么存储。为了解耦存储供给和存储使用，Kubernetes 创建了两个概念：PV（Persistent Volume，持久化卷）和 PVC（Persistent Volume Claim，持久化卷声明）。OpenShift 直接引入了这些概念。

实际上，Persistent Volume 并不是一种 Kubernetes 卷类型。这意味着，不能在 Pod 声明中直接使用持久化卷。管理员创建持久化卷（由一个 PV 类型的对象表示），然后开发人员创建一个使用申明（由一个 PVC 类型的对象表示），然后再创建使用该声明类型的卷的 Pod。图 2-35 所示为 Pod、PVC、PV 三者之间的关系。

图 2-35 Pod、PVC、PV 之间的关系

持久化卷和持久化卷声明之间的关系有点类似于 Pod 和 Node 之间的关系。Node 是由管理员和运维人员预先创建和配置的服务器，而由开发人员创建的 Pod 来使用这些节点所暴露的计算资源。而区别则在于，持久化卷声明使用的是持久化卷所暴露的存储资源。

1. 持久化卷的有关概念

下面简单介绍 OpenShift 持久化卷有关的几个概念。

❑ Persistent Volume：持久化卷，由集群管理员创建的集群存储资源，就像 Node 是集群的计算资源一样。管理员可创建多个 PV，形成一个存储池，供开发人员使用。持久化卷源自各种类型的存储后端，比如 AWS EBS、GCE Disk、NFS 等。

❑ Persistent Volume Claim：持久化卷声明，代表可被应用使用的预定的存储空间。从某种意义上讲，它类似于 Pod。Pod 使用节点的计算资源，而 PVC 使用 PV 的存储资源。PVC 中可包含特定存储需求，比如访问模式（AccessMode）、容量（Request）等。PV 和 PVC 之间可通过标签和选择器（selector）关联起来。当创建 PV 时，管理员可创建特定属性的标签。PVC 可以使用标签来确保使用匹配的 PV。

❑ Binding：绑定。PV 代表存储资源，PVC 代表对存储资源的一次申请，两者之间有一个绑定过程。该过程中，一个 PVC 被匹配到一个特定 PV 上。绑定后的 PVC 可被用于 Pod 中。OpenShift 定位到被绑定到 PVC 的 PV 的后端存储，并挂载到 Pod 中。

❑ 卷类型：持久化卷的类型被实现为插件。Kubernetes 通过插件支持常见的后端存储，比如 Amazon EBS、OpenStack Cinder、NFS、iSCSI、GlusterFS、Ceph 等。

❑ StorageClass：存储等级。存储等级对象也由 OpenShift 管理员创建。管理员利用 StorageClass 来描述他们所提供的存储类型和级别，不同的级别可映射到不同的可服务性、备份策略等。

可见，有了持久化卷和持久化卷声明这两个概念后，开发人员就无须关心物理存储了。他们只需要关心应用所需使用的存储等级，然后集群会自动选择或创建持久化卷。图 2-36 所示为上述概念之间的关系。

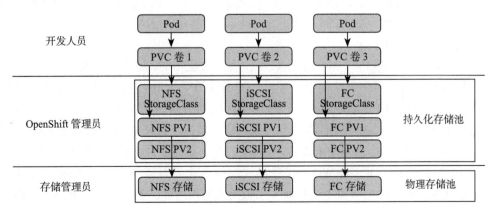

图 2-36　Pod、PVC、PV、物理存储之间的关系

2. 持久化卷的生命周期

PV 具有其生命周期，图 2-37 所示为其生命周期的 5 个阶段。

| 创建 Provisioning | 绑定 Binding | 使用 Using | 释放 Releasing | 回收 Reclaiming |

图 2-37　PV 的生命周期

（1）创建（Provisioning）

在创建阶段，管理员从已有物理存储池中创建 PV。创建分为静态创建和动态创建两种模式。静态创建是指管理员会预先创建好一定数目的 PV，每个 PV 包含供集群使用的真实后端存储的详细信息，这些 PV 形成一个持久化卷的资源池。动态创建是集群管理员预先创建 StorageClass，然后 PVC 申请 StorageClass，然后集群动态创建出 PV，供 PVC 消费。动态卷供给这一功能允许按需创建存储建。在此之前，集群管理员需要事先在集群外由存储提供者或者云提供商创建存储卷，成功之后再创建 PersistentVolume 对象，才能够在 kubernetes 中使用。动态卷供给能让集群管理员不必预先创建存储卷，而是根据用户需求进行创建。

（2）绑定（Binding）

绑定是指将 PVC 绑定到某个特定的 PV 的过程。用户在部署容器应用时会定义 PVC，其中会声明所需的存储资源的特性，如大小和访问方式。Kubernetes 会负责在 PV 资源池中寻找匹配的 PV，并将 PVC 与目标 PV 进行绑定。

OpenShift 支持多种 PV 和 PVC 之间的匹配模式。通常情况下，OpenShift 会比对 PV 是否满足 PVC 的标签选择器（Label Selector）、访问模式和资源申请（Resource Request），比如容量等需求。如果要指定某 PV 被绑定给 PVC，还可以在 PVC 定义中将 volumeName 字段设置为目标 PV 的名称。在某些情况下，管理员期望某个 PV 只被某个 PVC 绑定，他可以设置 PV 定义中的 claimRef 字段，设置目标 PVC 的名称和所在的命名空间。绑定成功后，PV 和 PVC 的状态将变成 Bound，即绑定状态。PV 和 PVC 之间的绑定是 1:1 的，这意味着 PVC 对 PV 的占据是独占的、排他的。

（3）使用（Using）

一旦 PVC 被绑定到 PV，Pod 将 PVC 用作卷，来使用 PV 的后端存储资源。Pod 和它要使用的 PVC 必须在同一个项目中。首先，OpenShift 为 Pod 在同一个项目中通过名称定位到 PVC；再找到该 PVC 绑定的 PV，如果没找到且存在合适的 StorageClass，则自动创建一个 PV；OpenShift 将 PV 后端的存储卷挂载到宿主机，再通过 Docker 挂载到 pod 中。PV 的访问模式由其声明中的 accessModes 属性指定。目前支持 3 种 PV 访问模式：

❑ ReadWriteOnce，简称 RWO。这种模式的持久化卷可以被可读可写地挂载到一个 OpenShift 集群内的节点上。比如关系数据库使用的卷，需要确保所有的写入都来自同一个 Pod。

❑ ReadOnlyMany，简称 ROX。这种模式的持久化卷可以被只读地挂载到多个节点上。比如保存静态文件，如图片的卷被挂载给多个节点上的 Pod 以从中读取图片。

❑ ReadWriteMany，简称 RWX。这种模式的持久化卷允许被可读可写地挂载到多个节点上。目前，只有 GlusterFS 和 NFS 支持这种模式。

（4）释放（Releasing）

当应用不再使用存储时，开发人员可以通过 API 删除 PVC 对象。此时 PV 的状态为 released，表示之前绑定到它的 PVC 被释放了。Kubernetes 支持使用保护模式（Storage Object in Use Protection）。启用该功能后，如果用户删除一个正被 Pod 使用的 PVC，该 PVC 不会马上被删除，而是会推迟到 Pod 不再使用该 PVC 时。如果用户删除 PV，它也不会被马上删除，而是会等到该 PV 不再绑定到 PVC 的时候。是否启用了该保护，可以从 PV 和 PVC 的 finalizers:- kubernetes.io/pvc-protection 上看出来。

（5）回收（Reclaiming）

当 PVC 被删除后，它原来所绑定的 PV 依然存在，其状态变为 released，此时会自动触发回收流程。此时该 PV 还不能直接被其他 PVC 使用，因为卷中还保留着 PVC 的数据。如何处理该 PV 根据管理员定义的 PV 回收策略来定。该策略告诉集群，当 PVC 被释放后卷该如何处理。PV 的回收模式由其声明中的 persistentVolumeReclaimPolicy 属性决定，当前支持 3 种回收策略。

❑ retain：PV 中的数据会保留，管理员需手动处理该卷，比如手动删除 PV；或手动清理后端存储卷中的数据，以免数据被重用；或手动删除后端存储卷；或创建一个新 PV 以重用之前的数据等。

❑ recycle：通过执行 rm -rf 命令删除卷上所有数据，使得卷可被新 PVC 使用。目前只有 NFS 和 hostPath 支持这种回收模式。

❑ delete：当 PVC 被删除后，PV 和相应的后端存储卷都会被删除。目前 AWS EBS、GCE PD 和 OpenStack Cinder 都支持这种回收模式。动态创建的 PV 的回收模式从 StorageClass 中继承，默认值为 delete。

2.5.4　静态创建持久化卷

前文中提到，创建持久化卷支持静态创建和动态创建这两种方式。静态创建模式中，持久化卷由 OpenShift 管理员手动创建。

1. 静态创建持久化卷的流程

下面以 NFS 为例，介绍静态创建持久化卷的基本流程。

（1）存储管理员准备 NFS 环境

网上有很多关于 NFS 安装步骤的文章，这里不再赘述。在笔者的测试环境中，NFS 服务器的 IP 地址为 10.70.208.234，它暴露了 3 个文件夹供客户端使用，分别是 folder2、 folder3 和 folder4。

```
[root@nfsserver ~]# cat /etc/exports
/home/cloud-user/nfsdata/folder2 10.70.0.0/16(rw,sync,no_root_squash,no_all_
squash)
/home/cloud-user/nfsdata/folder3 10.70.0.0/16(rw,sync,no_root_squash,no_all_
squash)
/home/cloud-user/nfsdata/folder4 10.70.0.0/16(rw,sync,no_root_squash,no_all_
squash)
```

（2）定义 PV 对象

OpenShift 管理员创建 PV 对象，storageClassName 为 nfs，后端使用 NFS 存储的 folder2 文件夹。

```
apiVersion: v1
kind: PersistentVolume
metadata:
  name: nfs-folder2-pv
spec:
  storageClassName: nfs
  capacity:
    storage: 5Gi
  accessModes:
  - ReadWriteOnce
  nfs:
    path: /home/cloud-user/nfsdata/folder2
    server: 10.70.208.234
  persistentVolumeReclaimPolicy: Retain
```

创建出的 PV 对象在集群范围内。

```
[root@master1 cloud-user]# oc get pv
NAME           CAPACITY    ACCESS MODES    RECLAIM POLICY    STATUS        CLAIM
STORAGECLASS   REASON      AGE
nfs-folder2-pv  5Gi  RWO    Retain      Available    nfs      3s
```

（3）定义 PVC 对象

开发人员创建一个 PVC 对象，指定访问模式为 ReadWriteOnce，申请空间大小为 1GB，storageClassName 为 nfs。该 PVC 实例会存在于当前项目之中。

```
kind: PersistentVolumeClaim
apiVersion: v1
metadata:
  name: nfs-pvc-1g
```

```
spec:
  accessModes:
    - ReadWriteOnce
  resources:
    requests:
      storage: 1Gi
  storageClassName: nfs
```

创建的 PVC 对象如下。

```
[root@master1 cloud-user]# oc get pvc
NAME        STATUS   VOLUME         CAPACITY   ACCESS MODES   STORAGECLASS   AGE
nfs-pvc-1g  Bound    nfs-folder2-pv  5Gi         RWO            nfs            2s
```

此时，OpenShift 自动地根据 PVC 定义，在集群已有的 PV 对象中找到最合适的 PV，并将两者绑定，两者的状态都变为 Bound。

```
[root@master1 cloud-user]# oc get pv
NAME   CAPACITY ACCESS MODES RECLAIM POLICY STATUS CLAIM STORAGECLASS REASON \
AGE
nfs-folder2-pv 5Gi RWO Retain Bound testproject/nfs-pvc-1g nfs 3m
```

（4）开发人员创建一个 Pod，使用 persistentVolumeClaim 类型的卷，设置 claimName 为前面创建的 PVC 对象。

```
apiVersion: v1
kind: Pod
metadata:
  name: test-pod-with-nfs-pvc
spec:
  containers:
  - name: test-pod-with-nfs-pvc
    image: docker.io/openshift/hello-openshift
    volumeMounts:
    - mountPath: /volume/nfsvolume
      name: nfsvolume
  volumes:
  - name: nfsvolume
    persistentVolumeClaim:
      claimName: nfs-pvc-1g
```

（5）NFS 的 folder2 文件夹被挂载到 Pod 所在的宿主机上的 nfs-folder2-pv 目录。

```
10.70.208.234:/home/cloud-user/nfsdata/folder2 on /var/lib/origin/openshift.
local.volumes/pods/75b2d363-e9c7-11e9-
```

```
9b23-fa163e71648a/volumes/kubernetes.io~nfs/nfs-folder2-pv type nfs4 (rw,relatim
e,vers=4.1,rsize=524288,wsize=524288,namlen=255,hard, proto=tcp,timeo=600,retrans=2,
sec=sys,clientaddr=10.70.209.64,
    local_lock=none,addr=10.70.208.234)
```

（6）宿主机上的 nfs-folder2-pv 目录被 Docker 绑定式挂载到 Pod 所有容器中，成为其 /var/nfsvolume 文件夹。

```
{
  "Type": "bind",
  "Source": "/var/lib/origin/openshift.local.volumes/pods/75b2d363-e9c7-11e9- \
9b23-fa163e71648a/volumes/kubernetes.io~nfs/nfs-folder2-pv",
  "Destination": "/volume/nfsvolume",
  "Mode": "",
  "RW": true,
  "Propagation": "rprivate"
}
```

2. Pod 卷的权限控制

每种存储后端都有其自己的权限管理方式。以 NFS 为例，其用户认证及权限控制基于远程过程调用（RPC）。在 NFS 3 和 NFS 4 版本中，最常用的认证机制是 AUTH_Unix。客户端系统上的 UID（用户 ID）和 GID（用户组 ID）通过 RPC 调用传递到 NFS 服务器端，然后对这些 ID 所拥有的权限进行校验，以确定能否访问目标资源。这就要求客户端和服务器端上的 UID 和 GID 必须相同。同时，NFS 支持在其文件夹上通过以下配置来设置该文件夹的访问权限。

- ❏ all_squash：将所有用户和组都映射为匿名用户和组。默认为 nfsnobody 用户（ID 为 65534）和 nfsnobody 组（GID 为 65534），也可以通过 anonuid 和 anongid 指定。
- ❏ no_all_squash：访问用户先与本机用户通过 ID 进行匹配，如果有 ID 相同的用户则匹配成功，若匹配失败再映射为匿名用户或用户组。这是默认选项。
- ❏ root_squash：将来访的 root 用户（ID 为 0）映射为匿名用户。这是默认选项，可以使用 no_root_squash 设置取消这种映射，而保持为 root 用户。

上述操作用的是 folder2 的 /home/cloud-user/nfsdata/folder2 文件夹，它的权限为 10.70.0.0/16(rw,sync,no_root_squash,no_all_squash)。这些权限设置的含义分别如下：

- ❏ 10.70.0.0/16：只允许 10.70.0.0/16 网段的客户端访问（备注：这个网段实际上是 Pod 宿主机的网段，而不是 Pod 网段，因为 NFS 实际上是被挂载给宿主机的，然后再挂载给容器）。
- ❏ sync：将数据同步写入内存缓冲区与磁盘中，这样做效率虽然低些，但可保证数据一致性。
- ❏ no_root_squash：保持客户端 root 用户，将其映射为服务器端 root 用户。理论上这是一种风险较高的配置。

❑ no_all_squash：先将通过 PRC 传入的 UID 和 GID 在本地进行匹配。匹配成功则使用 NFS 服务器上的同 ID 的用户或组；否则使用匿名用户或组。

在 Pod 的容器中测试对共享目录的操作权限如下。

❑ 查询共享目录：成功。

❑ 写入共享目录：失败，报错为 Permission denied。

为了找到解决办法，首先来查看 NFS 共享目录和 Pod 中的用户：

❑ NFS 上的 folder2 的目录权限为 drwxr--r-x 2 nfsnobody nfsnobody。nfsnobody 的 UID 和 GID 都是 65534。这意味着 nfsnobody 用户可以对它进行读写，其他用户（包括 nfsnobody 组内的用户和其他用户）都只能读。

❑ Pod 中的用户 ID 为 uid=1000120000 gid=0(root) groups=0(root),1000120000。

写入失败是因为本地用户 uid 1000120000 在 NFS 服务器上没有匹配的用户，但 gid 0 有匹配到 root 用户组，但该用户组没有 folder2 文件夹写权限。因此，要使得 Pod 容器中写入文件夹成功，有以下两种方式：

❑ 将 NFS 暴露出来的文件夹的所有者修改为 nfsnobody:nfsnobody，然后在文件夹上设置 all_squash，这会将所有客户端 UID 和 GID 映射为 NFS 服务器端的 nfsnobody 用户和 nfsnobody 组。

❑ 上述方法将所有客户端的用户都映射为 nfsnobody:nfsnobody，虽然保证了统一性，但是也消灭了独特性。有时候还需要保留客户端上的已知 UID。此时会在 NFS 共享的文件夹上设置 no_all_squash，这样会先做匹配找到两地都有的 user，匹配不成功则执行上面步骤中的做法。这种情况下，如果匹配成功，则 NFS 会对服务器端的具有相同 UID 和 GID 的用户的权限进行校验。通常情况下，NFS 服务器端匹配到的用户不会是 nfsnobody，根据文件夹上的权限设置，此时 Pod 中是无法写入文件的。这就是前面描述的场景中的结果。

针对第二种方式存在的问题，有 3 种处理方式：

1）为文件夹上其他用户（other users）加上写权限。这种做法比较简单粗暴，权限暴露过大，不建议使用。

```
chmod o+w folder2 -R
```

2）修改 NFS 文件夹的权限。

Linux 系统中，补充组 ID 是进程所拥有的附加组的一个集合。在 Linux 上，文件系统的用户、组（group）的 ID，连同补充组（supplementary group）的 ID，一起确定对文件系统的操作权限，包括打开（open）、修改所有者（change ownership）、修改权限（permission）。具体请阅读相关 Linux 文档。

首先修改 NFS 文件夹的 GID 为某个数值，比如下面的命令修改 GID 为 2000（这里实际上是 GID，不是 supplemental GID。GID 对文件夹有意义，而 supplemental GID 对文件夹无意义而对进程有意义）。

```
chown :1000120000 folder2 -R
```

再修改 NFS 文件夹的 group 权限，加上 w 和 x，并设置其 GID 为 Pod 所使用的 supplemental GID。

```
[root@nfsserver nfsdata]# ls -l
total 0
drwxrwxr-x 2 nfsnobody 1000120000 34 Oct  9 23:40 folder2
```

这样，在 NFS 客户端（Pod）和服务器端（文件夹）上通过 group ID 将把权限打通了。

3）修改 Pod 的补充组 ID。

可设置 Pod 中主进程的 UID 或补充组 GID 为 nfsnobody 用户或组的 ID，即 65534，但因为 UID 会和太多因素关联，所以直接修改 UID 这种做法比较重。除了 UID 外，Pod 中还可以设置 fsGroup，它主要面向块存储，以及设置补充组 ID，它主要面向共享文件系统。考虑到 GlusterFS 是共享文件存储，因此优先设置辅助组 ID 为 65534。具体做法请查阅 OpenShift 官网 SCC（安全上下文限制）文档。

2.5.5　动态创建持久化卷

在静态创建持久化卷模式中，管理员需要预先创建好持久化卷，以供 PVC 使用，这就要求开发人员和集群管理员密切配合，否则有时候 PVC 无满足条件的可用 PV。同时，因为 PV 和 PVC 之间的绑定具有独占型和排他性，有时候较大容量的 PV 被分配给了较小容量的 PVC，造成存储容量的浪费。

要解决这些问题，OpenShift 支持动态创建持久化卷模式。在该模式下，PV 不需要预先创建。图 2-38 是动态创建 GlusterFS PV 的流程示意图。在步骤 3.2 中，当开发人员创建好 PVC 以后，OpenShift 会在已有的 StorageClass 对象中查找满足要求的 StorageClass。一旦找到，就会根据 StorageClass 和 PVC 中的配置自动创建一个 PV，并自动在后端存储上创建一个卷。在开发人员创建使用该 PVC 作为卷的 Pod 后，存储卷就会被挂载给 Pod 所在的宿主机，然后通过 Docker 绑定式挂载给 Pod 容器，成为容器中的一个目录。

动态创建持久化卷模式的优势显而易见，包括但不限于以下几点：

❑ 集群管理员不需要预先准备好 PV。

❑ PV 的容量和 PVC 的容量是一样的，这样就不会造成存储浪费。

❑ 可通过配置，使得在删除 PVC 时 PV 和存储卷都会被自动删除，从而避免需手动删除 PV。

下面以 GlusterFS 存储后端为例，介绍动态创建 PV 的过程。因为 GlusterFS 本身不提供 REST API，因此需要在它前面部署一个代理（Proxy）。Heketi 就是一种开源的代理，详细信息可查看其开源项目⊖。它暴露 GlusterFS 集群和卷操作的 REST API，并通过 SSH 到 GlusterFS 集群各节点上运行 GlusterFS 命令，完成各种卷相关的操作，比如创建、映射、删除等。OpenShift 通过调用 Heketi API 来实现 GluesterFS 卷的动态创建和管理。图 2-39 所示为各主要组件之间的关系。

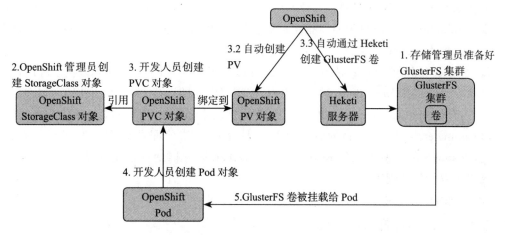

图 2-38　以 GlusterFS 为后端动态创建 PV 过程示意图

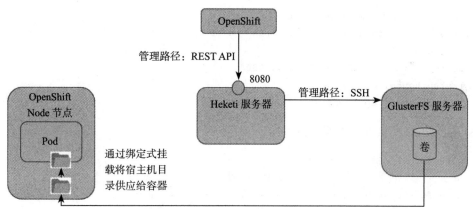

图 2-39　将 GlusterFS 卷挂载给 Pod

1）OpenShift 管理员创建 StorageClass 对象。

StorageClass 对象被管理员用于定义所提供的存储的等级。不同的存储等级可能有不同的可服务性、备份策略或者其他属性。每个 StorageClass 都必须包括 provisioner、parameters 和 reclaimPolicy（默认值为 delete）等必要属性，以及一些可选属性。几个主要

⊖　https://github.com/heketi/heketi.

属性说明如下。

- ❑ provisioner：存储分配器，确定了创建 PV 所使用的存储插件（Volume Plugin）。目前支持 awsElasticBlockStore、AzureFile、GlusterFS、RBD、Cinder 等内部存储插件，这些插件的名称以"kubernetes.io"开头；还支持根据规范而开发的外部存储插件，比如 CephFS、NFS 插件。
- ❑ reclaimPolicy：回收策略，指定动态创建的 PV 如何回收。值可为 Delete 或 Retain，默认值为 Delete。
- ❑ volumeBindingMode：卷绑定模式，指定动态创建 PV 和将 PVC 绑定到 PV 的时机。默认值为 Immediate 时，在 PVC 被创建后立即进行 PV 创建和 PVC 绑定；值为 WaitForFirstCustomer 时，PV 创建和绑定会发生在使用 PVC 的 Pod 被创建完成后。
- ❑ parameters：后端存储的各种参数，具体由存储分配器确定。当存储分配器为 GlusterFS 时，需要设置 resturl 指定为 Heketi 服务器地址，还可以通过 volumetype 设置存储卷的配置。

GlusterFS StorageClass 对象声明如下。

```
apiVersion: storage.k8s.io/v1
kind: StorageClass
metadata:
  name: glusterfs-storage-class
provisioner: kubernetes.io/glusterfs
parameters:
  resturl: "http://10.70.208.234:8080"
  restauthenabled: "false"
  volumetype: "replicate:3"
```

StorageClass 对象在集群全局范围内。

```
[root@master1 ~]# oc get sc
NAME                         PROVISIONER               AGE
glusterfs-storage-class      kubernetes.io/glusterfs   14m
```

2）开发人员创建一个 PVC 对象。

PVC 对象声明中的一项关键属性是 storageClassName，需将其设置为前面创建的 StorageClass 对象的 name。

```
apiVersion: v1
kind: PersistentVolumeClaim
metadata:
  name: auto-pvc-glusterfs
spec:
  storageClassName: glusterfs-storage-class
```

```
accessModes:
- ReadWriteMany
resources:
  requests:
    storage: 8Gi
```

3）OpenShfit 自动创建 PV 对象及其他资源。

当 StorageClass 对 象 的 volumeBindingMode 属 性 值 为 Immediate 时，PVC 对 象 创建完成后，OpenShfit 马上会根据 StorageClass 及 PVC 中的有关属性，从 Heketi 中获取 GlusterFS 集群的配置信息，动态创建端点、服务和 PV 对象。端点中包含了 GlusterFS 集群的所有后端。

```
[root@master1 ~]# oc get ep
NAME                                                   ENDPOINTS
glusterfs-dynamic-e6d4ea3d-ea53-11e9-9b23-fa163e71648a 10.70.209.69:1,10.70.209.
70:1,10.70.209.71:1
```

Service 对象作为上述端点的集群内负载均衡器。

```
[root@master1 ~]# oc describe svc glusterfs-dynamic-e6d4ea3d-ea53-11e9-9b23-\
fa163e71648a
    Name:              glusterfs-dynamic-e6d4ea3d-ea53-11e9-9b23-fa163e71648a
    Namespace:         testproject
    Labels:            gluster.kubernetes.io/provisioned-for-pvc=auto-pvc-glusterfs
    Type:              ClusterIP
    IP:                172.30.247.45
    Port:              <unset>  1/TCP
    TargetPort:        1/TCP
    Endpoints:         10.70.209.69:1,10.70.209.70:1,10.70.209.71:1
    Session Affinity:  None
    Events:            <none>
```

PV 的大小与 PVC 相同。

```
[root@master1 ~]# oc describe pv pvc-e6d4ea3d-ea53-11e9-9b23-fa163e71648a
    Name:              pvc-e6d4ea3d-ea53-11e9-9b23-fa163e71648a
    Annotations:       Description=Gluster-Internal: Dynamically provisioned PV\
gluster.kubernetes.io/heketi-volume-id=237ca12bd05a6986220b49c1e0356e68
                       gluster.org/type=file
                       kubernetes.io/createdby=heketi-dynamic-provisioner
                       pv.beta.kubernetes.io/gid=2000
                       pv.kubernetes.io/bound-by-controller=yes
                       pv.kubernetes.io/provisioned-by=kubernetes.io/glusterfs
    Finalizers:        [kubernetes.io/pv-protection]
```

```
StorageClass:        glusterfs-storage-class
Status:              Bound
Claim:               testproject/auto-pvc-glusterfs
Reclaim Policy:      Delete
Access Modes:        RWX
Capacity:            8Gi
Source:
    Type:                Glusterfs (a Glusterfs mount on the host that shares a pod's\
lifetime)
    EndpointsName:   glusterfs-dynamic-e6d4ea3d-ea53-11e9-9b23-fa163e71648a
    Path:                vol_237ca12bd05a6986220b49c1e0356e68
```

4）GlusterFS 卷插件调用 Heketi API 自动地在 GlusterFS 集群上创建存储卷。

```
[root@nfsserver ~]# heketi-cli -server http://localhost:8080 volume \
    info 237ca12bd05a6986220b49c1e0356e68
Name: vol_237ca12bd05a6986220b49c1e0356e68
Size: 8
Id: 237ca12bd05a6986220b49c1e0356e68
Cluster Id: 0cf26ab81d7e5d6ebdb7bbd731520586
Mount: 10.70.209.70:vol_237ca12bd05a6986220b49c1e0356e68
Mount Options: backupvolfile-servers=10.70.209.69,10.70.209.71
Durability Type: replicate
Replica: 3
Snapshot: Enabled
Snapshot Factor: 1.00
```

5）开发人员创建一个使用上述 PVC 作为卷的 Pod。

```
apiVersion: v1
kind: Pod
metadata:
  name: test-pod-with-pvc-glusterfs-volume
spec:
  containers:
  - name: test-pod-with-glusterfs-volume
    image: docker.io/tomcat
    volumeMounts:
    - mountPath: /var/volume
      name: pvcglustervol1
  volumes:
  - name: pvcglustervol1
    persistentVolumeClaim:
      claimName: auto-pvc-glusterfs
```

Pod 对象创建成功后，能看到指定 GlusterFS 卷被挂载到 Pod 所在的宿主机上。

```
10.70.209.69:vol_237ca12bd05a6986220b49c1e0356e68 on /var/lib/origin/openshift.
local.volumes/pods/edd3861d-ea55-11e9- 9b23-fa163e71648a/volumes/kubernetes.
io~glusterfs/pvc-e6d4ea3d- ea53-11e9-9b23-fa163e71648a type fuse.glusterfs
(rw,relatime,user_id=0,group_id=0,default_permissions,allow_other, max_read=131072)
```

在 Pod 内也能看到相应的挂载点。

```
10.70.209.69:vol_237ca12bd05a6986220b49c1e0356e68 on /var/volume type fuse.
glusterfs (rw,relatime,user_id=0,group_id=0,default_permissions,allow_other, max_
read=131072)
```

6）当 PVC 对象被删除时，之前自动创建出来的所有对象，包括端点、服务、PV 和 GlusterFS 卷都会随之自动删除。

2.6　OpenShift 权限控制

每种系统中用户和权限管理都是非常核心的功能之一，OpenShift 容器云平台中也是如此。OpenShift 容器云平台中的访问权限控制主要体现在两个方面。

一方面是对普通用户（regular user）和服务账户（service account）的访问权限控制。普通用户是个人用户，比如开发人员、项目管理员、集群管理员等。本节会介绍 OpenShift 基于 Kubernetes RBAC 实现的用户权限管控机制。另一方面是对 Pod 的权限进行控制，也就是对 Pod 中的应用程序的权限进行控制。当我们在 OpenShift 容器云平台中运行一个容器时，我们既希望保证容器运行所需要的各种能力都能被满足，也希望容器不会被赋予不必要的能力且不会进行不必要的访问。OpenShift 提供安全上下文约束（Security Context Constraints，SCC）来控制 Pod 能做什么和能访问什么。

2.6.1　OpenShift 权限概述

API Server 是通往 OpenShift 的网关，提供 API 供客户端去访问 OpenShift 中的所有内容，比如 Node、Pod、Service、Secret 等，这些内容都被当作对象（object）。这些对象都是通过 REST API 暴露出去的，对这些对象的操作都是通过 API 的 CURD 操作（创建、更新、查询、删除）来进行的。OpenShift 内部组件，比如 kubelet、调度器和控制器等都是通过 API Server 来进行 Pod 的调度和编排。OpenShift 集群中的分布式键值数据库 etcd，只能通过 API Server 才能访问。图 2-40 所示为 API Server 在 OpenShift 中的位置。

客户端的所有访问，无论是普通用户发起的，还是由服务账户代表 Pod 中的应用程序发起的，都会首先到达 API Server。经过 API Server 的一系列处理后，只有被允许的请求才能访问目标对象。图 2-41 所示为 API Server 对请求的处理所包含的 3 个环节。

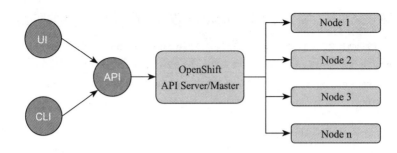

图 2-40 API Server 在 OpenShift 中的位置

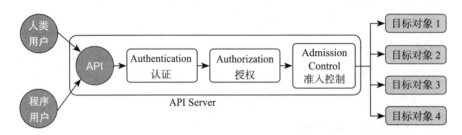

图 2-41 API Server 校验用户的 3 个阶段

1. 认证（Authentication）

OpenShift 集群默认提供基于 TLS 的 REST API。客户端和 API Server 建立 TLS 连接后，即进入用户认证环节。集群管理员负责在 API Server 上配置一个或多个认证模块（authentication module）来实现具体认证逻辑，每个模块支持一种认证方式。OpenShift 支持多种认证方式，包括使用客户端证书（client certificate）、HTTP 基本认证（Basic Auth）、Token 令牌认证以及认证中介（authenticating proxy）等。用户还可以通过定制的认证模块来实现定制的认证过程。只要有一个认证模块对该请求认证成功，则表示该请求通过了认证。

OpenShift 集群中有两类用户：一类是代表人类的普通用户；另一类是代表 Pod 中应用程序的服务账户。具体后文会进行深入讲解。OpenShift 并不管理普通用户，而是利用受信任的第三方程序和服务来管理。服务账户和特定项目 / 命名空间相关联，通过 API Server 创建和管理。

每个 API 请求都和一个用户关联，要么是普通用户，要么是服务账户。在认证阶段，API Server 会对该用户进行认证，对未通过认证的用户的请求会返回 HTTP 401 返回码。对于通过认证的请求，API Server 会获取用户名 username，并继续后续步骤。

OpenShfit CLI oc 的 login 命令支持以多种认证方式登录集群：

❑ 使用客户端证书登录集群：oc login <API Server 地址和端口 > --certificate-authority=
  <客户端证书绝对路径 >。

❑ 使用 Bearer Token 登录集群：oc login <API Server 地址和端口 > --token=<Bearer

token>。

❑ 使用用户名和密码登录集群：oc login <API Server 地址和端口 > --username=< 用户名 > --password=< 密码 >。

2. 授权（Authorization）

请求成功通过认证后，即进入认证环节。进入此阶段的请求中会包括用户名、请求的操作（action）和待访问的目标对象。如果当前策略规定了该用户有权对目标对象进行所请求的操作，则授权通过。

OpenShift 支持多个授权组件，每个组件实现一种授权模式，比如 ABAC（Attribute-Based Access Control，基于属性的访问控制）模式、RBAC（Role-Based Access Control，基于角色的访问控制）模式、WebHook 模式和 Node 模式等。集群管理员负责配置 API Server 中的授权模式。若配置了多种授权模式，会依次调用每个模式，只要有一个认证成功，则该请求就通过了授权；如果全部模式都认证失败，则该请求授权检查失败。后文将会详细介绍 RBAC 模式，想要了解其余模式的读者请查询有关文档。

3. 准入控制（Admission Control）

请求在通过授权模块后，即进入准入控制模块。在准入控制模块中，请求可以被修改或拒绝。管理员可配置多个准入控制模块，每个模块会被顺序执行。和认证与授权模块不同的是，只要有一个准入控制模块拒绝该请求，那该请求就会被拒绝。

以 DefaultStorageClass 准入模块为例，它会检查任何创建 PersistentVolumeClaim 对象的请求，如果请求中不带有任何 StorageClass（存储等级），该模块会自动添加默认 StorageClass 到请求中。因此，用户要使用默认 StorageClass 时不需要显式指定它。又如 NamespaceLifecycle 准入模块，它会确保当一个命名空间正在被删除时不会有新的对象被创建其中，而且会拒绝针对不存在的命名空间的请求。

2.6.2　OpenShift 权限认证

前文中介绍过，OpenShfit API Server 利用管理员配置的认证模块来认证每个到达的请求。认证过程涉及用户、API 认证方式、身份提供程序等多个概念。

1. 用户（User）

OpenShift 容器平台中的用户是可以向 OpenShift API Server 发送请求的实体。典型用户比如平台管理员和开发人员。用户可以被分配到一个或多个用户组（Group）中，组代表多个用户的集合。前文中提到过，OpenShift 用户可分为三大类，分别是普通用户、系统用户和服务账户。

2. API 认证方式

OpenShfit API Server 支持两种认证方式：一种方式是 OAuth Access Token。用户从 OpenShfit OAuth Server 获取令牌，然后将令牌附加到发送给 API 的请求头部。另一种方式是 X.509 Client Certificate（客户端证书）。认证失败则返回 401 错误码。如果请求中没有附带访问令牌或证书，API Server 的认证组件会给请求分配一个 system:anonymous 虚拟用户和 system:unauthenticated 虚拟用户组，并将请求转给后面的授权模块。

OpenShift 在 Master 节点上运行了一个内置的 OAuth Server，用于给用户发放访问令牌。开发人员和管理员从该服务器上获取令牌，然后利用该令牌去和 OpenShfit API Server 进行身份认证。

3. 身份（Identity）

就像身份证一样，Identity 用于确认用户身份的信息。OpenShift 本身并没有实现用户身份信息数据库，而是通过支持多种身份提供程序（Identity Provider）来实现各种不同的身份管理方案。每种实现方式都以不同的形式保存和管理用户的身份信息。OpenShift 支持的身份提供程序包括 HTPasswd、KeyStone、LDAP、GitHub 等。管理员在 Master 配置文件中对 OAuth Server 所使用的 Identity Provider 进行设置。当用户向 OAuth Server 申请令牌时，它会利用所配置的 Identity Provider 去确定发起请求的用户的身份；身份确定后，即生成一个访问令牌并返回给用户；然后用户使用该令牌去访问 API Server。图 2-42 是基本流程示意图。

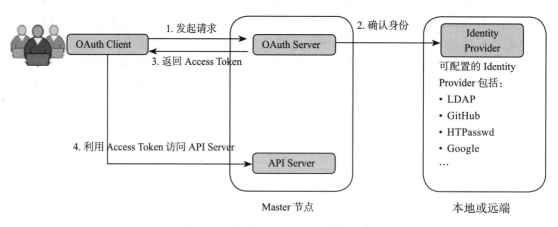

图 2-42　通过 OAuth Server 获取令牌

OpenShift 中的 user 对象代表集群中的一个用户，在用户第一次登录集群时自动创建，或通过 API 手动创建；identity 对象代表用户身份，useridentitymapping 对象则将 user 对象和 identity 对象关联在一起。

在开发测试环境中，可利用 HTPasswd 作为身份提供程序，它将用户名和密码保存在一个使用 htpasswd 工具创建的文本文件中。要在 Master 配置文件中配置 htpasswd 身份提供程序，可通过编辑 /etc/origin/master/master-config.yaml，在 identityProviders 部分添加以下内容来实现。

```
identityProviders:
  - name: htpasswd_provider
    challenge: true
    login: true
    mappingMethod: claim
    provider:
      apiVersion: v1
      kind: HTPasswdPasswordIdentityProvider
      file: /etc/origin/master/htpasswd
```

修改后，重启 Master API 和 Controllers 服务。

```
master-restart api
master-restart controllers
```

然后创建用户 tom 及有关对象。

1）在 Master 节点上运行 htpasswd 命令来创建 htpasswd 文件并添加用户 tom，需要输入 tom 的密码。

```
htpasswd -c /etc/origin/master/htpasswd tom
```

2）创建 OpenShift 用户 tom。

```
oc create user tom
[root@master1 ~]# oc get user  tom
NAME      UID                                      FULL NAME   IDENTITIES
tom   33b8172e-f626-11e9-9877-fa163e71648a htpasswd_provider:tom
```

3）创建 identity 对象，它利用 htpasswd 作为 Identity Provider 进行身份验证。

```
oc create identity htpasswd_provider:tom
[root@master1 ~]# oc get identity htpasswd_provider:tom
NAME                      IDP NAME        IDP USER NAME   USER NAME   USER UID
htpasswd_provider:tom   htpasswd_provider   tom
```

4）创建 OpenShift useridentitymapping 对象。

```
oc create useridentitymapping htpasswd_provider:tom tom
```

5）此时可以用 tom 用户名和密码登录 OpenShift 集群。登录时，OAuth 利用 htpasswd 文件来校验输入的用户名和密码，验证通过后，创建 Access Token，然后访问 API Server。

```
Logged into "https://openshift-internal.example.com:8443" as "tom" using existing\
credentials. You don't have any projects. You can try to create a new project, by\
running

    oc new-project <projectname>
```

4. 服务账户

当一个普通用户访问 OpenShfit API 时，OpenShift 对它进行用户认证和权限控制。但是，在 OpenShift 集群中有时做操作的并不是自然人用户，例如：

❑ Replication Controller 调用 API 去创建或者删除 Pod。

❑ 容器中的应用调用 OpenShift API。

❑ 外部应用调用 OpenShift API 来进行监控或者整合。

为了管理这种非普通用户进行的操作，OpenShift 创造了服务账户（sa）概念。服务账户属于项目范畴。每个项目默认都会自动创建 3 个服务账户，如表 2-4 所示。

表 2-4　默认服务账户

服务账户	说明
builder	用于构建 Pod（builder Pod）。它被授予了 system:image-builder 角色，因此被允许向内部镜像仓库中的任意镜像流上推送构建过程中生成的镜像
deployer	用于部署 Pod（deployment Pod）。它被授予了 system:deployer 角色，因此被允许查看和修改集群中的 ReplicationController 对象及其管理的 Pod
default	当 Pod 没有显式指定服务账户时默认使用该服务账户

每个项目都需要使用服务账户来运行构建 Pod、部署 Pod 和其他 Pod 操作。Master 配置文件中的 serviceAccountConfig 部分的 managedNames 定义了为每个项目自动创建的服务账户的名称。可通过 oc get sa 命令来获取当前项目中的服务账户列表。

```
[root@master1 ~]# oc get sa
NAME        SECRETS     AGE
builder     2           14d
default     2           14d
deployer    2           14d
```

通过 oc create sa <sa_name> 命令来创建一个新服务账户。

```
[root@master1 ~]# oc create sa robot
serviceaccount/robot created
```

服务账户利用一个被私有 RSA 密钥签名的 Token 来进行认证。API Server 中的认证模块用 RSA 公钥来验证签名。在 Master 配置文件的 serviceAccountConfig 部分，配置了用于签名的私钥文件 privateKeyFile 和用于验证的公钥文件 publicKeyFiles。

```
serviceAccountConfig:
  limitSecretReferences: false
  managedNames:
  - default
  - builder
  - deployer
  masterCA: ca-bundle.crt
```

```
privateKeyFile: serviceaccounts.private.key
publicKeyFiles:
- serviceaccounts.public.key
```

那么服务账户的 Token 是怎么来的呢？服务账户被创建后，OpenShift 自动为它创建两个 Secret，一个包含用于 API 访问的 Token；另一个包含用于从 OpenShift 内置镜像仓库中拉取镜像的 Token。

OpenShift 中的 Secret 对象类型用来保存敏感信息，如密码、OAuth 令牌和 SSH 密钥。将这些信息放在 Secret 中比放在 Pod 的定义或者容器镜像中更加安全和灵活。Secret 通常有如下 3 种类型。

❑ Opaque：base64 编码格式的 Secret，通常用于存储密码密钥等。

❑ kubernetes.io/dockerconfigjson：用来存储私有 Docker 镜像仓库的认证信息。

❑ Kubernetes.io/service-account-token：被服务账户使用。服务账户创建时 OpenShift 会默认创建对应的 Secret。

通过 oc describe sa <sa_name> 命令可查看服务账户的详细信息。

```
[root@master1 ~]# oc describe sa robot
Name:                 robot
Namespace:            testproject
Image pull secrets:   robot-dockercfg-kbfh4
Mountable secrets:    robot-token-x5957
                      robot-dockercfg-kbfh4
Tokens:               robot-token-bz9kr
                      robot-token-x5957
```

查看 robot-token-x5957 这个 Secret 的详细信息，可看到其用于访问 OpenShift API 的 Token。

```
[root@master1 ~]# oc describe secret robot-token-x5957
Name:         robot-token-x5957
Namespace:    testproject
Labels:       <none>
Annotations:  kubernetes.io/service-account.name=robot
kubernetes.io/service-account.uid=dd57dea6-ea8d-11e9-9b23-fa163e71648a
Type:         kubernetes.io/service-account-token

Data
====
ca.crt:       1070 bytes
namespace:    11 bytes
```

```
service-ca.crt:  2186 bytes
token:
```

eyJhbGciOiJSUzI1NiIsImtpZCI6IiJ9.eyJpc3MiOiJrdWJlcm5ldGVzL3NlcnZpY2VhY2NvdW50Iiw
ia3……uxdqwpHod_EO3WFvawQLJZiZuDS5MCHhelQodPACec1miRKIkQFUwTOHA

API Token Secret 中有 4 个部分的内容。

❑ ca.crt：OpenShift API Server 的 CA 公钥证书。

❑ namespace：Secret 所在 namespace 名称的 base64 编码。

❑ service-ca.crt：安全地访问服务所需的证书。

❑ token：该服务账户用于 OpenShift API 身份验证的 Token。

每个 Pod 的运行都需要有一个服务账户。Pod 的服务账户决定了 Pod 可用的 Token，它使用服务账户的镜像拉取 Token 去拉取 Pod 要用到的容器镜像，将 API Token 挂载到 Pod 内部目录中供 Pod 内的应用使用。默认情况下，当 Pod 实例被创建后，其服务账户的 API Secret 会被挂载到 Pod 中的目录 /var/run/secrets/kubernetes.io/serviceaccount 下，从而使得 Pod 中的应用可读取其中的 Token 去访问 OpenShift API。

```
[root@master1 ~]# oc rsh mywebapp-2-sr84n
sh-4.2$ ls /var/run/secrets/kubernetes.io/serviceaccount -l
total 0
lrwxrwxrwx. 1 root root 13 Oct  2 13:07 ca.crt -> ..data/ca.crt
lrwxrwxrwx. 1 root root 16 Oct  2 13:07 namespace -> ..data/namespace
lrwxrwxrwx. 1 root root 21 Oct  2 13:07 service-ca.crt -> ..data/service-ca.crt
lrwxrwxrwx. 1 root root 12 Oct  2 13:07 token -> ..data/token
sh-4.2$ cat /var/run/secrets/kubernetes.io/serviceaccount/token
eyJhbGciOiJSUzI1NiIsImtpZCI6IiJ9.eyJpc3MiOiJrdWJlcm5ldGVzL3NlcnZpY2VhY2NvdW50Iiw\
ia3ViZXJuZXRlcy5pby9zZXJ2aWNlYWNjb3VudC9uYW1lc3BhY2UiOiJ0ZXN0cHJvamVjdCIsImt1YmVybmV\
0ZXMuaW8vc2VydmljZ……vz9VCFilE5qYElC0KsGGIrwcu5ZUZKuag8fJp
```

Pod 中的应用可读取该文件夹下的 Token 等信息去访问 OpenShift API。以下示例代码展示了简单的使用方法。

```
// 获取 Token
$ TOKEN="$(cat /var/run/secrets/kubernetes.io/serviceaccount/token)"
// 运行 curl 带上 CA 证书和 Token 去访问 OpenShift API
$ curl --cacert /var/run/secrets/kubernetes.io/serviceaccount/ca.crt \
    "https://openshift.default.svc.cluster.local/oapi/v1/users/~" \
    -H "Authorization: Bearer $TOKEN"
// 调用成功，返回结果
{
  "kind": "User",
  "apiVersion": "v1",
  "metadata": {
```

```
        "name": "system:serviceaccount:testproject:default",
        "selfLink": "/oapi/v1/users/system%3Aserviceaccount%3Atestproject%3Adefault",
        "uid": "60ae0281-df2c-11e9-80a7-fa163e71648a",
        "creationTimestamp": null
    },
    "identities": null,
    "groups": [
        "system:authenticated",
        "system:serviceaccounts",
        "system:serviceaccounts:testproject"
    ]
}
```

在 Kubernetes 1.6 或更新版本的 OpenShift 容器云环境下，可将服务账户定义中的 automountServiceAccountToken 值设置为 false 以禁止自动在 Pod 中挂载服务账户的 Token：

```
apiVersion: v1
kind: ServiceAccount
metadata:
    name: build-robot
automountServiceAccountToken: false
...
```

2.6.3　OpenShift 基于角色的权限访问控制

发到 API Server 的请求经过认证模块时，如果认证成功，则继续进入授权模块；如果认证失败，比如密码错误，则直接返回失败。OpenShift RBAC 是 OpenShift 支持的众多授权模块中的一种，它通过给用户绑定相应的角色，使用户获得该角色对资源的操作权限，从而实现了用户的授权功能。RBAC 适用于普通用户和服务账户。RBAC 利用 Rule（规则）、角色（Role）和 Binding 来实现用户操作授权。

1. 相关概念

角色是策略规则的集合，而策略规则是允许对一组资源操作的动作集，比如 get、list、delete 等。每个角色定义了受控制的对象（Subject）、允许的操作（Verb）和范围（集群或者项目）。角色按照其范围分为两类：集群范围内存在的角色被称为集群角色（ClusterRole）；存在于某个项目中的角色被称为本地角色（Role）。OpenShift 系统默认会创建很多的集群角色，常用角色的简单描述如表 2-5 所示。

表 2-5　部分默认角色

角色	描述
admin	项目经理。如果用于本地 RoleBinding，那么用户将能查看和修改所在项目中的所有资源
basic-user	用户可获取关于项目和用户的基本信息

（续）

角色	描述
cluster-admin	超级用户，可在任何项目中做任何操作。若用于本地 RoleBinding，那么用户将拥有所在 Project 的所有权限，包括控制配额（Quota）和角色
cluster-status	用户可以获取集群的基本状态信息
edit	用户可以修改项目中的大部分对象，但不能查看或修改 Role 和 RoleBinding
self-provisioner	所有用户的默认 Role，可以创建自己的 Project
view	用户可以查看项目中的大部分对象，除了 Role 和 RoleBinding。用户不能对任何对象做任何修改

通过 oc get clusterrole 命令可以查看所有集群角色。system:router 角色的详细信息如下。

```
[root@master1 ~]# oc describe clusterrole system:router
Name:           system:router
Annotations:    authorization.openshift.io/system-only=true
                openshift.io/reconcile-protect=false
Verbs      Non-Resource URLs Resource Names  API Groups           Resources
[list watch]    []      []   []                             [endpoints]
[list watch]    []      []   []                             [services]
[create]        []      []   [authentication.k8s.io]        [tokenreviews]
[create]        []      []   [authorization.k8s.io]         [subjectaccessreviews]
[list watch]    []      []   [route.openshift.io]           [routes]
[update]        []      []   [ route.openshift.io]          [routes/status]
```

用户 / 用户组和角色之间通过 OpenShfit RoleBinding 资源类型连接起来。图 2-43 所示为 User/Group、Role、RoleBinding 这几个概念之间的关系。

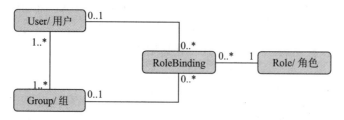

图 2-43　几个用户有关概念间的关系

图 2-44 所示为用户通过 localrolebinding 或 clusterrolebinding 绑定给项目角色或集群角色而产生的不同权限。

2. 权限授予

OpenShift 用户默认不具有任何权限。要使得用户具有所需要的权限，需要给其授予相应的角色。OpenShift 具有很多默认角色，用户也可以自定义角色。比如创建一个只能查看 Pod 的 Role。

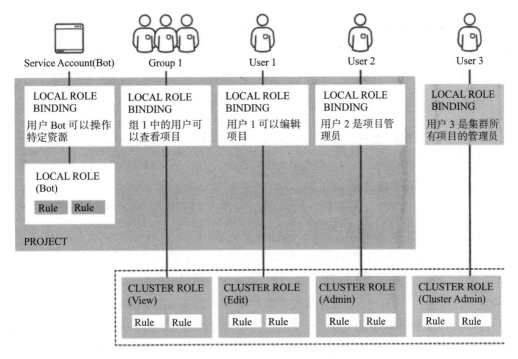

图 2-44　localrolebinding 和 clusterrolebinding 示例

```
// 使用 CLI 创建 Role
oc create role podview --verb=get --resource=pod
// 查看 Role
[root@master1 ~]# oc describe role podview
Name:           podview
Namespace:      testproject
Created:        8 seconds ago
Labels:         <none>
Annotations:    <none>
Verbs        Non-Resource URLs        Resource Names    API Groups        Resources
[get]        []                       []                []                [pods]
```

确定角色以后，通过 oc adm policy < 子命令 > 命令向用户、服务账户和用户组授予项目或集群角色，如表 2-6 所示。

表 2-6　oc adm policy 命令

操作	子命令	描述
对用户或服务账户授予或删除当前项目中的角色	add-role-to-user	授予当前项目的角色给用户或服务账户
	add-role-to-group	授予当前项目的角色给用户组
	remove-role-from-user	删除用户或服务账户的当前项目的角色
	remove-role-from-group	删除用户组的当前项目的角色

（续）

操作	子命令	描述
对用户或服务账户授予或删除集群角色	add-cluster-role-to-user	授予集群角色给用户或服务账户
	add-cluster-role-to-group	授予集群角色给用户组
	remove-cluster-role-from-user	删除用户或服务账户的集群角色
	remove-cluster-role-from-group	删除用户组的集群角色

现在以给服务账户授权为例，介绍授权的基本步骤。通过以下命令查看当前项目 testproject 中默认的服务账户的 rolebinding。

```
[root@master1 ~]# oc get rolebinding
NAME                          ROLE          USERS      GROUPS      SERVICE ACCOUNTS
system:deployers              /system:deployer                     deployer
system:image-builders         /system:image-builder                builder
system:image-pullers          /system:image-puller
system:serviceaccounts:testproject
```

从上面的输出中可看出，deployer 服务账户被赋予了 system:deployer 角色，builder 被赋予了 system:image-builder 角色，而 3 个服务账户因为都在用户组 system:serviceaccounts:testproject 中因而都被赋予了 system:image-puller 角色。利用 default 服务账户来做如下实验：

1）获取其 API token secret default-token-49b46。

2）利用该 Token 登录进 OpenShift 集群。

```
[root@master1 ~]# oc login --token=eyJhbGci……N19xDk-cNVoG3rrHgQ
Logged into "https://openshift-internal.example.com:8443" as "system:serviceaccount:testproject:default" using the token provided.
You don't have any projects. Contact your system administrator to request a project.
```

3）调用 API 获取 Pod，结果失败，因为它不具有 Pod 对象的 list 权限。

```
[root@master1 ~]# oc get pod
No resources found.
Error from server (Forbidden): pods is forbidden: User "system:serviceaccount:testproject:default" cannot list pods in the namespace "default": no RBAC policy matched
```

4）向 Default 服务账户授予 cluster-reader 角色。

```
[root@master1 ~]# oc adm policy add-cluster-role-to-user cluster-reader system:serviceaccount:testproject:default
cluster role "cluster-reader" added: "system:serviceaccount:testproject:default"
```

5）此时该服务账户就有权利查询集群信息了。

```
[root@master1 ~]# oc get projects
NAME                    DISPLAY NAME      STATUS
```

```
default                          Active
defaultsproject                  Active
……
openshift-web-console            Active
testproject        Test Project  Active
```

3. 权限校验

OpenShfit API Server 利用以下对象来校验用户是否有权对目标对象进行访问。

❑ Identity：用户的用户名和群组列表。

❑ Action ：用户期望执行的操作。通常包括 Project（目标对象所在的项目）、Verb（期望的操作，比如 get、list、create、update、delete 等）、ResourceName（目标对象的名称）等。

❑ Binding：用户 / 组与角色之间的绑定关系。

OpenShift API Server 校验授权的过程如下：

1）利用 Identity 和 Project 找到该用户或组的所有 Binding。

2）利用 Binding 去找出所有的 Role。

3）通过 Role 找到所有的 Rule。

4）比对 Action 和每一条 Rule，直到找到匹配的。

5）如果没有匹配的 Rule，那么该操作将被拒绝。

2.6.4　OpenShift 安全上下文约束

和利用 RBAC 来控制用户访问资源的权限类似，管理员可利用 SCC 来控制 Pod 的权限，包括 Pod 能做什么事情、能访问什么资源。Pod 中的应用除了要有权限访问 OpenShift API 和内部镜像仓库之外，还可能有访问部分系统资源的需求。比如：

❑ 要求以任意用户甚至是 root 来运行 Pod 中的主进程。

❑ 要求访问宿主机上的文件系统。

❑ 要求访问宿主机上的网络。

利用 SCC，管理员能对 Pod 做如下控制：

❑ 运行特权容器（privileged container）。

❑ 为容器增加能力（capabilities）。

❑ 使用主机上的目录作为卷。

❑ 容器的 SELinux 上下文。

❑ 用户 ID。

❑ 主机命名空间和网络。

❑ 为 Pod 的卷分配 FSGroup。

❑ 配置允许的补充组。

❑ 要求使用只读文件系统。

❑ 控制允许使用的卷类型。

❑ 控制允许使用的安全计算模式配置文件（seccomp profile）。

可见，SCC 的功能非常强大，但配置也非常复杂。为了减少其复杂性，OpenShift 容器云平台默认创建了 7 种 SCC，只对集群管理员可见：

```
[root@master1 ~]# oc get scc
   NAME                  PRIV      CAPS      SELINUX      RUNASUSER           FSGROUP
SUPGROUP     PRIORITY    READONLYROOTFS    VOLUMES
   anyuid                false     []        MustRunAs    RunAsAny            RunAsAny
RunAsAny     10          false             [configMap downwardAPI emptyDir
persistentVolumeClaim projected secret]
   hostaccess            false     []        MustRunAs    MustRunAsRange      MustRunAs
RunAsAny     <none>      false             [configMap downwardAPI emptyDir hostPath
persistentVolumeClaim projected secret]
   hostmount-anyuid      false     []        MustRunAs    RunAsAny            RunAsAny
RunAsAny     <none>      false             [configMap downwardAPI emptyDir hostPath nfs
persistentVolumeClaim projected secret]
   hostnetwork           false     []        MustRunAs    MustRunAsRange      MustRunAs
MustRunAs    <none>      false             [configMap downwardAPI emptyDir
persistentVolumeClaim projected secret]
   nonroot               false     []        MustRunAs    MustRunAsNonRoot
RunAsAny     RunAsAny    <none>      false       [configMap downwardAPI emptyDir
persistentVolumeClaim projected secret]
   privileged            true      [*]       RunAsAny     RunAsAny            RunAsAny
RunAsAny     <none>      false             [*]
   restricted            false     []        MustRunAs    MustRunAsRange      MustRunAs
RunAsAny     <none>      false             [configMap downwardAPI emptyDir
persistentVolumeClaim projected secret]
```

每种预定义的 SCC 都针对其面向的某种场景所需的各种功能进行了定制。SCC 定义中的 users 和 groups 字段用于控制对 SCC 对象的访问权限。默认情况下，集群管理员和节点能使用 anyuid SCC，而普通用户默认只能使用 restricted SCC。而 restricted SCC 的权限非常有限：

❑ 不能作为特权容器运行。

❑ 不能将主机文件夹用作卷。

❑ UID 只能在预定的 UID 范围内。

❑ 可使用 FSGroup 和补充组。

OpenShift 将容器所需的各项能力授予运行容器的用户。在 Pod 定义中没有显式指定服务账户和 SCC 的情况下，根据创建 pod 用户的不同情形，Pod 会使用不同的默认 SCC：

❑ 非集群管理员角色的用户创建的 Pod，默认使用 default 服务账户和 restricted SCC。

❑ 集群管理员角色用户创建的 Pod，默认使用 default 服务账户和 anyuid SCC。

可在运行中的 Pod 的 Spec 中查看它使用的 SCC。比如：

```
apiVersion: v1
kind: Pod
metadata:
  annotations:
    openshift.io/scc: restricted
```

因此，对于由普通用户创建的 Pod，要授权 Pod 除了 restricted SCC 定义的权限以外的权限，通常会将运行该 Pod 的用户放到目标 SCC 的用户列表中。注意，这里说的"用户"是直接创建 Pod 的用户。如果是普通用户直接创建了 Pod，那么"用户"是这个普通用户；如果是 Deployments、StatefulSets、DaemonSets 等控制器代表普通用户创建的 Pod，那么"用户"是 Pod 的服务账户。可将 spec.serviceAccountName 的值设置为服务账户名称以指定服务账户，不指定的话将默认使用 default 服务账户。

对于直接用户是服务账户这种情形，考虑到对现有 Pod 的影响，如果需要修改服务账户的 SCC，建议创建一个新服务账户而不要使用默认账户。确定好直接创建 Pod 的直接用户后，可运行 oc adm policy add-scc-to-user <scc_name> <user_name> 或 oc adm policy add-scc-to-group <scc_name> <group_name> 命令授权用户或用户组访问指定 SCC 的权限。

比如，因为 Registry 和 Router 服务的 Pod 需要使用主机网络模式，因此为它们创建了单独的服务账户 system:serviceaccount:default:router 和 system:serviceaccount:default:registry 并将它们加入 hostnetwork scc 的用户列表中。

```
[root@master1 ~]# oc describe scc hostnetwork
Name:                          hostnetwork
Priority:                      <none>
Access:
Users:                         system:serviceaccount:default:router,sy\
stem:serviceaccount:default:registry
Groups:                        <none>
Settings:
Allow Privileged:              false
......
Allow Host Network:            true
```

另一个很常见的例子是运行要使用 root 用户的容器。很多 Docker 镜像使用的都是 root 用户。但是，OpenShift restricted SCC 不允许使用 root 用户，而是要使用一个用户区间内的用户。通常的修复做法如下：

1）创建一个新的服务账户，比如 userroot：oc create serviceaccount userroot。

2）将该服务账户加入 anyuid SCC 的用户列表中：oc adm policy add-scc-to-user anyuid

-z useroot。

3）在 应 用 的 DeploymentConfig 中 指 定 serviceAccountName 为 userroot：ocpatch dc/myAppNeedsRoot --patch '{"spec":{"template":{"spec":{"serviceAccountName": "useroot"}}}}'。

2.7 OpenShift 服务目录

OpenShift 3.7 版本中引入了两个概念：Service Catalog（服务目录）和 Service Broker（服务中介）。可将服务目录看作 OpenShift 的服务市场（Service Marketplace），用户（服务消费者）可在市场内找到所需的服务，并方便地创建出服务实例，将其绑定到自己的应用服务上；服务中介是服务目录中服务的提供者和管理者。

假设你是一个开发者，正在开发一个应用程序，该程序需要一个数据库来保存用户数据。你不是一个数据库管理员，因此不知道如何搭建一个数据库服务。现在，在你们公司的 OpenShift 容器云平台的服务中，有某个提供商（服务中介）提供的数据库服务。你只需要找到该服务，单击几下鼠标就可创建出一个服务实例，再单击下鼠标将该服务实例绑定到你的应用程序上，你的程序就可以使用该数据库了。等应用程序开发结束后，你只需要解绑并删除该服务实例即可。

OpenShift 服务目录的目标是提供一个服务市场，终端用户可方便地消费市场中的服务而不用关注服务背后的细节，比如服务是怎么被创建的，以及是如何进行管理的；同时为服务中介提供售卖服务的平台，只需要他们遵循统一规范 Open Service Broker API（OSB API）。

2.7.1 OpenShift 服务目录概述

在本书所用到的 OpenShift 3.11 版本中会默认安装两个服务中介：ansible-service-broker 和 template-service-broker。两个中介都提供了多个服务，两者的区别是，前者通过 Ansible playbook 部署服务，后者通过 OpenShift template 部署服务。服务中介甚至不必在企业内部。公有云提供商 AWS、Azure 和 Google 已实现了服务中介，用于在他们的公有云上创建各种服务实例，然后将服务中介注册到企业 OpenShift 容器云平台上，这样企业内用户就可以搜索这些服务，按需创建并绑定到企业应用上了。

在 OpenShfit 容器云平台中启用服务目录功能之前，需要在 Ansible 清单文件中添加如下配置。

```
openshift_enable_service_catalog=true
openshift_service_catalog_image_prefix=openshift/origin-
openshift_service_catalog_image_version="v3.11"
```

运行 Ansible 部署脚本后，OpenShift 服务目录功能就会被启用。默认会安装两个服务中介。

```
[root@master1 ~]# oc get clusterservicebrokers
```

```
NAME                        URL                        STATUS
ansible-service-broker      https://asb.openshift-ansible-service-broker.svc:1338/\
osb Ready
template-service-broker https://apiserver.openshift-template-service-broker.\
svc:443/brokers/template.openshift.io   Ready
```

同时，在 OpenShift Web Console 中，我们会看到"Catalog"菜单及其服务列表，如图 2-45 所示。

图 2-45　OpenShift Service Catalog 界面截图

图 2-46 所示为部署完成后 OpenShift 中增加的几个项目以及各实例。其中，服务目录的核心组件 kube-service-catalog 项目中的 apiserver 和 controller-manager 作为 Daemonset 实例默认运行在 Master 节点上。服务目录的架构是解耦的。Serivce Catalog Contoller 和 Service Broker 之间的交互方式使用 Open Service Broker API 规范即可。

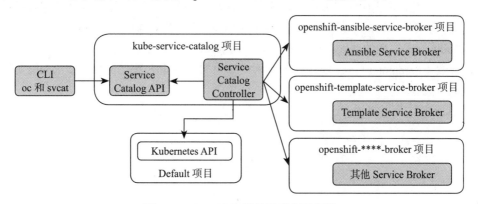

图 2-46　OpenShift 服务目录主要组件

2.7.2 OpenShift 服务目录概念理解

OpenShift 服务目录功能直接引入了 Kubernetes 服务目录中的主要概念。

❑ 服务中介（Kubernetes 资源名为"ClusterServiceBroker"）：服务的提供者和管理者。服务中介可提供一个单独的服务，比如 MySQL 服务，也可以提供多种服务。Template Serivce Broker 默认将 OpenShift 项目内的模板展现为服务目录中的服务。Ansible Service Broker 基于 OSB API 实现，管理由 Ansible Playbook Bundles（APBs）定义的服务。

❑ 服务（Kubernetes 资源名为"ClusterServiceClass"）：代表服务中介提供的服务，比如 Redis 服务、MySQL 服务、Jenkins 服务等。每当一个新服务中介被注册到集群上以后，服务目录控制器会自动地为该中介的每个服务创建一个 ClusterServiceClass 对象。

❑ 计划（Plan，Kubernetes 资源名为"ClusterServicePlan"）：代表服务的一个等级，比如用 SLA 来作为定级依据，一个服务可以有多个套餐，比如普通 SLA 服务、高级 SLA 服务等。

❑ 实例（Instance，Kubernetes 资源名为"ServiceInstance"）：代表一个服务实例，它是用户创建的某服务的一个运行实例。用户要使用某个服务，首先要创建一个服务实例。每当 API Server 创建出一个 ServiceInstance 实例后，服务目录控制器就会通过 OSB API 让该服务的服务中介创建出该实例。

❑ 应用（Applicaiton）和凭据（Credential）：应用代表运行在 OpenShift 容器云平台 Pod 中的应用，而凭据则是应用访问服务实例所需的信息，比如用户名和密码等。

❑ 绑定（Kubernetes 资源名为"ServiceBinding"）：实质上是一个包含服务实例元数据的 OpenShift Secret，用于服务实例与应用之间的绑定。绑定实例创建完成后，可将其加到应用中。以某 Web 应用与 Redis 服务实例之间的绑定为例，服务目录控制器负责创建一个绑定对象，对象中包含了一个 Secret，其中包含 Redis 服务实例的地址，以及访问 Redis 服务所需的密码。Secret 创建完成后，开发人员可将其以环境变量或卷的形式绑定到应用上，这样应用 Pod 中的程序就可直接读取该变量或卷中的 Redis 服务实例的地址和访问密码去访问 Redis 实例了。

❑ 参数（Parameter）：在创建服务实例或绑定时可指定参数，比如创建 Redis 实例时指定镜像版本、访问密码。

图 2-47 所示为上述概念之间的关系。

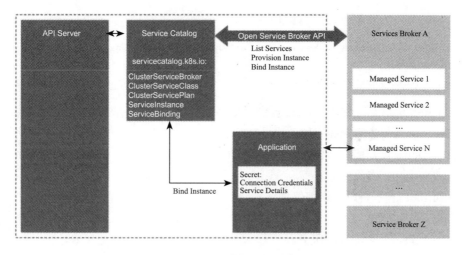

图 2-47 OpenShift 服务目录的主要概念 (来源: Kubernetes Org)

2.7.3 OpenShift 服务目录使用介绍

图 2-48 所示为服务目录的基本操作过程:

1) OpenShift 容器云平台管理员注册一个或多个服务中介到平台上。

2) 每个服务中介提供了一个或多个服务, 这些服务对用户可见。

3) 用户通过 CLI 或者 Web Console 在服务目录中查找所需的服务。

4) 用户选择一个服务及其服务等级, 申请创建一个服务实例 (Provisioning)。

5) 用户将该服务实例绑定到他们的应用上。

6) 当用户不再需要使用该服务实例后可先将其从应用上解绑 (Unbinding) 再将其删除 (deprovisoning)。

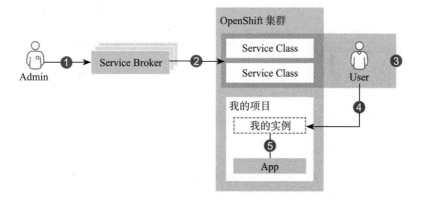

图 2-48 OpenShift 服务目录的基本操作流程

除了使用 OpenShift 的命令行工具 oc 来操作服务目录外, 还可以使用 svcat 命令行工具。在 Linux 环境上安装 svcat 工具如下：

```
curl -sLo svcat https://download.svcat.sh/cli/latest/linux/amd64/svcat
chmod +x svcat
sudo mv svcat /usr/local/bin
```

与 OpenShift CLI oc 相比，svcat 提供了更多更易用的功能，它提供如下命令。

❏ bind：绑定服务实例和应用。

❏ provision：创建服务实例。

❏ deprovision：删除服务实例。

❏ describe：显示资源的详细信息。

❏ get：列表资源。

❏ marketplace：列表所有服务。

❏ register：注册一个服务中介到服务目录。

❏ deregister：从服务目录中卸载一个服务中介。

❏ sync：同步服务中介到服务目录。

❏ unbind：解绑服务实例与应用之间的绑定关系，支持一次性结束一个服务实例上的所有绑定。

每个服务中介都提供了各自的安装方式，都是遵循 OSB API 实现的应用，可部署在 OpenShift 容器云平台内，也可以部署在平台外，只需要服务目录控制器能访问它即可。OpenShift 当前支持对所有租户可见的集群范围内的服务中介，将来还会支持只对租户可见的项目范围内的服务中介。

对于集群范围内的服务中介，其自身应用安装完成以后，管理员将其注册到 OpenShift 平台上。比如创建如下定义后再利用 oc create 命令创建出 ClusterServiceBroker 对象即完成了注册，然后该中介提供的服务就能在 OpenShift 服务目录中显示出来了。

```
apiVersion: servicecatalog.k8s.io/v1beta1
kind: ClusterServiceBroker
metadata:
name: hotel-booking-service-broker
spec:
  url: https://server.hotel-booking-service-broker.svc:1808
```

查询已注册的服务中介。

```
[root@master1 ~]# oc get clusterservicebrokers
NAME        URL                                                  STATUS    AGE
ansible-service-broker
https://asb.openshift-ansible-service-broker.svc:1338/osb       Ready     4h
template-service-broker
```

https://apiserver.openshift-template-service-broker.svc:443/brokers/template.
openshift.io　　Ready　　4h

查询服务中介提供的服务。

```
[root@master1 ~]# oc get clusterserviceclasses
NAME                                       EXTERNAL-NAME  BROKER     AGE
2fb2157a-dea7-11e9-bfd7-fa163e71648a       mariadb-ephemeral           template-service-\
broker    4h
2fb3bf34-dea7-11e9-bfd7-fa163e71648a       mariadb-persistent          template-service-\
broker    4h
2fb5600f-dea7-11e9-bfd7-fa163e71648a       mongodb-ephemeral           template-service-\
broker    4h
2fb6e364-dea7-11e9-bfd7-fa163e71648a       mongodb-persistent          template-service-\
broker    4h
2fb9145a-dea7-11e9-bfd7-fa163e71648a       mysql-ephemeral             template-service-\
broker    4h
2fbaa123-dea7-11e9-bfd7-fa163e71648a       mysql-persistent            template-service-\
broker    4h
2fbc7fb1-dea7-11e9-bfd7-fa163e71648a       postgresql-ephemeral        template-service-\
broker    4h
```

查询每个服务的服务级别。

```
[root@master1 ~]# svcat get plans
   NAME        NAMESPACE              CLASS                DESCRIPTION
+---------+------------+------------------------------+--------------+
  default               mariadb-ephemeral               Default plan
  default               mariadb-persistent              Default plan
  default               mongodb-ephemeral               Default plan
  default               mongodb-persistent              Default plan
  default               mysql-ephemeral                 Default plan
  default               mysql-persistent                Default plan
```

定义一个服务实例。

```
apiVersion: servicecatalog.k8s.io/v1beta1
kind: ServiceInstance
metadata:
name: redis-instance-1
spec:
  clusterServiceClassExternalName: redis-ephemeral
  clusterServicePlanExternalName: default
```

运行 create –f＜定义文件＞命令后，一个服务实例正在被创建。

```
[root@master1 ~]# oc get serviceinstance
NAME                CLASS                 PLAN              STATUS      AGE
redis-instance-1    ClusterServiceClass/redis-ephemeral    default
Provisioning    7s
```

创建完成后，其状态会变成 ready。在 Web Console 界面中可看到该服务实例，如图 2-49
所示：

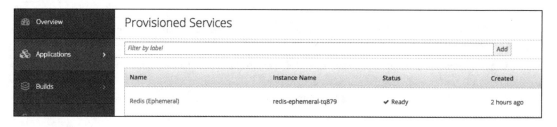

图 2-49　OpenShift Web Console 中的服务实例

创建该服务实例和 Web 应用之间的绑定。

```
[root@master1 ~]# svcat bind redis-ephemeral-tq879 --name   mywebapp-redis-
binding  --secret-name mywebapp-redis-1-secret
    Name:       mywebapp-redis-binding
    Namespace:  testproject
    Status:
    Secret:     mywebapp-redis-1-secret
    Instance:   redis-ephemeral-tq879
```

查看上面创建的绑定。

```
[root@master1 ~]# svcat get binding
    NAME                        NAMESPACE          INSTANCE            STATUS
  +----------------------------+-------------+--------+--------+
   mywebapp-redis-binding  testproject  redis-ephemeral-tq879   Ready
```

服务目录控制器创建出的 Secret 中包含了服务实例的元数据，比如 Redis 实例的地址
和访问密码。

```
[root@master1 ~]# oc describe secret mywebapp-redis-1-secret
Name:        mywebapp-redis-1-secret
Namespace:   testproject
Labels:      <none>
Annotations: <none>


Type:        Opaque
```

```
Data
====
password:   16 bytes
uri:        26 bytes
```

此时，可在 Web Console 上将该 Secret 添加到应用，如图 2-50 所示。

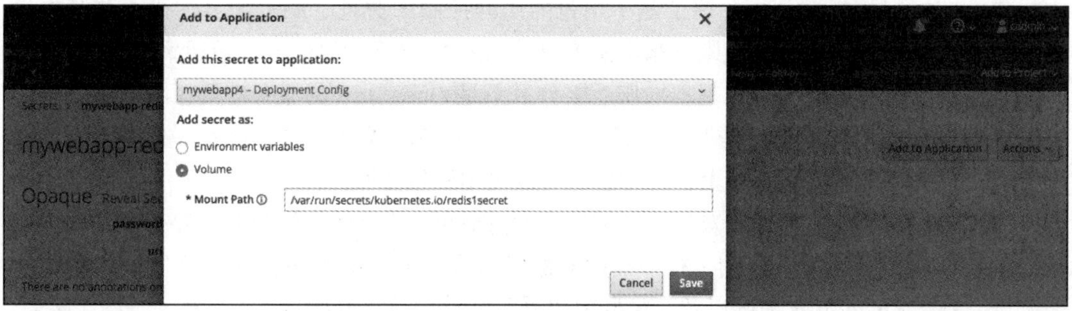

图 2-50　将 Secret 添加到应用

上述操作会触发该应用的一次新部署。在新生成的 Pod 中可看到挂载目录中的 Redis 实例地址和访问密码。

```
[root@master1 ~]# oc rsh mywebapp4-4-cvr2z
sh-4.2$ cd /var/run/secrets/kubernetes.io/redis1secret
sh-4.2$ ls
password  uri
sh-4.2$ cat password
RTksWCuxgrngGnHc
sh-4.2$ cat uri
redis://172.30.18.135:6379sh-4.2$
```

现在，Pod 中的应用程序就可以使用 URI 和密码去连接 Redis 实例了。

使用结束后，解绑应用和实例。

```
[root@master1 ~]# svcat unbind --name mywebapp-redis-binding
deleted mywebapp-redis-binding
```

解绑后，绑定时创建的 Secret 会被删除。

```
[root@master1 ~]# svcat  deprovision redis-ephemeral-tq879
deleted redis-ephemeral-tq879
```

2.8　本章小结

本章聚焦 OpenShift 架构原理，内容主要分为 3 个部分。首先分析了 OpenShift 与 Kubernetes

的异同，介绍其架构、产品设计理念、主要概念及部署架构。接着详细介绍 OpenShift 的网络、存储、权限控制的功能、原理和基本操作。在网络部分，介绍了 OpenShift SDN、DNS 及路由器等的原理和基本操作，说明了容器之间如何互访、容器中的应用如何访问外网、从外网如何访问容器中的应用等基本网络场景的原理。在存储部分，从容器存储入手，到 Docker 卷，再到 Kubernetes 和 OpenShift 卷，再到持久化卷，分别介绍其由来、概念和基本操作。在权限控制部分，介绍了基于角色的访问控制的原理、服务账号的概念和基本操作，以及如何利用安全上下文限制来限制 Pod 中进程访问资源的权限。最后聚焦服务目录，介绍其使用场景、主要概念和基本操作。服务目录是 OpenShift 的服务市场，服务中介是服务的提供者和管理者，用户是服务消费者，用户在市场内找到所需的服务，并按需创建服务实例，再绑定到自己的应用上，使得应用可以使用到这些服务。

通过本章的学习，读者朋友应该能够掌握 OpenShfit 的组件架构和部署架构，了解主要概念的含义，了解网络、存储、权限控制和服务目录的原理和基本操作，为后续章节中学习部署、维护 OpenShift 集群以及在集群中部署各种应用打下基础。

第 3 章 *Chapter 3*

OpenShift 集群部署与运维

作为最为成熟和极具影响力的云原生 PaaS、DevOps 平台，OpenShift 的架构设计、安装部署和生命周期管理方式也在不断演化。Kubernetes 和 Docker 的出现和普及，使得 OpenShift 如虎添翼，在云原生架构不断普及和应用的当下，OpenShift 正在成为越来越多终端用户的首选。但是，如何快速部署 OpenShift 集群环境，以最快的速度和最少的成本，实现稳定、高可用的 OpenShift 集群功能，是大多数应用开发者和运维管理员当前迫切需要解决的问题。本章中，我们将对 OpenShift 集群部署环境、规划、资源需求、高可用架构设计等进行深入介绍，同时还将对如何快速一键部署 OpenShift 开发测试环境、高可用生产环境，以及离线自动化生产环境部署和集群运行维护等进行详细讲解。

3.1 OpenShift 集群规划与部署准备

"凡事预则立，不预则废"，这句话告诉我们，在开始动手之前，一定要做好充分的准备，毕竟好的准备工作，便是成功的一半！就 OpenShift 集群部署而言，其部署方式和架构灵活多样，这就要求我们在部署之前花更多的心思来了解、规划如何部署 OpenShift 集群。从技术角度来看，随着 DevOps 和自动化运维思想的普及，基础架构软件的部署已经在朝着自动化和智能化方向发展，尤其是在 RedHat 收购整合 Ansible 和 CoreOS 之后，OpenShift 的部署和运维管理越来越自动化，在基于 CoreOS 的 OpenShift 4.x 版本中，甚至无须管理员参与 OpenShift 底层基础设施的配置供给环节。但是即使如此，集群部署前的准备与规划工作仍然至关重要，或者说自动化和智能化的前提是我们已按其要求准备好一切工作，所谓的"一键部署"，永远意味着背后付出了"万键"的努力。本节是后续 OpenShift 自动化部署的关键，如果不能很好地掌握和理解本节内容，后续部署可能会陷入不断排查故障的"泥沼"中。

3.1.1 集群软件版本规划

OpenShift 是一个以 Docker 和 Kubernetes 为核心，功能随着社区技术的进步而不断迭代和演化的容器平台项目。在部署 OpenShift 集群前，我们首先要考虑的是基于哪个发行版本的操作系统，采用哪个版本的开源生态圈软件，部署哪个发行版本的 OpenShift 集群。以下是我们对集群核心组件在软件版本选取方面的建议和规划。

（1）OpenShift 软件版本规划

OpenShift 有开源社区版本（OKD）和 RedHat 商业服务订阅版本（OCP），虽然两个版本功能类似，但是开源版本需要用户自行维护，且大多数镜像由社区制作发行，未经过官方或第三方安全认证，对用户的安全技术能力要求相对较高，而 OCP 版本则可以寻求 RedHat 的付费服务支持，并可以从 RedHat 维护的镜像仓库中获取经过安全认证的镜像。此外，OpenShift 的每个发行版本都是基于某个特定的 Kubernetes 版本，如 OpenShift 3.11 是基于 Kubernetes 1.11，最新版本的 OpenShift 4.1 则是基于 Kubernetes 1.13 版本，因此在部署前我们需要确定采用哪个发行版本的 OpenShift 开源版本或商业版本。就现阶段而言，我们建议采用 OpenShift 3.x，因为 OpenShift 4.x 是个大改版本，其发行过程也历经了很多曲折，笔者在测试过程中也碰到诸多问题。因此，如果不是特别追求新功能，我们建议生产环境暂时采用 OpenShift 3.x 版本（本章将采用 OpenShift 3.11），而 OpenShift 4.x 版本适合在生产环境中部署使用的时间一直是悬而未决。

（2）操作系统类型及版本规划

OpenShift 支持的 Linux 发行版本主要有 RHEL/CentOS 和 Atomic Host，其中 RHEL/CentOS 7.1 及以上操作系统、Atomic Host 7.2 及以上版本均可部署 OpenShift 3.x 版本。操作系统类型（RHEL 或 Atomic Host）的选取，还会直接影响到 OpenShift 3.x 的部署类型（容器部署或 RPM 部署）。在 OpenShift 3.11 中，如果采用 RHEL/CentOS 系统，则在高级安装中会默认采用基于 RPM 包的部署方式，而 Atomic Host 系统则只允许使用系统容器⊖部署方式。OpenShift 不同的部署类型，将直接导致后续 OpenShift 集群生命周期管理的不同，如基于 RPM 包的部署方式主要基于 Systemd 管理维护服务，而系统容器部署方式则主要基于 Docker 和 Systemd 管理维护 OpenShift 服务。

（3）Docker 容器引擎版本规划

OpenShift 是基于 Docker 和 Kubernetes 的容器平台，用户服务最终将以 Pod 中的容器形式运行在各个节点上。因此，OpenShift 集群中各个节点通常需要安装部署 Docker 容器引擎。在 OpenShift 3.x 中，每个版本都有对应的软件集成版本，其中就包括 Docker 和 Kubernetes 版本，以及 etcd 和 Ansible 等软件版本，如表 3-1 所示。实际部署过程中，在确

⊖ 系统容器是一种独立于 Docker 的容器引擎，其容器由系统而非 Docker 来控制。

定 OpenShift 部署版本后，我们建议按照表 3-1 所示的软件版本矩阵选取对应的软件版本。例如，在部署 OpenShift 3.11 时，建议在部署节点安装 Ansible 2.6.4 版本，在集群各个节点安装 Docker 1.13.1-x 版本。

表 3-1　OpenShift 软件版本矩阵[⊖]

OpenShift	3.0	3.1	3.2	3.3	3.4	3.5	3.6	3.7	3.9	3.10	3.11
RHEL	7.1	7.1 7.2	7.1 7.2	7.1 7.2	7.2 7.3	7.2 7.3	7.3 7.4	7.3 7.4	7.3 7.4	7.4 7.5	7.4 7.5
Atomic Host	7.2	7.2	7.2	7.2	7.3	7.3	7.3 7.4	7.3 7.4	7.4 7.5	7.5	7.5
Ansible	1.9.4	1.9.4	2.2.0	2.2.0	2.2.0.0	2.2.1.0	2.2.3 2.3.1	2.3.1 2.3.2	2.4.3.0	2.4.5	2.6.4
Kubernetes	1.1.0	1.1.0	1.2.0	1.3.0	1.4.0	1.5.2	1.6.1	1.7.6	1.9.1	1.10	1.11
Docker	1.8.2	1.8.2	1.9.1 1.10.3	1.10.3	1.12.3	1.12.6	1.12.6	1.12.6	1.13.1	1.13.1	1.13.1
etcd	2.1.1	2.1.1	2.2.5	2.3.7	3.0.x	3.0.x	3.1.x	3.2.x	3.2.x	3.2.x	3.2.2

3.1.2　集群规模与资源需求

在正式部署 OpenShift 集群前，我们需要预估满足当前业务需求的集群规模，同时兼顾集群规模未来的水平可扩展性，做到立足当下，放眼未来。在 OpenShift 集群中，影响集群规模的主要是集群承载的 Pod 的数目，Pod 数目会直接影响到集群节点（Node）的数目，而 Node 数目便是集群规模的体现。在实际应用中，每个节点上可以承载的 Pod 数目与节点资源和应用密切相关，如应用需要消耗的内存、CPU 和存储等资源将直接影响当前节点上的 Pod 数目。假设 OpenShift 单集群允许的最大 Pod 数目（Maximum Pods per Cluster）是 N，我们为每个节点规划的 Pod 数目（Expected Pods per Node）为 M，则当前 OpenShift 集群需要的节点数目（Total Number of Nodes）为 N/M，即

节点数目 = 集群内 Pod 期望总数　/　每个节点上 Pod 期望数目

在 OpenShift 集群中，对应不同版本的 OpenShift 单集群对 Pod 数目和节点数目的限制可能不一样。除了对 Pod 和节点数目的限制外，还存在对命名空间、服务和每节点 Pod 数目的限制，以及对每个命名空间的 Pod 和服务数目的限制，如表 3-2 所示。

表 3-2　OpenShift 集群限制矩阵

限制类型（单集群）	OpenShift 3.7	OpenShift 3.9	OpenShift 3.10	OpenShift 3.11
节点数目	2000	2000	2000	2000
Pod 数目	120 000	120 000	120 000	150 000
每个节点 Pod 数目	250	250	250	250

⊖　https://access.redhat.com/articles/2176281.

(续)

限制类型（单集群）	OpenShift 3.7	OpenShift 3.9	OpenShift 3.10	OpenShift 3.11
每核 CPU Pod 数目	默认值为 10，最大值为 250	默认值为 10，最大值为 250	不存在默认值，最大值为 250	不存在默认值，最大值为 250
命名空间数目	10 000	10 000	10 000	10 000
每个命名空间 Pod 数目	3000	3000	3000	3000
服务数目	10 000	10 000	10 000	10 000
每个命名空间服务数目	N/A	N/A	5000	5000
每个服务后端数目	5000	5000	5000	5000
每个命名空间部署数目	2000	2000	2000	2000

表 3-2 中的集群限制数据是经过社区测试后得到的，超过表 3-2 中所示的数值并不意味着集群会崩溃，但是集群整体性能将会受到较大影响。

根据表 3-2 中的限制数值，假设我们部署的集群为 OpenShift 3.11，规划运行 3000 个 Pod，每个节点运行最大数目的 Pod（250），则集群需要的节点数目如下：

3000/250=12

即我们的 OpenShift 集群需要 12 个节点。假设我们当期有较多的采购预算，希望第一期便部署较大资源池以备后续直接使用，因此采购了 50 个节点，则此时每个节点上分布的 Pod 数目如下：

3000/50=60

即此时每个节点上仅需承载 60 个 Pod，也就意味着每个节点还可运行 190 个 Pod。如果按最初的 Pod 资源消耗来看，最终集群将剩余 4500 个 Pod 可用资源。

为了进一步演示 OpenShift 集群节点数目和资源规划的过程，我们来分析一个案例。假设我们需要部署一个 OpenShift 3.11 集群，集群需要运行 Apache、Node.js、PostgreSQL 和 JBoss EAP 等应用，每个应用需要使用的资源如表 3-3 所示。

表 3-3　应用资源规划表

应用类型	Pod 数目	CPU 核数 /Pod	最大内存 /Pod	存储需求 /Pod
Apache	100	0.5	500MB	1GB
Node.js	200	1	1GB	1GB
Postgre SQL	100	2	1GB	10GB
JBoos EAP	100	1	1GB	1GB

根据表 3-3 中的规划，整个集群需要的物理资源池大致如下：CPU 550 核，内存 450GB，存储 1.4TB。根据资源池需求，我们即可配置节点资源和数目。通常，单节点资源配置与期望的节点总数之间是反比关系，是高配少节点还是低配多节点，需要根据实际情况来确定。例如，在私有数据中心部署，则建议节点高配以减少需要维护的节点数目，如果是在公有云上部署，则无须考虑这一问题，可以根据成本来确定是增加单节点资源还是

增加节点数目。针对表 3-3 中的资源需求，可以有不同的节点配置方案，如表 3-4 所示。

表 3-4　节点资源配置表

节点资源配置	节点数目	CPU 核数	RAM（GB）
方案 1	100	4	16
方案 2	50	8	32
方案 3	25	16	64

在表 3-4 中，3 种方案的节点配置都能满足表 3-3 中的应用资源需求，方案 1 节点数目最多，但是单节点资源最少；方案 3 节点数目最少，但是单节点资配置最高。另外，表 3-4 中的 CPU 资源有接近 30% 的过载使用，在实际项目中，这是一个很正常的资源过载使用率。

3.1.3　集群高可用架构设计

OpenShift 集群部署架构非常灵活，支持基于物理机、虚拟机、私有云、公有云和混合云的集群部署架构。另外，为了简化 OpenShift 集群部署，社区开发的高级部署项目 OpenShift-Ansible⊖还针对各大公有云厂商，如亚马逊 AWS、微软 Azure 和谷歌 GCP，以及私有云 OpenStack 提供了 IaaS 资源自动供给的 Playbooks 脚本，通过这些自动化部署脚本，用户可以自动编排部署 OpenShift 集群需要的 IaaS 资源，从而实现在云平台上从 IaaS 到 OpenShift PaaS 平台的全自动编排部署。此外，为了便于用户快速入门和体验 OpenShift，社区还提供了基于容器镜像和二进制包的快速部署方式⊖，用户只需启动一个容器或者执行一个二进制命令行，即可启动 OpenShift 并体验集群大部分核心功能。对于测试或实验环境而言，OpenShift 集群部署很简单，但是对于生产环境而言，我们必须在部署之前进行高可用架构与服务的规划设计。

在实际应用中，一个典型的 OpenShift 集群功能架构拓扑如图 3-1 所示，整个集群由一个或多个负责 API 响应及授权、资源调度、元数据存储的 Master 节点，负责运行应用程序 Pod 的多个 Node 节点，提供集群持久性存储的存储节点，运行容器镜像仓库和请求路由的 Infra 节点，以及负责外部路由请求响应的负载均衡节点组成。

因此，要实现生产环境 OpenShift 集群的高可用，就要实现图 3-1 中全部节点和服务角色的高可用全覆盖。在实际部署中，图 3-1 中不同角色的节点服务既可以分开独立部署在单独节点上，也可以合并部署在同一个节点上（All-In-One）。All-In-One 的部署方式主要用于快速实现功能体验和开发测试环境，而生产环境通常会使用多节点部署的集群，一般有以下几种部署方式：

（1）单 Master 节点多 Node 节点

在单 Master 部署模式下，etcd 也部署在 Master 节点上，Master 节点既扮演 Master 角色，也扮演 etcd、Node 和 Infra 角色，同时集群中存在一个或多个 Node 节点。由于 Master

---

⊖　https://github.com/openshift/openshift-ansible.

⊖　https://docs.okd.io/3.11/getting_started/administrators.html.

是单节点部署，因此存在单点故障，即 Master 节点故障后，整个集群将会不可用，故而很少用在要求高可用的生产环境中，一般用于开发测试环境。表 3-5 所示为一个 Master 节点和两个 Node 节点的 OpenShift 集群。

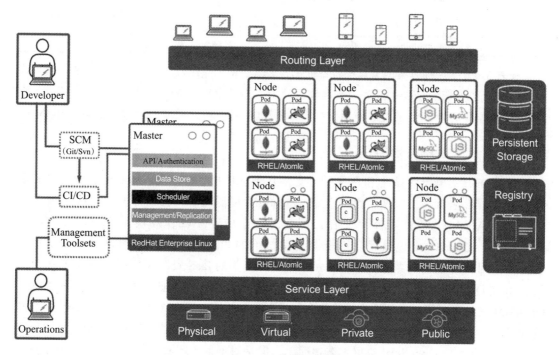

图 3-1　OpenShift 功能架构拓扑图

表 3-5　单 Master 节点多 Node 节点的 OpenShift 集群

主机名	部署集群组件
master.ocp.com	Master、etcd、Node、Infra
node1.ocp.com	Node
node2.ocp.com	Node

（2）多 Master 节点多 Node 节点

在多 Master 节点多 Node 节点部署模式下，通常建议部署 N+1 个 Master 节点（一般建议 3 个），同时 etcd 也部署在 Master 节点上，因此 Master 节点既扮演 Master 角色，也扮演 etcd 和 Node 角色。此外，Master 节点之间通过 OpenShift 内置的 Native HA 功能实现高可用，由于 N+1 个 Master 节点之间是高可用配置，因此通常需要配置一个 HAProxy 负载均衡器节点，用于负载均衡对 Master 的访问。另外，集群中通常部署一个或多个 Node 节点来运行应用 Pod。在此类部署模式下，OpenShift 核心服务已基本上实现了完全高可用，但是承载 Registry 和 Route 等服务的 Infra 节点仍然存在单点故障。表 3-6 所示为 3 个 Master 节点、两个 Node 节点和一个负载均衡节点组成的 OpenShift 集群。

表 3-6　多 Master 节点多 Node 节点的 OpenShift 集群

主机名	部署集群组件
master1.ocp.com	
master2.ocp.com	Master（Native HA）、etcd（Cluster）、Node
master3.ocp.com	
infra.ocp.com	Registry、Route、Metrics、Logging
lb.ocp.com	HAProxy
node1.ocp.com	Node
node2.ocp.com	Node

（3）生产环境高可用集群部署

上述两种部署模式在实际应用中比较常见，其中基于 Native HA 和负载均衡器的多 Master 集群，是具备高可用性的生产环境部署方案（在多 Master 集群高可用部署中，我们也可以将 etcd 以独立集群方式来部署，但这样会增加多个主机节点需求，因此如果没有特别需求，建议将 etcd 与 Master 合并部署）。而在 OpenShift 集群实际部署过程中，除了 Master、etcd 和 Node 角色，我们还需要部署承载 Registry、Route 和日志性能收集与分析展示服务的节点，通常称为 Infra 节点，同时这些 Infra 节点也需要具备高可用性（通常建议部署两个 Infra 节点和一个负载均衡节点）。表 3-7 所示为 OpenShift 集群生产环境高可用部署推荐的节点配置。

表 3-7　生产环境高可用集群部署

主机名	部署集群组件
master1.ocp.com	
master2.ocp.com	Master（Native HA）、etcd（Cluster）、Node
master3.ocp.com	
infra1.ocp.com	Registry、Route、Metrics、Logging
infra2.ocp.com	
lb1.ocp.com	HAProxy for Master
lb2.ocp.com	HAProxy for Infra
node1.ocp.com	Node
node2.ocp.com	Node
nodex.ocp.com	Node

OpenShift 集群高可用架构如图 3-2 所示，其中，OpenShift 节点被划分为 3 个高可用域，分别是 Master 域、Infra 域和应用 App 域。其中，Master 域和 Infra 域中的节点均通过各自的负载均衡器来实现对高可用集群服务的访问，而应用 App 域则通过高可用 Master 节点的调度机制来实现应用 Pod 的高可用，因此图 3-2 实际上实现了 OpenShift 集群全域服务的高可用，是 OpenShift 集群高可用生产环境推荐的部署架构。

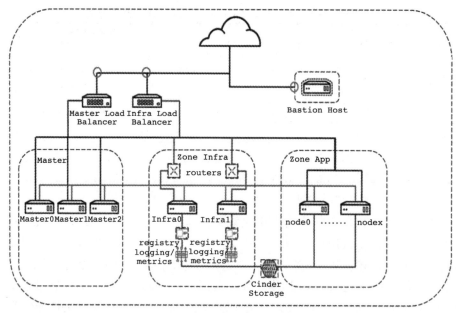

图 3-2　OpenShift 集群高可用架构

3.1.4　集群主机环境需求

对于生产环境部署而言，OpenShift 最佳实践中对 Master 和 Node 节点的硬件资源配置、系统存储需求、安全网络设置等均有推荐配置，为了使 OpenShift 集群达到最佳性能，我们推荐参考 OpenShift 最佳实践进行部署前的预配置。

（1）硬件需求

在高可用集群中，每个 Master 节点至少需要 2 核 CPU 和 16GB 的内存，如果集群规划运行 1000 个 Pod，则 Master 还需额外的 1 核 CPU 和 1.5GB 内存，因此如果集群规划运行 2000 个 Pod，则 Master 需要的资源就是运行 Master 服务的最小资源需求（2 核 CPU 和 16GB 内存）加上调度管理 2000 个 Pod 所需的资源（2 核 CPU 和 3GB 内存），因此 Master 节点共需要 4 核 CPU 和 19GB 内存，如果规划运行 10 000 个 Pod 的集群，则每个 Master 节点的最小资源需求就是 12 核 CPU 和 32GB 内存。当然，我们强烈建议实际资源配置大于评估规划值。

Node 节点的资源需求主要取决于规划运行的应用负载。通常情况下，在规划出 Node 节点应用负载的资源需求后，会在此基础上增加 10% 的资源作为最终的 Node 节点资源。此外，从 Node 节点高可用性的角度考虑，我们建议尽量调高 Node 节点资源配置，以防 Node 节点故障后，其余节点没有足够的资源来承载故障节点上迁移过来的应用 Pod。

（2）存储需求

OpenShift 集群中的每个节点都有数据存储需求，其中 Master 节点需要容器化运行 etcd、Web Console 或者应用 Pod，因此需要为其规划 etcd 和 Pod 存储空间。Node 节点总是需要运行 Pod，因此也需要为其规划容器及本地镜像的存储空间。节点对应的目录存储空间参考表 3-8。

表 3-8　节点存储目录规划

目录	初始大小	容量增长情况	说明
/var/lib/openshift	≤ 10GB	空间增长较慢，主要存储元数据	Atomic 主机，单 Master 模式下 etcd 数据存储
/var/lib/etcd	≤ 20GB	空间增长较慢，主要存储元数据	多 Master 模式下 etcd 数据存储，或者独立 etcd 部署时数据存储
/var/lib/docker	对于 16GB 内存节点，预留 50GB 存储空间；节点每增加 8GB，则额外增20 ～ 25GB 空间	空间增长情况取决于节点运行的容器数量	如使用 Docker 运行时，则当前目录为容器挂载点。存储容器本地镜像和运行时容器
/var/lib/container	对于 16GB 内存节点，预留 50GB 存储空间；节点每增加 8GB，则额外增20 ～ 25GB 空间	空间增长情况取决于节点运行的容器数量	如使用 CRI-O 运行时，则当前目录为容器挂载点。存储容器本地镜像和运行时容器
/var/lib/origin/openshift.local.volumes	根据使用临时存储 Pod 数量确定	如果 Pod 只需要持久存储，则预留很小空间即可。如 Pod 大量使用临时存储，则空间可能迅速增加	Pod 临时存储卷及挂载到 Pod 的临时存储源自此目录存储空间
/var/log	10 ～ 30GB	日志文件通常增长较快	所有服务组件的日志文件存储

（3）SELinux

SELinux 是 Linux 系统中的安全保障，在大多数基于 Linux 的私有环境部署中，为了减轻操作和维护工作量，通常会建议关闭 SELinux，但是在 OpenShift 集群部署中，必须开启 SELinux，否则部署将会失败。因此，我们需要保证每个节点上的 /etc/selinux/config 文件内容如下：

```
# This file controls the state of SELinux on the system.
# SELINUX= can take one of these three values:
#    enforcing - SELinux security policy is enforced.
#    permissive - SELinux prints warnings instead of enforcing.
#    disabled - No SELinux policy is loaded.
SELINUX=enforcing
# SELINUXTYPE= can take one of these three values:
#    targeted - Targeted processes are protected,
#    minimum - Modification of targeted policy. Only selected processes are protected.
#    mls - Multi Level Security protection.
SELINUXTYPE=targeted
```

（4）NetworkManager

NetworkManager 是 Linux 系统中的网络自动发现与配置工具，在 OpenShift 集群中，必须启用 NetworkManager，以保证节点上 dnsmasq 的自动配置，进而确保集群 DNS 服务的正常运行。在网卡配置文件，如 /etc/sysconfig/network-scripts/ifcfg-en0 中，我们强烈建议确保将与 NetworkManager 相关的参数 NM_CONTROLLED 和 PEERDNS 设置为"yes"，否则用户需要手动介入以创建和配置 dnsmasq 相关的文件。

（5）DNS 配置

域名解析服务器在 OpenShift 集群中是个非常关键的角色，我们强烈建议在部署 OpenShift 集群前，准备一个功能完整的 DNS 服务器，以供 OpenShift 集群节点和 Pod 解析主机名。另外，不建议使用在节点 /etc/hosts 中添加主机解析条目的传统方法，因为节点上的 /etc/hosts 文件并不会拷贝到运行在 OpenShift 平台上的容器中。OpenShift 集群中的核心组件均运行在容器中，因此集群中的域名解析主要经历两个过程：首先，容器从其主机上获取 /etc/resolv.conf 文件，然后 OpenShift 将 Pod 的 nameserver 地址设置为当前节点的 IP 地址。OpenShift 会自动在全部节点上配置 Dnsmasq 服务，通过 Dnsmasq 服务，节点上的 Pod 将当前节点作为其 DNS，并由节点负责 Pod 的请求转发，而 Dnsmasq 在节点上监听 53 端口，因此我们必须保证节点上的 53 端口不被其他应用占用。

鉴于 DNS 对 OpenShift 集群的重要性，我们强烈建议在开始部署 OpenShift 前，测试集群 DNS 服务，以确保每个节点均可通过 DNS 服务器解析主机节点或应用服务的域名。OpenShift 集群主机节点 DNS 的配置与是否启用网络 DHCP 功能有关，如果网卡配置文件中启用了 DHCP 功能，则 NetworkManager 会根据 DHCP 的配置来设置节点的 DNS，如果未启用 DHCP 功能，即网卡被设置为"static"，则需手动在网卡配置文件中添加 DNS 服务器地址。网络服务启动后，检查 /etc/resolv.conf 配置文件。

```
$ cat /etc/resolv.conf
# Generated by NetworkManager
search ocp.com
nameserver 192.168.10.1
# nameserver updated by
/etc/NetworkManager/dispatcher.d/99-origin-dns.sh
```

上述配置中，192.168.10.1 即 DNS 服务地址。然后，我们测试 DNS 服务器是否可以解析集群域名。

```
$ dig master1.ocp.com @192.168.10.1 +short
192.168.10.10
$ dig node1.ocp.com @192.168.10.1 +short
192.168.10.11
```

通过上面的结果可以看到，DNS 服务器 192.168.10.1 成功解析出了 master1.ocp.com 和 node1.ocp.com 节点的 IP 地址。此外，在 OpenShift 集群中，每个新创建的应用都会分配专属的域名，因此集群中的域名会随着应用的增加而动态增加，静态域名解析条目很难满足应用动态增加的需求。因此，针对应用域名的解析，我们建议用户在 DNS 服务器上增加一条通配符解析条目，实现 DNS 对应用域名解析的"以不变应万变"。这里，我们要确保通配符条目解析出来的地址就是 OpenShift 集群中运行 Route 服务的节点（通常是 Infra 节点）IP 地址。

```
*.cloudapps.ocp.com. 300 IN  A 192.168.128.2
```

上述通配符解析条目中，192.168.128.2 即 Route 节点的 IP 地址。在实际应用中，凡是以".cloudapps.ocp.com"结尾的域名，如 myapp.cloudapps.ocp.com，都会被解析到 Route 节点上，从而实现外部用户对 OpenShift 集群内部应用域名的正常访问。

（6）CPU 使用限制

通常情况下，OpenShift 服务会使用节点系统上全部可用的 CPU 资源，通过 GOMAXPROCS 参数，我们可以限制 OpenShift 节点能够使用的 CPU 核数，参数设置如下。

```
# export GOMAXPROCS=2
```

在启动 OpenShift 服务前进行上述配置，则意味着节点上的 OpenShift 服务能够使用的 CPU 核数为 2，这样便可保证 CPU 资源的可控性，以确保其他服务有足够的资源来正常运行。

3.1.5　集群主机系统准备

在开始 OpenShift 集群部署之前，我们需要为集群主机节点进行初始化配置，包括 SSH 信任互访配置、代理例外配置、基础依赖包安装、Docker 及其容器存储引擎安装配置等。集群主机系统准备工作完成后，方可进行 OpenShift 集群的自动化安装。

（1）主机信任互访

通常情况下，在集群部署与管理配置中，部署或安装节点需要对集群中的全部节点实现无密码信任访问，要实现主机节点间的信任互访，只需在部署节点上生成 SSH 密钥，然后将公钥拷贝到集群全部节点上即可。

```
// 部署节点上生成密钥对
# ssh-keygen
// 将公钥拷贝至所有节点（master、infra 和 node）
for host in master1.ocp.com \
  master2.ocp.com \
  master3.ocp.com \
  infra1.ocp.com \
  infra2.ocp.com \
  node1.ocp.com \
  node2.ocp.com; \
  do ssh-copy-id -i ~/.ssh/id_rsa.pub $host; \
```

```
      done
```

配置完成后，检查并确认部署节点是否可以无密码访问任意主机节点。

（2）代理例外配置

必须确保 OpenShift 组件之间是无代理直接通信，因此如果主机配置了代理（/etc/environment 文件中配置了 http_proxy 或 https_proxy 参数），则需要手动配置 no_proxy 参数，以确保 OpenShift 组件之间实现无代理直接通信。在 no_proxy 参数中，我们需要指定集群节点主机名或域名后缀、etcd 的 IP 地址、Kubernetes IP 地址（默认为 172.30.0.1）、Kubernetes 内部域名后缀（cluster.local 和 .svc），no_proxy 示例配置如下。

```
no_proxy=.ocp.com,10.0.0.1,10.0.0.2,10.0.0.3,\
.cluster.local,.svc,localhost,127.0.0.1,172.30.0.1
```

其中，10.0.0.x 是 etcd 集群的 IP 地址。如果用户主机 /etc/environment 文件中未进行代理配置，则也无须进行上述 no_proxy 参数的配置。

（3）基础依赖包安装

在 RHEL/CentOS 系统中，为了保证后续 OpenShift 自动化安装程序的正常运行，我们需要提前安装部分基础软件包（所有节点）。

```
# yum install wget git net-tools bind-utils yum-utils iptables-services
 bridge-utils bash-completion kexec-tools sos psacct
```

如果条件允许，建议将主机系统软件包升级到最新版本。

```
# yum update
# reboot
```

（4）部署工具安装

如果希望后续采用容器化方式（安装程序运行在容器中）部署 OpenShift，则需要在部署节点上安装 Atomic 软件包。

```
# yum install atomic
```

当采用容器化部署方式时，无须复制 OpenShift 高级安装项目 OpenShift-Ansible 代码至部署节点，因为全部安装程序已经编译到容器镜像中，在部署时，只需启动容器镜像即可。

如果希望后续通过 RPM 包的方式来部署 OpenShift，则我们需要在部署节点安装 Ansible 软件包。

```
// 安装 epel 库
# yum -y install  https://dl.fedoraproject.org/pub/epel\
  /epel-release-latest-7.noarch.rpm
  // 配置文件中禁用 epel 库
```

```
# sed -i -e "s/^enabled=1/enabled=0/" /etc/yum.repos.d/epel.repo
// 临时取用 epel 库并安装 ansible
# yum -y --enablerepo=epel install ansible pyOpenSSL
```

因为是通过 Ansible 命令行方式来部署 OpenShift，因此需要预先将 OpenShift-Ansible 项目代码复制到部署节点本地目录下。

```
# git clone -b release-3.11\
 https://github.com/openshift/openshift-ansible
```

（5）Docker 安装

集群每个节点上都需要安装 Docker。在 RHEL/CentOS 系统中，根据 3.1.1 节中介绍的软件版本规划，如果我们安装 OpenShift 3.11 版本，则推荐安装 Docker1.13.1 版本。

```
# yum install docker-1.13.1
```

如果采用的是 RedHat 的 Atomic Host 主机系统，则 Docker 是无须安装的，Atomic 系统已经安装配置好 Docker 引擎，直接使用即可。

（6）Docker 存储引擎配置

RHEL/CentOS 系统中默认开箱即用的 Docker 存储引擎只适合功能验证，不适合在生产环境下使用，因此在生产环境中正式使用 Docker 存储驱动存储容器及其镜像前，务必修改默认的 Docker 存储驱动配置（所有节点）。目前，主流的容器存储驱动有 DeviceMapper、OverlayFS 和 Brtfs，每种存储驱动各有优劣，从综合性能来看，Brtfs 最优，但是还未经过大量用户长期使用的检验，OverlayFS 在容器启停上比 DeviceMapper 要快得多，但是 POSIX 不兼容。不过，在 RHEL7.5/CentOS7.5 及以上版本中，默认存储驱动已由 DeviceMapper 切换为 Overlay2，因此在 RHEL7.5 以上系统中，我们推荐使用 OverlayFS 存储驱动（推荐使用 Overlay2 而非 Overlay）。

在 Docker 软件包安装完成后，容器及镜像创建前，通过专为 Docker 存储驱动准备的配置文件 /etc/sysconfig/docker-storage-setup，可以快速配置 Docker 存储驱动。例如，要将 Docker 存储驱动设置为 Overlay2，在已预留块存储、LV 和 VG 名称的情况下，我们可以按如下内容配置存储驱动。

```
[root@os311 ~]# more /etc/sysconfig/docker-storage-setup
// 驱动类型
STORAGE_DRIVER=overlay2
// 块存储路径
DEVS=/dev/sdb
// 擦除磁盘签名，以便利用旧的块存储
WIPE_SIGNATURES=true
// 存储容器镜像的 LV 名称
CONTAINER_ROOT_LV_NAME=dockerlv
```

```
// 允许使用的空间百分比
CONTAINER_ROOT_LV_SIZE=100%FREE
// 容器镜像的存储目录
CONTAINER_ROOT_LV_MOUNT_PATH=/var/lib/docker
// 存储容器镜像的 VG 名称
VG=dockervg
```

上述配置文件保存后，如下执行配置应用命令行。

```
# docker-storage-setup
```

执行完成后，通过 lvs 和 vgs 命令，以及查看 /etc/sysconfig/docker-storage 文件内容（只有执行上述命令后才会生成该文件），即可验证配置是否已生效。存储驱动配置生效后，即可启动 Docker 引擎。

```
# systemctl enable docker
# systemctl start docker
```

如果 Docker 引擎已经运行，则需要重新进行初始化（初始化将清除 Docker 存储驱动中的全部数据，请做好备份），以便使用新的存储驱动配置。

```
# systemctl stop docker
// 以下命令将清除全部容器及镜像
# rm -rf /var/lib/docker/*
# systemctl restart docker
```

（7）Docker 容器日志及运行参数配置

为了防止节点上 /var/lib/docker/containers/<hash>/<hash>-json.log 文件失去控制，导致数量和容量不断增加，我们可以在 /etc/sysconfig/docker 文件中配置 Docker 日志驱动来限制日志文件大小和数量。例如，要限制单个容器日志大小为 10MB，同时仅保留最新的 5 个日志文件，则在 /etc/sysconfig/docker 文件中的 OPTIONS 参数行追加 " --log-opt max-size=10M --log-opt max-file=5" 即可。

```
OPTIONS='--selinux-enabled --log-opt max-size=10M --log-opt max-file=5'
```

这里需要指出的是，如果要更改 Docker 进程的运行方式，比如增加一个私有的无须安全认证的镜像仓库（Insecure-Registry）和公有镜像仓库的镜像地址（Mirror-Registry），都只需修改 /etc/sysconfig/docker 的 OPTIONS 参数行即可。

```
OPTIONS=' --selinux-enabled  -l warn --ipv6=false
          --insecure-registry=192.168.10.67:4000
          --registry-mirror=https:\\abcdefg.mirror.aliyuncs.com
          --log-opt max-size=10M --log-opt max-file=5
          --signature-verification=False'
```

上述配置中，我们设置 Docker 时可以使用本地 Registry（192.168.10.67:4000），且无须安全认证，同时可以搜索位于阿里云上的镜像仓库（https://abcdefg.mirror.aliyuncs.com）以便加快海外镜像的下载速度。/etc/sysconfig/docker 的配置修改后，需要重新启动 Docker 进程以便使配置生效。

3.2　OpenShift 开发测试环境快速部署

3.2.1　OpenShift 容器与二进制方式快速启动

OpenShift 集群安装部署方式非常灵活，用户可以自主选择是否安装各个功能模块，可以选择是单节点部署还是多节点高可用部署，也可以选择是容器化部署还是二进制安装包部署。在 OpenShift 开源社区版本 OKD 中，社区提供了基于容器和二进制包的 OpenShift 快速启动方式，通过这两种方式，用户可以在单机节点上快速启动自己的 OpenShift 集群，以便快速进行功能验证测试，非常适合读者进行 OpenShift 入门学习和基于交互式的功能了解。

（1）容器启动

OpenShift 容器化快速启动仅支持 Fedora、CentOS 和 RHEL 操作系统。在开始之前，我们需要在操作系统中安装 Docker 或 CRI-O 容器引擎，然后从 Dockerhub 中将 openshift/origin 容器镜像 Pull 到本地，之后利用 openshift/origin 镜像启动容器即可。

```
# docker run -d --name "origin"  --privileged --pid=host --net=host \
  -v /:/rootfs:ro -v /var/run:/var/run:rw -v /sys:/sys
  -v /sys/fs/cgroup:/sys/fs/cgroup:rw \
  -v /var/lib/docker:/var/lib/docker:rw \
  -v /var/lib/origin/openshift.local.volumes:/var/lib/origin\
    /openshift.local.volumes:rslave \
    openshift/origin start
```

因为 OKD 监听 53、7001 和 8443 端口，所以执行上述命令前，最好关闭占用上述端口的应用程序。上述命令执行后，将会监听主机上所有 8443 端口（0.0.0.0:8443），同时将会在全部监听的端口上启动 OpenShift Web 控制台（0.0.0.0:8443/console）。另外，还会启动一个 etcd 服务用于存储持久数据，最后启动 Kubernetes 服务组件。容器启动后，打开容器控制台，即可进行命令交互。

```
# docker exec -it origin bash
```

需要指出的是，一旦上述容器被删除，则用户在 OpenShift 集群上的全部配置，以及部署的应用和数据将全部丢失。

（2）二进制启动

OpenShift 上游社区除了维护 Origin 容器镜像外，还会定期将 OKD 源代码的二进制包上传到 GitHub 上[○]，用户可以自行下载对应的二进制安装包，如 origin-3.11.tar.gz，然后将其解压到系统目录下，并将解压目录导出到系统环境变量 PATH 中。

```
# export PATH=$(pwd):$PATH
```

然后，通过 openshift 二进制目录即可快速启动集群。

```
# ./openshift start
```

上述命令将会在前台一直运行，除非命令行被人为中断。OKD 服务被 TLS 进行了安全加固，因此要访问 OKD 服务，需要设置以下环境变量。

```
# export KUBECONFIG=`pwd`/openshift.local.config/master/admin.kubeconfig
# export CURL_CA_BUNDLE=`pwd`/openshift.local.config/master/ca.crt
# sudo chmod +r `pwd`/openshift.local.config/master/admin.kubeconfig
```

通过上述两种方式启动 OpenShift 集群后，便可对 OpenShift 进行功能验证与测试。首先，以常规用户方式登录集群服务器。

```
# oc login
Username: warrior
Password: warrior
```

然后创建一个项目，即命名空间，后续的应用都部署在这个项目中。

```
# oc new-project warrior
```

从 Docker 仓库中将应用镜像抓取到上述创建的 warrior 项目中。

```
# oc tag --source=docker openshift/deployment-example:v1 \
  deployment-example:latest
```

现在，即可在项目中创建自己的应用。

```
# oc new-app openshift/deployment-example
```

测试应用已经运行于 OpenShift 集群中。上面部署的是测试应用 v1 版本，假设你的应用需要升级到 v2 版本，此时我们只需将 v2 版本的容器镜像 Pull 到本地。

```
# oc tag --source=docker openshift/deployment-example:v2 \
  deployment-example:latest
```

由于应用的部署配置一直在监视 deployment-example:latest，因此，一旦其发生变化，dc 将会马上触发应用的滚动部署，且应用将会自动从 v1 版本滚动升级到 v2 版本。这里只是 OpenShift 应用部署和滚动升级的一个测试验证，OpenShift 还有更多、更先进的功能，

同时 OKD 社区也提供了不同场景下的测试案例⊖，通过这些测试案例，用户可以快速熟悉和掌握 OpenShift 的功能特性。

3.2.2　OpenShift 自定义脚本一键自动部署

在 3.2.1 节中，我们介绍了 OKD 社区基于容器镜像和二进制安装包的 OpenShift 快速启动方式，虽然这种方式可以快速启动 OpenShift 服务，但是灵活性不高，用户无法按照自己的需求来选择性快速部署开发测试环境。本节中我们将介绍基于 Ansible 和 Shell 脚本来自定义快速部署 OpenShift 的项目，利用这个项目，用户可以通过"一键部署"方式，快速部署自定义的 OpenShift 集群。

项目由本书作者之一的潘晓华开源后贡献于码云上⊜，项目名称为 OpenShiftOneClick。其主要思想是，利用 Ansible 和 Shell 脚本自动化完成 OpenShift 集群高级部署前的系统环境准备，然后根据用户自定义的部署选项，利用 OpenShift 社区的 OpenShift-Ansible 项目来自动化部署 OpenShift 集群。此外，作为自定义部署项目，还加入了 CI/CD、Operator 和 Istio 等新功能选项供用户选择测试。OpenshiftOneClick 项目内部的目录和文件结构如下：

```
[root@os311 OpenshiftOneClick]# ls -l
total 24
-rw-r--r--.  1 root root  341 Jan 30  2019 config.yml
-rw-r--r--.  1 root root  820 Jan 29  2019 deploy_openshift.sh
drwxr-xr-x.  2 root root  131 Jan 29  2019 files
drwxr-xr-x.  2 root root   22 Jan 29  2019 handlers
drwxr-xr-x.  7 root root  229 Jan 30  2019 jeesite
drwxr-xr-x. 12 root root 4096 Jan 30  2019 openshift-ansible-playbook
drwxr-xr-x.  2 root root 4096 Jan 29  2019 openshift-templates
-rw-r--r--.  1 root root  321 Jan 29  2019 playbook.yml
-rw-r--r--.  1 root root 1733 Jan 29  2019 README.md
drwxr-xr-x.  2 root root   95 Jan 29  2019 tasks
drwxr-xr-x.  2 root root   98 Jan 29  2019 templates
drwxr-xr-x.  2 root root   61 Jan 29  2019 tools
drwxr-xr-x.  2 root root   22 Jan 29  2019 vars
```

OpenshiftOneClick 是典型的 Ansible 项目，其内部遵循 Ansible 项目规范，其中 openshift-ansible-playbook 是外来文件，源自 OKD 社区的 OpenShift 高级部署项目 OpenShift-Ansible，其余 tools、tasks、vars、handlers 和 templates 等文件均为 OpenshiftOneClick 项目原生的文件，用于准备和初始化 OpenShift 集群部署环境。另外，项目在 openshift-templates 文件中自定义了很多有用的应用模板，通过这些常用模板，用户可以在 OpenShift 上快速启动对应的云原生应用，

⊖　https://github.com/openshift/origin/tree/master/examples.

⊜　https://gitee.com/xhua/OpenshiftOneClick/.

如 MongoDB、MySQL、Kafka 和 GitLab 等。

在 OpenshiftOneClick 项目中，供用户进行自定义配置的文件是 config.yml，通过 config.yml 文件，用户可以快速自定义集群部署模式，文件内容如下。

```
// 是否使用 files/all.repo 替换系统默认 repo 源，默认值为 yes
CHANGEREPO: true
// 安装 OpenShift 主机的 hostname，也是访问集群的域名
HOSTNAME: os311.test.it.example.com
// 是否使用私有镜像仓库，默认不使用
Change_Base_Registry: false
// 设置私有镜像仓库地址，在使用私有镜像仓库时有效
Harbor_Url: harbor.apps.it.example.com
// 是否进行全量安装（包含日志、监控等功能），默认不进行全量安装
FULL_INSTALL: false
// 是否安装 OpenShift 自带的默认模板，默认值为 true
SAMPLE_TEMPLATES: true
// 是否安装 CI/CD 工具链，默认值是 false
CICD_INSTALL: true
```

config.yml 文件配置完成后，即可开始部署集群。OpenshiftOneClick 项目使用起来非常简单，用户只需提供一台 RHEL/CentOS7.4 及以上系统版本的虚拟机，然后将项目源代码复制到本地目录，切换到 Root 账户后，在命令行执行部署文件，即可自动化部署 OpenShift 集群。

```
[root@os311 ~]# cd OpenshiftOneClick
[root@os311 ~]#  /bin/bash deploy_openshift.sh
```

上述命令执行完成后，Shell 脚本将会自动进行系统 yum 源、SELinux 和特定参数的配置，同时还会安装特定版本的 Ansible，并调用项目自定义的 Ansible Playbooks 完成 OpenShift 部署前的系统准备工作。然后，调用 OKD 社区 openshift-ansible 项目中的 Playbooks 完成 OpenShift 部署前的系统检查和最终的集群部署，集群部署完成后，还会自动调用自定义 Playbooks 完成收尾准备工作。整个过程中，无须用户过多的干预即可实现自定义功能模块的 OpenShift 集群部署，非常适合不希望花费过多时间在 OpenShift 本身的研究上，而是想要快速体验 OpenShift 所带来的极佳云原生应用体验的开发者和集群初学者。命令执行完成后，通过 HOSTNAME 参数指定的" os311.test.it.example.com "主机地址，即可访问 OpenShift 集群的 Web 界面（https://os311.test.it.example.com:8443/），如图 3-3 所示（用户名和密码分别是 admin 和 admin）。

在 OpenshiftOneClick 项目的部署过程中，如果部署过程出现错误，只需找到问题并修正，然后重新执行 deploy_openshift.sh 部署文件即可。另外，如果选择全量部署，请确保主机具备 16GB 以上的内存，因为全量部署会占用大量主机资源。

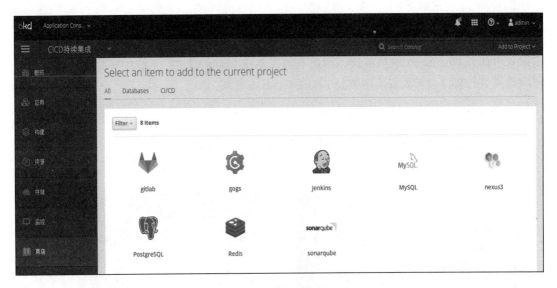

图 3-3　OpenShift 快速一键部署 Web 界面

3.2.3　OpenShift 开发测试环境 Minishift

在前面介绍的 OpenShift 集群快速部署方法中，用户都需要在系统中手动配置 OpenShift 运行环境，比如安装 Docker 或 CRI-O 容器运行引擎等，在最新版的 OKD 中，社区为了进一步简化 OpenShift 单机开发测试环境的部署，提供了一个快速部署工具 Minishift。通过 Minishift，你可以在 Linux、MacOS 和 Windows 上快速搭建 OpenShift 开发测试环境。Minishift 的大致原理，就是利用操作系统上的 Hypervisor（如 KVM、xhyve、Hyper-V 和 VirtualBox）启动一个虚拟机，然后在虚拟机上快速启动 OpenShift 容器，并配置和提供与单节点 OpenShift 集群交互的命令行环境。整个过程全部交由 Minishift 完成，用户无须参与 OpenShift 运行环境的配置过程，极大地简化了 OpenShift 开发测试环境的部署。Minishift 架构如图 3-4 所示。

如果在 Windows 环境下直接使用 Minishift，则要求系统具备 Hyper-V 虚拟化引擎，或者也可以通过 VirtualBox 在 Windows 环境下启动虚拟机。但是，大多数国内用户喜欢在个人笔记本上安装 VMware workstations，并在 VMware 虚拟机上安装使用 Minishift，此时需要注意 VMware 虚拟机处理器的选项设置（如图 3-5 所示），否则在后续 Minishift 的安装过程中，嵌套虚拟机的创建可能会报错。

如果在 Linux 操作系统中使用 OpenShift 开发测试环境，则在正式通过 Minishift 安装使用 OpenShift 之前，需要对 Linux 系统环境进行配置准备，包括 docker-machine 和 docker-machine-driver-kvm⊖二进制文件包的下载安装，最后下载 Minishift 安装包后，即可

　⊖　https://github.com/dhiltgen/docker-machine-kvm#quick-start-instructions.

通过 Minishift 命令启动 OpenShift 单机集群，具体操作步骤如下。

因为基于 Minishift 的 OpenShift 集群部署，首先会在宿主机上启动一台虚拟机，并在虚拟机中部署 OpenShift 单机集群，因此我们需要在 Linux 宿主机系统中安装与虚拟机和虚拟网络相关的软件包（本节采用的是 RHEL/CentOS 系统）。

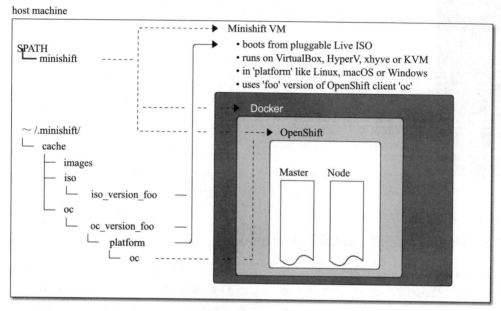

图 3-4　Minishift 架构

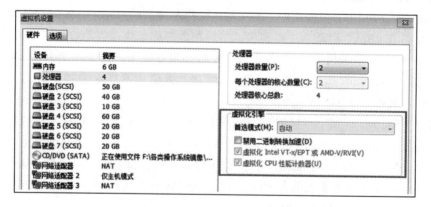

图 3-5　VMware workstations 虚拟机处理器设置

```
yum install -y libvirt qemu dnsmasq ebtables
```

然后，启动 libvirtd 进程。

```
systemctl start libvirtd
```

```
systemctl enable libvirtd
```

配置 libvirt 网络，启动 default 网络，同时将其设置为自动启动。

```
virsh net-start default
virsh net-autostart default
```

Minishift 使用 docker-machine 和 docker-machine-driver-kvm 来管理虚拟机。因此，需要在我们的系统环境中安装 docker-machine 和 docker-machine-driver-kvm 命令行工具。

```
// 安装 docker-machine
curl -L https://github.com/docker/machine/releases/download\
/v0.16.1/docker-machine-`uname -s`-`uname -m` >/tmp/docker-machine &&
chmod +x /tmp/docker-machine &&
sudo cp /tmp/docker-machine /usr/local/bin/docker-machine

// 安装 docker-machine-driver-kvm
curl -L https://github.com/dhiltgen/docker-machine-kvm \
/releases/download/v0.10.0/docker-machine-driver-kvm-centos7 >  \
/usr/local/bin/docker-machine-driver-kvm
chmod +x /usr/local/bin/docker-machine-driver-kvm
```

至此，Minishift 使用前的准备工作已全部完成。现在即可前往 Minishift 发行网站⊖，下载对应系统版本的归档文件发行包，如 minishift-1.34.1-linux-amd64.tgz，并将其解压到相应目录下，然后将该目录添加到 PATH 系统环境变量中，即可使用 Minishift 命令行工具。下述命令中，我们采用默认参数启动 Minishift 命令行。

```
 [root@kolla-docker ~]# minishift start
-- Starting profile 'minishift'
-- Check if deprecated options are used ... OK
-- Checking if https://github.com is reachable ... OK
-- Checking if requested OpenShift version 'v3.11.0' is valid ... OK
-- Checking if requested OpenShift version 'v3.11.0' is supported .. OK
-- Checking if requested hypervisor'kvm'issupported onthisplatform.. OK
-- Checking if KVM driver is installed ...
   Driver is available at /usr/local/bin/docker-machine-driver-kvm ...
   Checking driver binary is executable ... OK
-- Checking if Libvirt is installed ... OK
-- Checking if Libvirt default network is present ... OK
-- Checking if Libvirt default network is active ... OK
-- Checking the ISO URL ... OK
-- Checking if provided oc flags are supported ... OK
```

⊖　https://github.com/minishift/minishift/releases.

```
-- Starting the OpenShift cluster using 'kvm' hypervisor ...
-- Starting Minishift VM ........................ OK
-- Checking for IP address ... OK
-- Checking for nameservers ... OK
-- Checking if external host is reachable from the Minishift VM ...
   Pinging 8.8.8.8 ... OK
-- Checking HTTP connectivity from the VM ...
......
```

在执行上述命令前，请确保能够访问互联网，因为 Minishift 命令行工具会自动下载虚机 ISO 镜像以及 OpenShift 容器镜像，然后启动虚拟机并在虚机中启动 OpenShift 集群。因此上述命令的执行需要等待一段时间，执行成功后将会返回 OpenShift 集群信息。

```
[root@kolla-docker ~]# minishift start
......
  OpenShift server started.
  The server is accessible via web console at:
    https:// 192.168.42.178:8443

  You are logged in as:
    User:      developer
    Password: developer

  To login as administrator:
    oc login -u system:admin
```

通过返回的集群信息，即可登录访问 OpenShift 集群。此外，在 Linux 系统中上述命令默认使用 KVM 虚拟化引擎启动虚机，如果需要使用其他虚拟化引擎，比如 VirtualBox，则可以通过 --vm-driver（minishift start --vm-driver=virtualbox）参数指定特定的虚拟化引擎来实现。通过 Minishift 启动 OpenShift 集群后，即可进行应用构建、部署和 DevOps 等功能测试，以及开展 Istio 微服务和 Knative 无服务器计算等新一代软件架构应用验证。

3.3 OpenShift 集群生产环境自动部署

3.3.1 OpenShift 集群部署介绍

前面我们介绍了 OpenShift 集群安装部署前的规划准备工作，以及如何快速简单地部署 OpenShift 开发测试环境。就 OpenShift 安装部署而言，OpenShift3.9 版本以前官方推荐的安装方式分为快速安装（Quick Installation）⊖和高级安装（Advanced Installation）⊖，但

⊖ https://docs.okd.io/3.9/install_config/install/quick_install.html.
⊖ https://docs.okd.io/3.9/install_config/install/advanced_install.html.

是在 OpenShift 3.10 版本之后，官方社区仅推荐高级安装，因为快速安装方式仅适用于功能验证和体验等测试开发环境，而高级安装具有极大的灵活性，不仅可以满足开发测试环境，还可满足高可用生产环境。因此，对于生产环境而言，高级安装将是我们唯一推荐的 OpenShift 集群安装部署方式。

在 OpenShift 的高级安装中，采用的是 Ansible 来进行安装配置管理，通过 Ansible Playbooks 的方式来实现 OpenShift 集群各个组件的自动安装。对于熟悉 Ansible 的 OpenShift 用户，也可以利用 Ansible 来实现 OpenShift 集群的自定义安装（请参阅 3.2.2 节），对于不熟悉 Ansible 的用户，可以参考 OpenShift 社区专门用于 OpenShift 高级安装的开源项目 OpenShift-Ansible ⊖，该项目实现了 OpenShift 集群在裸机和主流 IaaS 基础设施上的全部集群功能自动化部署，同时还实现了在 AWS、Azure、GCP、OpenStack 等主流云平台上 IaaS 资源的自动供给，通过 OpenShift-Ansible 项目，用户只需拥有一个云平台账户，即可自动实现 IaaS 和 OpenShift PaaS 平台的一键部署。

在安装方式上，官方社区提供了云安装、RPM 包安装和容器化安装 3 种方式。所谓云安装，就是通过 Ansible Playbooks 自动实现云主机、虚拟网络和云存储等 IaaS 资源的供给和环境自动初始化，并一气呵成自动化实现 OpenShift 集群的安装，这是一种"从 0 到 1"的全自动 OpenShift 集群安装部署方式，是基于云原生的全自动化实现，目前社区已经支持的云平台包括 AWS、GCP、Azure、vSphere、OpenStack，此外，OpenShift 4.1 中还将支持阿里云。而 RPM 包安装则是最常见、使用最多的安装方式，即在系统中以 RPM 包的方式安装 Ansible 及其依赖包，然后通过 ansible-playbook 命令行实现 OpenShift 集群安装。容器化安装则有 Docker 容器和系统容器两种方式，系统容器仅适用于 RedHat 的 Atomic 主机，Docker 容器则适用于全部可运行 Docker 进程的主机，容器化安装方式就是将 Ansible 及其依赖全部封装到容器镜像中（openshift/origin-ansible），而不是将其直接安装到主机系统上，其与 RPM 包安装方式唯一不同的是，系统上需要运行一个容器。

OpenShift-Ansible 项目采用模块化的 Playbooks 来安装 OpenShift，因此集群管理员可以根据自身需要选择性地安装特定的功能组件。通过对 Ansible 的 Roles 和 Playbooks 的模块化分解，利用分而治之的思想，用户可以在安装过程中更好地专注于某个功能组件的安装，以便提高对安装过程的控制水平和灵活性。在实际安装过程中，如果用户希望通过一个 Playbook 就实现全部集群功能组件的安装，而不是每次仅运行特定组件的 Playbook，则可使用社区提供的如下 Playbook。

```
~/openshift-ansible/playbooks/deploy_cluster.yml
```

通过 deploy_cluster.yml，就可以实现 OpenShift 集群全部功能的一键安装，但是需要在 Ansible 的清单文件（~/ openshift-ansible/inventory/hosts）中启用各个功能组件的安装，换句话说，清单文件 hosts 包含了各个功能组件是否安装的开关，对于在 hosts 中设置为需要

⊖ https://github.com/openshift/openshift-ansible.

安装的组件，deploy_cluster.yml 就会将需要安装的组件按照先后顺序进行自动安装。当然，如果部署时在 hosts 文件中未启用安装，但是后续又有这个功能需求，就可以单独部署对应该功能的 Playbook，如后续需要安装 Service Catalog 服务，则只需单独运行如下 Playbook 即可。

```
~/openshift-ansible/playbooks/openshift-service-catalog/config.yml
```

如果集群部署规模较大，则对 Ansible 配置文件进行适当优化可以提升集群部署性能。另外，在大规模部署中，建议部署节点与集群节点位于相同 LAN 中，同时部署节点与集群节点一定要独立分隔开来，不要合在一起共用同一个节点。Ansible 配置文件的最佳实践参考如下：

```
# more /etc/ansible/ansible.cfg
# config file for ansible -- http://ansible.com/
# ================================================
[defaults]
forks = 20    #fork 为 20 比较理想，再调大可能会导致部署失败
host_key_checking = False
remote_user = root
roles_path = roles/
gathering = smart
fact_caching = jsonfile
fact_caching_connection = $HOME/ansible/facts
fact_caching_timeout = 600
log_path = $HOME/ansible.log
nocows = 1
callback_whitelist = profile_tasks

[privilege_escalation]
become = False

[ssh_connection]
ssh_args = -o ControlMaster=auto -o ControlPersist=600s -o
           ServerAliveInterval=60
control_path = %(directory)s/%%h-%%r
# pipelining 能减少控制与目标节点之间的连接，有助于提升部署性能
pipelining = True
timeout = 10
```

在实际部署过程中，可能会发生部署失败的情况。如果部署失败，Ansible 会返回错误信息并告知具体在部署中的哪一个阶段出现了问题。此时，可以全部卸载并推翻之前的工作，然后重新开始部署，或者找到导致部署失败的原因并进行修复，然后从部署失败的

Playbook 处重新继续部署。

3.3.2　OpenShift 集群自动部署配置

　　OpenShift 的高级部署采用 Ansible 来实现，社区为了简化用户工作量，已经开源基于 Ansible 的 OpenShift 部署项目 OpenShift-Ansible。对于终端用户而言，OpenShift-Ansible 项目最重要的，或者说是需要用户根据自己的生产环境进行自定义修改的，就是 Ansible 的清单文件（~/ openshift-ansible/inventory/hosts），hosts 文件控制了 OpenShift 集群的部署过程，以及集群最终的呈现效果。这一点也适用于任何基于 Ansible 的开源项目。换句话说，hosts 文件是基于 Aansible 的开源项目中用户最需要关注的地方，一旦该文件配置完成，即可通过 Ansible 强大的功能实现目标项目的一键部署。

　　本节中，我们将以生产环境部署的最小需求，即 3 个 Masters 节点，2 个 Infra 节点，2 个计算节点，1 个 API 服务负载均衡节点[⊖]，来分析讲解 OpenShift-Ansible 项目的 hosts 文件。从某种意义上讲，理解了 hosts 文件，就基本上掌握了 OpenShift 的部署。hosts 文件的配置讲解如下：

```
//3 个 Master 节点
[masters]
ose3-master[1:3].test.example.com
//3 个 etcd 节点，部署在 3 个 Master 节点上 (也可以部署在 3 个独立节点上)
[etcd]
ose3-master[1:3].test.example.com
// 集群所有节点，包括 Master、Infra 和 Node 节点；Route 和 Registry 将通过 Lables 自动部署在
Infra 节点上，用于应用 Pod 会部署到 Compute 节点上。
[nodes]
ose3-master[1:3].test.example.com
ose3-infra[1:2].test.example.com openshift_node_group_name="node-config-infra"
ose3-node[1:2].test.example.com openshift_node_group_name="node-config-compute"
// 1 个 NFS 存储节点，部署在 master1 节点上 (也可以部署在独立节点上)
[nfs]
ose3-master1.test.example.com
//API 服务负载均衡节点
[lb]
ose3-lb.test.example.com
// 创建 OSEv3 组，包含全部节点组
[OSEv3:children]
masters
nodes
etcd
```

⊖　生产环境中，建议采用具备高可用性的外部负载均衡器解决方案。

```
    lb
    nfs
//**********************************************//
    以下配置段设置通用或必需的配置变量
//**********************************************//
[OSEv3:vars]
ansible_user=root
// 指定部署类型，有效值是 origin（开源）和 openshift-enterprise（企业版）
openshift_deployment_type=origin
#openshift_deployment_type=openshift-enterprise
// 设置希望部署的 OpenShift 发行版本号，这将影响到容器镜像的 Tag 或者 rpm 包的版本号
openshift_release="3.11"
// 设置导出路由时的默认域名，你的 DNS 节点上应该配置通配符解析条目
（如：*.apps.test.example.com），且该条目要能解析到集群中运行路由的 Infra 节点
openshift_master_default_subdomain=apps.test.example.com
// 设置负载均衡器要指向的集群主机名
openshift_master_cluster_hostname=ose3-lb.test.example.com


//**********************************************//
    以下配置段设置额外的配置变量
//**********************************************//
// 所有 OpenShift 组件的调试级别
debug_level=2
// 设置精确的容器镜像 Tag，如果已有其他版本在运行，则修改此值将触发集群升级
openshift_image_tag=v3.11.0
// 设置精确的 RPM 包版本号，如果已有其他版本在运行，则修改此值将触发集群升级
openshift_pkg_version=-3.11.0
// 部署完成后是否自动导入 OpenShift 社区的示例镜像流和模板
openshift_install_examples=true
// 配置自定义 Console 中的 logout 的 URL
openshift_master_logout_url=http://warrior.openshift.com


// 指定要配置或升级的目标 Docker 版本（降级 Docker 是不被允许的）
 docker_version="1.12.1"
// 设置是否允许 SELinux，默认值是 True
#openshift_docker_selinux_enabled=False
//OpenShift 升级期间，不升级 Docker
 docker_upgrade=False
// 设置初始化期间 Node 节点上需要被格式化硬盘和 Mount 的目录
container_runtime_extra_storage='[{"device":"/dev/vdc","path":"/var/lib/origin/
openshift.local.volumes","filesystem":"xfs","options":"gquota"}]'
//OpenShift 集群镜像仓库配置
# 企业版默认的镜像仓库是：
```

```
'registry.redhat.io/openshift3/ose-${component}:${version}'
# 社区版默认的镜像仓库是:
'docker.io/openshift/origin-${component}:${version}'
// 设置集群内部 Registry
oreg_url=docker.io/openshift/origin-${component}:${version}'
// 自定义了 oreg_url 后, 需要设置镜像流指向自定义的 Registry
openshift_examples_modify_imagestreams=true
// 添加不安全的或者阻止使用的 Registry
#openshift_docker_insecure_registries=registry.example.com
#openshift_docker_blocked_registries=registry.hacker.com
// 如果 oreg_url 指向的 Registry 需要用户密码, 则在此处设置
#oreg_auth_user=some_user
#oreg_auth_password='my-pass'

// 设置 etcd 的镜像名称 (社区版本中 etcd 的镜像名称需要单独设置)
osm_etcd_image=docker.io/rhel7/etcd

// htpasswd 授权认证设置
openshift_master_identity_providers=[{'name': 'allow_all', 'login': 'true',
'challenge': 'true', 'kind': 'AllowAllPasswordIdentityProvider'}]

// 启用 Cockpit
osm_use_cockpit=true
// 设置 Cockpit 插件
osm_cockpit_plugins=['cockpit-kubernetes']

// 集群原生高可用配置, 如果没有 lb 组, 则集群认为负载均衡已事先配置, 这里的参数
//openshift_master_cluster_hostname 必须指向负载均衡器节点
openshift_master_cluster_hostname=ose3-lb.test.example.com

//Route 副本数 (两个 Infra 节点, 可以设置两个副本)
openshift_hosted_router_replicas=2

// OpenShift 集群 Registry 控制台设置
openshift_cockpit_deployer_prefix= cockpit/
openshift_cockpit_deployer_basename=warrior-console
openshift_cockpit_deployer_version=1.4.1
//OpenShift Registry 永久存储设置
openshift_hosted_registry_storage_kind=nfs
openshift_hosted_registry_storage_access_modes=['ReadWriteMany']
openshift_hosted_registry_storage_nfs_directory=/exports
openshift_hosted_registry_storage_nfs_options='*(rw,root_squash)'
openshift_hosted_registry_storage_volume_name=registry
```

```
openshift_hosted_registry_storage_volume_size=10Gi

// 集群 Metrics 部署配置。默认不会自动部署 Metrics，因此需要手动指定
openshift_metrics_install_metrics=true
openshift_metrics_server_install=true
//Metrics 存储配置
openshift_metrics_storage_kind=nfs
openshift_metrics_storage_access_modes=['ReadWriteOnce']
openshift_metrics_storage_nfs_directory=/exports
openshift_metrics_storage_nfs_options='*(rw,root_squash)'
openshift_metrics_storage_volume_name=metrics
openshift_metrics_storage_volume_size=10Gi
openshift_metrics_storage_labels={'storage': 'metrics'}

// 集群监控部署。集群监控默认会自动部署，如果不需要监控，设置为 false
# openshift_cluster_monitoring_operator_install=false
 openshift_cluster_monitoring_operator_prometheus_storage_capacity="50Gi"
 openshift_cluster_monitoring_operator_alertmanager_storage_capacity="2Gi"

// 日志部署。默认不会自动部署日志组件，设置 true 启用集群日志功能
openshift_logging_install_logging=true
// 日志存储配置
openshift_logging_storage_kind=nfs
openshift_logging_storage_access_modes=['ReadWriteOnce']
openshift_logging_storage_nfs_directory=/exports
openshift_logging_storage_nfs_options='*(rw,root_squash)'
openshift_logging_storage_volume_name=logging
openshift_logging_storage_volume_size=10Gi
openshift_logging_storage_labels={'storage': 'logging'}

// Prometheus 部署。默认不会自动部署 Prometheus，设置为 true 启用 Prometheus
openshift_hosted_prometheus_deploy=true
// Prometheus 存储配置。配置使用 PVC 永久存储
openshift_prometheus_storage_type=pvc
openshift_prometheus_alertmanager_storage_type=pvc
openshift_prometheus_alertbuffer_storage_type=pvc

// Grafana 部署，需要预先部署 Prometheus
openshift_hosted_grafana_deploy=true

// 启用 Service Catalog
openshift_enable_service_catalog=true
```

```
// 启用 template service broker，需要预先启用 Service Catalog
template_service_broker_install=true
```

利用上述 hosts 文件，将会自动部署 OpenShift 核心组件，同时还将部署 Route、Registry、Prometheus、Grafana、Metrics、ServiceCatalog 和 TemplateServiceBroker 等组件。另外，上述服务组件的存储都通过 NFS 以持久存储方式提供，更详细的 hosts 文件配置请参考 OpenShift 社区官方文档[⊖]。

3.3.3　OpenShift 集群在线自动部署

借助 Ansible 简单强大的功能，OpenShift 已基本实现了全自动部署。上一节中，我们已定义了 Ansible 的清单文件 ~/openshift-ansible/inventory/hosts。对于 Ansible 项目而言，只要清单文件已确定，则部署仅是一个命令行的事情。

（1）RPM 包安装方式

首先，需要确保部署节点上已安装 Ansible 2.6.2 或以上版本，然后将 openshift-ansible 项目克隆到部署节点本地目录。

```
[root@os311 ~]# git clone -b release-3.11 \
https://github.com/openshift/openshift-ansible
```

参考 3.3.2 节的内容修改 openshift-ansible/inventory/hosts 文件并保存，然后分两个步骤来部署 OpenShift 集群：第一步，部署 prerequisites.yml 文件，主要用于安装配置相应的软件和容器运行时；第二步，部署 deploy_cluster.yml 文件，这是 OpenShift 集群部署的主 Playbook 文件。

```
[root@os311 ~]# cd openshift-ansible
[root@os311 ~]# ansible-playbook -i inventory/hosts \
              playbooks/prerequisites.yml
[root@os311 ~]# ansible-playbook -i inventory/hosts \
              playbooks/deploy_cluster.yml
```

（2）容器安装方式

首先，需要确保安装节点上 Docker 容器引擎正常运行，确保本地目录中已有 openshift/origin-ansible:v3.11 镜像，然后将 openshift-ansible 项目克隆到部署节点本地目录。

```
[root@os311 ~]# git clone -b release-3.11 \
https://github.com/openshift/openshift-ansible
```

容器安装方式严格意义上不再需要 openshift-ansible 项目代码，因为其已被封装到 openshift/origin-ansible:v3.11 镜像中。这里克隆 openshift-ansible 项目主要是利用其中的

---

hosts 文件，因为容器化安装时，需要把自定义后的 hosts 文件传递到容器中。参考 3.3.2 节
的内容修改 openshift-ansible/inventory/hosts 文件并保存，然后分两个步骤来部署 OpenShift
集群。第一步，部署 prerequisites.yml 文件，主要用于安装配置相应的软件和容器运行时；
第二步，部署 deploy_cluster.yml 文件，这是 OpenShift 集群部署的主 Playbook 文件。

```
// 如下命令使用可以访问 Docker 的非 root 账户执行
[warrior@os311 ~]$ docker run -t -u `id -u` \
    -v $HOME/.ssh/id_rsa:/opt/app-root/src/.ssh/id_rsa:Z \
    -v $HOME/openshift-ansible/inventory/hosts:/tmp/inventory:Z \
    -e INVENTORY_FILE= /tmp/inventory \
    -e PLAYBOOK_FILE= playbooks/prerequisites.yml \
    -e OPTS="-v" \
    docker.io/openshift/origin-ansible:v3.11

[warrior@os311 ~]$ docker run -t -u `id -u` \
    -v $HOME/.ssh/id_rsa:/opt/app-root/src/.ssh/id_rsa:Z \
    -v $HOME/openshift-ansible/inventory/hosts:/tmp/inventory:Z \
    -e INVENTORY_FILE= /tmp/inventory \
    -e PLAYBOOK_FILE= playbooks/deploy_cluster.yml \
    -e OPTS="-v" \
    docker.io/openshift/origin-ansible:v3.11
```

上述两条部署命令中，通过 -v $HOME/openshift-ansible/inventory/hosts:/tmp/inventory:Z
和 -e INVENTORY_FILE= /tmp/inventory 两个参数，将本地修改保存后的 hosts 文件挂载到
部署容器中，再通过 -e PLAYBOOK_FILE= playbooks/prerequisites.yml 和 -e PLAYBOOK_
FILE= playbooks/deploy_cluster.yml 参数，利用容器内部的 prerequisites.yml 和 deploy_
cluster.yml 文件部署 OpenShift 集群。

前文中我们提到过，OpenShift 的部署 Playbook 是模块化的，通过 deploy_cluster.yml
可以一次性部署全部 Playbook，但是也可以按照特定顺序分模块独立部署，表 3-9 即按照
特定先后部署顺序列出的 OpenShift 部署 Playbook 模块，用户可以对照表 3-9 核实哪些功
能组件已经部署在集群中，哪些组件还未部署，如果需要部署，只需将上述部署命令中的
deploy_cluster.yml 参数替换为相应的 Playbook 文件即可。

表 3-9 OpenShift 按顺序部署独立组件 Playbook

功能组件 Playbook 名称	Playbook 文件在 OpenShift-Ansible 项目中的位置
Health Check	~/openshift-ansible/playbooks/openshift-checks/pre-install.yml
Node Bootstrap	~/openshift-ansible/playbooks/openshift-node/bootstrap.yml
etcd Install	~/openshift-ansible/playbooks/openshift-etcd/config.yml
NFS Install	~/openshift-ansible/playbooks/openshift-nfs/config.yml
Load Balancer Install	~/openshift-ansible/playbooks/openshift-loadbalancer/config.yml

（续）

功能组件 Playbook 名称	Playbook 文件在 OpenShift-Ansible 项目中的位置
Master Install	~/openshift-ansible/playbooks/openshift-master/config.yml
Master Additional Install	~/openshift-ansible/playbooks/openshift-master/additional_config.yml
Node Join	~/openshift-ansible/playbooks/openshift-node/join.yml
GlusterFS Install	~/openshift-ansible/playbooks/openshift-glusterfs/config.yml
Hosted Install	~/openshift-ansible/playbooks/openshift-hosted/config.yml
Monitoring Install	~/openshift-ansible/playbooks/openshift-monitoring/config.yml
Web Console Install	~/openshift-ansible/playbooks/openshift-web-console/config.yml
Admin Console Install	~/openshift-ansible/playbooks/openshift-console/config.yml
Metrics Install	~/openshift-ansible/playbooks/openshift-metrics/config.yml
metrics-server	~/openshift-ansible/playbooks/metrics-server/config.yml
Logging Install	~/openshift-ansible/playbooks/openshift-logging/config.yml
Availability Monitoring Install	~/openshift-ansible/playbooks/openshift-monitor-availability/config.yml
Service Catalog Install	~/openshift-ansible/playbooks/openshift-service-catalog/config.yml
Management Install	~/openshift-ansible/playbooks/openshift-management/config.yml
Descheduler Install	~/openshift-ansible/playbooks/openshift-descheduler/config.yml
Node Problem Detector Install	~/openshift-ansible/playbooks/openshift-node-problem-detector/config.yml
Autoheal Install	~/openshift-ansible/playbooks/openshift-autoheal/config.yml
Operator Lifecycle Manager（OLM）Install（Technology Preview）	~/openshift-ansible/playbooks/olm/config.yml

OpenShift 集群部署完成后，可以进行简单的验证。首先，可以验证 Master 是否已经启动，是否所有 Node 都已全部注册并报告 Ready 状态。在 Master 节点上，执行如下命令。

```
# oc get nodes
NAME                          STATUS   ROLES     AGE   VERSION
ose-master1.test.example.com  Ready    master    10h   v1.11.0+d4cacc0
ose-master2.test.example.com  Ready    master    10h   v1.11.0+d4cacc0
ose-master3.test.example.com  Ready    master    10h   v1.11.0+d4cacc0
ose-node1.test.example.com    Ready    compute   10h   v1.11.0+d4cacc0
ose-node2.test.example.com    Ready    compute   10h   v1.11.0+d4cacc0
ose-infra1.test.example.com   Ready    infra     10h   v1.11.0+d4cacc0
ose-infra2.test.example.com   Ready    infra     10h   v1.11.0+d4cacc0
```

如果看到与上述结果类似的输出，则说明 OpenShift 集群已正常运行。另外，还可以通过 OpenShift 的 Web 控制台来交互式验证 OpenShift 集群功能。对于一个新部署的 OpenShift 集群，可以通过 Master 主机名和默认的 8443 端口来访问 OpenShift Web 控制台，如 Master 主机名为 " ose1-master.test.example.com"，安装过程中未修改默认的 8443 端口，则访问地址为 https://ose1-master.test.example.com:8443/console，访问结果如图 3-6 所示。

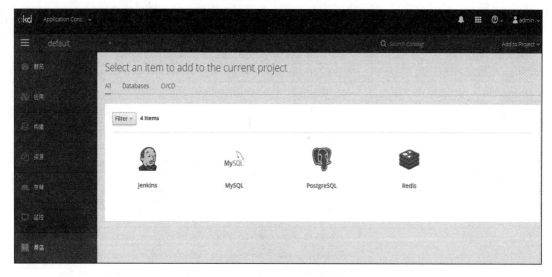

图 3-6　OpenShift Web 访问登录后界面

3.3.4　OpenShift 集群离线自动部署

在大多数时候，企业数据中心与 Internet 是完全隔离的，因此 OpenShift 集群在此类环境下将无法实现在线安装，必须通过离线方式才能进行。就目前而言，OpenShift 社区版并没有提供离线安装的官方文档，但是企业版提供了离线安装的详细介绍，就 OpenShift 安装部署而言，社区版与企业版的区别在于，企业版提供了更多的服务组件镜像，且镜像名称与社区版稍有不同，但是 OpenShift 集群的部署过程完全类似，因此我们完全可以参考企业版的离线安装方式来进行社区版的离线安装。社区版与企业版在安装过程中的几个主要区别可以归结如下：

1）社区版的镜像仓库为 docker.io，企业版的镜像仓库为 registry.redhat.io，企业版默认的镜像名称形式如 "registry.redhat.io/openshift3/ose-${component}:${version}"，社区版默认的镜像名称形式如 "docker.io/openshift/origin-${component}:${version}"。以 web-console 服务组件为例，社区版的镜像名称为 "docker.io/openshift/origin-web-console:v3.11"，而企业版的镜像名称为 "registry.redhat.io/openshift3/ose-web-console:v3.11.16"。另外，企业版需要用户购买订阅服务。

2）社区版和企业版的部署类型不同。社区版和企业版部署类型在 Ansible 的清单文件 openshift-ansible/inventory/hosts 中设置。

```
// 社区版部署类型
openshift_deployment_type=origin
// 企业版部署设置
openshift_deployment_type=openshift-enterprise
```

因此，没有购买 RedHat 订阅服务的用户如果也需要实现离线部署，只需参考本节中介绍的企业版离线部署方案，替换相应的 OpenShift 服务组件镜像名称即可，其他所有离线部署的原理和操作流程基本一致。事实上，离线部署的思想很简单，只需准备一台有充足存储空间、可以访问外网的服务器，将相关的 RPM 包 yum 源仓库同步到本地，再将需要的 Docker 镜像 Pull 到本地，然后将本地 yum 源仓库和容器镜像拷贝到离线集群中，配置离线集群节点访问本地 yum 源和本地镜像仓库，即可实现离线自动化部署。按照这个思路，离线部署的具体操作步骤如下。

1. 同步 yum 源至本地

以企业版为例，离线安装过程中，我们需要同步到本地的 yum 源仓库包括 rhel-7-server-rpms、rhel-7-server-extras-rpms、rhel-7-server-ansible-2.6-rpms 和 rhel-7-server-ose-3.11-rpms，通过如下代码段，即可自动将上述 yum 仓库同步到本地，然后再通过 createrepo 命令创建本地 yum 源仓库。

```
# for repo in \
rhel-7-server-rpms \
rhel-7-server-extras-rpms \
rhel-7-server-ansible-2.6-rpms \
rhel-7-server-ose-3.11-rpms
do
  reposync --gpgcheck -lm --repoid=${repo} \
  --download_path=/data/repos
  createrepo -v /data/repos/${repo} -o /data/repos/${repo}
done
```

对于社区版本，通常基于 CentOS 来部署，此时需要同步到本地的 yum 源仓库包括 base、updates、extras、epel 和 paas，其中 pass 仓库中就包含了各个 OpenShift 版本的 RPM 软件安装包。这里需要注意的是，我们在这台 yum 源同步服务器上创建了本地 yum 源，因此需要确保我们的离线集群节点可以访问该节点，否则需要将同步到本地的 RPM 包拷贝到离线集群可以访问的服务器上，并在其上创建本地 yum 源。

2. 同步容器镜像至本地

对于企业版⊖，OpenShift 容器镜像位于 RedHat 官方镜像仓库 registry.redhat.io 中。首先，将 OpenShift 核心基础组件镜像 Pull 到本地。

```
$ docker pull registry.redhat.io/openshift3/apb-base:<tag>
$ docker pull registry.redhat.io/openshift3/apb-tools:<tag>
$ docker pull registry.redhat.io/openshift3/automation-broker-apb:<tag>
```

⊖ 对于社区版，只需将企业版镜像名称替换成社区版名称即可，但是社区并没有提供与企业版完全对应的组件镜像。

```
$ docker pull registry.redhat.io/openshift3/csi-attacher:<tag>
$ docker pull registry.redhat.io/openshift3/csi-driver-registrar:<tag>
$ docker pull registry.redhat.io/openshift3/csi-livenessprobe:<tag>
$ docker pull registry.redhat.io/openshift3/csi-provisioner:<tag>
$ docker pull registry.redhat.io/openshift3/grafana:<tag>
$ docker pull registry.redhat.io/openshift3/local-storage-provisioner:<tag>
$ docker pull registry.redhat.io/openshift3/manila-provisioner:<tag>
$ docker pull registry.redhat.io/openshift3/mariadb-apb:<tag>
$ docker pull registry.redhat.io/openshift3/mediawiki:<tag>
$ docker pull registry.redhat.io/openshift3/mediawiki-apb:<tag>
$ docker pull registry.redhat.io/openshift3/mysql-apb:<tag>
$ docker pull registry.redhat.io/openshift3/ose-ansible-service-broker:<tag>
$ docker pull registry.redhat.io/openshift3/ose-cli:<tag>
$ docker pull registry.redhat.io/openshift3/ose-cluster-autoscaler:<tag>
$ docker pull registry.redhat.io/openshift3/ose-cluster-capacity:<tag>
$ docker pull registry.redhat.io/openshift3/ose-cluster-monitoring-operator:<tag>
$ docker pull registry.redhat.io/openshift3/ose-console:<tag>
$ docker pull registry.redhat.io/openshift3/ose-configmap-reloader:<tag>
$ docker pull registry.redhat.io/openshift3/ose-control-plane:<tag>
$ docker pull registry.redhat.io/openshift3/ose-deployer:<tag>
$ docker pull registry.redhat.io/openshift3/ose-descheduler:<tag>
$ docker pull registry.redhat.io/openshift3/ose-docker-builder:<tag>
$ docker pull registry.redhat.io/openshift3/ose-docker-registry:<tag>
$ docker pull registry.redhat.io/openshift3/ose-efs-provisioner:<tag>
$ docker pull registry.redhat.io/openshift3/ose-egress-dns-proxy:<tag>
$ docker pull registry.redhat.io/openshift3/ose-egress-http-proxy:<tag>
$ docker pull registry.redhat.io/openshift3/ose-egress-router:<tag>
$ docker pull registry.redhat.io/openshift3/ose-haproxy-router:<tag>
$ docker pull registry.redhat.io/openshift3/ose-hyperkube:<tag>
$ docker pull registry.redhat.io/openshift3/ose-hypershift:<tag>
$ docker pull registry.redhat.io/openshift3/ose-keepalived-ipfailover:<tag>
$ docker pull registry.redhat.io/openshift3/ose-kube-rbac-proxy:<tag>
$ docker pull registry.redhat.io/openshift3/ose-kube-state-metrics:<tag>
$ docker pull registry.redhat.io/openshift3/ose-metrics-server:<tag>
$ docker pull registry.redhat.io/openshift3/ose-node:<tag>
$ docker pull registry.redhat.io/openshift3/ose-node-problem-detector:<tag>
$ docker pull registry.redhat.io/openshift3/ose-operator-lifecycle-manager:<tag>
$ docker pull registry.redhat.io/openshift3/ose-ovn-kubernetes:<tag>
$ docker pull registry.redhat.io/openshift3/ose-pod:<tag>
$ docker pull registry.redhat.io/openshift3/ose-prometheus-config-reloader:<tag>
$ docker pull registry.redhat.io/openshift3/ose-prometheus-operator:<tag>
$ docker pull registry.redhat.io/openshift3/ose-recycler:<tag>
$ docker pull registry.redhat.io/openshift3/ose-service-catalog:<tag>
```

```
$ docker pull registry.redhat.io/openshift3/ose-template-service-broker:<tag>
$ docker pull registry.redhat.io/openshift3/ose-tests:<tag>
$ docker pull registry.redhat.io/openshift3/ose-web-console:<tag>
$ docker pull registry.redhat.io/openshift3/postgresql-apb:<tag>
$ docker pull registry.redhat.io/openshift3/registry-console:<tag>
$ docker pull registry.redhat.io/openshift3/snapshot-controller:<tag>
$ docker pull registry.redhat.io/openshift3/snapshot-provisioner:<tag>
$ docker pull registry.redhat.io/rhel7/etcd:3.2.22
$ docker pull registry.redhat.io/openshift3/ose-efs-provisioner:<tag>
```

在实际操作过程中，将 <tag> 替换成具体的版本号即可，如 v3.11.16。为了部署 Metrics、Logging 等可选组件，需要将 OpenShift 可选服务组件镜像同步至本地。

```
$ docker pull registry.redhat.io/openshift3/metrics-cassandra:<tag>
$ docker pull registry.redhat.io/openshift3/metrics-hawkular-metrics:<tag>
$ docker pull registry.redhat.io/openshift3/metrics-hawkular-openshift-agent:<tag>
$ docker pull registry.redhat.io/openshift3/metrics-heapster:<tag>
$ docker pull registry.redhat.io/openshift3/metrics-schema-installer:<tag>
$ docker pull registry.redhat.io/openshift3/oauth-proxy:<tag>
$ docker pull registry.redhat.io/openshift3/ose-logging-curator5:<tag>
$ docker pull registry.redhat.io/openshift3/ose-logging-elasticsearch5:<tag>
$ docker pull registry.redhat.io/openshift3/ose-logging-eventrouter:<tag>
$ docker pull registry.redhat.io/openshift3/ose-logging-fluentd:<tag>
$ docker pull registry.redhat.io/openshift3/ose-logging-kibana5:<tag>
$ docker pull registry.redhat.io/openshift3/prometheus:<tag>
$ docker pull registry.redhat.io/openshift3/prometheus-alertmanager:<tag>
$ docker pull registry.redhat.io/openshift3/prometheus-node-exporter:<tag>
$ docker pull registry.redhat.io/cloudforms46/cfme-openshift-postgresql
$ docker pull registry.redhat.io/cloudforms46/cfme-openshift-memcached
$ docker pull registry.redhat.io/cloudforms46/cfme-openshift-app-ui
$ docker pull registry.redhat.io/cloudforms46/cfme-openshift-app
$ docker pull registry.redhat.io/cloudforms46/cfme-openshift-embedded-ansible
$ docker pull registry.redhat.io/cloudforms46/cfme-openshift-httpd
$ docker pull registry.redhat.io/cloudforms46/cfme-httpd-configmap-generator
$ docker pull registry.redhat.io/rhgs3/rhgs-server-rhel7
$ docker pull registry.redhat.io/rhgs3/rhgs-volmanager-rhel7
$ docker pull registry.redhat.io/rhgs3/rhgs-gluster-block-prov-rhel7
$ docker pull registry.redhat.io/rhgs3/rhgs-s3-server-rhel7
```

在实际操作过程中，将 <tag> 替换成具体的版本号即可，如 v3.11.16。因为在离线环境下，S2I 构建镜像也必须是离线可用的，因此我们也需要预先将 S2I 构建镜像同步到本地。

```
$ docker pull registry.redhat.io/jboss-amq-6/amq63-openshift:<tag>
$ docker pull registry.redhat.io/jboss-datagrid-7/datagrid71-openshift:<tag>
```

```
$ docker pull registry.redhat.io/jboss-datagrid-7/datagrid71-client-openshift:<tag>
$ docker pull registry.redhat.io/jboss-datavirt-6/datavirt63-openshift:<tag>
$ docker pull registry.redhat.io/jboss-datavirt-6/datavirt63-driver-openshift:<tag>
$ docker pull registry.redhat.io/jboss-decisionserver-6 \
 /decisionserver64-openshift:<tag>
$ docker pull registry.redhat.io/jboss-processserver-6/processserver64-openshift:<tag>
$ docker pull registry.redhat.io/jboss-eap-6/eap64-openshift:<tag>
$ docker pull registry.redhat.io/jboss-eap-7/eap71-openshift:<tag>
$ docker pull registry.redhat.io/jboss-webserver-3/webserver31-tomcat7-openshift:<tag>
$ docker pull registry.redhat.io/jboss-webserver-3/webserver31-tomcat8-openshift:<tag>
$ docker pull registry.redhat.io/openshift3/jenkins-2-rhel7:<tag>
$ docker pull registry.redhat.io/openshift3/jenkins-agent-maven-35-rhel7:<tag>
$ docker pull registry.redhat.io/openshift3/jenkins-agent-nodejs-8-rhel7:<tag>
$ docker pull registry.redhat.io/openshift3/jenkins-slave-base-rhel7:<tag>
$ docker pull registry.redhat.io/openshift3/jenkins-slave-maven-rhel7:<tag>
$ docker pull registry.redhat.io/openshift3/jenkins-slave-nodejs-rhel7:<tag>
$ docker pull registry.redhat.io/rhscl/mongodb-32-rhel7:<tag>
$ docker pull registry.redhat.io/rhscl/mysql-57-rhel7:<tag>
$ docker pull registry.redhat.io/rhscl/perl-524-rhel7:<tag>
$ docker pull registry.redhat.io/rhscl/php-56-rhel7:<tag>
$ docker pull registry.redhat.io/rhscl/postgresql-95-rhel7:<tag>
$ docker pull registry.redhat.io/rhscl/python-35-rhel7:<tag>
$ docker pull registry.redhat.io/redhat-sso-7/sso70-openshift:<tag>
$ docker pull registry.redhat.io/rhscl/ruby-24-rhel7:<tag>
$ docker pull registry.redhat.io/redhat-openjdk-18/openjdk18-openshift:<tag>
$ docker pull registry.redhat.io/redhat-sso-7/sso71-openshift:<tag>
$ docker pull registry.redhat.io/rhscl/nodejs-6-rhel7:<tag>
$ docker pull registry.redhat.io/rhscl/mariadb-101-rhel7:<tag>
```

3. 导出本地镜像

将需要的镜像同步到本地后，我们需要将其导出到压缩包中，然后拷贝至离线集群中，再将其从压缩包导入 Docker 存储引擎中。在第 2 个步骤中，我们将 OpenShift 镜像分成了 3 个部分进行同步，现在将其分别导出。

```
$ docker save -o ose3-images.tar \
registry.redhat.io/openshift3/apb-base \
registry.redhat.io/openshift3/apb-tools \
registry.redhat.io/openshift3/automation-broker-apb \
......
$ docker save -o ose3-optional-imags.tar \
registry.redhat.io/openshift3/metrics-cassandra \
registry.redhat.io/openshift3/metrics-hawkular-metrics \
registry.redhat.io/openshift3/metrics-hawkular-openshift-agent \
```

```
......
$ docker save -o ose3-builder-images.tar \
registry.redhat.io/openshift3/jenkins-2-rhel7:<tag> \
registry.redhat.io/openshift3/jenkins-slave-base-rhel7:<tag> \
......
```

导出完成后，将 ose3-images.tar、ose3-optional-imags.tar 和 ose3-builder-images.tar 压缩包拷贝至离线集群主机中，然后再将其导入 Docker 存储引擎中。

```
$ docker load -i ose3-images.tar
$ docker load -i ose3-builder-images.tar
$ docker load -i ose3-optional-images.tar
```

4. 配置访问本地 yum 源
本地 yum 源的配置很简单，只需在离线集群中每个节点的 /etc/yum.repos 目录下配置相应的 repos，使其可以访问本地 yum 源服务器即可。

5. Push 镜像到本地 Registry
在离线部署中，我们需要一个本地 Registry，用于存储部署 OpenShift 集群时需要的组件容器镜像。假设本地 Registry 服务地址为 192.168.128.13:4000，则在 Push 镜像到本地 Registry 之前，我们需要对之前导入的全部本地镜像重新 Tag。

```
$ docker tag registry.redhat.io/openshift3/apb-base:v3.11.16 \
192.168.128.13:4000/openshift3/apb-base:v3.11.16
$ docker tag registry.redhat.io/openshift3/apb-tools:v3.11.16 \
192.168.128.13:4000/openshift3/apb-tools:v3.11.16
$ docker pull registry.redhat.io/openshift3/ose-pod:v3.11.16 \
192.168.128.13:4000/openshift3/ose-pod:v3.11.16
......
```

Tag 任务完成后，将全部 Tag 后的镜像 Push 到本地 Registry 中。

```
docker push 192.168.128.13:4000/openshift3/apb-base:v3.11.16
docker push 192.168.128.13:4000/openshift3/apb-tools:v3.11.16
docker push 192.168.128.13:4000/openshift3/ose-pod:v3.11.16
......
```

6. 配置 Ansible 主机文件
截至目前，我们部署 OpenShift 需要的全部镜像已上传至本地 Registry 中。部署前，只需在 Ansible 的清单文件中修改 oreg_url 参数，使其指向本地 Registry，在部署过程中，Ansible 就会自动从本地 Registry 中 Pull 需要的服务组件镜像。

......

```
oreg_url=192.168.128.13:4000/openshift3/ose-${component}:${version}
openshift_examples_modify_imagestreams=true
openshift_docker_insecure_registries=192.168.128.13:4000
......
```

至此，OpenShift 集群离线部署准备工作已经全部完成。现在，只需运行 openshift-ansible 项目中的 deploy_cluster.yml 集群部署 Playbook，即可在离线环境下部署 OpenShift 集群。回顾集群离线部署步骤，其与在线部署唯一的不同是，离线部署需要提前准备好安装 OpenShift 集群需要的 yum 源和容器镜像，并制作离线集群可以访问的本地 yum 源和容器仓库，后续的集群部署过程与在线部署则完全相似。

3.4 OpenShift 集群运维与管理

OpenShift 集群一旦部署完成并变为生产环境后，后续的运行管理、日常维护以及备份恢复等生命周期管理工作就变得极其重要。与开源云计算 OpenStack 类似，OpenShift 也是开源软件的集大成者，除了 Kubernetes 和 Docker，OpenShift 还集成和应用了当前诸多开源软件技术，因此 OpenShift 集群的运维管理和操作本身就是一件非常复杂的事情。受篇幅限制，本节中我们将只重点介绍 OpenShift 集群在运维管理中可能会碰到的常见情况，这些情况对集群管理员而言是非常关键的，如 OpenShift 集群的扩容、版本升级、集群备份和恢复等，其他与 OpenShift 相关的集群管理、操作等内容请参考官方文档⊖。

3.4.1 OpenShift 集群扩容

当 OpenShift 集群运行一段时间后，随着业务需求的增加，可能会出现集群资源不足的情况，尤其是当前 Node 节点提供的计算资源可能不足以支撑新业务的上线需求，集群扩容必然迫在眉睫。OpenShift 优越的架构设计和 DevOps 生命周期管理设计理念，使得集群管理员可以简单优雅地实现 OpenShift 集群扩容的目的。因此，要为 OpenShift 集群扩容新增节点，只需几个简单步骤即可，首先将新增节点主机名加入部署集群时的 Ansible 清单文件中，然后运行 openshift-ansible 项目提供的名为 "scaleup.yml" 的 Playbook 文件。具体的节点扩容过程，可参考以下步骤。

1）编辑 OpenShift 集群高级部署中使用的 Ansible 清单文件，如 ~openshift-ansinble/inventory/hosts，在 [OSEv3:children] 配置段中新增主机组 new_<host_type>，如 new_nodes（新增计算节点）或者 new_matsers（新增 Master 节点）。

```
[OSEv3:children]
  masters
  nodes
```

⊖ https://docs.okd.io/3.11/admin_guide/index.html.

```
etcd
lb
nfs
new_nodes
```

2）在 new_<host_type> 配置段中指定新增主机节点信息，如果是新增 new_nodes，则参考 [nodes] 配置段定义新主机，如果新增 new_master，则参考 [masters] 配置段。

```
//3 个 Master 节点
[masters]
ose3-master[1:3].test.example.com
//3 个 etcd 节点，部署在 3 个 Master 节点上（也可以部署在 3 个独立节点上）
[etcd]
ose3-master[1:3].test.example.com
//Node 节点，Route 和 Registry 将通过 Lables 自动部署在 Infra 节点上
[nodes]
ose3-master[1:3].test.example.com
ose3-infra[1:2].test.example.com openshift_node_group_name="node-config-infra"
ose3-node[1:2].test.example.com openshift_node_group_name="node-config-compute"
// 一个 NFS 存储节点，部署在 master1 节点上（也可以部署在独立节点上）
[nfs]
ose3-master1.test.example.com
//API 服务负载均衡节点
[lb]
ose3-lb.test.example.com
// 新增的主机节点
[new_nodes]
ose3-node3.test.example.com openshift_node_group_name="node-config-compute"
······
```

另外，如果是扩容新增 Master 节点，则需要在 [new_nodes] 和 [new_masters] 中分别定义主机信息，以便新增的 Master 节点能够成为 OpenShift SDN 网络插件中的一部分。

```
······
[new_masters]
ose3-master4.test.example.com
[new_nodes]
ose3-master4.test.example.com
······
```

3）执行 openshift-ansible 项目中的 scaleup.yml 文件对集群进行扩容。Ansible 默认的清单文件目录是 /etc/ansible/hosts，通过 "-i" 参数指定自定义的清单文件（本章中我们使用的清单文件一直是 openshift-ansible/inventory/hosts）。集群扩容命令参考如下。

```
[root@os311 ~]# cd openshift-ansible
// 扩容计算节点（Nodes）
[root@os311 ~]# ansible-playbook -i inventory/hosts \
                playbooks/openshift-node/scaleup.yml
// 扩容 Master 节点
[root@os311 ~]# ansible-playbook -i inventory/hosts \
                playbooks/openshift-master/scaleup.yml
```

4）上述集群扩容 Playbook 执行完成后，参考本章 3.3.3 节的内容对集群进行简单的验证。

5）调整恢复集群部署及扩容使用的清单文件。在上述扩容步骤中，我们在 hosts 文件中新增了节点主机组，为了避免在后续再次使用清单文件时，Ansible 误判主机节点角色，需要将新增主机组中的节点移至对应的主机组中，如 [new_nodes] 中的主机需要移至 [nodes] 组中，而 [new_masters] 中的主机需要移至 [Masters] 组中。以新增 Node 为例，扩容后最终的 hosts 文件如下。

```
......
[nodes]
ose3-master[1:3].test.example.com
ose3-infra[1:2].test.example.com openshift_node_group_name="node-config-infra"
ose3-node[1:2].test.example.com openshift_node_group_name="node-config-compute"
ose3-node3.test.example.com openshift_node_group_name="node-config-compute"

// 一个 NFS 存储节点，部署在 master1 节点上（也可以部署在独立节点上）
[nfs]
ose3-master1.test.example.com
//API 服务负载均衡节点
[lb]
ose3-lb.test.example.com
// 主机节点已被移至 [nodes] 组中，此处留空即可
[new_nodes]
......
```

上述步骤中，我们介绍了扩容 OpenShift 集群 Master 和 Node 节点的操作流程，而在实际操作中，除了 Master 和 Node 节点，可能还需要将 etcd 节点扩容至集群中。实际上，etcd 节点的扩容过程与 Master 和 Node 的扩容过程完全类似，唯一不同的就是 etcd 也有自己专属的扩容 Playbook 文件（playbooks/openshift-etcd/scaleup.yml）。

3.4.2 OpenShift 集群升级

OpenShift 社区在不断演进、加固、吸收和整合行业里出现的最新技术，因此社区也在不断更新发行新版本，当社区发行新版本时，我们可以升级当前版本，以便应用最新的集

群功能并修复已知的问题。OpenShift 天然具备 DevOps 基因，因此不论是集群部署还是升级，都是通过 Ansible 的 Playbooks 自动化实现的。需要注意的是，OpenShift 升级过程中使用到的 Ansible 清单文件（inventory file），必须是部署集群时使用的清单文件，或者最近一次成功升级时使用的清单文件。另外，即使是小版本升级，OpenShift 也必须采取平滑过渡升级方式，如 OpenShift 3.9 不能直接升级到 OpenShift 3.11，正确的升级顺序应该是 OpenShift 3.9 → OpenShift 3.10 → OpenShift 3.11。此外，由于 OpenShift 2.x 和 OpenShift 3.x 之间存在架构上的差异，因此不能从 OpenShift 2.x 升级到 OpenShift 3.x 版本，唯一的办法只能是重新部署 OpenShift 3.x。需要指出的是，OpenShift 版本号并不连续，比如，不存在 OpenShift3.8 版本，因此 OpenShift 3.7 可以直接升级到 OpenShift 3.9。另外，本书写作时，OpenShift 的最新版本是 OpenShift 4.1，其上一个版本是 OpenShift 3.11，而非 OpenShift 4.0。由于 OpenShift 4.1 相对于 OpenShift 3.11 在设计和升级方式上产生了较大差异，因此也无法由 OpenShift 3.11 平滑升级到 OpenShift 4.1，同时鉴于 OpenShift 4.1 当前依然存在不稳定性，我们也不建议当前阶段在生产环境中使用 OpenShift 4.1。如果确实需要将 OpenShift 2 升级到 OpenShift 3，或者将 OpenShift 3 升级到 OpenShift 4，那么推荐的方式仍然是重新部署一套新版本集群，然后将旧版本的数据迁移到新版本，社区不提供跨大版本自动化迁移方法，因此我们在本节中介绍的升级方式，主要是指跨小版本的平滑升级方式。

在 OpenShift 小版本平滑自动升级中，常见的升级策略主要有蓝绿部署（Blue-Green Deployment）和直接升级（In-place Upgrade）两种方式。在直接升级策略中，可以一次性对运行中的单一集群实现全部主机节点的升级，具体升级过程是首先升级 Masters 节点，然后升级 Node 节点，在某个节点开始升级之前，其上的 Pod 被撤离至其他正常运行的节点上重新创建并运行，这样的升级策略有助于将用户应用宕机时间降至最低。相对而言，蓝绿部署基本上也遵循直接升级策略的流程，即首先升级 Masters 和 etcd 节点，不同之处在于蓝绿部署策略会新建一个并行的新版本集群环境，以便管理员在升级过程中将原集群中的流量切换到经过验证后的新版本集群上，如果发现新版本集群存在问题，则可以通过流量回切的方式快速回退到旧版本集群上，从而最大限度地保证用户应用的可持续性。

1. 直接升级

直接升级相对简单，也无须额外的辅助资源，直接在现有集群上升级即可。但是，在较大规模的集群中，直接升级方式可能会耗时较长，而且升级失败后的回退也会非常麻烦，因此建议在中小规模集群或者非关键核心集群中采用此类升级策略。集群直接升级的原理很简单，在升级前的准备工作完成后，利用集群原有的 Ansible 清单文件，通过 OpenShift-Ansible 项目提供的 Playbook 一键自动升级即可。集群升级通常分为两个步骤，即首先升级控制面服务（包括 Master 和 etcd 服务），之后再升级 Node 节点服务。这里我们以 OpenShift 3.10 升级至 OpenShift 3.11 为例来描述集群升级的流程。首先，升级程序会备份全部 etcd

数据，以备后续恢复时使用，之后将 API 和控制服务由 3.10 更新至 3.11，同时将内部数据结构也更新至 3.11，如果原集群中存在默认的 Route 和 Registry，则将其由 3.10 升级至 3.11，最后更新镜像流和应用模板，至此控制面的升级基本完成。控制面升级完成后，开始 Node 节点的滚动升级，首先将部分 Node 节点标记为不可使用状态，此时新的 Pod 不会被分配到这些节点，之后将标记出来的 Node 节点上的服务组件由 3.10 升级至 3.11，最后再将这些节点恢复到可正常提供 Pod 服务的状态。

另外，集群控制面和 Node 升级可以分开独立进行，也可以合在一起同时完成。如果想要一次性完成整个集群服务组件的升级，只需执行以下命令即可。

```
[root@os311 ~]# cd openshift-ansible
[root@os311 ~]# ansible-playbook -i inventory/hosts openshift-ansible\
                /playbooks/byo/openshift-cluster/upgrades \
                /v3_11/upgrade.yml
```

这里需要注意的是，升级过程中使用的 Ansible 清单文件，一定要是前一次安装部署或升级成功时使用的主机文件。如果需要将控制面和 Node 分开独立进行升级和验证，则执行如下独立升级命令。

```
[root@os311 ~]# cd openshift-ansible
// 升级控制面
[root@os311 ~]# ansible-playbook -i inventory/hosts openshift-ansible\
                /playbooks/byo/openshift-cluster/upgrades \
                /v3_11/upgrade_control_plane.yml
// 控制面验证完成后，升级 Node 组件
[root@os311 ~]# ansible-playbook -i inventory/hosts openshift-ansible\
                /playbooks/byo/openshift-cluster/upgrades \
                /v3_11/upgrade_nodes.yml
```

2. 蓝绿部署

蓝绿部署是最经典的软件平滑升级策略，配合流量负载均衡器，升级过程中可以最大限度地保证用户访问的连续性和快速回退机制。在 OpenShift 集群升级过程中，蓝绿部署仍然是最为常见的平滑升级方式。与集群直接升级策略类似，蓝绿部署仍然是优先升级 Master 和 etcd 服务，在对 Node 节点组件进行升级时，也是采取蓝绿部署策略。

OpenShift 集群 Node 节点（Blue 节点）组件蓝绿部署升级的主要步骤是，预先在集群中额外加入同等数量目标版本的 Node 节点（Green 节点），然后将标记为 Blue 的旧版本节点设置为 Pod 不可调度状态，将新加入的 Green 节点设置为 Pod 可调度（Schedulable）状态，之后通过镜像流的更新，或者 Pod 部署配置文件的更新，利用 OpenShift 镜像流和部署配置文件的触发机制，自动在新加入的 Green 节点中启动与 Blue 节点完全一致的 Pod，并利用负载均衡器将 Blue 节点的访问切换至 Green 节点，经过验证确认一切正常后，再将

Blue 节点从集群中删除。蓝绿部署升级过程如图 3-7 和图 3-8 所示。

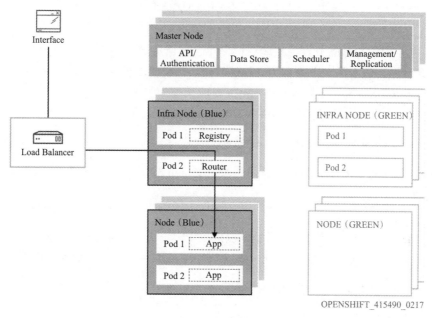

图 3-7　蓝绿部署升级前

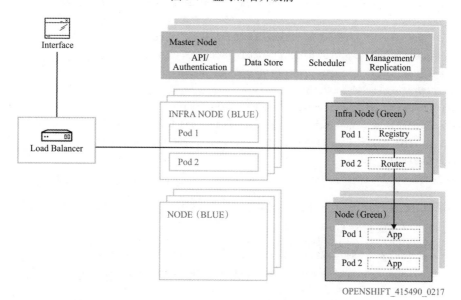

图 3-8　蓝绿部署升级后

在具体的蓝绿部署过程中，可参考如下步骤实现：

1）将需要升级的非 Master 节点标记为 Blue 节点（通常是计算节点和 Infra 节点）。

```
$ oc label node --selector=node-role.kubernetes.io/compute=true \
```

```
color=blue
$ oc label node --selector=node-role.kubernetes.io/infra=true \
color=blue
```

2）创建并标记 Green 节点，在蓝绿部署中，通常生产环境节点被称为 Blue 节点，新加入并具有目标新版本的节点被称为 Green 节点。需要注意的是，在新加入 Green 节点时，务必为节点设置 openshift_schedulable=false 参数，以便新加入的节点暂时不会为集群提供 Pod 运行服务。同时将新加入的每一个节点都标记为 Green 节点。

```
$ oc label node <node_name> color=green
```

3）验证新加入的 Green 节点。首先，验证 Green 节点是否处于"Ready，Scheduling-Disabled"状态。

```
$ oc get nodes
NAME                          STATUS                   ROLES     AGE
node4-node.test.example.com   Ready,SchedulingDisabled   compute   1d
```

为 OpenShift 集群执行 diagnostics 检查。

```
$ oc adm diagnostics
[Note] Determining if client configuration exists for client/cluster
diagnostics
Info:  Successfully read a client config file at '/root/.kube/config'
Info:  Using context for cluster-admin access: 'default/
ose3-master1.test.example.com:8443/system:admin'
[Note] Performing systemd discovery
[Note] Running diagnostic: ConfigContexts[default/
ose3-master1.test.example.com:8443/system:admin]
Description: Validate client config context is complete and has
connectivity
......
```

4）将 Blue 节点设置为不可调度状态，同时将 Green 节点设置为可调度状态，以便将新启动的 Pod 全部放置到 Green 节点上。

```
$ oc adm manage-node --schedulable=true --selector=color=green
$ oc adm manage-node --schedulable=false --selector=color=blue
```

5）升级 Route 和 Registry。具体过程为，使用"node-role.kubernetes.io/infra=true"更新 Route 和 Registry 的部署配置文件中的 NodeSelector，这个更新将会触发在 Green 节点上启动新的 Route 和 Registry。

```
// 编辑并保存 Registry 的 dc 文件
$ oc edit -n default dc/docker-registry
```

```
......
nodeSelector:
      node-role.kubernetes.io/infra: "true"
......
```
// 编辑并保存 Route 的 dc 文件
```
$ oc edit -n default dc/router
......
  nodeSelector:
      node-role.kubernetes.io/infra: "true"
......
```

部署配置文件修改完成后，需要验证 Route 和 Registry 的 Pod 在标记为 Green 的 Infra 节点上是否已经启动并正常运行，验证通过后，继续后续步骤。

6）更新 OpenShift 社区默认的镜像流和模板。

7）导入最新目标版本镜像。这一过程将会触发集群启动大量的构建操作，由于构建操作主要发生在 Green 节点上，因此不会影响到生产环境中的 Blue 节点。通过命令行，我们可以监控全部命名空间中的构建过程。

```
$ oc get events -w --all-namespaces
```

8）利用负载均衡器，切换用户访问请求至 Green 节点，并验证业务请求是否正常。如果经过一段时间的验证后一切正常，则说明升级过程顺利完成。此时可以将 Blue 节点从集群中删除，Blue 节点删除命令如下。

```
$ oc adm manage-node --selector=color=blue --evacuate
$ oc delete node --selector=color=blue
```

至此，基于蓝绿部署策略的 OpenShift 集群升级顺利完成，在上述升级过程中，由于采用了 Blue-Green 升级方式，用户在升级过程中对应用的访问几乎不会受到任何影响，借助负载均衡器，用户请求可以在 Blue 和 Green 集群之间来回切换，充分保证了升级的可靠性和回退的快速稳定性。

3.4.3　OpenShift 集群备份

对于任何生产环境而言，备份都是必不可少的。备份的目的不是为了日常生产，而是为企业守住最后一根"救命稻草"。OpenShift 集群的备份，包括集群配置文件和数据、etcd 数据、API 对象、镜像仓库、数据存储卷等备份，这些备份数据不仅可以用来恢复崩溃的集群或者集群功能组件，还可用于集群迁移，如从 OpenShift 2.x 到 OpenShift 3.x，或者从 OpenShift 3.x 到最新的 OpenShift 4.x 的跨大版本升级，都可通过备份和数据迁移的方式来实现。在具体的备份实现上，OpenShift 集群备份可分为 Master 节点主机备份、Node 节点主机备份、etcd 备份、OpenShift 项目备份、应用数据备份、存储 PVC 备份以及安装部署文件的备份等，下面我们将对这几个备份操作进行简要介绍。

1. Master 节点主机备份

在对生产环境中的 Master 节点进行系统软件更新、升级以及其他重大变更之前，都建议对 Master 主机节点进行备份。Master 节点运行着各种认证授权、API 和集群控制等关键服务，这些服务的配置文件主要存储在 /etc/origin/master 目录中，而像日志和网络代理等用户自定义的附加服务，其配置文件均存储在 /etc/sysconfig 目录中，为了使用 OpenShift SDN 网络插件，通常 Masters 节点也属于 Node 节点范畴，因此 /etc/origin 目录也属于 Master 主机节点备份的范围，可按如下方式对上述配置文件进行备份。

```
[root@os311 ~]#  Master_backupdir=/backup/$(hostname)/$(date +%Y%m%d)
[root@os311 ~]#  mkdir -p ${Master_backupdir}/etc/sysconfig
[root@os311 ~]#  cp -aR /etc/origin ${Master_backupdir}/etc
[root@os311 ~]#  cp -aR /etc/sysconfig/ ${Master_backupdir}/etc/sysconfig/
```

通过如下命令验证配置文件备份是否成功。

```
[root@os311 etc]# pwd
/backup/os311.test.it.example.com/20190908/etc
[root@os311 etc]# ls -l
total 0
drwx------. 6 root root 72 Jan 30  2019 origin
drwxr-xr-x. 3 root root 23 Sep  8 09:43 sysconfig
```

在 Master 节点备份中，除了 /etc/origin 和 /etc/sysconifg 配置文件外，如果集群中还有其他必要的服务及配置文件，也建议对其进行备份，常见 Master 节点需要备份的服务配置文件及描述见表 3-10。

表 3-10　Master 节点主机建议备份文件

需要备份的配置文件	文件描述
/etc/cni/*	CNI 配置
/etc/sysconfig/iptables	存储 iptables 规则
/etc/sysconfig/docker-storage-setup	container-storage-setup 命令输入文件
/etc/sysconfig/docker	Docker 引擎配置文件
/etc/sysconfig/docker-network	Docker 网络配置文件
/etc/sysconfig/docker-storage	Docker 存储配置文件
/etc/dnsmasq.conf	Dnsmasq 主配置文件
/etc/dnsmasq.d/*	Dnsmasq 相关配置文件
/etc/sysconfig/flanneld	Flannel 配置文件
/etc/pki/ca-trust/source/anchors/	认证存储目录

表 3-9 中的配置文件不一定在所有集群环境中都存在，如 /etc/cni 只有在使用 CNI 网络时才存在，而 /etc/sysconfig/flanneld 只有在使用 Flannel 网络时才存在，为安全起见，我们

建议备份表 3-9 中在系统中存在的全部文件。此外，对于生产环境，知道系统中已安装的
软件包列表也是非常重要的，如在误删或者要恢复某个软件包时，我们需要知道该软件包
的名称及版本，此时如果没有系统软件安装包列表的备份，则可能会出现很多不必要的依
赖相关问题。系统软件安装包列表备份参考如下：

```
[root@os311 ~]# pkgs_backup_list=/backup/$(hostname)/$(date +%Y%m%d)/pkgs
[root@os311 ~]# mkdir -p ${pkgs_backup_list}
[root@os311 ~]#  rpm -qa | sort | tee ${pkgs_backup_list}/packages_list.txt
```

为了方便 OpenShift 集群中 Master 节点主机的备份，社区开源了一个辅助 OpenShift 安
装和管理的项目 openshift-ansible-contrib ⊖，该项目提供了 Master 节点主机备份的脚本，通
过该备份脚本，可以自动实现本节中描述的如下备份过程。

```
# git clone https://github.com/openshift/openshift-ansible-contrib.git
# cd openshift-ansible-contrib/reference-architecture/day2ops/scripts
# ./backup_master_node.sh
```

自动备份脚本生成的备份文件默认存储在 /backup/\$(hostname)/\$(date+%Y%m%d)
目录中。需要强调的是，为保证备份数据的高可用性，务必将备份文件拷贝至独立于
OpenShift 集群外的存储设备中，以防整个集群不可用时，造成备份数据丢失。

2. Node 节点主机备份

相对 Master 而言，Node 节点备份的重要性没有 Master 节点那么高，因为 Node 节点本
身是一种高可用集群设计，同时 Node 节点主要负责运行应用负载，并不负责集群管理和调
度等工作，因此不会涉及太多集群配置文件，但是仍然推荐备份 Node 节点。Node 节点的
备份过程与 Masters 节点备份几乎一致，因此完全可参考 Masters 节点备份过程来实现，这
里不再赘述。为了方便 Node 节点备份，openshift-ansible-contrib 项目也提供了自动备份脚
本，可参考如下命令实现。

```
# git clone https://github.com/openshift/openshift-ansible-contrib.git
# cd openshift-ansible-contrib/reference-architecture/day2ops/scripts
# ./backup_master_node.sh
```

3. etcd 备份

etcd 键值存储服务在 OpenShift 集群中非常关键，其存储了所有 OpenShift 对象的定
义，以及集群应保持的稳定状态值，其他服务组件状态出现变化后，最终都要调整并稳定
到 etcd 保持的集群状态值。另外，需要注意的是，OpenShift 集群在 3.5 版本之前，使用
etcd v2 版本，OpenShift 3.5 及其以后版本使用 etcd v3 版本，v3 版本兼容 v2 和 v3 两个版
本的 API，而 V2 版本的 etcd 只能使用 V2 版本的 API。

⊖ https://github.com/openshift/openshift-ansible-contrib.

etcd 的备份主要涉及两个方面，即 etcd 配置文件备份和 etcd 存储数据备份。其中，配置文件的备份相对比较简单，全部 etcd 相关的配置和认证文件等都存储在运行 etcd 服务主机的 /etc/etcd 目录中，因此配置文件的备份只需备份 /etc/etcd 目录文件即可。在对 etcd 的存储数据进行备份时，备份方式因 etcd 的运行架构不同而有所不同（这里仅介绍基于 V2 API 的实现）。如果 etcd 运行在独立主机节点上，则可参考如下脚本进行备份。

```
// 首先通过配置文件移动的方式停止独立主机节点上的 etcd 服务
# mkdir -p /etc/origin/node/pods-stopped
# mv /etc/origin/node/pods/* /etc/origin/node/pods-stopped/
// 通过 etcdctl 的 backup 命令对 etcd 数据进行备份，并将 db 文件拷贝到备份目录中
# mkdir -p /backup/etcd-$(date +%Y%m%d)
# etcdctl2 backup \
  --data-dir /var/lib/etcd \
  --backup-dir /backup/etcd-$(date +%Y%m%d)
# cp /var/lib/etcd/member/snap/db /backup/etcd-$(date +%Y%m%d)
// 重新启动 etcd 主机节点，以便重启 etcd 服务
# reboot
```

在 3.10 及其以上版本，etcd 也可以部署在 Master 节点上。如果 etcd 以 Pod 形式运行在 Master 主机节点上（需要通过 V3 API 实现），则参考以下脚本进行备份。

```
// 首先从 Pod 配置中获取 etcd 及其入口 IP 地址
# export ETCD_POD_MANIFEST="/etc/origin/node/pods/etcd.yaml"
# export ETCD_EP=$(grep https ${ETCD_POD_MANIFEST} | cut -d '/' -f3)
// 获取运行 etcd 服务的 Pod 名称
# oc login -u system:admin
# export ETCD_POD=$(oc get pods -n kube-system | grep -o -m 1 '\S*etcd\S*')
// 对 Pod 中的 etcd 数据进行快照，并将其存储到本地文件目录中
# oc project kube-system
# oc exec ${ETCD_POD} -c etcd -- /bin/bash -c "ETCDCTL_API=3 etcdctl \
  --cert /etc/etcd/peer.crt \
  --key /etc/etcd/peer.key \
  --cacert /etc/etcd/ca.crt \
  --endpoints $ETCD_EP \
  snapshot save /var/lib/etcd/snapshot.db"
```

4. OpenShift 项目备份

在 OpenShift 集群中，不同用户或应用的资源、对象以项目（命名空间）的形式彼此独立，因此每个 OpenShift 项目中都有自己独立的对象和资源定义，将这些定义导出并备份，有助于我们在新创建的 OpenShift 集群和项目中重新恢复这些对象和资源⊖。项目对象资源的备份可参考如下命令实现。

⊖ 部分对象依赖于特定项目的元数据或唯一 ID，因此在新创建的项目中进行恢复时会受到限制。

```
// 列出集群中全部项目
# oc projects
// 进入需要备份的项目命名空间
#oc project cicd
// 备份 cicd 命名空间中全部资源对象（YAML 格式）
# oc get -o yaml --export all > project_cicd.yaml
// 备份 cicd 命名空间中全部资源对象（JSON 格式）
# oc get -o json --export all > project_cicd.json
// 备份 Rolebindings、ConfigMap、PVC 等对象
# for object in rolebindings serviceaccounts secrets imagestreamtags cm\
egressnetworkpolicies rolebindingrestrictions limitranges \
resourcequotas pvc templates cronjobs statefulsets hpa deployments \
replicasets poddisruptionbudget endpoints
do
  oc get -o yaml --export $object > $object.yaml
done
```

5. OpenShift 应用数据备份

OpenShift 集群中 Pod 应用数据以 PVC 方式持久存储在外部独立存储或者文件系统中，PVC 存储卷的供应方式各不相同，有 OpenStack 中的 Cinder、AWS 的 S3 以及网络共享文件系统 NFS 等，不同存储卷供应商可能提供了特定的数据备份方式。这里我们介绍在不清楚具体存储供应商或者供应商存储是否已进行数据备份的情况下，应用开发者可采取的、由 OpenShift 原生提供的最原始或直接的应用数据备份方式，即将 Pod 中的应用数据同步到本地服务器目录中进行备份。

首先查看需要备份的项目和 Pod。

```
[root@os311 ~]# oc get pods
NAME                       READY      STATUS       RESTARTS     AGE
gogs-1-bl2g2               1/1        Running      2            220d
gogs-postgresql-1-7frls    1/1        Running      0            220d
```

假设我们需要备份 gogs-postgresql-1-7frls 这个 Pod 中的数据，则需要查看应用数据在这个 Pod 中的位置。

```
  [root@os311 ~]# oc describe pod  postgresql-sonarqube-1-477kr
Name:             postgresql-sonarqube-1-477kr
Namespace:        cicd
  ......
    Mounts:
    /var/lib/pgsql/data from postgresql-data (rw)
    /var/run/secrets/kubernetes.io/serviceaccount from
    default-token-fxmb6 (ro)
```

上述结果中，我们需要同步的应用数据位于 Pod 内部容器中的 /var/lib/pgsql/data 目录中，现在我们只需将数据从该目录中同步到本地即可。

```
# oc rsync postgresql-sonarqube-1-477kr:/var/lib/pgsql/data ./backup
receiving incremental file list
data/
data/userdata/
data/userdata/PG_VERSION
data/userdata/pg_hba.conf
data/userdata/pg_ident.conf
......
```

然后验证应用数据备份结果。

```
[root@os311 userdata]# pwd
/root/backup/data/userdata
[root@os311 userdata]# ls -l
total 56
drwx------. 6 root root     54 Sep  8 16:17 base
drwx------. 2 root root   4096 Sep  8 16:17 global
drwx------. 2 root root     18 Sep  8 16:17 pg_clog
drwx------. 2 root root      6 Sep  8 16:17 pg_commit_ts
drwx------. 2 root root      6 Sep  8 16:17 pg_dynshmem
-rw-------. 1 root root   4666 Jan 30  2019 pg_hba.conf
......
```

对于大规模生产集群和应用环境，集群和应用数据的备份都相对复杂，尤其是当集群使用了多种不同类型的存储和不同数据库时，备份任务更是需要精心设计与严格执行。备份是需要技术与经验相结合的工作，本节描述的集群备份内容，并不足以覆盖不同环境下集群数据备份工作，但是读者朋友可以参考本节内容开展自己的备份工作，或者从中找到一些新的思路和方法。

3.4.4 OpenShift 集群恢复

在 OpenShift 集群中，我们可以在集群或服务组件故障崩溃后，利用备份数据恢复集群或服务组件。在恢复集群之前，必须采用完全相同的方式重新部署 OpenShift，并完成集群部署后的准备工作，如监控代理等额外服务。OpenShift 集群的恢复可以分为 Master 节点主机恢复、Node 节点主机恢复、etcd 恢复、OpenShift 项目恢复和应用数据恢复等。下面我们将对 OpenShift 集群恢复进行简要介绍。

1. Master 主机节点恢复

在 OpenShift 集群的日常维护中，如果 Master 主机节点的配置文件被意外删除或者损坏，只要我们对 Master 主机节点做过备份，都可以通过将备份数据文件恢复到 Master 节点特定目录，并重新启动受影响服务的方式，恢复 Master 节点的正常运行。Master 主机节点的恢复过程可参考如下：

首先，恢复 Master 节点上的 /etc/origin/master/master-config.yaml 文件，并重新启动 Master 节点上的 API 和 Controllers 服务。

```
// 确认备份文件的存放位置
# Master_backupdir=/backup/$(hostname)/$(date +%Y%m%d)
// 复制一份 master-config.yaml 文件
# cp /etc/origin/master/master-config.yaml \
  /etc/origin/master/master-config.yaml.old
  // 用备份文件替换掉 /etc/origin/master 目录下的 master-config.yaml 文件
# cp ${Master_backupdir}/origin/master/master-config.yaml \
    /etc/origin/master/master-config.yaml
// 重新启动 Master 节点的 API 和 Controllers 服务
# master-restart api
# master-restart controllers
```

然后，恢复系统认证，将证书文件拷贝至 Master 节点 /etc/pki/ca-trust/source/anchors/ 目录，并执行 update-ca-trust 更新证书。

```
# Master_backupdir=/backup/$(hostname)/$(date +%Y%m%d)
# cp ${Master_backupdir}/external_certificates/warrior.crt \
  /etc/pki/ca-trust/source/anchors/
# sudo update-ca-trust
```

如果在 Master 节点的 API 和 Controller 服务重启或者证书更新过程中，由于软件包版本问题导致服务启动失败，那么，我们在 3.4.3 节中介绍的系统软件包安装列表备份文件此时将起到关键作用。通过对比当前系统中软件包及其版本与集群正常运行时的软件包及其版本之间的差异⊖，我们即可定位引起故障的软件包及其版本号，并在当前系统中重新安装集群正常运行所需的软件包。

2. Node 主机节点恢复

Node 主机节点的恢复方式与 Master 节点恢复方式并无区别，都是通过备份文件的恢复和服务重启来达到节点恢复的目的。不同之处在于，Node 节点需要恢复的文件与 Master 不同，另外生产环境中的 Node 节点本身具备集群高可用性，并且 Node 节点的故障或重启不影响集群的运行，因此 Node 节点的恢复不像 Master 节点那么迫切。Node 节点具体恢复过程可参考如下命令实现：

```
// 确认备份文件的存放位置
# Node_backupdir=/backup/$(hostname)/$(date +%Y%m%d)
```

⊖　使用 diff 命令即可输出两个文件之间不同的部分。

```
// 复制一份当前 Node 节点上的 /etc/origin/node/node-config.yaml 文件
# cp /etc/origin/node/node-config.yaml\
 /etc/origin/Node/node-config.yaml.old
 // 使用备份文件替换掉当前节点上的 /etc/origin/node/node-config.yaml 文件
# cp ${Node_backupdir}/etc/origin/node/node-config.yaml\
 /etc/origin/node/node-config.yaml
 // 重启当前 Node 节点
# reboot
 // 节点重启成功后恢复证书
#cp ${Node_backupdir}/etc/pki/ca-trust/source/anchors/warrior.crt\
/etc/pki/ca-trust/source/anchors/
 // 更新证书
# update-ca-trust
```

3. etcd 恢复

etcd 的恢复分为配置文件的恢复和 etcd 数据的恢复，配置文件的恢复很简单，只需用备份文件替换当前 etcd 配置文件 /etc/etcd/etcd.conf 即可。

```
# cp /backup/etcd/master-0-files/etcd.conf /etc/etcd/etcd.conf
# restorecon -Rv /etc/etcd/etcd.conf
```

其中，/backup/etcd/master-0-files/etcd.conf 便是需要恢复的配置文件。需要注意的是，OpenShift 集群中的 SELinux 通常处于开启状态，因此需要使用 restorecon 文件的安全上下文。相对于配置文件，etcd 数据的恢复方式取决于 etcd 的部署架构，本节我们仅介绍 etcd 的主流部署方式下的恢复，即以静态 Pod 形式运行 etcd 服务，而 etcd 以独立服务方式部署在独立节点或者 Master 节点上的恢复方式，请自行参考 OpenShift 官方文档⊖。

在进行 etcd 数据恢复前，请确保 etcdctl 命令工具行可正常使用。如果不能使用，请通过如下方式编译 etcdctl 命令行。

```
# git clone https://github.com/coreos/etcd.git
# cd etcd
# ./build
```

要恢复静态 Pod 中的 etcd 数据，可参考如下命令实现。

```
// 暂时移除 Pod 定义文件，停止正在运行中的 etcd Pod
# mv /etc/origin/node/pods/etcd.yaml /backup
// 确保当前节点全部 etcd 相关数据被清除
# rm -rf /var/lib/etcd
// 将 etcd 备份数据恢复到 etcd Pod 中的数据存储挂载目录中
# export ETCDCTL_API=3
# etcdctl snapshot restore /etc/etcd/backup/etcd/snapshot.db
```

⊖ https://docs.okd.io/3.11/admin_guide.

```
    --data-dir /var/lib/etcd/
    --name os311.test.it.example.com
    --initial-cluster
    " os311.test.it.example.com=https://192.168.10.67:2380"
    --initial-cluster-token "etcd-cluster-1"
    --initial-advertise-peer-urls https://192.168.10.67:2380
    --skip-hash-check=true
// 恢复 /var/lib/etcd/ 目录文件的安全上下文
# restorecon -Rv /var/lib/etcd/
// 恢复被临时移除的 etcd Pod 定义文件，重新启动 etcd Pod
# mv /backup/etcd.yaml /etc/origin/node/pods/
```

上述命令中，etcdctl snapshot restore 命令涉及的参数值在不同集群中是完全不一样的，这些参数值可以在 etcd 节点上的 /etc/etcd/etcd.conf 配置文件中找到。

（1）OpenShift 项目恢复

在 OpenShift 中，我们可以新建一个项目，通过将从原项目中导出的备份文件重新导入新项目中的方式，实现原项目的恢复。在 3.4.3 节中，我们对项目中的对象资源进行了备份，本节中，通过 oc create -f file_name 命令，即可将这些备份文件恢复到新项目中。需要注意的是，这些文件的恢复有一定的先后顺序，因为某些对象资源存在依赖关系。例如，要恢复上一节中备份的 cicd 项目，大致的恢复过程如下。

```
// 创建新项目
# oc new-project cicd
// 恢复备份的项目文件
# oc create -f project_cicd.yaml
// 恢复各个独立备份的资源对象文件
# oc create -f secret.yaml
# oc create -f serviceaccount.yaml
# oc create -f pvc.yaml
# oc create -f rolebindings.yaml
```

（2）应用数据恢复

在 OpenShift 集群中，通过 oc rsync 命令，我们可以将之前备份的应用数据恢复到 Pod 中，从而实现损坏后应用数据的重新恢复。在 3.4.3 节中，我们对 postgresql-sonarqube-1-477kr 应用 Pod 中的数据进行了备份，本节中我们来实现将备份数据恢复到原 Pod 中。具体过程可参考如下脚本实现。

首先，需要验证备份数据的完整性。

```
[root@os311 userdata]# pwd
/root/backup/data/userdata
[root@os311 userdata]# ls -l
```

```
total 56
drwx------. 6 root root    54 Sep  8 16:17 base
drwx------. 2 root root  4096 Sep  8 16:17 global
drwx------. 2 root root    18 Sep  8 16:17 pg_clog
drwx------. 2 root root     6 Sep  8 16:17 pg_commit_ts
drwx------. 2 root root     6 Sep  8 16:17 pg_dynshmem
-rw-------. 1 root root  4666 Jan 30  2019 pg_hba.conf
......
```

然后，使用 oc rsync 命令将备份数据拷贝至运行中的 Pod 内。

```
[root@os311]# oc rsync /root/backup/data \
              postgresql-sonarqube-1-477kr:/var/lib/pqsql/
```

最后，重启应用程序。

```
[root@os311]# oc delete pod postgresql-sonarqube-1-477kr
```

OpenShift 集群恢复是用户误操作后的最后一道屏障，但前提是要有可恢复的备份数据，否则再完美的恢复方案也无济于事。本节给出了集群恢复的简单操作步骤，实际环境下的集群恢复过程可能会复杂得多，因此在生产环境中，我们务必要遵循科学的备份和恢复方式，就 OpenShift 这种当代集群架构而言，只要有备份数据，我们就能将其从故障中恢复。

3.5 本章小结

OpenShift 集群安装部署与生命周期管理，是基于 OpenShift 实现云原生应用的关键与基础，随着 CoreOS 和 Operator 等新一代云原生架构和技术的出现，OpenShift 集群的安装部署和生命周期管理越来越趋于自动化和智能化，但是任何自动化的背后都是曾经大量手动操作的抽象和升华，因此熟悉和掌握 OpenShift 集群的安装部署和基本的运行维护，对于集群管理员来说仍然是十分必要的。

本章就 OpenShift 集群安装部署所需的硬件环境、软件环境、资源需求、高可用架构，以及主机系统环境和安装前的准备工作等进行了详细介绍，为 OpenShift 集群的安装部署提供了准备建议和规划咨询。针对 OpenShift 集群的部署过程，本章将其分为开发测试环境集群和生产环境集群，分别进行了 OpenShift 集群在开发测试和生产环境下的自动部署介绍。另外，还对 OpenShift 在生产环境下的在线和离线两种自动化安装方式进行了详细介绍。作为生产环境，OpenShift 集群的运行维护和生命周期管理也极其重要。本章的最后部分还对 OpenShift 集群的扩容、版本升级、备份与恢复进行了深入介绍。通过本章内容的学习，读者朋友应该能够快速构建自己的开发测试环境，并对 OpenShift 集群进行基本的功能验证和体验，在熟悉 OpenShift 集群后，参考本章内容，也可快速搭建自己的 OpenShift 高可用生产环境，并对 OpenShift 集群进行常规的操作和维护。

OpenShift 云原生应用构建与部署

作为云原生架构平台，OpenShift 的价值不只在于平台本身，而更在于赋能企业应用。OpenShift 自身功能不断进化，其部署与运维方式朝着自动化与智能化不断演进，最终的目的都是敏捷、快速、灵活地构建和赋能应用，让开发者能随时随地构建应用。从企业的角度来看，只有平台上的行业应用才能最终呈现平台的价值。在第 3 章中，我们构建并维护了一套稳定、高可用的 OpenShift 云原生架构 PaaS 平台，但是还未介绍如何在平台上快速构建与部署应用。本章我们将介绍如何在 OpenShift 平台上基于灵活多样的构建方式快速部署企业应用，并基于 OpenShift 实现应用全生命周期的管理。

4.1 OpenShift 应用构建与部署概述

在 OpenShift 集群中，应用构建（Building）与部署（Deployment）是两个依次递进依赖的过程。应用部署前，我们需要预先构建好应用镜像，然后才能将基于镜像的容器发布到 OpenShift 集群中（应用部署）。构建好的镜像可以存放在外置公有镜像仓库中，也可以存放在 OpenShift 集成的内部镜像仓库中，另外，OpenShift 还提供了多种灵活方式用于镜像构建。本节中，我们将对应用的构建和部署做简单的介绍。

4.1.1 OpenShift 应用构建介绍

在 OpenShift 中，为了简化应用构建过程，专门设计、抽象出了两个资源对象，即 Build 和 BuildConfig。借助这两个资源对象，通过灵活、合理的方式，开发人员能简单轻松地实现原本复杂的应用构建流程。在 OpenShift 中，所谓的构建是指，将特定输入参数

（如源代码和基础镜像）经过 OpenShift 提供的应用构建工具链进行转换后，得到最终结果对象（结果对象通常就是容器镜像）输出的过程。OpenShift 的构建过程通常包括构建对象定义、输入源配置、构建方式选取及推送输出对象等。通常情况下，输入源为程序源代码、基础镜像及一些配置参数，而输出对象是一个可运行的容器镜像。在 OpenShift 的构建过程中，Build 对象是基于 BuildConfig 生成的，BuildConfig 不仅定义了构建过程需要的配置，同时还定义了执行构建的策略及触发构建的方式。当构建完成后，输出的镜像将会被推送到私有或公有镜像仓库中，以便后续部署应用时重复使用。

通过 BuildConfig 和 Build 资源对象，OpenShift 极大地扩展了 Kubernetes 的原生功能，简化了基于 Kubernetes 的应用部署过程。BuildConfig 主要支持以下 5 种构建输入源。

❑ Dockerfile：这部分内容在构建时会被写入 Dockerfile 文件。

❑ Image：指定一个或多个镜像，构建时会从这些镜像中复制构建所需的文件或目录。

❑ Git：指定保存源代码的远端 Git 仓库的 URI。

❑ Binary：指定二进制类型的构建资源，这些资源保存在本地文件系统中，构建时直接被导入构建器。

❑ ConfigMap 和 Input Secret：某些场景中，构建过程需要凭据去获取所需资源。此时，可在 BuildConfig 中指定包含凭据的 ConfigMap 或 Input Secret。

BuildConfig 中，除了指定输入源，还需指定构建策略。BuildConfig 默认支持 3 种策略：Docker 构建、源代码构建（Source to Image，S2I）和 Jenkins Pipeline 构建。下面对这 3 种构建策略进行简单的介绍。

（1）Docker 构建

Docker 构建是指通过 docker build 命令来进行的应用镜像构建。这是一种最基础，也是最通用的构建方式。

（2）S2I 构建

S2I 构建，顾名思义，是一种将源代码转化成容器镜像的构建方式，是 OpenShift 专门针对源代码镜像构建而开发的工具。它通过将应用程序注入基础镜像并进行组装，最终得到可运行容器镜像。S2I 构建方式支持自定义镜像构建脚本和应用运行脚本，这些脚本支持多种注入方式。

（3）Jenkins Pipeline 构建

Jenkins Pipeline 构建策略允许开发人员自定义 Jenkinsfile 文件，并由 Jenkins Pipeline 插件执行。另外，构建过程中的各个阶段会在 OpenShift Web Console 界面上显示出来，如图 4-1 所示，整个构建过程非常直观。需要强调的是，Jenkins Pipeline 构建的核心并不在应用的镜像构建上，而是通过 Jenkins 流水线控制应用构建的整个工作流，并且这种构建方式能与 DevOps 应用工具链打通，实现非常复杂的 CI/CD 部署流水线。

Jenkins Pipeline 工作流通过 Jenkinsfile 文件设置，可以写入 BuildConfig 配置文件中，也可以存放在 Git 代码仓库中。当在项目中第一次使用 Jenkins Pipeline 策略定义的构建配置时，OpenShift 会创建一个 Jenkins Server 来执行 Pipeline，项目中的后续 Pipeline 构建配置将会共享此 Jenkins Server。通过 Pipeline 工作流中定义的 Jenkinsfile 配置文件，Jenkins Server 中会创建对应的 Pipeline Jobs，以便完成构建任务。

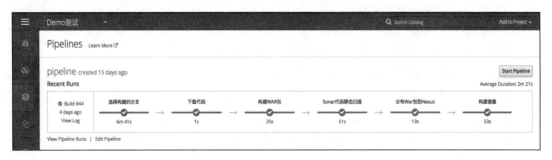

图 4-1   Jenkins Pipeline 构建流水线

4.1.2　OpenShift 镜像流介绍

OpenShift 提供了多种应用镜像构建方式，而不同构建方式输出的应用镜像最终都会存放在镜像仓库中。为此，OpenShift 提供了一个内置的镜像仓库 Registry，如图 4-2 所示。

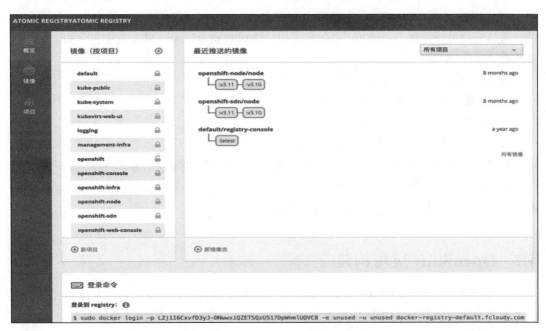

图 4-2   OpenShift 内部镜像仓库

为了方便进行镜像管理，OpenShift 创建了一个新的资源对象 ImageStream（镜像流），并使用 ImageStreamTag 资源对象来设置镜像流的镜像标记（tag），每个镜像标记指向一个具体的容器镜像。需要指出的是，镜像流并不包含容器镜像的实际数据，而只是一个指向真实镜像的映射，以及一些元数据信息。镜像流指向的源镜像有以下 3 种：

- 集群内置镜像仓库中的镜像。
- 集群外部镜像仓库中的镜像。
- 集群中的其他镜像流。

在 OpenShift 中，使用镜像流有以下几个方面的优势：

- 方便对镜像做标记及进行版本管理。
- 支持当有新镜像被推送进参考时自动触发应用构建与部署，从而实现应用的自动更新。
- 通过设置"scheduled: true"标记，支持镜像流定时更新镜像数据。
- 如果源镜像发生变更，由于镜像流仍然指向某个特定版本的镜像，此时应用不会出现意外更新。
- 可以实现丰富的权限管理，包括镜像共享、不同身份用户访问权限控制等。

4.1.3　OpenShift 应用部署介绍

在 OpenShift 中，通过执行构建步骤，即可获得可运行的应用镜像。构建完成后，OpenShift 自动将镜像推送到指定的镜像仓库中，并生成对应的镜像流。通过镜像流即可轻松实现应用的部署。OpenShift 中的资源对象 DeploymentConfig 就是专为应用部署而创建的，通过它即可快速在 OpenShift 上部署应用。DeploymentConfig 的配置中包含如下应用部署信息：

- Replication Controller 的定义。
- 触发重新部署的触发器的定义。
- 执行应用部署采用的策略的定义。
- 应用部署生命周期的挂钩（hook）的定义。

在 OpenShift 中，应用部署一旦被触发，整个应用部署过程就会以流水线的方式启动，进入应用部署的生命周期。部署完成的应用在每次升级迭代后，对应的历史 ReplicationController 都会被保留，以便对升级迭代后的应用进行回滚。

4.2　OpenShift 应用构建

应用构建是指在 OpenShift 容器平台上实现将特定输入参数转化为输出对象的过程，通常是指将源代码转化为应用镜像的过程。在 OpenShift 中，应用构建通过配置 BuildConfig 对象来实现。BuildConfig 对象是 OpenShift 中最为重要的资源对象之一，它定义了镜像构建的策略和参数等配置。本节中，我们将重点介绍如何在 OpenShift 上实现应用镜像的构建。

4.2.1　BuildConfig 资源对象

与 Kubernetes 一样，OpenShift 对资源的定义也是声明式而非命令式的，所有对象都需要按照特定的格式来定义，集群会根据所提供的声明信息自动创建需要的对象，而用户无须关注对象的创建过程。BuildConfig 对象声明了构建过程中所需的资源，包括构建所需的所有参数以及一系列触发器的配置。以下是创建 BuildConfig 对象的参考示例：

```
[root@master ~]# cat << EOF | oc create -f -
kind: "BuildConfig"
apiVersion: "v1"
metadata:
  name: "ruby-sample-build"
spec:
  runPolicy: "Serial"
  triggers:
    - type: "GitHub"
      github:
        secret: "mysecret"
    - type: "Generic"
      generic:
        secret: "mysecret"
    - type: "ImageChange"
  source:
    git:
      uri: "https://github.com/openshift/ruby-hello-world"
  strategy:
    sourceStrategy:
      from:
        kind: "ImageStreamTag"
        name: "ruby:2.0"
        namespace: openshift
  output:
    to:
      kind: "ImageStreamTag"
      name: "origin-ruby-sample:latest"
  postCommit:
      script: "bundle exec rake test"
```

上述 BuildConfig 资源对象通过多个配置项定义了最终的输出。表 4-1 给出了 Build-Config 资源对象的配置说明。

表 4-1　BuildConfig 配置参数说明

参　数　名	说　明
metadata.name	BuildConfig 对象名称，如 ruby-sample-build

（续）

参　数　名	说　明
spec.runPolicy	构建策略，默认值为 Serial。有 3 种类型： ❑ Serial：按顺序执行构建 ❑ SerialLatestOnly：执行最新的构建 ❑ Parallel：并行执行构建
spec.triggers	构建触发器的配置。可指定 3 种类型的触发器： ❑ Webhook：支持以向 OpenShift 发送 HTTP 请求的方式触发构建，支持 GitHub、GitLab、BitBucket、Generic 4 种 Webhook ❑ ImageChange：镜像更新时触发构建 ❑ ConfigChange：配置更新时触发构建
spec.source	构建输入源。支持 5 种类型的输入源： ❑ Dockerfile：Dockerfile 文件内容 ❑ Images：从指定镜像获取构建所需文件或文件夹 ❑ Git：源代码仓库地址 ❑ Binary：二进制资源 ❑ configmap/secret：以 ConfigMap 或者 Secret 传入拉取构建所需内容的凭据
spec.strategy	构建策略。支持 3 种构建策略： ❑ Source 策略：S2I 策略，基于源代码和基础镜像来构建应用镜像 ❑ Docker 策略：通过 docker build 命令使用 Dockerfile 文件构建应用镜像 ❑ JenkinsPipeline 策略：通过 Jenkinsfile 文件生成应用自动集成流水线
spec.output	镜像构建完成后，将镜像推送到镜像仓库。有两种类型： ❑ ImageStream：OpenShift 内部镜像仓库，创建对应的 ImageStreamTag ❑ DockerImage：将镜像推送到公有或私有的外部镜像仓库
spec.postCommit	构建过程中的钩子脚本。镜像构建完成后，推送至内部镜像仓库前，需要在执行构建的容器中运行的脚本

在 BuildConfig 对象的定义中，最关键的是 spec 配置段，其中指定了 BuildConfig 对象的执行策略、触发策略、输入源、构建策略及输出结果形式等配置项。下面对这几个配置项进行详细介绍。

1. spec.runPolicy 配置段

BuildConfig 支持 3 种 Build 执行策略：Serial、SerialLatestOnly 和 Parallel。下面对这 3 种策略进行详细介绍。

（1）Serial

Serial 执行策略表示多个构建会按照顺序执行，也就是说，后一个构建必须等待前一个构建执行完成后才会开始执行。下面的示例演示了 Serial 策略在构建过程中的执行情况。

首先，使用默认的 Serial 运行策略创建 3 个 Build 对象。

```
[root@master test]# for i in $(seq 3); do oc start-build \
ruby-sample-build ; done
build.build.openshift.io/ruby-sample-build-2 started
build.build.openshift.io/ruby-sample-build-3 started
```

```
build.build.openshift.io/ruby-sample-build-4 started
```

然后，查看 Build 对象的运行状态。

```
[root@master test]# oc get build
NAME                 TYPE     FROM    STATUS      STARTED
ruby-sample-build-1  Source   Git     Running     11 seconds ago
ruby-sample-build-2  Source   Git     New
ruby-sample-build-3  Source   Git     New
```

当 ruby-sample-build-1 完成时，再次查看 Build 对象的运行状态。

```
[root@master test]# oc get build
NAME                 TYPE     FROM    STATUS      STARTED
ruby-sample-build-1  Source   Git     Completed   41 seconds ago
ruby-sample-build-2  Source   Git     Running     11 seconds ago
ruby-sample-build-3  Source   Git     New
```

在上述示例中，我们同时创建了 3 个 Build 对象，但是 3 个 Build 对象并不是并发启动的，而是按照先后顺序依次启动，待之前的 Build 对象构建完成后，下一个 Build 对象才开始启动。

（2）SerialLatestOnly

SerialLatestOnly 策略表示仅执行最新发起的构建过程，也就是说，在当前进行中的构建完成后，不会开始后续 Build 对象的构建，而是优先构建最新的 Build 对象。该策略在快速迭代开发场景下很有用。下面的示例演示了 SerialLatestOnly 策略在构建过程中的执行情况。

首先，将构建策略设置为 SerialLatestOnly。

```
spec:
  runPolicy: "SerialLatestOnly"
```

然后，按照 Serial 策略方式创建 3 个 Build 对象，并查看 Build 对象的运行状态。

```
[root@master test]# oc get build
NAME                 TYPE     FROM    STATUS      STARTED
ruby-sample-build-1  Source   Git     Running     11 seconds ago
ruby-sample-build-2  Source   Git     Cancelled
ruby-sample-build-3  Source   Git     New
```

当 ruby-sample-build-1 完成时，再次查看 Build 对象的运行状态。

```
[root@master test]# oc get build
NAME                 TYPE     FROM    STATUS      STARTED
ruby-sample-build-1  Source   Git     Completed   41 seconds ago
```

```
ruby-sample-build-2    Source    Git         Cancelled
ruby-sample-build-3    Source    Git         Running     11 seconds ago
```

在上述示例中，构建对象 build-1、build-2 和 build-3 是按照先后顺序创建的，由于 build-3 在时间维度上较 build-2 "更新"，因此在 SerialLatestOnly 构建策略下，当 build-1 构建完成后，将取消 build-2 的构建，而是直接跳到 "最新" 的 build-3 开始构建。

（3）Parallel

顾名思义，Parallel 策略即表示所有 Build 对象会并发执行。在这种策略下，由于各个构建之间是彼此独立的，因此先发起的构建过程的完成时间可能会晚于后启动的构建过程，这会引起一个现象，就是最终的构建镜像不一定源自最新的构建，反而是最初发起的构建，这种结果可能会导致应用没有得到更新，而是运行在旧版本上。下面的示例演示了 Parallel 策略在构建过程中的执行情况。

首先，将构建策略设置为 Parallel。

```
spec:
  runPolicy: "Parallel"
```

然后，按照 Serial 策略方式创建 3 个 Build 对象，并查看 Build 对象的运行状态。

```
[root@master test]# oc get build
NAME                   TYPE      FROM        STATUS      STARTED
ruby-sample-build-1    Source    Git         Running     11 seconds ago
ruby-sample-build-2    Source    Git         Running     11 seconds ago
ruby-sample-build-3    Source    Git         Running     11 seconds ago
```

可以看到，3 个 Build 对象同时被启动，但是构建的完成顺序是无法保证的，而且很有可能会出现如下完成结果。

```
[root@master test]# oc get build
NAME                   TYPE      FROM        STATUS      STARTED
ruby-sample-build-1    Source    Git         Running     31 seconds ago
ruby-sample-build-2    Source    Git         Running     31 seconds ago
ruby-sample-build-3    Source    Git         Completed 21 seconds ago
```

上述示例表明，在 Parallel 策略下，build-1、build-2 和 build-3 将同时启动，但是 build-3 的构建过程首先完成，而 build-1 和 build-2 却还在构建中。假设 build-1 最后完成，那么最早完成的 build-3 构建结果可能会被 build-1 的结果覆盖。

2. spec.triggers 配置段

除了手动创建 Build 对象外，还可以通过触发器的方式来启动 Build 对象的创建。在 BuildConfig 配置中，spec.triggers 用于配置构建触发器，即触发构建过程启动的事件。 BuildConfig 支持的触发器类型有 5 种，分别是 GitHub、GitLab、Generic、ImageChange 和

ConfigChange，下面来逐一介绍。

（1）GitHub

GitHub 是最主流的源代码托管仓库，在 OpenShift 中，通过 GitHub Webhook 即可将托管 GitHub 中的源代码作为构建输入源，并建立起触发联动关系，即一旦 GitHub 中的源代码出现变更，立即通过 Webhook 触发 OpenShift 启动新的镜像构建过程。GitHub Webhook 的配置过程大致如下。

首先，在 BuildConfig 配置中设置构建类型为 GitHub，并为其指定密钥。

```
type: "GitHub"
github:
  secret: "mysecret"
```

然后，查看构建对象中的 GitHub Webhook URL。

```
[root@master ~]# oc describe bc ruby-sample-build|grep github
URL:
https://master.example.com:8443/apis/build.openshift.io/v1\
/namespaces/openshift-test/buildconfigs/ruby-sample-build\
/webhooks/<secret>/github
```

在 BuildConfig 配置中找到 spec.triggers 配置段，用其中的 Secret 替换上述 URL 中的 "<secret>"，即可得到最终 Webhook URL。

```
https://master.example.com:8443/apis/build.openshift.io/v1/namespaces \
/openshift-test/buildconfigs/ruby-sample-build/webhooks/mysecret/github
```

最后，在 GitHub 上配置 Webhook，如图 4-3 所示。在 "Playload URL" 输入框中填入 Webhook URL，在 "Content type" 选择框中选择 "application/json" 项。

至此，GitHub 触发器已设置完成，一旦代码仓库出现更新，就会触发 BuildConfig 创建新的 Build 对象，进而自动拉取最新的代码并构建最新的镜像。

（2）GitLab

GitLab Webhook 是专门针对 GitLab 平台设计的触发器，它的配置方式与 GitHub 类似，即首先构建带有密钥的 Webhook URL，然后在 GitLab 上配置 Webhook。具体配置过程如下。

首先，在 BuildConfig 配置中设置构建类型为 GitLab，并为其指定密钥。

```
type: "GitLab"
gitlab:
  secret: "mysecret"
```

然后，查看构建对象中的 GitLab Webhook URL。

```
[root@master ~]# oc describe bc ruby-sample-build|grep gitlab
```

```
URL:
https://master.example.com:8443/apis/build.openshift.io/v1\
/namespaces/openshift-test/buildconfigs/ruby-sample-build\
/webhooks/<secret>/gitlab
```

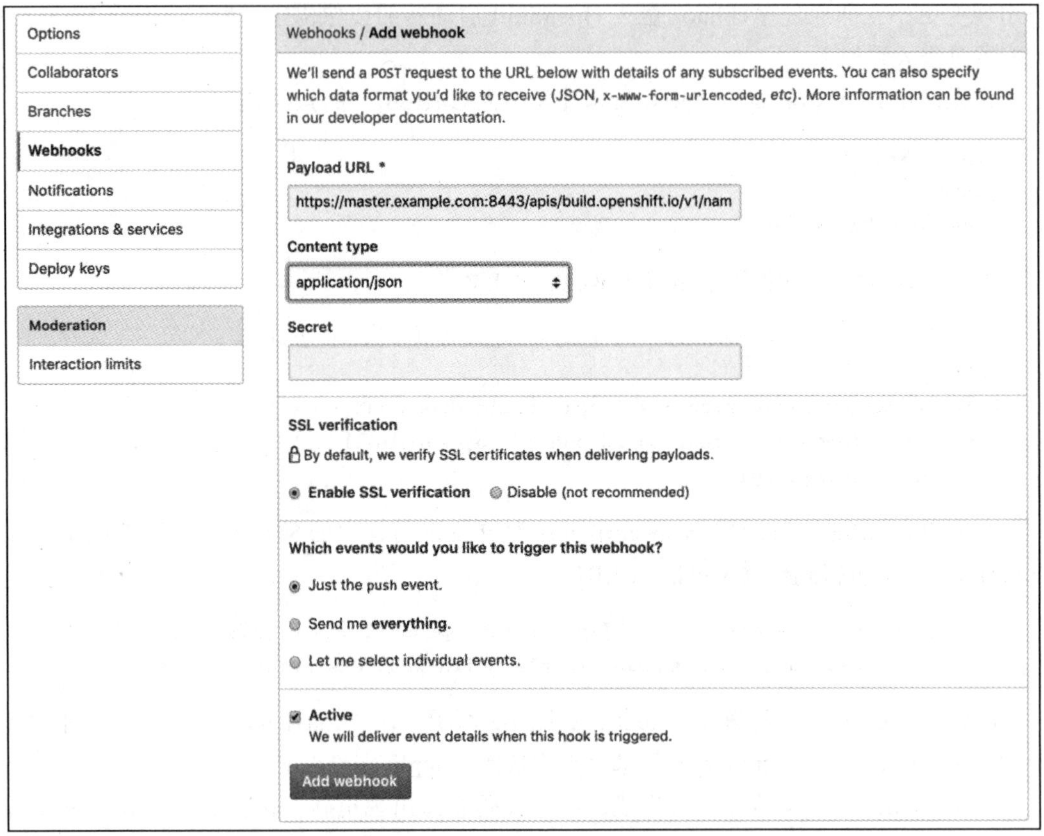

图 4-3　在 GitHub 上配置 Webhook

在 BuildConfig 配置中找到 spec.triggers 配置段，用其中的 Secret 替换上述 URL 中的"<secret>"，即可得到最终的 Webhook URL。

```
https://master.example.com:8443/apis/build.openshift.io/v1/namespaces/openshift-\
test/buildconfigs/ruby-sample-build/webhooks/mysecret/gitlab
```

在 GitLab 对应的代码仓库设置页面中，添加对应的 Webhook，如图 4-4 所示。

至此，GitLab 触发器已设置完成，一旦代码仓库出现更新，将会触发 BuildConfig 创建新的 Build，进而集成最新的代码并构建最新的镜像。

（3）Generic

Generic Webhook 是一个通用的触发器，它的配置方式与 GitHub 及 GitLab 触发器一样，也必须在 BuildConfig 中指定一个特殊的密钥，具体配置过程如下。

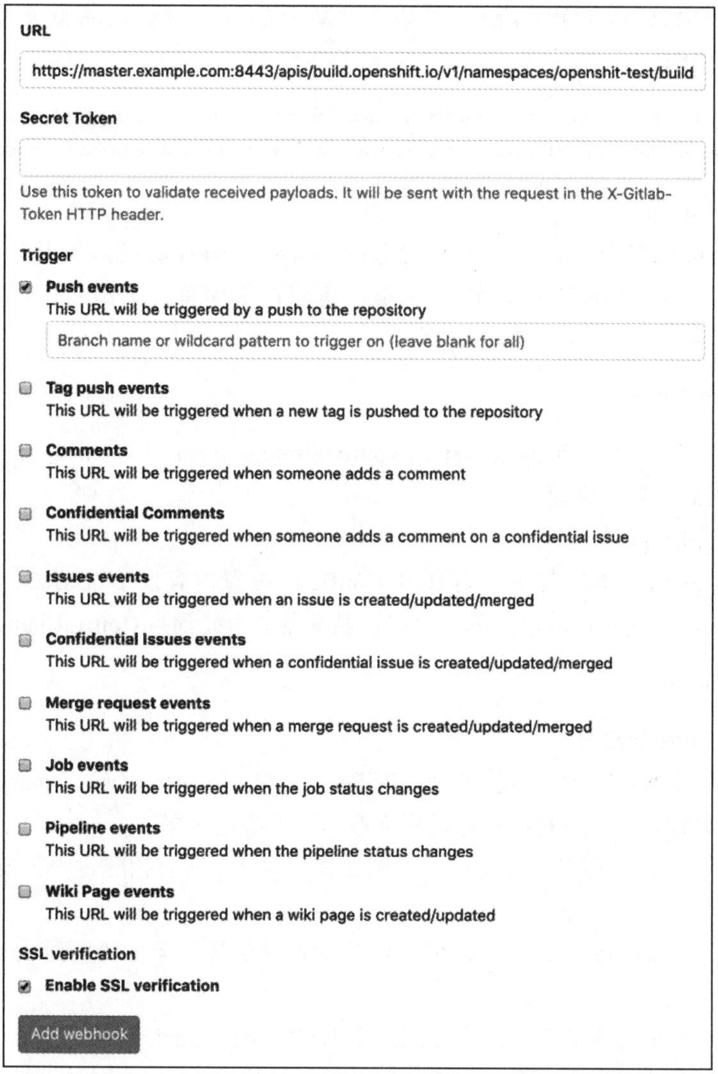

图 4-4　在 GitLab 上设置 Webhook

首先在 BuildConfig 中设置触发器类型为 Generic，并为其指定一个密钥。

```
type: "Generic"
generic:
  secret: "mysecret"
```

最终得到的 Webhook URL 如下。

```
https://master.example.com:8443/apis/build.openshift.io/v1/namespaces/ \
```

```
openshift-test/buildconfigs/ruby-sample-build/webhooks/mysecret/generic
```

通过 curl 模拟 HTTP POST 请求，可以实现基于 Generic Webhook 触发的构建，这里请求方式必须是 POST。

```
$ curl -X POST -k https://master.example.com:8443/apis/build.openshift.io/v1/\
namespaces/ openshift-test/buildconfigs/ruby-sample-build/webhooks/mysecret/generic
```

（4）ImageChange

ImageChange 触发类型是指，当所配置的 ImageStreamTag 指向的基础镜像发生变化时，则自动触发 BuildConfig 启动新的构建。其配置很简单，只需将触发器类型设置为 ImageChange 即可。

```
type: ImageChange
```

设置了该触发器后，当 spec.strategy.sourceStrategy.from 中的 ImageStreamTag 发生变化时，将会触发启动新的构建。

（5）ConfigChange

ConfigChange 触发类型是指，当 BuildConfig 的配置内容发生改动时，就会自动触发启动一次新的构建，其配置也很简单，只需将触发器类型设置为 ConfigChange 即可。

```
type: ConfigChange
```

3. spec.source 配置段

Build 构建的输入源主要有 5 种类型，即 Dockerfile、Images、Git、Binary 和 ConfigMap/Secret。无论是哪种输入源，它的构建过程都遵循以下构建顺序：

1）将所有输入内容都存储在构建容器的工作目录下（所有构建过程都发生在这个构建容器内）。

2）如果配置了 contextDir 参数，那么构建过程的执行目录将切换到 contextDir 指定的目录。

3）将 Dockerfile 输入类型的内容复制到当前目录下的 Dockerfile 文件中。

4）根据构建策略使用该目录下的 Dockerfile 文件构建镜像，或者执行 assemble 脚本进行构建。

（1）Dockerfile 输入源

基于 Dockerfile 的输入源在执行构建时，会将外部 Dockerfile 内容保存在构建容器当前目录下的 Dockerfile 文件中，然后利用该文件通过 docker build 命令来构建镜像。另外，这种方式意味着将会覆盖当前目录下的原有 Dockerfile 文件，采用 Dockerfile 输入源的配置示例如下。

```
source:
```

```
dockerfile: "FROM centos:7\nRUN yum install -y httpd"
```

（2）Images 输入源

Images 输入源会将指定源镜像中的一个或多个文件目录复制到构建容器中的指定目录下，然后基于这些文件或目录构建新的镜像。基于 Images 输入源的构建配置示例如下。

```
source:
  images:
  - from:
      kind: ImageStreamTag
      name: myinputimage:latest
      namespace: mynamespace
    paths:
    - destinationDir: injected/dir
      sourcePath: /usr/lib/somefile.jar
  - from:
      kind: DockerImage
      name: docker.example.com/myotherinputimage:latest
    pullSecret: dockerhub
    paths:
    - destinationDir: injected/dir
      sourcePath: /usr/lib/otherfile.jar
```

在上述构建配置中，会将命名空间 mynamespace 中的镜像标签 myinputimage:latest 所指向的镜像中的 /usr/lib/somefile.jar 文件复制到构建容器的工作目录 injected/dir 中，同时还会将外部镜像 docker.example.com/myotherinputimage:latest 中的 /usr/lib/otherfile.jar 文件复制到构建容器的工作目录 injected/dir 中。需要特别注意的是，并非所有镜像都是公共镜像，有些镜像要求在拉取时提供身份认证。针对这种情况，只需预先创建一个 Secret 对象来保存镜像仓库的身份认证信息，然后在配置中设置 pullSecret 为该 Secret 的名称即可，如上述示例中的配置" pullSecret: dockerhub"。镜像仓库身份认证信息的具体配置过程参考如下。

1）在终端使用用户名和密码登录镜像仓库。

```
[root@master ~]# docker login docker.example.com -u user -p password
Login Succeeded
```

2）基于 Docker 身份认证文件（默认位置为 .docker/config.json），在当前项目下创建 Secret 对象，如创建名为" dockerhub"的 Secret 对象。

```
$ cat <path/to/.docker/config.json>
{
    "auths": {
```

```
        "docker.example.com": {
                "auth": "b3BlbnNoaWZ0Om9wZW5zaGlmdA=="
        }
    }
}
$ oc create secret generic dockerhub \
    --from-file=.dockerconfigjson=<path/to/.docker/config.json> \
    --type=kubernetes.io/dockerconfigjson
```

3）将该 Secret 对象链接到当前项目下的 builder 服务账户，以赋予 builder 服务账户使用该 Secret 的权限。关于服务账户的更多信息请查阅第 2 章中的相关内容。

```
$ oc secrets link builder dockerhub
```

4）将镜像源构建配置中的 pullSecret 设置为 dockerhub，在执行构建时，将会自动使用该认证信息到对应镜像仓库中拉取需要的镜像。

（3）Git 输入源

通过 Git 输入源配置，OpenShift 将在执行构建时拉取指定代码仓库中的源代码至构建容器工作目录下，并将源代码构建成镜像。Git 输入源的具体配置示例如下。

```
source:
  git:
    uri: "https://github.com/openshift/ruby-hello-world"
    ref: "master"
  sourceSecret:
      name: "basicsecret"
```

通过上述 Git 输入源配置，OpenShift 在执行构建时将从源代码仓库中拉取源代码，这里我们配置的代码仓库是 https://github.com/openshift/ruby-hello-world，代码仓库中的源代码将被拉取到构建容器的工作目录中，配置中的"ref"指的是代码仓库的 Tag/Branch（标记/分支）。多数情况下，访问代码仓库需要提供身份认证信息，也就是上述示例中设置的 sourceSecret。OpenShift 通过 Secret 对象保存 Git 仓库的访问认证信息，Secret 对象具体创建命令参考如下。

```
[root@master ~]# oc create secret generic basicsecret \
    --from-literal=username=<user_name> \
    --from-literal=password=<password> \
    --type=kubernetes.io/basic-auth
```

在 Git 输入源的构建配置中，只需将 source.git.sourceSecret.name 参数设置为 basicsecret 即可。这样，在构建过程中，OpenShift 会自动使用 basicsecret 中的账号和密码从代码仓库中拉取源代码到工作目录下。

（4）Binary 输入源

Binary 输入源会从本地文件系统中将指定的目录文件复制到构建容器的工作目录中，由于 Binary 输入源需要从本地文件系统中传输文件，因此无法自动触发构建，只能使用命令行 oc start-build 手动创建 Build。需要特别指出的是，基于 Binary 输入源的构建命令 oc start-build 必须使用以下 4 种参数之一。

- ❑ --from-file：指定本地源文件。该文件会存放在构建容器的工作目录下。
- ❑ --from-dir：指定本地源目录。该目录将被挂载至构建容器内。
- ❑ --from-repo：指定本地源存储库。添加 --commit 选项以控制用于构建的分支、标记或提交参数。
- ❑ --from-archive：指定源压缩包文件。压缩包文件将传输至构建容器中，并在构建容器工作目录中被解压缩。

Binary 输入源在 BuildConfig 中的定义格式参考如下。

```
source:
  binary: {}
  type: Binary
```

下面用一个基于 Binary 输入源的构建配置参考示例来演示 Binary 输入源的配置和构建过程。

1）创建本地文件夹，用于存放代码。

```
[root@master ~]# mkdir myapp
[root@master ~]# cd myapp
```

2）在目录下创建一个 Dockerfile 文件。

```
[root@master ~]# cat Dockerfile
FROM centos:centos7
EXPOSE 8080
COPY index.html /var/run/web/index.html
CMD cd /var/run/web && python -m SimpleHTTPServer 8080
```

3）在目录下添加一个 index.html 文件。

```
<html>
  <head>
    <title>My local app</title>
  </head>
  <body>
    <h1>Hello World</h1>
  </body>
</html>
```

4）创建一个 BuildConfig 对象。

```
[root@master ~]# oc new-build --strategy docker --binary --docker-image\
centos:centos7 --name myapp
--> Found Docker image 9f38484 (4 months old) from Docker Hub for\
"centos:centos7"
    --> Creating resources with label build=myapp ...
        imagestream.image.openshift.io "centos" created
        imagestream.image.openshift.io "myapp" created
        buildconfig.build.openshift.io "myapp" created
    --> Success
```

上述示例中，使用的构建策略是 Docker，基础镜像为 centos:centos7，输入源类型为 Binary，创建的 BuildConfig 对象名称为"myapp"。

5）执行构建，将当前目录下的文件复制到构建容器中，并开始执行镜像构建。

```
[root@master ~]# oc start-build myapp --from-dir . --follow
```

因为该构建对象输入源为 Binary 类型，所以必须使用 oc start-build 命令手动触发构建。构建启动后，在 OpenShift WebConsole 上即可查看整个构建过程的日志，如图 4-5 所示。

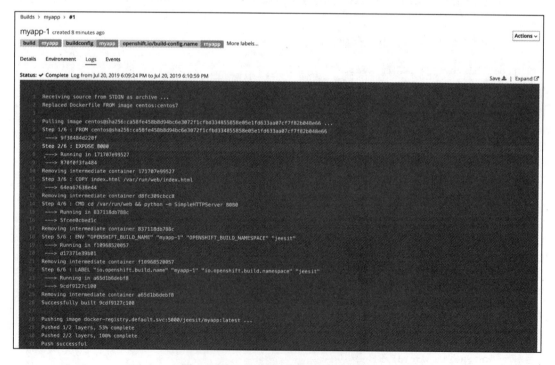

图 4-5　Binary 输入源 Build 构建过程

从图 4-5 所示的构建日志中可以看到，在构建容器启动后，完整的构建过程大致是：首先将本地文件复制到构建容器中，将构建容器工作目录下 Dockerfile 文件内的镜像源替换为 centos:centos7；然后使用新的 Dockerfile 文件开始构建；最后将构建完成后的镜像推送到 OpenShift 默认的内部镜像仓库中。

6）构建完成后，查看构建生成的镜像。

```
[root@master ~]# oc get imagestream | grep myapp
NAME                DOCKER   REF                          UPDATED
myapp:latest
docker-registry.default.svc:5000/jeesit/myapp:latest     15 minutes ago
```

从上述结果中可以看到，基于 Binary 输入源的构建过程最终生成的镜像流为 myapp:latest，镜像存储在 OpenShift 内部镜像仓库 docker-registry.default.svc 中。

（5）ConfigMap/Secret 输入源

ConfigMap/Secret 输入源指定的 ConfigMap 或者 Secret 内容将以文件形式挂载到工作目录下，很多时候我们并不希望将一些文件放在源代码里，而是希望以外置挂载的方式来使用，比如数据库的配置文件、设置 Maven 源的 settings.xml 文件等。针对这些情况，可以将文件内容保存在 ConfigMap 或者 Secret 对象中，并将其挂载到工作目录下，这样会更加安全。ConfigMap/Secret 输入源的示例如下。

```
source:
  configMaps:
    - configMap:
        name: settings-mvn
      destinationDir: ".m2"
  secrets:
    - secret:
        name: secret-mvn
```

在构建过程中，OpenShift 默认会将 ConfigMap/Secret 内容挂载到工作目录下，如果指定了 destinationDir 配置项，则会将其挂载到 destinationDir 指定的目录下。例如，在上述配置中，在构建时会将 ConfigMap 对象 settings-mvn 中的内容挂载到工作目录下的 .m2 子目录下，同时会将 Secret 对象 secret-mvn 中的内容挂载到工作目录下。

4. spec.strategy 配置段

spec.strategy 配置段用于设置 OpenShift 的镜像构建策略，OpenShift 支持 3 种构建策略，分别是 Source 策略、Docker 策略和 jenkinsPipeline 策略，下面分别对这 3 种构建策略进行详细介绍。

（1）Source 策略

Source 策略（sourceStrategy）通过执行基础镜像中指定的构建脚本来构建新的应用镜

像，此外应用启动脚本也需要在基础镜像中指定，Source 策略最关键的配置就是指定构建脚本与运行脚本的位置。一般而言，构建脚本与运行脚本存放在构建基础镜像的 /usr/libexec/s2i/ 目录下，构建脚本通常名为"assemble"，运行脚本通常名为"run"。当然，OpenShift 为 Source 策略的脚本设置提供了灵活的配置方式，通常构建和运行脚本有以下 3 种配置方式。

1）通过配置 sourceStrategy.scripts 参数来指定 s2i 目录（存放脚本的目录）。

```
strategy:
  sourceStrategy:
    from:
      kind: "ImageStreamTag"
      name: "builder-image:latest"
    scripts: "http://somehost.com/scripts_directory"
```

2）将构建脚本 assemble、运行脚本 run 等存放在源代码仓库根目录下的 .s2i/bin 子目录中，这种方式会替换基础镜像默认的 s2i 目录下的脚本。

3）通过 OpenShift 基础镜像中的 Label"io.OpenShift.s2i.scripts-url"配置参数指定，参数值默认为 /usr/libexec/s2i/。如果配置方式 1 和 2 都没有设置，则执行 Source 策略构建时，构建容器会使用基础镜像中该 Label 指定目录下的脚本进行构建。例如，基于如下 Dockerfile 文件构建镜像时，默认会使用镜像内 /opt/app-root/s2i/bin 目录下的脚本来执行应用镜像的构建。

```
FROM centos/python-27-centos7
COPY assemble /opt/app-root/s2i/bin/
COPY run /opt/app-root/s2i/bin/
LABEL io.openshift.s2i.scripts-url="image:///opt/app-root/s2i/bin"
```

其中，配置方式 1 与 3 通过本地文件目录或网络地址来设置脚本位置。当 run 和 assemble 脚本位于本地文件系统中时，通过"image:///path_to_scripts_dir"方式来指定，当脚本位于网络地址中时，通过"http(s)://path_to_scripts_dir"方式来指定。

（2）Docker 策略

在 Docker 策略（DockerStrategy）中，OpenShift 利用指定的 Dockerfile 文件，并通过 Docker build 命令来构建应用镜像。默认情况下，Docker 构建使用 BuildConfig 中 spec.source.contextDir 指定上下文目录下的 Dockerfile 文件，如果 contextDir 未设定，则使用构建容器工作目录下的 Dockerfile 文件。在 Docker 策略中，dockerStrategy.from.kind 支持以下 3 种类型。

1）ImageStreamTag：ImageStreamTag 所指向的镜像，如 ruby:latest。

2）ImageStream：镜像流 ImageStream 下指定 Hash 值的镜像，如 ruby@sha256: 751a3cd1905914389fe568c25b3d5367cd705a0e4f81970a361f670ce891baf7。

3）DockerImage：外部镜像仓库中的镜像，如 docker.io/openshift/ruby:latest。

事实上，不管在配置时指定的是哪一种类型，其配置最终都指向一个具体的镜像，而在构建过程中，该镜像将会替换 Dockerfile 文件中最后一个 FROM 指定的镜像，之后再执行 docker build 命令构建最终的应用镜像。以下是 Docker 策略的一个具体配置示例。

```
strategy:
  dockerStrategy:
    from:
      kind: "ImageStreamTag"
      name: "ruby:latest"
      namespace: openshift
```

另外，也可以直接通过设置 dockerfilePath 参数来指定 Dockerfile 文件的路径，如下所示。

```
strategy:
  dockerStrategy:
    dockerfilePath: dockerfiles/app1/Dockerfile
```

默认情况下，如果构建容器所在的宿主机上已经存在 FROM 指定的镜像，则不会重新请求镜像仓库，而是直接使用该镜像。这种情况下，即使该镜像有更新，构建容器也不会使用更新后的镜像。如果将 forcePull 参数设置为 true，则构建容器会强制拉取最新镜像，如下所示。

```
strategy:
  dockerStrategy:
    from:
      kind: "ImageStreamTag"
      name: "debian:latest"
    forcePull: true
```

使用 Docker 策略时，还支持向 Dockerfile 文件中传入构建参数及环境变量。构建参数在 buildArgs 配置段，环境变量在 env 配置段，如下所示。

```
dockerStrategy:
  from:
    kind: "DockerImage"
    name: "docker.io/openshift/ruby:latest"
  env:
    - name: "HTTP_PROXY"
      value: "http://proxy.net:5187/"
  buildArgs:
    - name: "FILENAME"
      value: "index.html"
```

通过上述配置，将会在构建时在 Dockerfile 文件中添加如下命令。

```
ENV "HTTP_PROXY"="http://proxy.net:5187/"
```

另外，也可以在 Dockerfile 文件中使用变量 $FILENAME 来代替 index.html 字符串。

（3）jenkinsPipeline 策略

jenkinsPipeline 策略将会利用 OpenShift 集成的持续集成流水线服务 Jenkins 来构建镜像。默认情况下，该策略会在当前项目的命名空间中查找 Jenkins 服务，如果未找到，则在当前项目下新建 Jenkins 应用，并使用构建配置中的 Jenkinsfile 生成应用自动集成流水线。自动集成流水线启动后，即可在 OpenShift WebConsole 中的"构建→ Pipelines"页面下看到整个构建流水线的执行过程，如图 4-6 所示。

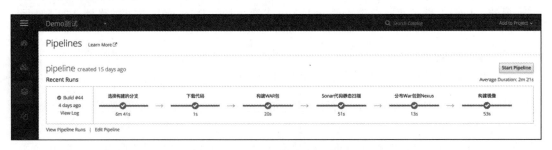

图 4-6　jenkinsPipeline 策略下的构建流水线

在 jenkinsPipeline 中，最关键的配置就是指定 jenkinsfile，OpenShift 提供了两种方式来配置 Jenkinsfile。

1）使用 jenkinsfile 参数，在 BuildConfig 配置中直接写入 Jenkinsfile 的完整内容。

```
strategy:
  jenkinsPipelineStrategy:
    jenkinsfile: |-
      pipeline{
        agent any
          stages{
            stage('demo'){
              steps{
                sh 'echo hello'
              }
            }
          }
      }
```

2）使用 jenkinsfilePath 参数来指定 Jenkinsfile 的路径，默认使用当前目录下的 Jenkinsfile。

```
strategy:
```

```
jenkinsPipelineStrategy:
  jenkinsfilePath: path/to/jenkinsfile
```

5. spec.output 配置段

spec.output 配置段用于配置构建的输出结果，OpenShift 中构建的输出结果有两种类型，分别是 ImageStreamTag 和 DockerImage。构建的最终结果通常就是运行容器时需要使用的应用镜像，如果后续要继续使用该镜像，则必须将其保存在外部或集成的内部镜像仓库中。

（1）ImageStreamTag

如果镜像构建输出结果配置为 ImageStreamTag，则在构建完成后，镜像将被推送到 OpenShift 内部镜像仓库中，同时生成指定的 ImageStreamTag，具体配置过程参考如下。

```
output:
  to:
    kind: "ImageStreamTag"
    name: "origin-ruby-sample:latest"
```

（2）DockerImage

如果镜像构建输出结果配置为 DockerImage，则在镜像构建完成后，镜像将被推送到指定的私有或公有镜像仓库中，具体配置过程参考如下。

```
output:
  to:
    kind: "DockerImage"
    name: "docker.example.com/project/origin-ruby-sample:tag"
```

通常情况下，私有镜像仓库和公有镜像仓库都需要身份认证信息才允许推送镜像，因此当 spec.output 配置为 DockerImage 类型时，通常也需要在配置中添加身份认证信息。假设我们需要将构建结果推送至公有仓库 docker.example.com 中，则配置过程大致如下。

1）创建访问 docker.example.com 所需要的认证密钥 dockerhub。

```
[root@master ~]# docker login docker.example.com -u user -p password
Login Succeeded
[root@master ~]#  oc create secret generic dockerhub \
    --from-file=.dockerconfigjson=<path/to/.docker/config.json> \
    --type=kubernetes.io/dockerconfigjson
```

2）将 docker.example.com 访问的认证密钥与 builder 服务账户绑定。

```
[root@master ~]#  oc secrets link builder dockerhub
```

3）将 Secret 对象 dockerhub 添加到 DockerImage 类型的 output 设置中。

```
$ oc set build-secret --push bc/ruby-sample-build dockerhub
```

4）通过 oc get bc ruby-sample-build -o yaml 查看当前 output 中的设置。

```
[root@master ~]# oc get bc ruby-sample-build -o yaml
output:
  pushSecret:
    name: dockerhub
  to:
    kind: "DockerImage"
    name: "docker.example.com/project/origin-ruby-sample:tag"
```

另外，如果 Secret 对象 dockerhub 已经存在，则可直接编辑 BuildConfig 对象 ruby-sample-build，并在其中的 pushSecret 配置段设置 Secret 对象名。

6. spec.postCommit 配置段

spec.postCommit 配置段是在镜像构建完成后，镜像推送到仓库之前，在构建容器中执行的脚本。postCommit 支持 5 种配置方式，详细介绍如下。

（1）script 方式

此类方式下，会在执行时使用 /bin/sh -ic 替换默认的 entrypoint 来执行脚本代码。如果执行构建的容器中没有 /bin/sh 脚本解析器，则推荐使用其他方式配置 postCommit。script 配置方式参考如下。

```
postCommit:
  script: "bundle exec rake test --verbose"
```

（2）command 方式

command 方式与 script 方式类似，都能替换默认的 entrypoint，但它并没有默认指定 Shell 解析器，而是允许自定义解析器。下面的示例中，我们指定使用" /bin/bash"作为脚本解析器。

```
postCommit:
  command: ["/bin/bash", "-c", "bundle exec rake test --verbose"]
```

（3）args 方式

args 方式使用默认的 entrypoint 执行，并给它传入指定的参数。这种方式下，entrypoint 必须能够支持这些参数，并能够正确执行。

```
postCommit:
  args: ["bundle", "exec", "rake", "test", "--verbose"]
```

（4）script 与 args 组合方式

在 script 与 args 组合方式中，在 script 脚本中使用 $0 来表示脚本解析器 /bin/sh，而 args 中则使用 $1、$2 等参数变量。其中，$1 代表的是 args 中的第一个参数，$2 代表的是

args 中的第二个参数。

```
postCommit:
  script: "bundle exec rake test $1"
  args: ["--verbose"]
```

（5）command 与 args 组合方式

在 command 与 args 组合方式中，其实就是将 args 参数串行追加到 command 参数列表后。如下示例中的配置其实等同于 command: ["bundle", "exec", "rake", "test", "--verbose"]。

```
postCommit:
  command: ["bundle", "exec", "rake", "test"]
  args: ["--verbose"]
```

4.2.2　Docker 构建

前面对 BuildConfig 对象的创建配置进行了详细介绍，包括输入源、构建策略、触发器及输出源等配置段，从中可以看到，OpenShift 提供了非常灵活的应用镜像构建定义。接下来将通过实现一个简单的 Flask 应用镜像的构建，进一步熟悉 Docker、源代码（S2I）与 JenkinsPipeline 这 3 种不同的构建策略。Flask 是用 Python 语言实现的一个 Web 框架，它能快速构建一个简单的 Web 应用。在 Python 环境中，创建一个简单 Flask 应用通常需要以下 3 个步骤。

首先，安装 Flask 扩展，为了加速安装，可以使用 -i 参数来指定国内 pypi 源。

```
$ pip install flask -i https://pypi.douban.com/simple
```

然后编写一个 Flask 应用代码文件 app.py。

```
from flask import Flask
app=Flask(__name__)
@app.route('/')
def hello():
  return "Hello world"
app.run(host="0.0.0.0")
```

最后，运行 python 命令执行 Flask 应用代码文件。

```
$ python app.py
```

Flask 默认监听 5000 端口，通过访问 http://${IP}:5000 即可查看默认页面的结果。

```
$ curl http://127.0.0.1:5000
Hello world
```

至此，我们运行了一个极其简单的 Flask 应用，但是采用的是传统单体架构运行模式。

通过 OpenShift，利用其提供的应用构建和部署功能，我们可将这个 Flask 应用以云原生的方式发布。本节中，我们将介绍基于 Docker 的构建方式，后面章节中将会分别介绍基于 S2I 和 JenkinsPipeline 的构建方式。

在容器运行时中，最常用的镜像构建方式就是基于 Dockerfile 的 docker build 命令。同样，在 OpenShift 中，基于 Docker 容器的构建策略仍然是最受欢迎的镜像构建方式，也是最为灵活的构建方式。4.2.1 节对 OpenShift 中的构建配置进行了详细介绍，从中我们可以知道，使用 BuildConfig 配置构建时，除了需要确认构建策略，还需确定输入源和输出目标。输入源可以是 Binary 类型文件，也可以是 Git 源代码库，输出目标仓库可以为 OpenShift 内部集成的镜像仓库，也可以是独立外部私有或公有镜像仓库。本节中，我们将通过两个完整的实战构建示例来演示如何通过 Docker 构建策略，基于不同的输入源和输出目标仓库来构建 Flask 应用镜像。

1. Docker 构建示例 1：Binary 输入和 ImageStreamTag 输出

在本示例中，首先我们会在 OpenShift 中创建一个名为"flask-app"的项目，以及一个名为"flask-app"的 BuildConfig 对象，然后将构建出的应用镜像保存在 OpenShift 内部镜像仓库中，同时创建名为"flask-app:latest"的 ImageStreamTag 指向该镜像地址，最后我们使用该镜像在 OpenShift 上进行 Flask 应用的部署，并通过请求应用对外的链接验证镜像构建流程的正确性和镜像的可用性。具体操作过程如下。

1）在 OpenShift 上创建一个名为"Flask 演示应用"的新项目。

```
[root@master ~]# oc new-project flask-app --display-name=Flask 演示应用
```

2）创建用于存放 Dockerfile 文件与应用源代码的目录 flask-app。

```
[root@master ~]# mkdir flask-app
[root@master ~]# cd flask-app
```

3）在 flask-app 目录下创建 flask-app 应用代码文件 app.py。

```
[root@master flask-app]# vi app.py
from flask import Flask
app=Flask(__name__)
@app.route('/')
def hello():
    return "Hello world"
app.run(host="0.0.0.0")
```

4）在 flask-app 目录下创建构建镜像使用的 Dockerfile 文件。

```
[root@master flask-app]# vi Dockerfile
FROM python:alpine
RUN pip install flask -i https://pypi.douban.com/simple
```

```
ADD app.py ./
CMD ["python", "app.py"]
EXPOSE 5000
```

5）基于 Dockerfile 文件创建 BuildConfig 对象。

```
[root@master flask-app]# oc new-build --strategy=docker --binary\
--name=flask-app --to=flask-app:latest
  --> Creating resources with label build=flask-app ...
    imagestream.image.openshift.io "flask-app" created
    buildconfig.build.openshift.io "flask-app" created
--> Success
```

上述 BuildConfig 对象创建命令 oc new-build 中各个参数的意义如下。

❑ --strategy=docker：表示构建策略为 Docker 构建策略。

❑ --binary：表示输入源为二进制本地文件源。

❑ --name=flask-app：表示创建的 BuildConfig 对象名为 "flask-app"。

❑ --to=flask-app:latest：表示镜像构建完成后，输出目标为内部镜像仓库，并设定 ImageStreamTag 为 flask-app:latest，其默认值为 "<BuildConfig 名称 >:latest"。

6）查看生成的 BuildConfig 配置。

```
[root@master flask-app]# oc get bc
NAME        TYPE      FROM     LATEST
flask-app   Docker    Binary   0
```

7）基于 Binary 输入源启动构建（Binary 类型的输入源必须通过手动方式触发镜像构建过程）。

```
[root@master flask-app]# oc start-build flask-app --from-dir=.
Uploading directory "." as binary input for the build ...
...
Uploading finished
build.build.openshift.io/flask-app-1 started
```

8）查看镜像构建结果。

```
[root@master flask-app]# oc get build
NAME          TYPE     FROM     STATUS     STARTED             DURATION
flask-app-1   Docker   Binary   Complete   About a minute ago  49s
```

9）查看生成的镜像流。

```
[root@master flask-app]# oc get imagestreamtag
NAME                            DOCKER REF
flask-app:latest
```

```
docker-registry.default.svc:5000/flask-app/flask-app@sha256:508eb8ba
58dd4b25bca51a5134a79d207d03432beebd444def70059a0fccad6c
```

10）为了验证最终生成的镜像能否正常使用，通过 OpenShift 提供的应用部署命令 oc new-app 将 flask-app 应用部署在 OpenShift 上。

```
[root@master flask-app]# oc new-app flask-app
--> Creating resources ...
  deploymentconfig.apps.openshift.io "flask-app" created
  service "flask-app" created
--> Success
```

11）为应用创建路由，以便 Flask 应用对外提供服务。

```
[root@master flask-app]# oc expose svc/flask-app
route.route.openshift.io/flask-app exposed
[root@master flask-app]# oc get route
NAME            HOST/PORT            PATH                        SERVICES      PORT
flask-app       flask-app-flask-app.apps.example.com            flask-app     5000-tcp
```

12）使用 curl 访问 Flask 应用 Web 页面，验证应用返回结果是否正常。

```
[root@master flask-app]# curl http://flask-app-flask-app.apps.example.com
  Hello world
```

通过上述示例演示可以看到，利用 OpenShift 提供的 Docker 构建策略和 Binary 输入源可以快速构建应用镜像，并将其存储到 OpenShift 内部集成的镜像仓库中。通过 OpenShift 提供的应用部署命令，即可快速利用构建完成的镜像在 OpenShift 上发布云原生应用。

2. Docker 构建示例 2：Git 源代码输入和外部镜像仓库输出

在本示例中，我们将在 github.com 上新建一个代码仓库，并将源代码推送到该仓库中。另外，在示例 1 中创建的项目 flask-app 中，新建一个名为"flask-app-git"的 BuildConfig 对象，同时将构建镜像推送到外部仓库 docker.example.com/example/flask-app:v1-git 中。然后使用该外部镜像进行应用部署，并通过应用请求和访问验证构建镜像的可用性。具体操作步骤如下。

1）切换到新创建的 flask-app 项目上下文中。

```
[root@master flask-app]# oc project flask-app
```

2）在 github.com 中创建示例代码仓库 github.com/<user_name>/openshift.git。
3）初始化代码仓库，并将 Dockerfile 与 Flask 应用文件 app.py 添加到代码仓库中。

```
[root@master ~]# cd flask-app/
[root@master flask-app]# ls -a
```

```
... app.py  Dockerfile
[root@master flask-app]# git init
Initialized empty Git repository in /root/flask-app/.git/
[root@master flask-app]# git add app.py Dockerfile
[root@master flask-app]# git commit -m 'commit app.py Dockerfile'
[root@master flask-app]# git remote add origin \
https://github.com/<user_name>/openshift.git
[root@master flask-app]# git push -u origin master
  * [new branch]      master -> master
Branch master set up to track remote branch master from origin
```

4）创建拉取 Git 代码仓库的认证密钥 github（如果创建的 Git 代码仓库为公开的，则这一步可以省略）。

```
[root@master flask-app]# oc create secret generic github \
  --from-literal=username=<user_name> \
  --from-literal=password=<password> \
  --type=kubernetes.io/basic-auth
```

5）创建访问 docker.example.com 的认证密钥 dockerhub。

```
[root@master ~]# docker login docker.example.com -u user -p password
Login Succeeded
[root@master ~]#  oc create secret generic dockerhub \
  --from-file=.dockerconfigjson=<path/to/.docker/config.json> \
  --type=kubernetes.io/dockerconfigjson
```

6）将访问 docker.example.com 的认证密钥与 builder 服务账户绑定。

```
[root@master ~]#  oc secrets link builder dockerhub
```

7）创建基于 Git 源代码输入和 Docker 构建策略的 BuildConfig 对象。

```
[root@master ~]#  oc new-build --strategy=docker \
https://github.com/<user_name>/openshift.git#master \
--source-secret=github  --push-secret=dockerhub --to-docker --to \
docker.example.com/example/flask-app:v1-git --name flask-app-git

--> Found Docker image 127f689 (2 weeks old) from Docker Hub for
"python:alpine"
--> Creating resources with label build=flask-app ...
  imagestream.image.openshift.io "python" created
  buildconfig.build.openshift.io "flask-app-git" created
--> Success
```

从 BuildConfig 的创建日志中可以看出，当输入源为 Git 源代码仓库时，首先会到代

码仓库中拉取源代码，并解析代码仓库中的 Dockerfile 文件，然后基于 FROM 语句中指定
的镜像"python:alpine"创建 ImageStream 及 ImageStreamTag，最后根据输入和输出等配
置信息生成最终的 BuildConfig 对象 flask-app-git。OpenShift 提供的构建创建命令 oc new-
build 中的具体参数说明如下。

❑ --strategy=docker：表示采用 Docker 构建策略。

❑ --source-secret=github：表示使用认证密钥 github 到 Git 仓库中拉取代码。如果代码
仓库设置为公开无须认证，则可以不设置此参数。

❑ --push-secret=dockerhub：表示使用认证密钥 dockerhub 将镜像推送至外部仓库中。

❑ --to-docker：表示镜像构建完成后，将镜像推送到外部镜像仓库。

❑ --to=docker.example.com/example/flask-app:v1-git：表示在镜像构建完成后将其推送
  至外部镜像仓库，最终镜像及标识为 docker.example.com/example/flask-app:v1-git。

❑ --name=flask-app-git：表示创建的 BuildConfig 对象名称为"flask-app-git"。

8）查看生成的 BuildConfig 配置。

```
[root@master flask-app]#  oc get bc
NAME             TYPE       FROM         LATEST
flask-app-git    Docker     Git@master   1
```

9）启动构建过程。

```
[root@master flask-app]# oc start-build flask-app-git
build.build.openshift.io/flask-app-git-2 started
```

10）查看构建结果。

```
[root@master flask-app]# oc get build
NAME               TYPE       FROM         STATUS     STARTED
flask-app-git-1    Docker     Git@15af093  Complete   5 minutes ago
```

11）查看构建过程日志。

```
[root@master flask-app]# oc logs -f build/flask-app-git-1
Cloning "https://github.com/<user_name>/openshift.git" ...
Replaced Dockerfile FROM image python:alpine
Step 1/7 : FROM
python@sha256:94ea97e4e188e38ca7f81ed9490b7b9872e30f68df1a2626a25f39
97d6bdc50a ...
Successfully built 7ee112c49deb
Pushing image docker.example.com/example/flask-app:v1-git ...
Push successful
```

从构建输出日志中可以看到，整个构建的执行过程大致分为 3 个步骤：首先从 Git 仓

库中拉取源代码，然后基于工作目录中的 Dockerfile 文件使用 docker build 命令构建应用镜像，最后将构建完成的应用镜像推送到指定的镜像仓库中。

12）为了验证最终镜像的正确性和可用性，使用 oc new-app 命令部署该应用。

```
[root@master flask-app]# oc new-app \
docker.example.com/example/flask-app:v1-git --name=flask-app-git
--> Creating resources ...
  imagestream.image.openshift.io "flask-app-git" created
  deploymentconfig.apps.openshift.io "flask-app-git" created
  service "flask-app-git" created
--> Success
```

13）为应用创建路由，以便应用对外提供服务。

```
[root@master flask-app]# oc expose svc/flask-app-git
route.route.openshift.io/flask-app-git exposed
[root@master flask-app]# oc get route
NAME                HOST/PORT
flask-app-git    flask-app-git-flask-app.apps.example.com
```

本示例中，应用最终以域名 flask-app-git-flask-app.apps.example.com 对外提供服务，用户通过此域名即可访问该服务。

14）使用 curl 命令访问应用。

```
[root@master flask-app]# curl \
http://flask-app-git-flask-app.apps.example.com
Hello world
```

通过上述示例演示可以看到，利用 OpenShift 提供的 Docker 构建策略和 Git 输入源，可以快速构建应用镜像，并将其存储到外部镜像仓库中。通过 OpenShift 提供的应用部署命令，即可快速利用构建完成的镜像在 OpenShift 上发布云原生应用。

本节中，我们通过两个实战示例详细介绍了 Docker 构建策略下的两种输入源（Binary 本地文件源和 Git 代码仓库源）和两种输出方式（OpenShift 内部镜像仓库与外部镜像仓库）。通过恰当的输入源和输出仓库的设置，利用 OpenShift 的镜像构建功能，即可方便快速地构建应用镜像。另外，只需参考 4.2.1 节中对 BuildConfig 对象资源的详细介绍，即可轻松实现 Docker 构建策略下其他输入源的设置，比如利用镜像中的文件，使用自定义 Dockerfile 覆盖源代码中的 Dockerfile 文件等。

4.2.3　源代码构建

源代码构建（Source to Image，S2I）是 OpenShift 中常用的一种构建策略，也是 RedHat 提供的一套镜像构建开源工具。S2I 将基础镜像与应用代码利用一套约定的规则与构建流程，最终构建出用户需要的应用镜像。在 S2I 构建中，当源代码变动时，用户无须使用 docker build 命令来构建镜像，而是由 S2I 工具自动执行代码变更后的构建过程。因此，使用 S2I 工具可以得到与源代码实时保持一致的应用镜像。S2I 让应用镜像的构建变得更加方便和简单。S2I 的构建过程包含 3 个基本元素，即应用代码、构建镜像和 S2I 脚本。其中 S2I 脚本主要包含构建脚本 assemble 和运行脚本 run。使用 S2I 构建镜像的大致步骤如下：

1）在执行构建时，S2I 工具会将源代码与 S2I 脚本打包成一个 tar 文件。

2）将 tar 文件传输到构建容器中，并将其解压到 io.openshift.s2i.destination 参数所设置的临时目录下（默认为 /tmp）。另外，如果源代码中有 .s2i/bin 目录，则会将该目录下的所有文件复制到 /tmp/scripts 目录中，用作执行构建和容器启动的脚本。

3）执行构建脚本 assemble，该脚本将会基于临时目录中的应用源代码完成应用镜像的构建。

4）完成构建后将应用镜像提交到 BuildConfig 配置设定的 spec.output 指定的镜像仓库中，完成整个构建过程。

在 S2I 构建中，最重要的部分是 S2I 构建脚本和应用镜像启动时的执行脚本，构建脚本确定了构建的具体执行步骤，镜像启动时的执行脚本告知了应用的启动方式。在 4.2.1 节中，我们已详细介绍了存放 S2I 脚本的推荐目录，此处不再赘述。通常情况下，我们会将通用的构建脚本保存在构建镜像中，如果有特殊需求，则将构建脚本存放在应用代码的 .s2i/bin 目录下。这样既能让项目专注于应用代码的逻辑，不必过多考虑构建细节，又能让构建过程具有很大的灵活性，在特殊情况下也能应对自如。基于上述考虑，我们在制作构建镜像时应当遵循通用、简洁和安全的原则。

❑ **通用原则**。构建镜像一般应包含常见的应用编译工具，以及默认的构建与运行脚本。构建镜像并非只针对具体某个项目，而是面向某种类型的项目，比如针对 Python 类应用的构建镜像。这样才可以规范应用构建的流程，减少项目中构建流程的管理工作。

❑ **简洁原则**。构建过程中不要引入无关的文件，构建完成后要及时清除构建过程中生成的临时文件及应用源代码。如无必要，不应安装与应用运行无关的软件，这样可以减少应用的部署时间，保证容器平台的调度效率，减少在集群主机间传输的数据量。

❑ **安全原则**。避免使用 root 用户，同时不要过度放开文件的权限。

接下来，我们将演示如何使用源代码构建策略来实现 Flask 应用镜像的构建。其过程主要分为两个部分，即构建镜像的制作与 BuildConfig 对象的创建，下面来分别介绍。

（1）制作构建镜像

使用 Dockerfile 文件制作构建镜像的具体步骤如下。

1）编写构建镜像中默认的构建脚本 assemble。

```
[root@master flask-app]# cat << EOF > s2i/assemble
#!/bin/bash
mv /tmp/src/* ./
```

```
if [ -f requirements.txt ]
then
  pip install -r requirements.txt -i https://pypi.douban.com/simple
fi
EOF
[root@master flask-app]# chmod a+x s2i/assemble
```

在执行构建时，保存在 /tmp/src 目录下的应用代码将会被移到工作目录 /opt 下，同时安装需要的依赖扩展包。

2）编写构建镜像中默认的运行脚本 run。

```
[root@master flask-app]# cat << EOF > s2i/run
#!/bin/bash
python app.py
EOF
[root@master flask-app]# chmod a+x s2i/run
```

3）编写构建镜像中默认的使用说明脚本 usage。

```
[root@master flask-app]# cat << EOFA > s2i/usage
#!/bin/sh
cat <<EOF
This is a S2I python base image
sample:
code file direcotry:
- requirements.txt # list python package to be installed
- app.py  # python app.py to run the application
to create buildconfig with oc command:
oc new-build
python:slim-s2i~https://github.com/sample/python-app.git#master
--name=testapp-s2i
EOF
EOFA
[root@master flask-app]# chmod a+x s2i/usage
```

4）编写构建镜像的 Dockerfile 文件。

```
[root@master flask-app]#  cat << EOF > Dockerfile
FROM python:slim
LABEL io.openshift.s2i.scripts-url="image:///usr/libexec/s2i/" \
io.openshift.tags="builder,python"
WORKDIR /opt
RUN mkdir -p /usr/libexec/s2i/ && pip install virtualenv -i \
https://pypi.douban.com/simple  && virtualenv venv && chown 1001:0 \
```

```
—R /opt
ADD s2i/ /usr/libexec/s2i/
ENV PATH /opt/venv/bin:\$PATH
USER 1001
EXPOSE 5000
CMD /usr/libexec/s2i/usage
EOF
```

在上述 Dockerfile 文件中，我们使用 python:slim 作为构建基础镜像，它的体积非常小，仅有官方 Python 镜像的 1/5，因此可以最小化最终应用镜像的尺寸。另外，通过添加 LABEL io.openshift.s2i.scripts-url 设置，我们将默认的 S2I 脚本存放目录设置为构建镜像中的 /usr/libexec/s2i/ 目录。此外，我们需要在构建镜像中安装 virtualenv，并在工作目录中创建虚拟环境。基于安全考虑，在执行构建时，虚拟环境中所有文件都存放在非 root 用户管理的 /opt 目录下。另外，构建脚本 s2i/assemble、s2i/run 和 s2i/usage 都存放在默认的 S2I 脚本目录下，在构建过程中，如果没有特别指定，将会使用这些脚本完成镜像构建与应用启动。

5）创建构建镜像。

```
[root@master flask-app]#  docker build -t python-s2i:3.7-slim
Successfully built 4cb27cdbe6ac
```

6）将构建镜像推送到外部镜像仓库。

```
[root@master flask-app]#  docker tag python-s2i:3.7-slim \
docker.example.com/public/python-s2i:3.7-slim
[root@master flask-app]#  docker push \
docker.example.com/public/python-s2i:3.7-slim
```

至此，构建镜像的创建过程已全部完成。如果要将构建镜像推送至 OpenShift 内部集成的镜像仓库中，则需要将镜像地址改为内部镜像仓库的地址。在 OpenShift 内部集成的镜像仓库中，镜像通常被保存在名为"openshift"的项目下，当镜像被保存至该项目中时，默认 OpenShift 平台其他所有项目都可以访问该镜像。通过以下步骤，即可将镜像保存至 OpenShift 内部集成的镜像仓库 docker-registry-default.apps.example.com 中的 openshift 命名空间中。

```
[root@master flask-app]#  docker login -p $(oc whoami -t) -e unused \
-u unused docker-registry-default.apps.example.com
[root@master flask-app]#  docker tag python-s2i:3.7-slim \
docker-registry-default.apps.example.com/openshift/python-\
s2i:3.7-slim
[root@master flask-app]#  docker push \
docker-registry-default.apps.example.com/openshift/python-\
```

```
s2i:3.7-slim
```

构建镜像创建完成后，我们将创建基于 Source 输入源的 BuildConfig 对象。当构建镜像和 BuildConfig 创建完成后，即可启动 S2I 过程来构建应用镜像。

（2）创建 BuildConfig 对象

BuildConfig 的创建和应用镜像的构建过程如下。

1）使用 new-build 命令创建 BuildConfig 对象。

```
[root@master flask-app]# oc new-build --strategy=source \
--code=https://github.com/<user_name>/openshift.git#master \
--docker-image=docker.example.com/public/python-s2i:3.7-slim \
--name=flask-app-s2i
--> Found Docker image 4cb27cd (17 hours old) from harbor.example.com
for "harbor.example.com/public/python-s2i:3.7-slim "
--> Creating resources with label build=flask-app-s2i ...
  imagestream "python" created
  imagestream "flask-app-s2i" created
  buildconfig "flask-app-s2i" created
--> Success
  Build configuration "flask-app-s2i" created and build triggered.
  Run 'oc logs -f bc/flask-app-s2i' to stream the build progress.
```

在 BuildConfig 的创建过程中，oc new-build 命令的具体参数说明如下。

❑ --strategy=source：表示构建策略为源代码构建策略。

❑ --code=https://github.com/<user_name>/openshift.git#master：表示指定 Git 代码仓库及 master 分支。

❑ --docker-image=docker.example.com/public/python-s2i:3.7-slim：指定构建镜像。

❑ --name=flask-app-s2i：表示创建的 BuildConfig 名为"flask-app-s2i"。

2）查看生成的 BuildConfig 配置。

```
[root@master1 flask-app]# oc get bc
NAME            TYPE     FROM        LATEST
flask-app-s2i   Source   Git@master  1
```

3）开始构建应用镜像。

```
[root@master flask-app]# oc start-build flask-app-s2i
build.build.openshift.io/flask-app-s2i-2 started
```

4）查看应用镜像的构建结果。

```
[root@master flask-app]# oc get build
NAME                TYPE     FROM        STATUS      STARTED
```

```
flask-app-s2i-1    Source    Git@2e67c4f    Complete    9 minutes ago    18s
flask-app-s2i-2    Source    Git@2e67c4f    Complete    12 seconds ago    12s
```

5）查看应用镜像的构建过程日志。

```
[root@master flask-app]# oc logs -f build/flask-app-s2i-2
Cloning "https://github.com/<user_name>/openshift.git" ...
Looking in indexes: https://pypi.douban.com/simple
Collecting flask (from -r requirements.txt (line 1)) ...
Successfully installed Jinja2-2.10.1 MarkupSafe-1.1.1 Werkzeug-0.15.5
click-7.0 flask-1.1.1 itsdangerous-1.1.0
Pushing image
docker-registry.default.svc:5000/flask-app/flask-app-s2i:latest ...
Push successful
```

从应用镜像的构建日志中可以看到，在 S2I 构建过程中，完整构建的执行过程大致分为 3 个步骤：首先从 Git 代码仓库中拉取源代码，然后在构建镜像中执行 assemble 构建脚本，生成应用镜像，最后将构建完成的应用镜像推送到指定的镜像仓库中（默认是 OpenShift 内部镜像仓库）。

6）使用 oc new-app 命令进行应用部署。

```
[root@master1 flask-app]# oc new-app flask-app-s2i
  --> Creating resources ...
  deploymentconfig "flask-app-s2i" created
  service "flask-app-s2i" created
--> Success
```

7）为应用创建路由，以便应用对外提供服务。

```
[root@master flask-app]# oc expose svc/flask-app-s2i
route.route.openshift.io/flask-app-s2i exposed
[root@master flask-app]# oc get route
NAME               HOST/PORT
flask-app-s2i      flask-app-s2i-flask-app.apps.example.com
```

8）使用 curl 命令访问应用。

```
[root@master flask-app]# curl \
http://flask-app-s2i-flask-app.apps.example.com
Hello world
```

至此，我们就完成了基于源代码策略的应用镜像构建。对于任何基于 Python 的代码仓库，只需要准备一个包含全部 Python 依赖包的 requirements.txt 文件和应用入口文件 app.py，就可以使用本示例中制作的构建镜像进行应用镜像的构建了。与 Docker 构建策略必须为每个项目准备一个 Dockerfile 文件相比，S2I 构建策略更加通用且方便。

需要特别指出的是，在上面的构建过程中，每次执行构建时都需要重新下载 Python 依赖包。那么，有没有办法只下载和安装一次依赖包，以后的构建都使用之前下载的依赖包呢？答案是肯定的，其实这就是 S2I 构建中的增量构建功能。在增量构建中，S2I 工具在执行构建前，会先去上一次构建完成的应用镜像中取出指定的增量文件，并将其存放在构建镜像标签 io.openshift.s2i.destination 所设置临时目录下的 artifacts 子目录中（默认为 /tmp/artifacts）。后续在执行 assemble 构建脚本时，就可以使用该增量文件了。

对于本例中的 Flask 应用，我们可以将通过 pip 安装的依赖扩展文件包作为增量文件保存，然后再利用 S2I 的增量构建功能进行构建，这样就可以避免每次构建都需要通过 pip 下载依赖文件包了。S2I 增量构建的具体操作步骤如下。

1）在 BuildConfig 中开启增量构建配置。

```
spec:
  strategy:
    sourceStrategy:
      incremental: true
```

也可以使用 oc patch 命令开启增量构建配置。

```
[root@master flask-app]# oc patch bc/flask-app-s2i --type=json –patch\
'[{"op":"add", "path":"/spec/strategy/sourceStrategy/incremental", \
"value":true}]'
```

2）在代码中添加保存增量文件的脚本 .s2i/bin/save-artifacts。

```
#!/bin/sh
cd /opt/venv/lib/python3.7
tar cf - ./site-packages
```

3）在代码中添加构建脚本 .s2i/bin/assemble，使用增量文件进行构建。

```
#!/bin/bash
if [ -d /tmp/artifacts/site-packages ]
then
  rm -rf ./venv/lib/python3.7/site-packages
  mv /tmp/artifacts/* ./venv/lib/python3.7/
fi
mv /tmp/src/* ./
if [ -f requirements.txt ]
then
  pip install -r requirements.txt -i https://pypi.douban.com/simple
fi
```

4）重新构建并查看构建日志。

```
[root@master flask-app]# oc start-build flask-app-s2i
build.build.openshift.io/flask-app-s2i-3 started
[root@master flask-app]# oc get build
NAME               TYPE      FROM         STATUS      STARTED
flask-app-s2i-1    Source    Git@2e67c4f  Complete    9 minutes ago
flask-app-s2i-2    Source    Git@2e67c4f  Complete    3 minutes ago
flask-app-s2i-3    Source    Git@d95aaca  Complete    33 seconds ago
[root@master flask-app]# oc logs -f build/flask-app-s2i-3
Cloning "https://github.com/<user_name>/openshift.git" ...
Pulling image
"docker-registry.default.svc:5000/flask-app/flask-app-s2i:latest" ...
Looking in indexes: https://pypi.douban.com/simple
Requirement already satisfied: flask
in ./venv/lib/python3.7/site-packages (from -r requirements.txt (line
1)) (1.1.1)
Pushing image
docker-registry.default.svc:5000/flask-app/flask-app-s2i:latest ...
Push successful
```

从上述构建过程输出的日志中可以看到，执行 S2I 构建时会先拉取上一次完成的应用
镜像，并执行 save-artifacts 脚本将增量文件导入到 /tmp/artifacts 目录下，再执行 assemble
构建脚本。构建脚本在执行 pip install 时发现需要安装的依赖包已经存在，从而跳过下载步
骤，并生成新版本的应用镜像，最后将新镜像推送到镜像仓库中。

本节中，我们使用 S2I 构建策略成功地完成了 Flask 应用镜像的构建，实现了一个通用
的 Python 应用构建镜像，另外还使用 S2I 的增量构建功能加速了应用镜像的二次构建。对
于其他语言的应用，使用 S2I 构建应用镜像的方式是类似的。需要强调的是，在使用 S2I 构
建镜像时，我们制作的构建镜像也需要根据需要不断优化，兼顾通用、简洁、安全的原则，
以便构建过程更加方便、快速和简单。

4.2.4　jenkinsPipeline 构建

jenkinsPipeline 构建策略是 OpenShift 中持续集成与持续部署（CI/CD）的实现。通过
与开源集成工具 Jenkins 集成，OpenShift 提供了应用镜像的构建流水线。而 jenkinsPipeline
构建策略正是通过 OpenShift 中的 Jenkins pipeline 插件实现的。Jenkins 是一款基于 Java 语
言开发的开源自动化应用集成工具，其可以通过界面或者 Jenkinsfile 文件来定义构建的整
个过程。事实上，Jenkinsfile 就是记录了构建流水线过程的文本文件，通过 Jenkinsfile 方式
实现了 Pipeline as Code 的概念，即使用代码描述整个构建过程。相较于在用户界面上定义
构建过程，Jenkinsfile 文件定义的流水线给构建带来了以下好处。

❑ 让构建过程像应用代码一样实现构建流水线版本化控制。

❑ 对流水线的每次变动都能可视化查看，易于审查构建过程。

❑ 方便构建过程复用，对于一个新的项目，复制之前项目的 Jenkinsfile 文件就可以实现构建过程的复用。

OpenShift 中的 jenkinsPipeline 构建策略正是通过定义 Jenkinsfile 的方式来定义构建过程的，因此 jenkinsPipeline 构建完全依赖于 Jenkins 服务。当我们在 BuildConfig 中将构建策略设置为 jenkinsPipelineStrategy 后，一旦执行构建，就会在当前项目下查找 Jenkins 服务。如果当前项目下没有 Jenkins 服务，则会使用集群配置 master-config 中设置的默认 Jenkins 模板创建一个新的 Jenkins 应用，以便使用该应用执行相关的 Pipeline。与其他构建策略一样，jenkinsPipeline 构建也可以通过 OpenShift 命令行或 OpenShiftt 控制台进行管理。在下面的示例中，我们将使用 jenkinsPipeline 构建策略来实现 Flask 应用的自动构建与部署流水线。

1）首先，切换到 flask-app 项目上下文环境中。

```
[root@master flask-app]# oc project flask-app
```

2）在代码仓库中创建 Jenkinsfile 文件，用于描述构建过程。

```
[root@master flask-app]# cat <<EOF > Jenkinsfile
pipeline{
  agent any
  stages{
    stage("start build"){
            steps{
              openshiftBuild bldCfg:
'flask-app-s2i', commitID: 'master', namespace: 'flask-app',
showBuildLogs: 'true'
                    }
            }
            stage("start deploy"){
              steps{
                openshiftDeploy  depCfg:
'flask-app-s2i', namespace: 'flask-app'
                    }
            }
      }
}
EOF
[root@master flask-app]# git add Jenkinsfile
[root@master flask-app]# git commit -m 'add Jenkinsfile'
[root@master flask-app]# git push
```

3）查看当前项目下的 BuildConfig。

```
[root@master flask-app]# oc get bc
NAME                 TYPE        FROM        LATEST
flask-app-s2i        Source      Git         2
```

4）查看当前项目下的 DeploymentConfig，并关闭 DeploymentConfig 的自动触发器。

```
[root@master flask-app]# oc get dc
NAME            REVISION    DESIRED   CURRENT      TRIGGERED BY
flask-app-s2i   2           1         1            config,image(flask-app-s2i:latest)
[root@master flask-app]# oc set triggers dc/flask-app-s2i --manual
Deploymentconfig "flask-app-s2i" updated
[root@master flask-app]# oc get dc
NAME            REVISION    DESIRED   CURRENT      TRIGGERED BY
flask-app-s2i   2           1         1
```

5）创建 jenkinsPipeline 构建配置，实现应用构建与部署流水线。

```
[root@master flask-app]# oc new-build --strategy=pipeline \
--code=https://github.com/<user_name>/openshift.git#master --name \
flask-app-pipeline
--> Creating resources with label build=flask-app-pipeline ...
    buildconfig "flask-app-pipeline" created
--> Success
```

jenkinsPipeline 一旦创建便会自动触发一次构建，通过 oc logs -f bc/flask-app-pipelines 命令可以查看构建的日志信息。流水线构建创建命令 oc new-build 中各个具体参数的说明如下：

- --strategy=pipeline：表示应用的构建策略为 jenkinsPipeline 策略。
- --code=https：//github.com/<user_name>/openshift.git#master：指定 Git 源代码仓库地址及其分支 master。
- --name=flask-app-pipeline：表示创建的 BuildConfig 名为"flask-app-pipeline"。

6）查看生成的 BuildConfig 配置。

```
[root@master1 flask-app]# oc get bc
NAME                   TYPE              FROM          LATEST
flask-app-pipeline     JenkinsPipeline   Git@master    1
flask-app-s2i          Source            Git           2
```

7）在 OpenShift Web 界面上查看流水线过程，访问"Build → Pipelines"，如图 4-7 所示。

8）在 Jenkins 流水线界面上单击"View Log"链接即可查看流水线的构建过程，如图 4-8 所示。

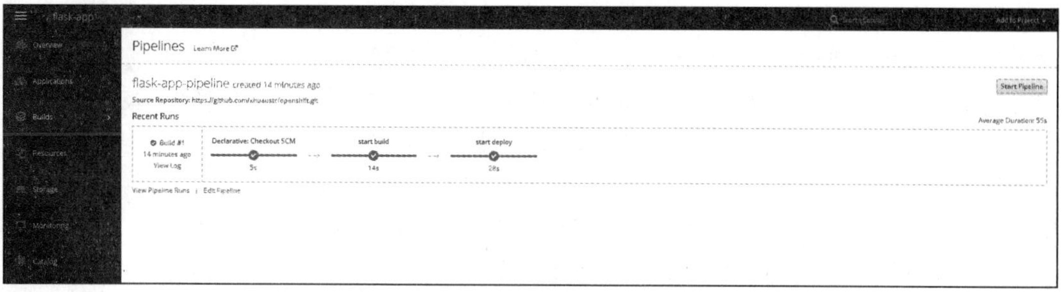

图 4-7　jenkinsPipeline 流水线

图 4-8　Jenkins 执行日志

从 Jenkins 日志中可以看出，OpenShift 流水线构建过程会自动触发 flask-app-s2i 应用的构建与部署，从而实现应用的自动升级。

9）查看应用构建与部署版本。

```
[root@master flask-app]# oc get bc
NAME                    TYPE              FROM            LATEST
flask-app-pipeline      JenkinsPipeline   Git@master      1
flask-app-s2i           Source            Git             3
[root@master flask-app]# oc get dc
NAME            REVISION    DESIRED    CURRENT    TRIGGERED BY
flask-app-s2i   4           1          1          config,image(flask-app-s2i:latest)
```

可以看到，在 BuildConfig 的输出中，flask-app-s2i 的 latest 版本号较执行流水线前增加了 1，同时在 DeploymentConfig 中，flask-app-s2i 的 REVISION 较执行流水线前增加了 2，这表明流水线触发 flask-app-s2i 进行了一次构建和一次部署。

本节中，通过使用 jenkinsPipeline 构建策略，我们完成 Flask 应用镜像的构建与应用流水线部署。当然，示例中仅是一条最简单的流水线，简单到真正使用过程中完全没有必要，因为使用 DeploymentConfig 的触发器也能实现构建后的自动部署。然而，在项目的开发测试及部署过程中，我们会将相关 CI/CD 的应用都通过 jenkinsfile 文件连在一起，实现应用的构建、单元测试、代码静态扫描、自动部署等功能，从而实现一个功能强大的 CI/CD 流水线，这才是 OpenShift 构建流水线真正发挥价值的地方。在第 5 章中，我们将会详细介绍如何在 OpenShift 中使用 DevOps 工具链构建一条完整的 CI/CD 流水线。

4.3　OpenShift 应用部署

应用部署是指将已构建出的应用镜像，按照指定的方式在 OpenShift 容器平台上正常运行起来的过程。在 OpenShift 平台上，应用部署的配置对象为 DeploymentConfig，这是 OpenShift 平台中除了 BuildConfig 以外的又一个非常重要的资源对象。在 4.2 节中，我们已经在 OpenShift 容器平台上部署了 Flask 应用，这个部署过程正是应用了 OpenShift 中的应用部署资源对象 DeploymentConfig。本节中，我们将重点介绍如何配置和使用 OpenShift 中的应用部署资源对象 DeploymentConfig。

4.3.1　DeploymentConfig 资源对象

与 BuildConfig 资源对象类似，DeploymentConfig 资源对象也是一种声明式定义的资源。在其定义中，会定义相应的 Replication Controller（应用副本控制器），设置触发器以及应用部署策略，并会创建与部署生命周期相关的挂钩（hook）。OpenShift 平台通过读取 DeploymentConfig 的配置，自动部署、滚动升级指定的应用版本。下面是已创建好的 DeploymentConfig 资源对象的完整定义。

```
[root@master ~]# cat << EOF | oc create -f -
kind: "DeploymentConfig"
apiVersion: "v1"
metadata:
  name: "frontend"
spec:
  template:
    metadata:
      labels:
        name: "frontend"
    spec:
```

```
        containers:
          - name: "helloworld"
            image: "openshift/origin-ruby-sample"
            ports:
              - containerPort: 8080
                protocol: "TCP"
      replicas: 5
      triggers:
        - type: "ConfigChange"
        - type: "ImageChange"
          imageChangeParams:
            automatic: true
            containerNames:
              - "helloworld"
            from:
              kind: "ImageStreamTag"
              name: "origin-ruby-sample:latest"
      strategy:
        type: "Rolling"
      paused: false
      revisionHistoryLimit: 2
      minReadySeconds: 0
EOF
```

通过上述 DeploymentConfig 定义，即可在 OpenShift 上快速部署应用。表 4-2 给出了 DeploymentConfig 定义中各个配置参数的解释说明。

表 4-2　DeploymentConfig 配置参数说明

配置参数名称	配置说明
metadata.name	DeploymentConfig 对象名称，如 frontend
spec.template	Pod 模板
spec.replicas	应用的 Pod 副本数，如 5
spec.triggers	一个或多个触发器，主要有以下两种类型的触发器： • ImageChange：镜像更新时，触发创建新的 Replication Controller，并完成应用的部署 • ConfigChange：配置更新时，触发创建新的 Replication Controller，并完成应用部署
spec.strategy	部署策略，主要有以下两种策略： • Rolling：滚动式部署，这是默认策略 • Recreate：重建式部署，先停止所有旧版本的 Pod，再部署新版本的 Pod
spec.paused	触发器开关，默认值为 false。如果设置为 true，将停止所有的 trigger 触发器
spec.revisionHistoryLimit	设置保留的历史 Replication controller 数量，默认保留所有
spec.minReadySeconds	当 Pod 的 readiness 检查通过后再等待一定时间，才确定 Pod 部署完成，默认时间为 0，即立刻认为部署已完成

相对 BuildConfig 资源对象的定义，DeploymentConfig 的定义要简洁得多，其中，两个

比较重要的配置段是 sepc.triggers（触发器配置）和 spec. strategy（部署策略配置）。下面我们将对这两个配置段进行详细介绍。

1. spec.triggers 配置段

spec.triggers 配置段用于配置 DeploymentConfig 中的触发器。在 OpenShift 中，除了手动触发 DeploymentConfig 创建 Replication Controller 外，还可以通过触发器自动创建。通常 OpenShift 中的 DeploymentConfig 触发器类型有两种，即 ImageChange 触发和 ConfigChange 触发，下面分别对这两种触发器进行介绍。

（1）ImageChange 触发器

ImageChange 触发器是指当 ImageStreamTag 指向的镜像发生变化时，自动触发 DeploymentConfig 创建一个新的 Replication Controller，并启动一次新的应用部署。其设计需求就是，当镜像变更时，对应的应用也应该及时更新。ImageChange 触发器具体配置参考如下。

```
triggers:
  - type: "ImageChange"
    imageChangeParams:
      automatic: true
      containerNames:
        - "helloworld"
      from:
        kind: "ImageStreamTag"
        name: "origin-ruby-sample:latest"
```

上述配置中，当 imageChangeParams.from 中通过 ImageStreamTag 指定的镜像发生变化时，或者 ImageStreamTag 指向的新镜像与容器 helloworld 设置的镜像不同时，将会自动触发部署，容器 helloworld 将会使用新的 ImageStreamTag 指向的镜像创建 Replication Controller，这意味着应用已被更新。其中，如果将 imageChangeParams.automatic 参数设置为 false，则 ImageChange 触发器将被关闭，即应用容器对应的镜像发生变化时，应用不会自动部署更新。

（2）ConfigChange 触发器

ConfigChange 触发器是指当 DeploymentConfig 的配置一旦发生改动，会自动触发 DeploymentConfig 创建新的 Replication Controller，并重新部署应用。其设计需求就是当配置变更时，应用需要重新启动。ConfigChange 触发器的配置很简单，参考如下：

```
triggers:
  - type: "ConfigChange"
```

2. spec.strategy 配置段

spec.strategy 配置段用于配置 OpenShift 的应用部署策略，是应用变更或升级时的依据，其目的是让应用能够在用户无感知的情况下实现滚动变更。DeploymentConfig 中设置的部署策略共有两种，Rolling 滚动升级和 Recreate 重建升级。下面对这两种部署策略进行详细介绍。

（1）Rolling 滚动升级

在 Rolling 滚动升级策略中，OpenShift 将按照一定的速度逐渐用新版本的 Pod 替换旧版本 Pod，也就是说，在升级过程中，新旧版本应用会同时提供服务，因此必须保证在升级过程中，旧版本与新版本应用能够同时对外提供服务。Rolling 部署策略的最大优势是，能够保证应用在升级过程中仍然可以持续可用。Rolling 部署策略具体配置如下。

```
strategy:
  type: Rolling
  rollingParams:
    updatePeriodSeconds: 1
    intervalSeconds: 1
    timeoutSeconds: 120
    maxSurge: "20%"
    maxUnavailable: "10%"
    pre: {}
    post: {}
```

Rolling 部署策略配置中，各个参数的解释说明如下：

❑ rollingParams.updatePeriodSeconds：Pod 两次更新之间等待的时间，默认值为 1s。

❑ rollingParams.intervalSeconds：部署状态更新时间，默认值为 1s。

❑ rollingParams.timeoutSeconds：部署超时时间，默认值为 600s，如果超时没有完成部署，应用将会回滚到前一个版本。

❑ rollingParams.maxSurge：部署过程中，在 DeploymentConfig 设置的副本数的基础上可额外增加的 Pod 调度数量，默认值为 25%。

❑ rollingParams.maxUnavailable：在部署过程中，最大不可用的应用 Pod 数，默认值为 25%。

❑ rollingParams.pre：在部署第一个新版本应用实例前执行的应用钩子。

❑ rollingParams.post：在所有旧版本应用已停止，并且新版本应用已完成启动后，执行的应用钩子。

当使用 Rolling 部署策略执行部署时：OpenShift 中的执行过程如下：

1）执行 rollingParams.pre 设置的钩子程序。

2）根据 rollingParams.maxSurge 设置的百分比，启动一定数量的新版本应用实例。

3）根据 rollingParams.maxUnavailable 设置的百分比，停止一定数量的旧版本应用实例。

4）重复第 2 步和第 3 步，直到停止所有旧版本的应用实例，并启动指定数量的新版本应用实例。

5）执行 rollingParams.post 设置的钩子程序。

（2）Recreate 重建升级

Recreate 重建升级策略会先将应用的副本数降为 0，即停止全部应用实例，再执行新版本应用的调度与部署。也就是说，一段时间内（维护窗口期）应用将处于不可用状态。Recreate 部署策略主要应用于以下两种情况：

1）应用的旧版本与新版本无法同时提供服务。

2）应用挂载了持久卷，并且该持久卷为 ReadWriteOnce 类型，无法支持共享，则必须使用 Recreate 部署策略。因为该持久卷不能被集群中的两个节点同时挂载共享，因此必须先停止旧版本应用，才能启动新版本应用。

Recreate 重建升级策略的具体配置参考如下。

```
strategy:
  type: Recreate
  recreateParams:
    pre: {}
    mid: {}
    post: {}
```

Recreate 重建升级配置中，各个参数的解释说明如下：

❑ recreateParams.pre：在开始关闭旧版本应用实例前执行的钩子程序。

❑ recreateParams.mid：在关闭完所有旧版本应用实例后执行的钩子程序。

❑ recreateParams.post：在新版本应用已完成启动后执行的钩子程序。

当使用 Recreate 重建部署策略执行部署时，OpenShift 中的执行过程如下：

1）执行 recreateParams.pre 设置的钩子程序。

2）停止所有旧版本应用实例。

3）执行 recreateParams.mid 设置的钩子程序。

4）启动 DeploymentConfig 中指定数量（应用副本）的新版本应用实例。

5）执行 recreateParams.post 设置的钩子程序。

本节主要介绍 DeploymentConfig 中触发器与部署策略的配置。接下来，我们将分别使用 Rolling 部署策略和 Recreate 部署策略来对 4.2 节中创建的 Flask 应用进行升级，以进一步熟悉和掌握在 OpenShift 中利用这两种策略来实现应用的部署和升级的方法。

4.3.2 Rolling 与 Recreate 部署

Rolling 是 OpenShift 默认的部署策略，在 Rolling 策略下，应用升级过程将会逐渐由旧版本过渡到新版本，整个升级过程中应用对外服务不会中断。而 Recreate 部署策略是先将旧版本应用实例全部停止，然后再启动新版本应用实例，过程中应用服务会中断。在 4.3.1 中，我们已经详细介绍了两种部署策略的执行过程与使用场景。下面我们先通过 4.2 节中介绍的方法制作 Flask 应用对应的 v1 和 v2 版本镜像 flask-app-s2i:v1 和 flask-app-s2i:v2，再通过两种升级部署策略对应用进行升级。这里，我们使用 S2I 构建策略构建 4.2 节中创建的 Flask 应用的 flask-app-s2i:v1 与 flask-app-s2i:v2 版本镜像。

1）查看当前项目下的 BuildConfig。

```
[root@master1 flask-app]# oc get bc
NAME              TYPE       FROM           LATEST
flask-app-s2i     Source     Git@master     5
```

2）执行 flask-app-s2i 构建。

```
[root@master1 flask-app]# oc start flask-app-s2i
build.build.openshift.io/flask-app-s2i-6 started
```

3）当构建完成时，将镜像保存为 flask-app-s2i:v1。

```
[root@master1 flask-app]# oc tag flask-app-s2i:latest flask-app-s2i:v1
Tag flask-app-s2i:v1 set to flask-app-s2i@sha256:7d4951afe5d7f2001028
a8e9e580595f45b680431c4074fc3e30a982ef48900a.
```

4）更新应用代码并提交到代码仓库。

```
[root@master1 flask-app]# cat <<EOF > app.py
from flask import Flask
app=Flask(__name__)
@app.route('/')
def hello():
  return "Hello world:v2"
app.run()
EOF
[root@master1 flask-app]# git add app.py
[root@master1 flask-app]# git commit -m "update to v2"
[master d3a720e] update to v2
1 file changed, 1 insertion(+), 1 deletion(-)
[root@master1 flask-app]# git push
0d447c5..d3a720e  master -> master
```

5）再次执行 flask-app-s2i 构建。

```
[root@master1 flask-app]# oc start flask-app-s2i
build.build.openshift.io/flask-app-s2i-7 started
```

6）当构建完成时，将新版本镜像保存为 flask-app-s2i:v2。

```
[root@master1 flask-app]# oc tag flask-app-s2i:latest flask-app-s2i:v2
Tag flask-app-s2i:v2 set to flask-app-s2i@sha256:c0d03663b1a14dbed7
```

```
a81e6ad1acceeca396f593bc4d3fab77082e4a097f3487.
```

7）查看当前 flask-app-s2i 的 ImageStreamTag 对应的镜像流。

```
[root@master1 flask-app]# oc get imagestreamtag
NAME              DOCKER REF           UPDATED
flask-app-s2i:latest   docker-registry.default.svc:5000/flask-app/fl
ask-app-s2i@sha256:c0d03663b1a14dbed7a81e6ad1acceeca396f593bc4d3fab7
7082e4a097f3487   About a minute ago
flask-app-s2i:v1       docker-registry.default.svc:5000/flask-app/fla
sk-app-s2i@sha256:7d4951afe5d7f2001028a8e9e580595f45b680431c4074fc3e
30a982ef48900a   9 minutes ago
flask-app-s2i:v2       docker-registry.default.svc:5000/flask-app/fla
sk-app-s2i@sha256:c0d03663b1a14dbed7a81e6ad1acceeca396f593bc4d3fab77
082e4a097f3487   55 seconds ago
```

从输出结果中可以看到共有 3 个 ImageStreamTag 对象，分别为是 flask-app-s2i:latest、flask-app-s2i:v1 和 flask-app-s2i:v2，其中 flask-app-s2i:latest 和 flask-app-s2i:v2 指向的是同一个镜像。至此，两个不同版本 Flask 应用对应的镜像已构建完成，下面我们将演示如何通过 Rolling 和 Recreate 策略来部署升级应用。

（1）Rolling 部署

首先，我们使用 Rolling 部署策略来实现 v1 版本应用的部署和 v2 版本应用的升级，具体实现过程如下。

1）使用 flask-app-s2i:v1 镜像创建应用部署。

```
[root@master1 flask-app]# oc new-app flask-app-s2i:v1
--> Creating resources ...
  deploymentconfig "flask-app-s2i" created
  service "flask-app-s2i" created
--> Success
```

2）将应用 flask-app-s2i 副本数扩展到 10 个 Pod。

```
[root@master1 flask-app]# oc scale deploymentconfig flask-app-s2i \
--replicas=10
deploymentconfig.apps.openshift.io "flask-app-s2i" scaled
[root@master1 flask-app]# oc get pod | grep Running
flask-app-s2i-1-bcp8l   1/1   Running   0   35s
flask-app-s2i-1-bp5g4   1/1   Running   0   35s
flask-app-s2i-1-l2spv   1/1   Running   0   35s
flask-app-s2i-1-lwvtz   1/1   Running   0   35s
flask-app-s2i-1-n7vqh   1/1   Running   0   35s
flask-app-s2i-1-rpdpg   1/1   Running   0   35s
```

```
flask-app-s2i-1-s6wxk    1/1    Running    0    35s
flask-app-s2i-1-vqkmt    1/1    Running    0    1m
flask-app-s2i-1-wfwqw    1/1    Running    0    35s
flask-app-s2i-1-xmdpj    1/1    Running    0    35s
```

3）将应用升级到 flask-app-s2i:v2，并观察运行中的 Pod 的状态与数量。

```
[root@master1 flask-app]# oc set triggers dc/flask-app-s2i --remove-all\
&& oc set triggers dc/flask-app-s2i --from-image=flask-app-s2i:v2 -c\
flask-app-s2i
Deploymentconfig "flask-app-s2i" updated
Deploymentconfig "flask-app-s2i" updated
[root@master1 flask-app]# while true; do for i in `oc get pod | grep\
Running| grep -v deploy | awk '{print $1}'`; do oc get pod $i \
--template={{range.spec.containers}}{{.image}}{{println}}{{end}} | \
awk -F: '{print substr($3, 1, 5)}'; done | sort | uniq -c  | awk '{print\
$2,$1}' | tr  -s '\n' ' '; echo ; done
7d495 10
7d495 10
7d495 10
7d495 10
7d495 8 c0d03 3
7d495 5 c0d03 5
7d495 5 c0d03 5
7d495 3 c0d03 6
7d495 1 c0d03 7
7d495 1 c0d03 9
c0d03 10
c0d03 10
```

上述输出中，数值"7d495"为 flask-app-s2i:v1 对应镜像的前 5 位 sha256 值，"c0d03"是 flask-app-s2i:v2 对应镜像的前 5 位 sha256 值。从中可以看到，flask-app-s2i:v1 版本的 Pod 数量在不断减少，flask-app-s2i:v2 版本的 Pod 数量在不断增加。而在升级过程中，应用的两个版本会同时运行，并且运行的 Pod 数之和最小为 8，最大为 11，这两个值是由 DeploymentConfig 配置中的 maxSurge 和 maxUnavailable 参数值限定的。

（2）Recreate 部署

现在，我们使用 Recreate 部署策略来实现 v1 版本应用的部署和 v2 版本应用的升级，具体实现过程如下。

1）将当前 DeploymentConfig 容器镜像版本回退到 flask-app-s2i:v1。

```
[root@master1 flask-app]# oc set triggers dc/flask-app-s2i --remove-all\
&& oc set triggers dc/flask-app-s2i --from-image=flask-app-s2i:v1 -c\
```

```
flask-app-s2i
Deploymentconfig "flask-app-s2i" updated
Deploymentconfig "flask-app-s2i" updated
```

2）将 DeploymentConfig 的部署策略设置为 Recreate。

```
[root@master1 flask-app]# oc patch dc/flask-app-s2i -p \
'{"spec":{"strategy":{"type":"Recreate"}}}'
Deploymentconfig.apps.openshift.io "flask-app-s2i" patched
```

3）将应用升级到 flask-app-s2i:v2，并观察运行中的 Pod 的状态与数量。

```
[root@master1 flask-app]# oc set triggers dc/flask-app-s2i --remove-all\
&& oc set triggers dc/flask-app-s2i --from-image=flask-app-s2i:v2 —c\
flask-app-s2i
Deploymentconfig "flask-app-s2i" updated
Deploymentconfig "flask-app-s2i" updated
[root@master1 flask-app]# while true; do for i in `oc get pod | grep\
Running | grep -v deploy | awk '{print $1}'`; do oc get pod $i \
--template={{range.spec.containers}}{{.image}}{{println}}{{end}} | \
awk -F: '{print substr($3, 1, 5)}'; done | sort | uniq -c  | awk '{print\
$2,$1}' | tr  -s '\n' ' '; echo ; done
7d495 10
7d495 10
...
c0d03 1
c0d03 1
c0d03 2
c0d03 8
c0d03 8
c0d03 10
c0d03 10
```

从输出结果中可以看到，在升级过程中，flask-app-s2i:v1 版本的 Pod 数量突然降为 0，此时应用没有任何运行中的 Pod。当应用 flask-app-s2i:v1 版本的 Pod 全部关闭后，flask-app-s2i:v2 版本的 Pod 才开始逐渐启动，直到 Pod 数量达到 DeploymentConfig 中设置的副本数量并保持稳定。因此，在 Recreate 部署策略下，应用在升级过程中一定会出现短暂的服务中断，中断时间取决于 OpenShift 集群大小、资源是否充足及应用镜像大小等因素。

4.4 OpenShift 资源模板

到目前为止，我们在 OpenShift 上的应用部署主要还是通过独立创建 BuildConfig 和

DeploymentConfig 资源对象来实现，这种方式比较适合独立小型项目。然而，当项目变得复杂时会包含多种不同类型的 OpenShift 资源对象，如一个项目中可能会包含多个 BuildConfig、DeploymentConfig、Service、Route、ConfigMap、Secret、PVC 等资源对象，而且它们之间还有先后依赖关系，如果此时依然采用独立创建资源对象的方式来部署应用，不但工作量极大、容易出错，而且不利于资源复用。那么，有没有一种方法能够将相关的资源对象组织在一起，用户只需要设置相关的变量就能完成项目的部署呢？答案是肯定的，这就是 OpenShift 中提供的另一个资源对象——资源模板（Template）。本节将重点介绍如何通过资源模板来统一定义项目部署所需的全部资源。

4.4.1　OpenShift 资源模板介绍

　　OpenShift 模板对象资源用于描述和定义一组资源对象，并对这些对象的配置进行参数化处理。通过模板资源对象的应用，即可在 OpenShift 容器平台上按照模板中定义的先后顺序，生成项目应用部署需要的全部资源对象。在 OpenShift 模板中，只要是项目中的用户有权限创建的资源均可以在模板中定义，同时用户还可以自定义一组标签，以应用到模板中定义的每个资源对象上，从而定义不同版本的模板资源对象。

　　在 OpenShift 中，用户既可以使用 oc 命令来执行模板文件部署应用，也可以将模板文件导入 OpenShift 集群中。导入集群中的模块可以是针对单独项目的模板，也可以是全局共享的公共模板库。将模板导入 OpenShift 集群后，即可通过 OpenShift Web Console 以交互式对话框的形式创建资源对象并部署应用。下面是 Template 资源对象的一个简单示例。

```
[root@master ~]# cat << EOF | oc create -f -
kind: Template
apiVersion: v1
metadata:
  name: redis-template
  annotations:
    description: |-
      "redis-template Description"
    iconClass: "icon-redis"
    openshift.io/provider-display-name: "Redis, Inc"
    openshift.io/documentation-url: "https://redis.io/documentation"
    openshift.io/support-url: "https://redis.io/support"
    tags: "database,nosql,redis"
message: |-
  redis-template created message
labels:
  template: redis-template
objects:
- apiVersion: v1
```

```
kind: Pod
metadata:
  name: redis-master
spec:
  containers:
  - env:
    - name: REDIS_PASSWORD
      value: ${REDIS_PASSWORD}
    image: dockerfile/redis
    name: master
    ports:
    - containerPort: 6379
      protocol: TCP
parameters:
- description: Password used for Redis authentication
  from: '[A-Z0-9]{8}'
  generate: expression
  name: REDIS_PASSWORD
  EOF
```

OpenShift 中的模板资源是多个资源对象配置的集合，表 4-3 对模板资源对象中的配置段进行了详细的说明。

表 4-3　Template 资源对象配置参数说明

参　数　名	说　　明
metadata.annotations.description	模板描述。一般为模板的详细介绍，如部署前的准备、部署过程及注意事项。在 OpenShift Console 上创建应用的介绍页面展示
metadata.name	模板的名字（必选项）
metadata.annotations.openshift.io/display-name	模板展示名：在 Web Console 展示的模板名
metadata.annotations.tags	通过为模板打上标签，将模板进行分组。在 OpenShift Console 上模板将会被标记在对应的目录类别中
metadata.annotations.iconClass	在 Web 控制台中与模板一起显示的图标
metadata.annotations.openshift.io/provider-display-name	模板所属公司名，在 OpenShift Console 上创建应用的介绍页面显示
metadata.annotations.openshift.io/documentation-url	模板说明文档的链接，在 OpenShift Console 上创建应用的介绍页面显示
metadata.annotations.openshift.io/support-url	模板支持的链接，在 OpenShift Console 上创建应用的介绍页面显示
message	当基于模板创建好应用时显示的指令消息。一般为通知用户如何使用新创建的资源，以及生成的密钥与参数等
labels	模板标签，它们将会被添加到应用模板时创建的所有资源上
objects	对象列表，可以是 OpenShift 下的任意类型的资源的定义
parameters	模板参数，定义的参数可以应用于该模板文件，同时也会在 OpenShift Console 上创建应用时的参数设置页面显示

在 OpenShift 的 Template 模板资源对象中，最核心的配置就是 objects 与 parameters 定义的配置段，下面将对这两个配置段进行详细介绍。

（1）objects 配置段

objects 配置段中设置了模板实例化时会创建的资源对象，这些资源对象可以是任何有效的 OpenShift 对象，如 BuildConfig、DeploymentConfig、Service 对象等。而且在模板实例化时，会按照资源对象在模板中定义的先后顺序创建对象，对象创建之前，OpenShift 会使用用户传入的模板参数值替换模板中的参数引用。需要特别指出的是，如果模板文件中定义的对象通过元数据指定了 Namespace 值，则应用模板时该对象可能会被忽略。只有当 Namespace 的值为模板参数的引用，并且应用模板的用户具有在该 Namespace 下创建相应资源对象的权限时，实例化模板时才能在该指定的 Namespace 下创建对应的资源对象。

（2）parameters 配置段

parameters 配置段用于配置模板参数，模板参数的值可以由用户设置，也可以在应用模板时按照一定的规则自动生成。在模板文件中定义对象列表时，其中的所有字段都可以使用 ${PARAMETER_NAME} 的方式引用模板参数，在应用模板时，所有这些参数引用都会被具体参数值替换。

以下示例中设置了两个模板参数，其中 SOURCE_REPOSITORY_URL 参数通过 value 属性设置了静态默认值，而 GITHUB_WEBHOOK_SECRET 参数通过 generate 属性设置了按照一定规则生成随机字符串。

```
parameters:
  - name: SOURCE_REPOSITORY_URL
    displayName: Source Repository URL
    description: The URL of the repository with your application source
code
    value: https://github.com/sclorg/cakephp-ex.git
    required: true
  - name: GITHUB_WEBHOOK_SECRET
    description: A secret string used to configure the GitHub webhook
    generate: expression
    from: "[a-zA-Z0-9]{20}"
```

在模板参数设置中，各个配置参数的解释说明如下。

❑ name：自定义模板参数名，模板资源对象列表中的配置可以通过参数名引用参数。

❑ displayName：在 OpenShift Web Console 的参数设置页面中显示的参数名字。

❑ description：在 OpenShift Web Console 的参数设置页面中显示的参数说明。

❑ value：参数的默认值。

❑ required：如果设置为 true，表示在应用模板时，该参数不能为空。

❑ generate：值为 expression，表示参数支持按照 FROM 设置的规则自动生成初始值。

❑ from：当设置了 generate 时，生成参数初始值的规则。例如，[a-zA-Z0-9]{20} 表示
生成一个由 20 位字符组成的字符串，该字符串由大小写字母及数字组成。

4.4.2 OpenShift 资源模板制作与应用实践

使用 OpenShift 中的模板资源即可非常方便地部署复杂应用，可以说 OpenShift 中的
资源模板极大提升了复杂应用的部署效率。在 4.2 节与 4.3 节中，我们介绍了 Flask 应用
的构建及部署过程，在实现 Flask 应用的部署过程中，我们需要创建的 OpenShift 资源对
象包括 BuildConfig、ImageStream、DeploymentConfig、Service 和 Route 等。本节将通过
OpenShift 的资源模板对象，将上述部署 Flask 应用的全部资源对象定义在一个模板文件中，
最后通过应用该模板文件一键部署 Flask 应用。为了让 Flask 应用模板更具通用性，我们需
要考虑应该在模板中引入哪些参数，以及需要添加哪些资源对象。本示例中，我们将引入
表 4-4 中列出的模板参数。

表 4-4　Flask 应用模板参数

参数名	参数说明	参数意义
APPLICATION_NAME	应用名，资源名都会基于它设置	避免不同应用资源名称冲突
SOURCE_REPOSITORY_URL	BuildConfig 中的 Git 代码地址	支持不同应用的构建
SOURCE_REPOSITORY_REF	BuildConfig 中的 Git 代码分支 /Tag	支持应用代码的不同分支
REPLICA_COUNT	DeploymentConfig 中的副本数	支持应用部署自定义副本数，默认值为 1
SERVER_PORT	Service 的端口	支持 Flask 应用 app.py 动态设置对外服务端口，默认值为 5000
ROUTER_HOSTNAME	Route 对外开放的域名	支持自定义 Flask 应用部署完成后对外开放的域名
TRIGGER_WEBHOOK_SECRET	BuildConfig 的触发密钥	支持不同的应用使用不同的随机密钥

定义应用模板时无须从零开始编写资源对象的定义。为了简化资源模板的定义过程，
我们可以通过 oc get --export 命令将特定 Namespace 中的相关资源导出到一个文件中，然后
再基于此文件作修改，最后将其保存为应用模板。现在，我们来制作 Flask 应用的模板，具
体步骤如下。

1）首先，切换到 flask-app 项目上下文环境中。

```
[root@master flask-app]# oc project flask-app
```

2）导出 flask-app 项目下的 BuildConfig、DeploymentConfig、Service 与 Route 资源对
象列表，并将其保存至 flask-template.yaml 文件中。

```
[root@master flask-app]# oc get bc,is,dc,svc,route --export -o yaml >\
flask-template.yaml
[root@master flask-app]# cat flask-template.yaml
apiVersion: v1
```

```
kind: List
items:
- apiVersion: build.openshift.io/v1
  kind: BuildConfig
  metadata:
    name: flask-app-s2i
...
```

3）对 flask-template.yaml 文件进行修改，将其按照 OpenShift 资源模板定义的格式进行修改，并添加相应的模板描述。

```
[root@master flask-app]# cat flask-template.yaml
apiVersion: v1
kind: Template
labels:
  template: flask-template
message: |-
  Success Created Flask app.
metadata:
  name: flask-template
  annotations:
    description: Flask app template description
    iconClass: icon-python
    tags: python
objects:
- apiVersion: build.openshift.io/v1
  kind: BuildConfig
  metadata:
    name: flask-app-s2i
...
```

对 flask-template.yaml 文件的主要修改包括将"kind: List"改为"kind:Template"，并添加 Template 的描述信息，包括 labels、message、metadata，同时设置模板名 metadata. name，另外，将"items"修改为"objects"。

4）引入模板参数，在资源对象的配置中使用参数引用，从而得到完整的基于变量的资源模板定义文件⊖。

```
[root@master flask-app]# cat flask-template.yaml
apiVersion: v1
kind: Template
labels:
  template: flask-template
```

⊖ 完整的模板内容请参考 https://raw.githubusercontent.com/xhuaustc/openshift/master/flask-template.yaml.

```
...
objects:
- apiVersion: image.openshift.io/v1
  kind: ImageStream
  metadata:
    name: ${APPLICATION_NAME}
...
parameters:
  - name: APPLICATION_NAME
    description: The name for the application. The service will be named like
the application.
    displayName: Application name
    value: flask-app
  ...
  - name: TRIGGER_WEBHOOK_SECRET
    displayName: Trigger Webhook secret
    generate: expression
    from: '[A-Za-z0-9]{20}'
```

5）应用模板文件创建模板资源。

```
[root@master flask-app]# oc create -f flask-template.yaml
Template.template.openshift.io "flask-template" created
[root@master1 flask-app]# oc get template
NAME              DESCRIPTION                        PARAMETERS      OBJECTS
flask-template    Flask app template description     7 (1 blank)     5
```

需要特别注意的是，如果模板创建在 OpenShift 项目下，则表示该模板为公共模板，在任何项目中都可以使用该模板来创建应用。

6）在 Web Console 中选择模板创建应用，如图 4-9 所示。

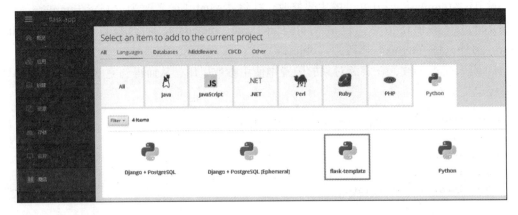

图 4-9　使用新建模板 flask-template 创建应用

7）设置模板参数并创建应用，如图 4-10 所示。

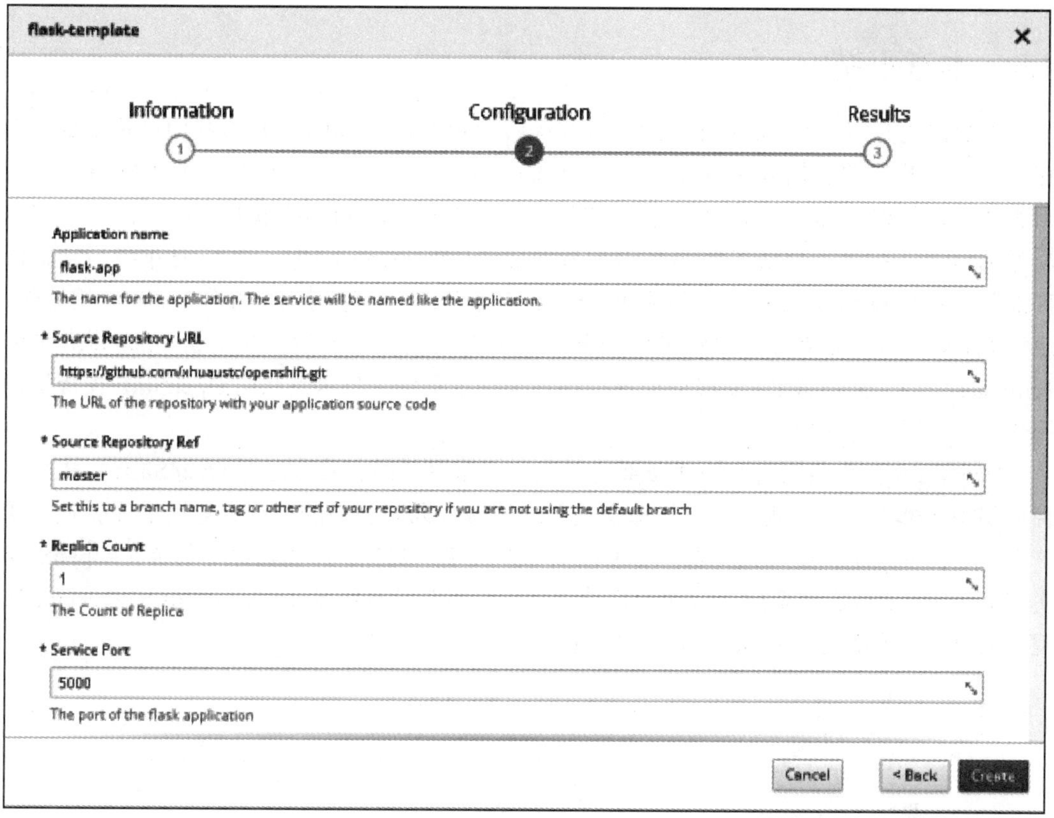

图 4-10 设置模板参数并创建应用

本例中，我们将图 4-10 中 ROUTER_HOSTNAME 参数设置为 flask.apps.example.com，其他配置使用默认值即可。

8）查看新创建的 Route 的域名。

```
[root@master1 flask-app]# oc get route flask-app \
--template={{.spec.host}}{{println}}
flask.apps.example.com
```

9）使用 curl 访问 Flask 应用。

```
[root@master flask-app]# curl http://flask.apps.example.com
Hello world
```

至此，我们已利用 OpenShift 提供的资源模板对象完成了 Flask 应用资源模板的制作及应用部署。本例中，Flask 模板虽然只涉及 5 个 OpenShift 资源对象，但是"麻雀虽小，五脏俱全"。尽管在其他复杂应用中资源模板定义的对象可能会非常多，但复杂资源模板的制作过程和方法与本例 Flask 应用模板的制作基本类似。

4.5 本章小结

本章首先介绍了 OpenShift 应用的构建配置对象 BuildConfig，并对其中最重要的 3 个配置，即构建策略、输入和输出进行了详细介绍，并通过一个 Flask 应用实例演示了应用 3 种构建策略，即 Docker 构建、源代码构建（S2I）和 jenkinsPipeline 构建，生成应用镜像的过程。接着，介绍了应用部署配置对象 DeploymentConfig，并详细介绍了它的两种部署策略，即 Rolling 滚动部署和 Recreate 重建部署，并使用构建好的 Flask 应用镜像，通过 Flask 应用的部署过程比较了这两种部署策略的差异。最后，介绍了 OpenShift 中的 Template 资源，并通过 Flask 应用模板的制作与应用实例，演示了利用 OpenShift 模板资源简化应用部署的过程。

OpenShift 为复杂应用的构建及部署提供了丰富灵活的方式，通过 OpenShift 集成的各种应用构建部署工具，我们可以快速实现从应用源代码到服务的过程，进而加速企业应用开发和交付的效率，助力企业真正实现敏捷开发和快速交付。应用构建与部署是 OpenShift 实现 DevOps 的核心与基础，后面的章节中，我们将重点介绍基于 OpenShift 的 DevOps 实现，从而最大限度地发挥 OpenShift 的价值。

OpenShift 云原生 DevOps 构建

DevOps 是实现敏捷企业过程中的工具链、方法论和企业文化，是一种敏捷理念。DevOps 最早于 2009 年被提出，经过十余年的发展，在容器和微服务架构开始普及后才得到了广泛实践和快速发展。在企业数字化转型的现阶段，DevOps 已成为众多传统企业数字化转型的切入点。而在具体的实践过程中，DevOps 并不是某种技术或方法，而是企业组织、流程、技术和文化的结合。在企业数字化转型的过程中，DevOps 理念能够更好地帮助迁移打通并优化开发（DEV）、测试（QA）和运维（OPS）之间的隔阂，实现开发运维一体化，从而帮助企业缩短交付周期、提升交付质量和优化交付的投入产出比，并进一步帮助企业完善流程管理体系、形成持续改进机制和敏捷文化。

本章中，我们将以 OpenShift 云原生 PaaS 平台为基础，详细介绍如何基于 DevOps 工具链软件 Jenkins、GitLab、SonarQube 和 Nexus 实现云原生 DevOps 流水线。基于构建完成后的 DevOps 流水线，以开源 Java 项目 JeeSite 为例，通过实战方式演示 CI/CD 应用构建流水线的过程。通过云原生 DevOps 流水线，企业将可实现应用版本的快速迭代和高质量交付，从而满足企业快速发展和市场竞争实时变化的诉求。

5.1 DevOps 发展简介

5.1.1 DevOps 发展背景介绍

在数字经济时代，互联网技术已渗透至各个行业，当前，消费互联正在拉动产业互联，伴随物联网、区块链和人工智能等技术的发展，一个万物互联、智能互联的世界正在形成。在万物互联的世界里，互联网的技术、思维和商业模式正在对社会各个行业进行重构，而数字化和智能化转型已成为当前企业面临的最紧迫的事情。在数字化时代，用户需求千变万化，企业决策环境随时在变，传统 IT 架构及其支撑的产品功能开发模式、运维体系早已无法适应企业竞争环境的快速变化。当代企业的发展速度和商业模式，注定企业 IT 架构必然朝着敏捷方向演进，事实上，企业 IT 系统架构的发展也正是如此，从基础设施、应用架构，再到开发模式，IT 架构的演变从未停止。如图 5-1 所示，为了适应当代企业业务发展的需求，应用架构已由单体架构、多层架构演化到微服务架构，而承载应用运行的基础设施，已由物理机、虚拟机，演进到容器，与之对应的，应用开发模式已由瀑布模式、敏捷模式演化到开发运维敏捷一体化模式，即 DevOps 模式。

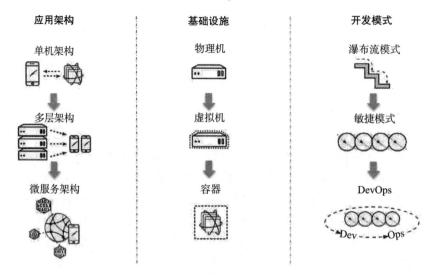

图 5-1　IT 技术演化过程

1. 应用架构的演化

从应用架构的演化历程来看，应用架构经历了单体架构、多层架构到微服务架构的演化过程。所谓单体架构，是指应用的所有模块都在同一个软件工程中，应用被作为一个整体部署在一台服务器上。单体架构开发简单，易于部署，但是在进行应用更新时，必须进行全量构建与部署，因此一旦应用变得复杂，其构建时间就会变得极其漫长，从而导致迭代速度缓慢，影响应用的开发及交付效率，并且如果后续需要对应用进行改造，其难度也不言而喻。

所谓的多层架构，即是指将应用分为多个层次单独部署，其中的经典三层架构就被广泛使用。顾名思义，三层架构即是在逻辑层次上分为三层，自上而下分别为展示层、业务逻辑层、数据持久化层，多层架构在一定程度上降低了应用的复杂度，不同层次之间相对独立，耦合度较低。另外，多层架构一般与企业组织架构对应，如展示层对应着前端工程师，业务逻辑层对应着后端工程师，数据持久化层对应着数据库管理员，而不同工程师开发维护各自对应的代码，分工明确互不干扰，很大程度上提高了应用开发交付的效率。

随着容器及其编排技术的成熟应用，微服务架构开始普及并得到大规模应用。所谓微服务架构，是指按业务逻辑将复杂应用拆分成多个分布式组件，各个组件被称为微服务，每个微服务都是一个独立自治的应用，负责系统部分功能的独立实现，各微服务之间互相调用，共同完成复杂的系统功能。微服务架构解耦了复杂应用系统内部的功能模块，在架构上以分而治之的思想解决了应用系统的复杂性问题，提高了服务开发效率，由于每个微服务都是独立开发和部署的，因此可以根据实际业务负载情况对每个微服务独立进行扩缩容等维护操作。

2. 基础设施的演化

在 IT 演化的发展历程上，基础架构设施经历了物理机、虚拟机到容器云平台的发展，而基础架构设施也一直被不断地抽象。早期应用系统主要基于物理机部署，应用单独部署在物理机上，由于资源供给缺乏弹性，造成了资源的极大浪费。而当多个应用部署在同一台物理机上时，多个应用共享物理资源，彼此争抢、相互影响，对应用的可靠性、稳定性和安全性均构成威胁。此外，当需要对应用进行横向或纵向扩容时，通常会面临周期长、操作复杂等困难，整个过程需要完成采购、上架安装、上电联网、系统安装、配置测试、部署应用等一系列流程。更重要的是，基于物理机的应用部署，其底层架构就决定了上层应用无法应对数字化时代千变万化的用户需求。

伴随分时共享技术的应用，虚拟化技术受到了广大用户的欢迎，并成为云计算时代的核心技术之一。虚拟化技术以资源为核心，提供以操作系统为载体的虚拟主机，通过虚拟化层隔离物理资源，实现物理资源抽象后的动态分配，极大地提高了资源利用率。应用部署在不同的虚拟机下，通过操作系统实现了相互隔离、互不影响和安全可靠的特性。另外，虚拟机可以通过调用 IaaS 平台的 API 接口在几分钟内完成应用的扩缩容，极大地方便了运维管理工作。但是基于虚拟机的应用部署仍然需要解决应用如何快速部署、环境一致性如何保证，以及如何实现应用的实时在线扩缩容等问题。

与虚拟化技术不同，容器技术以应用为核心，将应用及运行环境打包在容器镜像中，保证了各个应用运行时环境的一致性，由于容器即是一个进程，因此具有轻量便携的特性。另外，进程级别（比虚拟机更细粒度）的资源划分和利用，也进一步提高了资源的利用率。由于容器之间的隔离性，应用之间互不影响，很好地实现了微服务架构倡导的服务独立自治与运行。另外，容器秒级启动的特性为应用的快速扩容升级提供了技术依据。因此，容器技术一出现就获得了极大的成功，成为云原生时代的基础架构设施。

3. 开发模式的演化

伴随基础架构设施和应用架构朝着云原生时代的演化，应用开发模式也在不断地进化。传统瀑布开发模式下，软件开发周期较长，市场需求与开发步调不一致，导致产品开发与交付总是落后于市场需求的变化。为了解决这一问题，敏捷开发模式应运而生，敏捷模式实现了开发与需求的同步进行、及时反馈与调整，确保了需求与市场的一致性。DevOps 模式通过自动化流程实现应用的持续集成与持续部署，在保证质量的前提下，提高产品的迭代速度，以满足不断变化的用户需求。敏捷开发模式与 DevOps 开发模式在产品开发周期中的适用范围如图 5-2 所示。

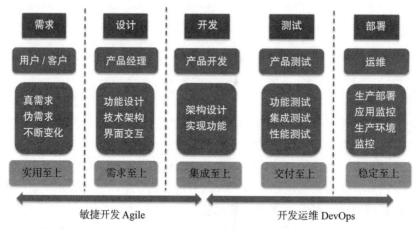

图 5-2　敏捷开发与 DevOps

　　敏捷开发模式以迭代开发为核心，不追求一次性交付满足所有需求的应用软件，而是通过版本的高频迭代不断满足和完善软件功能。与传统瀑布流开发模式采用一个大周期开发不同，敏捷开发将开发过程拆分成多个小周期，开发过程中始终与客户保持密切沟通，不断地对需求进行调整，以降低产品脱离客户需求的风险。同时，每次迭代周期的交付产品都是一个经过改进、可运行、可交付的软件版本。敏捷开发模式保证了产品与用户需求的动态一致性，而 DevOps 开发模式的关注点在于实现每个软件版本的快速迭代。

　　DevOps 开发模式的本质是快速交付高品质的软件迭代版本。通常情况下，每一个迭代版本都需要通过开发、测试与运维部门的合作才能完成。然而，各个部门之间的职责与目标往往是不一致的。例如，开发工程师主要完成代码架构的设计及功能的实现，其目标是完成产品经理输出的功能和需求的开发，并提交给测试验收，因此开发人员需要不断变更软件代码以满足新的需求。而测试工程师主要完成软件功能及非功能测试，其主要目标是完成相关测试，并交付给运维实施部署，测试人员需要验证软件迭代版本是否与需求一致，以及软件是否满足可靠性要求。运维工程师主要完成软件生产部署、应用监控、运行保障，其主要目标是保证软件运行的稳定性。

　　由于各个部门的目标不一致，导致新版本软件的提交通常会充满矛盾。开发部门不断更新代码以满足持续变化的需求，但是对于运维部门而言，每个新版本的提交都有可能影响系统运行的稳定性。而 DevOps 开发模式的初衷，正是要促进部门间的沟通、协作与整合，以实现客户需求和软件价值为共同目标，协力打通影响应用快速迭代与交付运行的部门隔阂，实现开发运维的一体化和流水线化操作。DevOps 的实现过程并不简单，是一系列工具链的集合，DevOps 实践可参考以下 5 个步骤。

1）敏捷开发是实施 DevOps 的前提。DevOps 以实现软件价值为目标，即最大化地满足客户的需求，而敏捷开发正是保证每个版本迭代均与客户需求一致的关键。

2）自动集成与部署是实施 DevOps 的关键。集成自动化与部署自动化，可以极大地减少人工干预介入，从而提高软件迭代的质量和效率。持续集成与部署依赖于多个自动化工具，如 GitLab、Jenkins、SonarQube 等。

3）实时反馈是实施 DevOps 的要求。一旦软件质量出现问题，应该及时反馈，开发工程师能够在第一时间进行修复，以确保软件始终保持可用状态。

4）过程标准化是实施 DevOps 的保证。将软件的构建、测试、部署、反馈过程标准化，并实现流程执行的可重复性，是软件生命周期过程可靠性和软件本身质量可靠性的保证。

5）过程可视化是实施 DevOps 的重要考虑。通过流程可视化了解构建与部署进度，进而不断对过程进行优化。与软件本身一样，理想的 DevOps 流水线也是在不断的迭代和优化中实现的。

5.1.2　DevOps 流水线介绍

通常而言，一个完整的软件开发过程包括 6 个步骤，即需求确定、用户体验设计、开发、测试、部署及持续运维。如果将这几个步骤串联起来，将当前步骤的输出作为下一步骤的输入，就是我们常说的流水线作业，通常也将其称为 DevOps 流水线。在这条流水线中，每一个过程的实现都需要众多企业级或开源软件的参与，图 5-3 中列出了软件开发过程流水线中常见的部分开源软件。

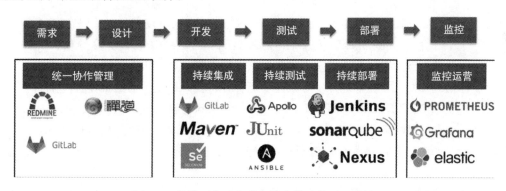

图 5-3　软件开发过程流水线中常见的开源软件

在图 5-3 中，持续集成与持续部署可以帮助我们极大地提高软件迭代速度，是 DevOps 实践中极为重要的一环。要实现持续集成与持续部署，我们需要引入相关的工具链，常用的开源工具链包括以下软件。

❑ Jenkins：持续集成工具。

❑ GitLab：代码仓库管理工具。

❑ SonarQube：代码分析工具，可以分析源代码中常见的编程错误。

    ❑ Nexus：制品库管理器。

    ❑ Maven：项目管理及自动构建工具，常用于管理 Java 项目。

    ❑ Selenium：Web 应用程序测试工具。

    在软件的持续集成与持续部署过程中，不同的工具实现不同的功能，如在上述软件工具中，Maven 用于实现软件的构建，Nexus 为 Maven 的构建提供了依赖包及构建结果的管理，SonarQube 用于保证代码的质量等。而如何将这些工具串联整合起来，便是 DevOps 流水线实施的关键。在实际应用中，通过持续集成工具将不同功能的软件有序组织在一起，以实现软件集成部署自动化的过程，就是 DevOps 流水线的构建过程。软件代码进入流水线后，会自动完成新版本的构建、测试和部署，并会快速构建出高质量的软件版本。图 5-4 所示为一条基于 OpenShift 平台实现的 DevOps 流水线执行过程。

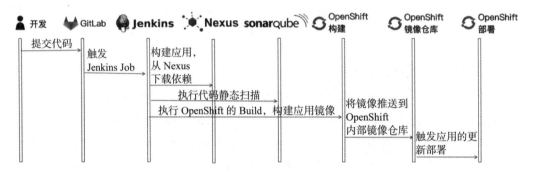

图 5-4　基于 OpenShift 平台的 DevOps 流水线

    在图 5-4 中，基于 OpenShift 云原生 PaaS 平台，开发人员提交的源代码在经过 DevOps 流水线后，将会自动在 OpenShift 平台上实现扫描检查和构建部署等操作，并最终在 OpenShift 平台上自动实现云原生应用的全生命周期管理，具体执行步骤如下。

    1）首先，开发人员在本地开发好软件功能，并将代码提交到 GitLab 代码仓库中。

    2）代码提交到 GitLab 仓库后，将会通过 Webhook 触发与 GitLab 关联的 Jenkins 执行动作，Jenkins 启动应用集成 Job。Jenkins 启动的 Job 将使用 JUnit 执行单元测试、使用 Maven 构建应用、使用 SonarQube 进行代码静态扫描，最后触发 OpenShift 平台启动应用构建过程。

    3）当应用在 OpenShift 平台上构建完成后，将会生成最新的软件镜像并保存在 OpenShift 集成的内部镜像仓库中。

    4）镜像保存或更新完成后，将自动触发 OpenShift 平台使用最新版本的镜像完成应用软件的自动部署。

    在上述过程中，开发人员只需提交代码即可，所有流程都将通过 DevOps 流水线工具链自动完成，这极大地提高了软件开发交付效率。图 5-4 中仅是一个简单的流水线，主要用于开发环境下软件镜像的生成过程，而在真正的生产过程中，应用软件会被部署到多个环境中，如开发测试环境、预生产环境、生产环境等。事实上，只要应用软件的镜像已构建完成，则只需做不同环境下应用镜像的同步，即可在不同的环境下基于同一个镜像部署相同的应用。例如，要将同一个版本软件部署到生产环境中，则只需将开发测试环境中构建好的新版本应用镜像同步到生产环境镜像仓库中，在生产环境下的应用部署配置文件中更新应用镜像地址，操作完成后生产环境中的 OpenShift 将自动部署新版本应用。本章中，我们介绍的是基于 OpenShift 平台的 DevOps 实现，基于 OpenShift 的 DevOps 实现有以下几个方面的优势。

1）OpenShift 平台内置了支持应用构建与部署的资源对象，即 BuildConfig 和 DeploymentConfig 对象，这极大地简化了软件的构建与部署配置，促进了软件构建与部署流程的标准化。

2）OpenShift 集成了内部私有镜像仓库，集成仓库支持 OpenShift 资源对象的多种特性，如 ImageStream 的变化自动触发构建与部署等，这极大地简化了 DevOps 流水线的实现过程。

3）OpenShift 平台与 Jenkins 集成根据深度结合，减少了构建 DevOps 流水线过程中工具链的搭建工作。另外，OpenShift 平台支持 Pod 作为 Jenkins 的 Slave 节点执行相应的任务，这极大地增强了 Jenkins 的扩展能力。

4）OpenShift 平台下的 jenkinsPipeline 构建类型支持通过 Jenkinsfile 文件创建流水线，并且通过 OpenShift Web 控制台将构建过程全程可视化。

5）OpenShift 作为基于 K8S 的企业级容器 PaaS 平台，拥有 K8S 平台的所有的特性，如环境一致性、高可用性、自动伸缩、快速部署、秒级启动等。而如果完全由零开始构建 DevOps 流水线，则上述所有功能都需要自己实现，事实上，这也是 DevOps 长期以来难以落地实践的主要原因。

后续章节中，我们将会介绍如何在 OpenShift 平台上利用 GitLab、Jenkins、SonarQube 和 Nexus 等各种工具链软件来构建云原生 DevOps 流水线。同时，演示如何通过云原生 DevOps 流水线，实现基于 Java 开源项目 JeeSite 的全自动构建与部署过程。

5.2　Jenkins 持续集成

Jenkins 是目前最流行的开源持续集成工具，其不仅提供了丰富的配置管理功能，还拥有强大的插件库。Jenkins 的近 1700 个插件基本上可以满足各种项目的持续集成与构建，通过 Jenkins 及其插件，我们可以快速实现复杂应用的持续集成流程。为了便于在 OpenShift 平台上快速启动并应用 Jenkins 构建 DevOps 流水线，官方社区为 Jenkins 定制了一个容器镜像，并在其中以默认方式集成了许多常用插件，包括专为 OpenShift 平台定制的 OpenShift 插件，通过 OpenShift 插件，Jenkins 能够与 OpenShift 平台实现无缝集成，并可以调用 OpenShift 平台提供的构建和部署等能力。

5.2.1　OpenShift 云原生部署 Jenkins

为了方便在 OpenShift 平台上应用 Jenkins 集成服务，官方社区提供了基于定制 Jenkins 镜像的应用模板资源，通过部署 Jenkins 应用模板，即可快速创建 Jenkins 服务，该模板文件位于 https://github.com/openshift/openshift-ansible 项目中。其中，定义了 Jenkins 服务的两个资源模板文件分别是 jenkins-persistent-template.json 和 jenkins-ephemeral-template.json。这两个模板文件都能创建 Jenkins 服务，但是 jenkins-persistent-template.json 模板创建的 Jenkins 服务需要持久化卷的支持，持久化卷能把 Jenkins 服务的配置项、已安装的插件以及 Jenkins 任务数据保存起来，重启 Jenkins 容器后数据不会丢失。而 jenkins-ephemeral-template.json 模板创建的 Jenkins 服务使用的是临时存储，jenkins-ephemeral 模板部署的 Jenkins 服务数据在容器重启后会被重置，比较适合在测试流水线时使用。在生产实践中，请务必使用具有持久卷的 jenkins-persistent 模板来创建 Jenkins 服务，以免重启后造成数据丢失。本节中，我们将介绍如何在 OpenShift 平台上，通过 jenkins-persistent 模板部署具有持久数据存储能力的 Jenkins 服务，具体部署过程可参考以下步骤。

1）检查 Jenkins 服务资源模板。默认情况下，OpenShift 平台已经导入 Jenkins 模板，可以通过 oc get template 命令查看。

```
[root@master ~]# oc get template -n openshift | grep jenkins
jenkins-ephemeral        Jenkins service, without persistent storage....
jenkins-persistent       Jenkins service, with persistent storage....
```

如果在 OpenShift 中没有查询到以上 Jenkins 模板，则使用 OpenShift 官方提供的模板文件导入模板。

```
[root@master ~]# oc create -f \
https://raw.githubusercontent.com/openshift/openshift-ansible\
/v3.11.0/roles/openshift_examples/files/examples/latest/quickstart\
-templates/jenkins-persistent-template.json -n openshift
```

2）在 OpenShift 中创建名为"cicd"的项目。

```
[root@master ~]# oc new-project cicd
```

3）基于 jenkins-ephemeral 模板创建 Jenkins 应用。

```
[root@master ~]# oc new-app  --template=jenkins-persistent
--> Deploying template "openshift/jenkins-persistent" to project cicd
--> Creating resources ...
  route.route.openshift.io "jenkins" created
  persistentvolumeclaim "jenkins" created
  deploymentconfig.apps.openshift.io "jenkins" created
  serviceaccount "jenkins" created
```

```
    rolebinding.authorization.openshift.io "jenkins_edit" created
    service "jenkins-jnlp" created
    service "jenkins" created
--> Success
```

从输出结果中可以看到，应用 jenkins-persistent 模板后，OpenShift 自动为我们创建了与 Jenkins 服务相关的资源对象，且全部对象都以"jenkins"命名。由于我们应用的是具有持久存储卷的 Jenkins 资源模板，因此自动创建了名为"jenkins"的 PVC 对象。

4）Jenkins 服务部署完成后，查看 Jenkins 应用运行的 Pod 状态。

```
[root@master ~]# oc get pod
NAME              READY    STATUS    RESTARTS    AGE
jenkins-1-jsf95   1/1      Running   0           2m
```

5）查看 Jenkins 应用的 Route 域名。

```
[root@master1 flask-app]# oc get route
jenkins \
--template={{.spec.host}}{{println}}
jenkins-cicd.apps.example.com
```

6）在浏览器中访问 Jenkins 服务（https://jenkins-cicd.apps.example.com），如图 5-5 所示。

当我们访问 Jenkins 服务并看到图 5-5 所示的界面时，表明 Jenkins 服务已经正常启动。单击图 5-5 中的"Log in with OpenShift"按钮，即可进入授权认证界面，如图 5-6 所示。

图 5-5　Jenkins 应用访问界面

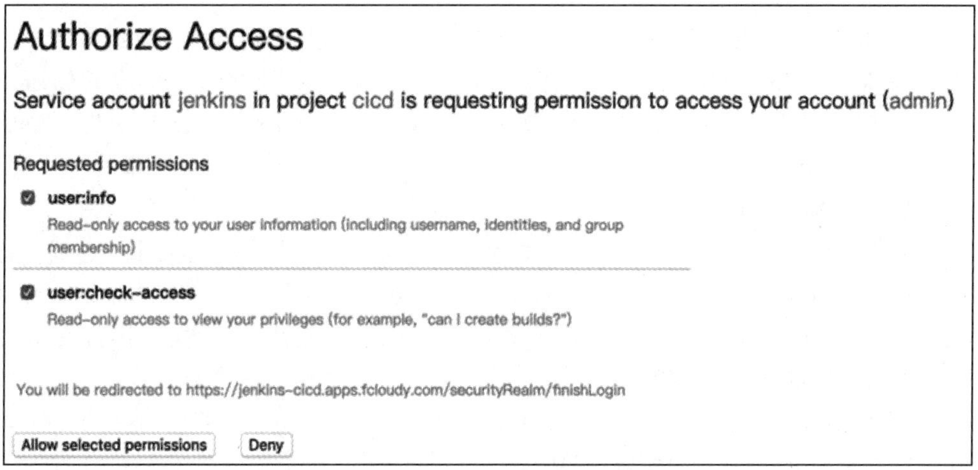

Authorize Access

Service account **jenkins** in project **cicd** is requesting permission to access your account (**admin**)

Requested permissions

☑ **user:info**
Read-only access to your user information (including username, identities, and group membership)

☑ **user:check-access**
Read-only access to view your privileges (for example, "can I create builds?")

You will be redirected to https://jenkins-cicd.apps.fcloudy.com/securityRealm/finishLogin

[Allow selected permissions]　[Deny]

图 5-6　Jenkins 应用授权认证界面

在图 5-6 中，勾选所有权限（两个复选框全部勾选），单击 "Allow selected permission" 按钮，即可进入 Jenkins 服务首页，如图 5-7 所示。在 Jenkins 服务首页中，可以看到任务列表中有一个默认的示例任务 "OpenShift Sample"，后续与 Jenkins 相关的所有操作都将在此页面中进行。

图 5-7　Jenkins 应用首页

至此，Jenkins 在 OpenShift 上的部署和验证测试已全部完成。由于 OpenShift 社区提供了 Jenkins 用于部署的资源模板，因此我们只需应用 Jenkins 服务模板即可快速在 OpenShift 上创建云原生的 Jenkins 服务。

5.2.2　Jenkins OpenShift 插件应用介绍

Jenkins 中的 OpenShift 插件用于实现 Jenkins 和 OpenShift 平台之间的无缝集成，为了便于使用 Jenkins，OpenShift 官方社区提供的 Jenkins 定制镜像中已为我们集成了 OpenShift 插件包，其中包含 OpenShift Client、OpenShift Login、OpenShift Pipeline 及 OpenShift Sync 等插件。Jenkins 服务通过这些插件与 OpenShift 平台进行交互，实现资源创建、删除，以及触发构建部署等操作。

下面我们将以实战方式演示如何使用 Jenkins 的 OpenShift 插件。第 4 章中，我们已经在 flask-app 项目中创建了名为 "flask-app-s2i" 的构建，本章中，我们将在 OpenShift 平台上新建一个 Jenkins 任务，并使用 Jenkins 的 OpenShift 插件触发 OpenShift 执行 flask-app-s2i 的构建过程。具体操作步骤如下。

1）首先，在 flask-app 命名空间中赋予 cicd 项目中名为 "jenkins" 的 ServiceAccount（服务账户）操作 flask-app 项目资源的权限。

```
[root@master ~]# oc policy add-role-to-user edit \
system:serviceaccount:cicd:jenkins -n flask-app
```

2）登录 Jenkins 服务首页，单击左侧菜单中的"New 任务"按钮，创建一个名为"Flask App S2I Build"的构建任务，并选中"构建一个自由风格的软件项目"选项，如图 5-8 所示。

图 5-8　创建一个名为"Flask App S2I Build"的自由风格任务

3）在任务的配置选项"Build"中，添加构建步骤"Trigger OpenShift Build"，如图 5-9 所示。

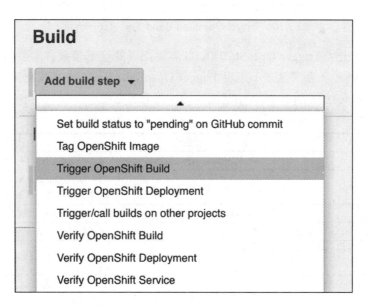

图 5-9　添加构建步骤"Trigger OpenShift Build"

当我们在添加构建步骤中选中"Trigger OpenShift Build"选项后，将进入 Trigger

OpenShift Build 的详细配置界面，如图 5-10 所示。

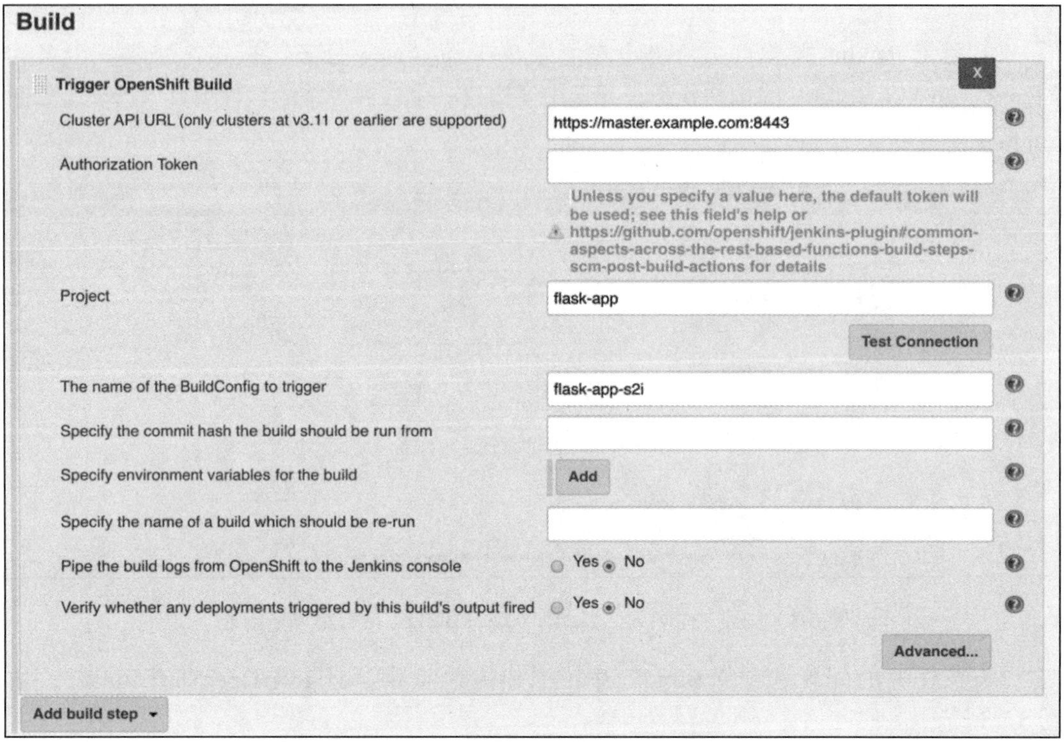

图 5-10　Trigger OpenShift Build 的配置详情界面

图 5-10 中列出了 Trigger OpenShift Build 需要配置的全部参数，参数的解释说明和参考配置如表 5-1 所示。参考表 5-1 完成 Trigger OpenShift Build 的参数配置后，单击保存。至此，通过 Jenkins 触发 OpenShift 构建配置的过程全部完成。

表 5-1　Trigger OpenShift Build 插件配置参数

参数名	参数值	说明
Cluster API URL	https://master.example.com:8443	OpenShift 集群 API 地址
Authorization Token	空	访问 OpenShift ApI 的授权令牌，如果为空插件会从 Jenkins 服务中获取
Project	flask-app	BuildConfig 所在的项目名称
The name of BuildConfig to trigger	flask-app-s2i	BuildConfig 的名称
Specify environment variables for the build	空	构建时传入的环境变量
Pipe the build logs from OpenShift to the Jenkins console	Yes	是否在 Jenkins 中输出 OpenShift 的构建日志

4）配置完成后，在 Jenkins 控制台的 Flask App S2I Build 任务中，单击左侧的"立即

构建"表单即可触发一次构建。在 Flask App S2I Build 任务界面的左下方，已列出任务的历史构建列表，单击最近的构建任务，在"Console Output"栏中即可查看任务执行的全部日志，如图 5-11 所示。

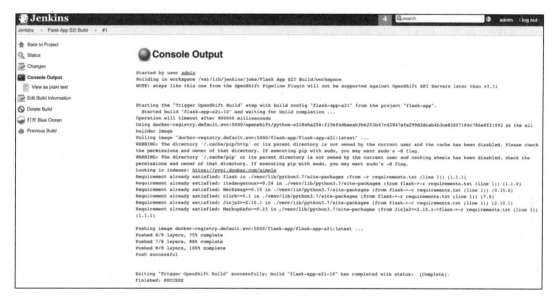

图 5-11　Flask App S2I Build 任务执行过程日志

由于在本次 Jenkins 触发 OpenShift 构建任务的配置参数中，我们设置了同步 OpenShift 的构建日志，因此在 Jenkins 控制台上我们也可以实时看到 OpenShift 内部的构建过程日志，当然，Jenkins 中的这一功能正是由内置于 Jenkins 中的 OpenShift 插件实现的。另外，Jenkins 任务还可以通过 Pipeline 的方式配置与执行，具体操作步骤可参考 4.2.4 节的内容。Pipeline 方式的配置其实很简单，主要是将图 5-10 中的配置参数代码化，使用 Jenkinsfile 配置 Trigger OpenShift Build 的示例如下。

```
openshiftBuild apiURL: 'https://master.example.com:8443', authToken: '',\
bldCfg: 'flask-app-s2i', namespace: 'flask-app', showBuildLogs: 'true'
```

事实上，Trigger OpenShift Build 仅是 Jenkins 众多 OpenShift 插件功能中的一个，当我们在 OpenShift 上基于 Jenkins 制作构建与部署任务时，需要灵活地使用各个插件的功能，因此熟悉和了解 OpenShift 插件的其他功能也是非常重要的。由于 OpenShift 插件较多，在此我们推荐两种可以快速了解插件功能、参数配置及其 Pipeline 语法的方式。

方式一：参考本节介绍的 Trigger OpenShift Build 插件使用过程，创建一个自由风格类型的 Jenkins 任务，然后在各个步骤中尝试添加使用不同的 OpenShift 插件，不同的插件对应不同的参数配置界面，通过查看配置界面上的参数说明，即可了解对应插件的功能。

方式二：创建一个流水线类型的 Jenkins 任务，然后单击任务主页左侧的"Pipeline

Syntax"按钮，进入 Pipeline 代码生成器页面，选择对应的插件功能，配置好参数后，单击
"Generate Pipeline Script"按钮，Jenkins 将会自动生成 Pipeline 语句，这些语句即可直接
作为 Jenkinsfile 中的执行语句。图 5-12 所示为在 Jenkins 上，通过 Pipeline 代码生成器，针
对 OpenShift 平台上的 flask-app 项目，将 flask-app-s2i 应用扩容为 2 副本 Pipeline 语句的配
置。配置完成后，最终生成的 Pipeline 语句如下。

```
openshiftScale apiURL: 'https://master.example.com:8443', authToken: '',\
depCfg: 'flask-app-s2i', namespace: 'flask-app', replicaCount: '2',\
verbose: 'false', verifyReplicaCount: 'false', waitTime: ''
```

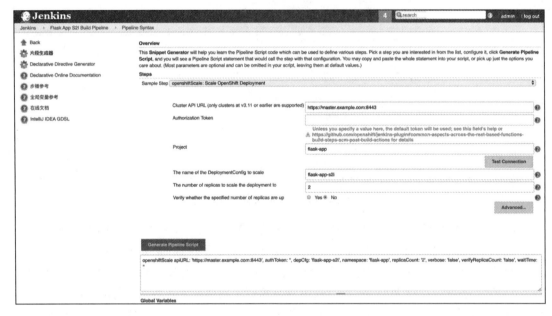

图 5-12　生成 Scale OpenShift Deployment 语句

5.3　GitLab 代码仓库

　　代码管理是软件开发过程中必不可少的环节，在正式开始编码之前，每个项目都需要
预先搭建一个代码仓库，同时代码仓库也是我们 DevOps 流水线的源头。设想一下，如果开
发过程中代码未做备份，在代码做了大量修改后，突然发现之前的思路不正确，如果此时
希望退回到先前的状态，则只能将编码过程重新来过，对程序员而言这将是一件非常可怕
的事情。有了代码托管仓库，在开发过程中，研发人员可以不断地向代码仓库中提交新代
码，仓库会自动对代码做好管理，同时回滚到历史任意版本也将是一件很轻松的事情。

　　作为目前最主流的分布式代码托管工具，Git 不仅可以在本地托管代码，而且也能从远
程仓库中拉取代码至本地，同时能把最新提交的代码推送到远程仓库中，实现本地和远程

代码的协同管理。基于 Git 技术，业界涌现出一大批源代码托管服务平台，其中最著名的便是公共代码托管平台 GitHub，GitHub 拥有 3500 万左右的注册用户，托管着近 1.3 亿个项目，是世界上最大的代码托管平台和开源社区，GitHub 有非常丰富的功能，可以很好地托管用户的代码。但是，如果要将代码托管到公共平台，则必须使用公网才能提交到远程仓库，由于 GitHub 平台位于境外，通常国内开发者的访问体验较差，而且对代码的安全性也构成了一定的威胁。因此，对于企业用户而言，私有代码托管平台的搭建非常必要。

得益于开源精神的普及推广，开源社区贡献了很多私有化 Git 代码托管平台解决方案，如功能强大的 GitLab、轻量级的 Gogs、基于 Gogs 发展而来的 Gitea，以及具有强大 Code Review（代码审核）功能的 Gerrit 等。其中，GitLab 是当前最流行的开源代码托管平台。GitLab 于 2011 年 10 月由 Dmitriy Zaporozhets 和 Valery Sizov 创建，是一款使用 Ruby on Rails 开发的代码托管工具，其功能非常丰富，包括 Git 仓库管理、代码审查、问题跟踪、动态订阅、wiki 等功能。同时，GitLab 内部集成的 GitLab CI 功能，极大地方便了持续集成和持续交付的实现。后续章节中，我们将介绍如何在 OpenShift 平台上部署云原生 GitLab 服务，同时介绍如何将 GitLab 与 Jenkins 集成，从而构建我们的云原生 DevOps 流水线。

5.3.1　OpenShift 云原生部署 GitLab

得益于 GitLab 的流行，为了适应云原生时代下的代码托管，GitLab 官方社区提供了基于 GitLab 容器镜像的应用模板，通过 GitLab 应用模板，我们可以快速实现 GitLab 服务的部署。GitLab 官方提供的最新应用模板地址如下。

```
https://gitlab.com/gitlab-org/omnibus-gitlab/raw/11-6-stable/docker/
openshift-template.json
```

接下来，我们将介绍如何通过 GitLab 官方提供的应用模板，在 OpenShift 平台上的 cicd 项目中，完成云原生 GitLab 服务的部署，具体实现步骤如下。

1）首先，需要将 GitLab 模板 gitlab-ce 导入到 OpenShift 项目中，以便 GitLab 模板能被所有项目共享。

```
[root@master ~]# oc create -f\
https://gitlab.com/gitlab-org/omnibus-gitlab/raw/11-6-stable\
/docker/openshift-template.json -n openshift
template.template.openshift.io/gitlab-ce created
[root@master ~]# oc get template gitlab-ce -n openshift
NAME        DESCRIPTION
gitlab-ce   GitLab. Collaboration and source control management: code...
```

2）将 OpenShift 的工作空间切换到 cicd 项目。

```
[root@master ~]# oc project cicd
```

3）使用 OpenShift//gitlab-ce 模板创建 GitLab 服务。

```
[root@master ~]# oc process openshift//gitlab-ce  \
APPLICATION_NAME=gitlab APPLICATION_HOSTNAME=gitlab.apps.example.com\
| oc create -f -
imagestream.image.openshift.io/gitlab created
imagestream.image.openshift.io/gitlab-redis created
serviceaccount/gitlab-user created
deploymentconfig.apps.openshift.io/gitlab created
deploymentconfig.apps.openshift.io/gitlab-redis created
deploymentconfig.apps.openshift.io/gitlab-postgresql created
service/gitlab created
service/gitlab-redis created
service/gitlab-postgresql created
persistentvolumeclaim/gitlab-redis-data created
persistentvolumeclaim/gitlab-etc created
persistentvolumeclaim/gitlab-data created
persistentvolumeclaim/gitlab-postgresql created
route.route.openshift.io/gitlab created
```

从上述输出日志中，可以看到在 GitLab 部署过程中，OpenShift 为其创建了正常运行所必需的所有资源。首先，创建了名为“gitlab-user”的 serviceaccount，OpenShift 将会使用这个服务账号来运行 GitLab 服务 Pod。然后，创建了 gitlab、gitlab-redis、gitlab-postgresql 3 个 DeploymentConfig 和相关 Service。其中 gitlab 为对外提供服务的应用程序，gitlab-redis 为缓存组件，gitlab-postgresql 为后台数据库。最后，为 gitlab、gitlab-redis 和 gitlab-postgresql 服务创建了用于数据存储的 PVC 资源和对外服务的 Route 资源。本例中，通过 Route 提供的域名 gitlab.apps.example.com，即可访问 gitlab 服务。

4）GitLab 应用必须使用 root 用户启动，所以要为 gitlab-user serviceaccount 分配 anyuid scc 权限。

```
[root@master ~]# oc adm policy add-scc-to-user anyuid -z \
gitlab-user -n cicd
```

5）验证 gitlab 部署情况。

```
[root@master pv-share]# oc get pod
NAME                         READY    STATUS    RESTARTS    AGE
gitlab-3-1r2ts               1/1      Running   0           2m
gitlab-postgresql-1-s2jgj    1/1      Running   0           8m
gitlab-redis-1-dfdrc         1/1      Running   0           8m
[root@master pv-share]# oc get route \
--template={{.spec.host}}{{println}}
gitlab.apps.example.com
```

如果看到上述输出结果，则表明我们的 GitLab 服务已经部署完成并正常运行，此时即可通过域名访问 GitLab 服务。

6）在浏览器中访问 http://gitlab.apps.example.com，如图 5-13 所示。第一次登录时，需要设置 root 管理员用户初始密码。

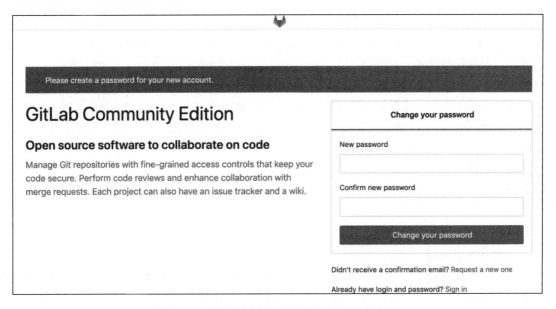

图 5-13　首次登录 GitLab 设置 root 用户名密码

7）使用 root 用户名与初始密码，登录 GitLab，进入 GitLab 服务首页，如图 5-14 所示。

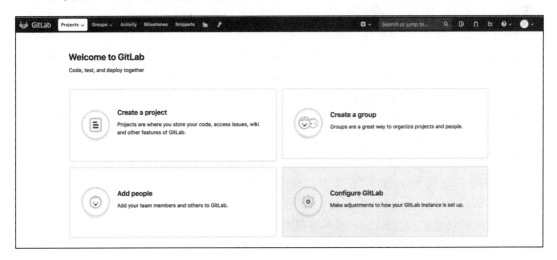

图 5-14　GitLab 管理员首次登录首页

至此，GitLab 已成功运行在 OpenShift 平台上。由于还未创建任何项目，因此图 5-14

中看到的仅是 GitLab 的初始化界面，后续我们将介绍如何将 GitLab 与 Jenkins 集成，从而实现功能强大的 DevOps 流水线。

5.3.2 Jenkins 与 GitLab 在 OpenShift 上的集成

Jenkins 是款非常优秀的开源持续集成软件，前文中我们已经在 OpenShift 平台上部署实现了云原生 Jenkins 服务，并创建了 Jenkins 构建任务，但是我们演示的是基于手动触发的构建，在实际应用中，如果我们的 DevOps 流水线过多地需要人工参与，则说明这是一条失败的 DevOps 流水线。显然，Jenkins 已为我们预留了集成各种自动触发机制的接口，用户只需为 Jenkins 进行自动触发器的简单配置，就可实现 Jenkins 持续集成的自动化。为了支持不同场景、多种类型的自动触发，Jenkins 支持多种触发机制来实现任务的自动执行，Jenkins 支持的自动触发机制有以下几类：

❑ 定时触发。

❑ 轮询代码仓库触发。

❑ 关联上游任务触发。

❑ GitLab Webhook 触发。

❑ 通用 Webhook 触发。

在基于 Jenkins 实现的持续集成场景中，以上每种触发方式都有自己特定的使用场景。例如，为了最小化对生产系统的影响，有些任务需要在业务低峰期（如凌晨）执行，此时可以采用定时触发机制。另外，有些任务可能与上游任务存在因果联系，因此比较适合关联上游任务触发机制。而在本节中，我们主要关注的是 GitLab Webhook 触发机制，该机制可以实现每次用户向仓库中提交代码时，都会自动触发 Jenkins 启动构建任务。通常情况下，GitLab 代码仓库也是 Jenkins 持续集成的源头，因此 Jenkins 与 GitLab 的集成可以认为是 DevOps 流水线实现的必要环节。接下来，我们将继续使用第 4 章中创建的 flask-app 应用代码，演示 GitLab 与 Jenkins 的集成过程，并通过 GitLab Webhook 触发机制来实现 Jenkins 构建任务的自动触发，具体步骤如下。

1）在 Jenkins 中安装 GitLab 插件。由于 OpenShift 官方社区提供的 Jenkins 镜像中没有预置 GitLab 插件，因此需要用户自行安装。安装方式很简单，在 Jenkins 系统管理中进入插件管理界面，选择"Available"标签，在搜索框中输入"gitlab"，如图 5-15 所示。

2）在图 5-15 所示的搜索结果中，选中 GitLab 和 Gitlab Hook 插件，单击"Install without restart"按钮，Jenkins 服务将自动下载并安装插件，如图 5-16 所示。

3）插件安装完成后，Jenkins 服务将自动重启。至此，GitLab 插件已在 Jenkins 中顺利安装完成。

4）在 GitLab 代码托管仓库中创建一个名为"flask-app"的项目，并将第 4 章中的 flask-app 应用代码上传到该项目中。登录 GitLab 服务，创建项目 flask-app，代码仓库地址为 http://gitlab.apps.example.com/root/flask-app.git，如图 5-17 所示。

5）将 flask-app 应用代码上传到 GitLab 中新建的 flask-app 代码仓库中。

```
[root@master]# cd flask-app
[root@master]# git remote set-url origin \
http://gitlab.apps.example.com/root/flask-app.git
[root@master]# git push -u origin master
 * [new branch]      master -> master
```

这里，由于我们的 flask-app 目录已经是一个可以正常使用的 Git 仓库，所以我们通过 git remote set-url 命令修改仓库原来的访问地址。如果 flask-app 目录还未被初始化为 Git 仓库，则可以使用 git init 命令创建本地仓库，并执行 git remote add 命令添加远程仓库地址。

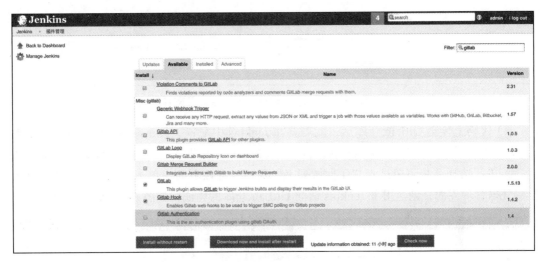

图 5-15　搜索 Jenkins GitLab 相关插件

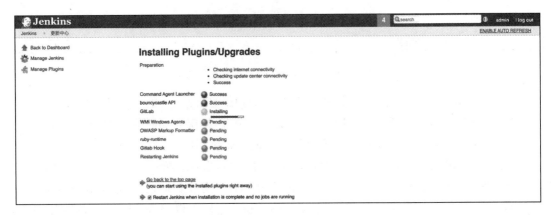

图 5-16　自动下载并安装 Jenkins GitLab 相关插件

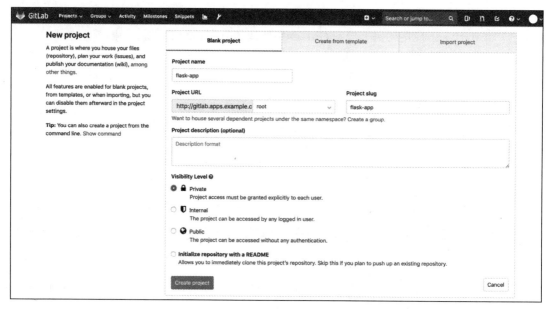

图 5-17　在 GitLab 代码仓库中创建 flask-app 代码托管项目

6）代码上传至 GitLab 仓库后，就需要在 Jenkins 中配置 Jenkins GitLab Webhook 触发机制，并在 GitLab 上为 flask-app 项目配置 Webhooks。展开 Jenkins 服务首页左侧的"凭据"菜单，选择系统菜单进入"凭据域列表"页面，在该页面中单击全局凭据链接，进入全局凭据管理界面，创建用于 Jenkins 访问 GitLab 仓库的凭证，如图 5-18 所示。

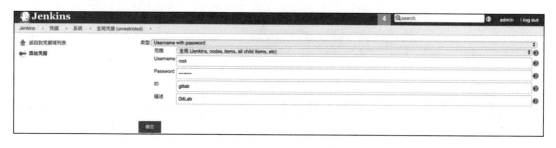

图 5-18　创建访问 GitLab 仓库项目的凭证

7）在 Jenkins 服务上创建一个名为"Flask App GitLab Trigger"的自由风格的构建任务。

8）设置构建任务的源代码管理为 Git 类型，并输入 flask-app 项目的仓库访问地址 http://gitlab.cicd.svc/root/flask-app.git 及其访问凭证，如图 5-19 所示。

9）设置 Build Triggers 为 GitLab Webhook 机制，如图 5-20 所示。

在图 5-20 中，设置允许触发构建任务的事件和代码分支，同时生成 Secret token，触发 Jenkins 构建任务的请求必须带有该 Secret token，这样可以提高 GitLab Webhook 的安全性。

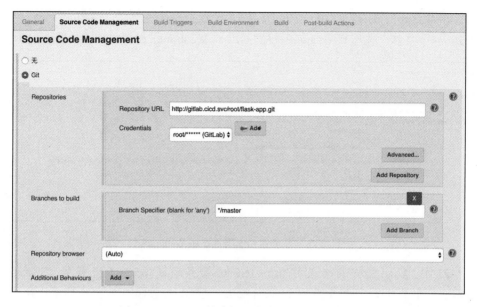

图 5-19　Jenkins 构建任务源代码管理设置界面

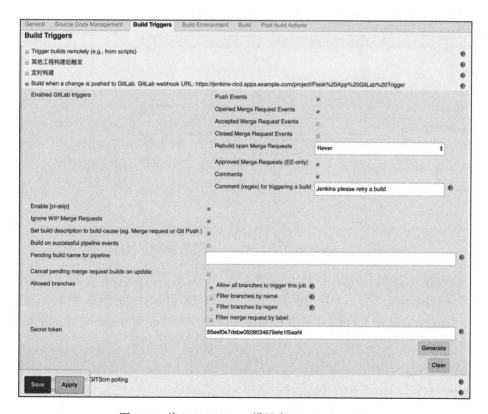

图 5-20　将 Build Triggers 设置为 GitLab Webhook

10）在 GitLab 中的 flask-app 项目下，展开设置页面中左侧的"Setting"栏，并单击"Integrations"菜单，进入 flask-app 项目的 GitLab Webhooks 设置界面，如图 5-21 所示。

图 5-21　为 flask-app 项目添加 Webhooks

图 5-21 中，URL 链接的格式为 http://Jenkins 服务地址 /project/ 任务名，Secret Token 值即为第 9 步中 Jenkins 任务生成的 Secret token（这两个参数在图 5-20 中均可找到）。

11）本地修改 flask-app 项目代码，然后将其提交到远程仓库，这个过程将会自动触发 Jenkins 执行 Flask App GitLab Trigger 任务，如图 5-22 所示。

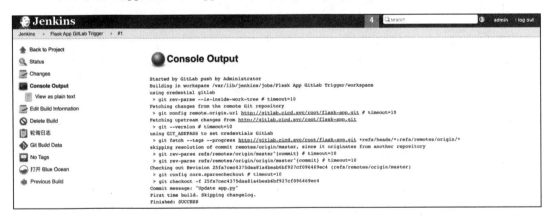

图 5-22　Flask App GitLab Trigger 任务被触发执行日志

至此，我们已完成 GitLab 和 Jenkins 的集成，并实现了当 GitLab 仓库中代码更新时，自动触发 Jenkins 构建任务。上述示例中，所有步骤都是通过 Jenkins Web 界面来进行配置。事实上，Jenkins GitLab Webhook 触发机制还可以通过 Jenkins Pipeline 的方式来配置，下面便是使用 Jenkinsfile 来配置 GitLab Webhook 触发器的一个示例。

```
pipeline{
  agent any
  triggers{
    gitlab(
```

```
      triggerOnPush: true,
      branchFilterType: 'All',
      secretToken: "55eef0e7debe0929034679efe1f5aaf4")
  }
  stages{
    ...
  }
}
```

需要注意的是，如果使用 Pipeline 方式来配置 GitLab Webhook 触发器，则必须在 Jenkins 页面上手动执行一次该任务，以便 Jenkins 能够读取代码仓库的信息，并将触发器与 GitLab Webhook 进行关联，否则 GitLab Webhook 将无法自动触发构建任务。

5.4　SonarQube 代码扫描

SonarQube 是一个应用广泛的开源代码质量管理系统，其可以根据既定规则对源代码进行扫描，并通过不同的插件对扫描结果进行二次加工，量化代码质量，并生成最终的详细报告。SonarQube 支持众多开发语言，对不同规模和类型的项目都可以进行代码质量的扫描，同时 SonarQube 能够方便地与 CI/CD 工具集成，如与 Jenkins 集成。SonarQube 有助于提高代码可靠性、应用安全性，并能够以图表的方式直观地展示当前项目代码的健康状态，使代码维护更简单。

- 代码可靠性。SonarQube 能够帮助开发人员提前发现代码中的错误，发现不符合设定规则，以及不安全的代码段，同时会生成详细的提示报告，因此开发人员在代码运行前即可发现代码隐藏的问题，并通过扫描报告帮助开发人员提前修复低质量和故障代码。
- 应用安全性。SonarQube 能够及时检查并发现应用代码中的漏洞与缺陷，如 SQL 注入、跨站点脚本攻击漏洞等，因此能够在代码正式上线前发现并排除安全隐患。
- 可维护性。在软件项目的开发过程中，代码会随着项目进展而不断更新，SonarQube 可以通过多个维度展示当前应用代码的状态，如总体健康状况、历史状况等指标，从而指导开发人员朝着正确方向优化代码。

总体而言，有了 SonarQube 对代码扫描得到的分析数据作为指导，通过代码指标的不断优化，开发人员即可高效地改进应用代码，最终提高整体软件质量。目前，SonarQube 有 4 个可用版本，即社区开源版、开发者版、企业版和数据中心版，这几个版本之间的区别如图 5-23 所示。

SonarQube 各个版本的详细描述和具体差异，可参考 SonarQube 官方网站⊖。本节中，我

⊖　https://www.sonarsource.com/plans-and-pricing/.

们将在 OpenShift 平台上实现 SonarQube 社区版的部署，并实现 Jenkins 与 SonarQube 的集成，最终 SonarQube 代码扫描功能将会成为我们云原生 DevOps 流水线中的一个重要环节。

图 5-23 SonarQube 各版本的区别

5.4.1 OpenShift 云原生部署 SonarQube

本节中，我们将讲解如何在 OpenShift 平台上部署云原生的 SonarQube 服务。为了支持云原生部署，SonarQube 官方社区在 DockerHub 上提供了 SonarQube 各个版本的容器镜像，镜像仓库地址如下。

```
https://hub.docker.com/_/sonarqube/
```

由于官方镜像默认指定使用 sonarqube 用户运行容器，而 OpenShift 平台基于应用安全性考虑，将会强制使用与 OpenShift 项目关联的 ID 启动 SonarQube 容器，因此如果在 OpenShift 平台上直接使用官方提供的 SonarQube 镜像，将会遇到权限相关的问题。为了实现在 OpenShift 平台无障碍运行云原生 SonarQube 应用，需要对 SonarQube 官方镜像的构建脚本做自定义修改，主要是文件权限的修改，然后重新构建 SonarQube 镜像。SonarQube 官方提供的镜像构建脚本存放在如下 Github 仓库中。

```
https://github.com/SonarSource/docker-sonarqube.git
```

社区版 SonarQube 容器镜像的构建文件是 docker-SonarQube/7/community/Dockerfile，通过修改此文件内容，即可构建适用于 OpenShift 平台的 SonarQube 镜像。自定义的 SonarQube 镜像构建步骤如下。

1）克隆 SonarQube 官方构建脚本代码，切换到 docker-sonarqube/7/community/ 目录。

```
[root@master ~]# git clone \
https://github.com/SonarSource/docker-sonarqube.git
[root@master ~]# cd docker-sonarqube/7/community
```

2）更新 Dockerfile 文件，以构建适用于 OpenShift 平台的 SonarQube 镜像。

```
[root@master ~]# cat Dockerfile
FROM openjdk:11-jre-slim
RUN apt-get update \
  && apt-get install -y curl gnupg2 unzip \
  && rm -rf /var/lib/apt/lists/*
ENV SONAR_VERSION=7.9.1 \
  SONARQUBE_HOME=/opt/sonarqube\
  SONARQUBE_JDBC_USERNAME=sonar \
  SONARQUBE_JDBC_PASSWORD=sonar \
  SONARQUBE_JDBC_URL=""
EXPOSE 9000
RUN set -x \
  && cd /opt \
  && curl -o sonarqube.zip -fSL https://binaries.sonarsource.com/Distribution/
sonarqube/sonarqube-$SONAR_VERSION.zip \
  && curl -o sonarqube.zip.asc -fSL https://binaries.sonarsource.com/
Distribution/sonarqube/sonarqube-$SONAR_VERSION.zip.asc \
  && gpg --batch --verify sonarqube.zip.asc sonarqube.zip \
  && unzip -q sonarqube.zip \
  && mv sonarqube-$SONAR_VERSION sonarqube\
  && rm sonarqube.zip* \
  && rm -rf $SONARQUBE_HOME/bin/* \
  && chgrp -R 0 $SONARQUBE_HOME \
  && chmod -R g+rw $SONARQUBE_HOME
VOLUME "$SONARQUBE_HOME/data"
WORKDIR $SONARQUBE_HOME
COPY run.sh $SONARQUBE_HOME/bin/
ENTRYPOINT ["./bin/run.sh"]
```

在上述 Dockerfile 文件中，为了让 SonarQube 直接运行在 OpenShift 上，我们在原始官方 Dockerfile 文件的基础上，做了以下修改更新（原始 Dockerfile 文件请参考官方网站⊖）：

❑ 删除创建 sonarqube 用户及 sonarqube 用户组的脚本。

❑ 将 $SONARQUBE_HOME 文件夹的属组由原来的 sonarqube 改为 root 组，并对文件夹授予可读写权限。

❑ 删除指定 sonarqube 用户为容器默认启动用户的脚本。

⊖ https://github.com/SonarSource/docker-sonarqube/blob/master/7/community/Dockerfile.

3）构建 SonarQube 镜像，并将其推送到 OpenShift 私有镜像仓库。

```
[root@master ~]# docker build -t \
docker-registry-default.apps.example.com/cicd/sonarqube:7.9.1 .
[root@master ~]# docker push \
docker-registry-default.apps.example.com/cicd/sonarqube:7.9.1
```

4）在 cicd 项目下查看 ImageStream，验证 SonarQube 镜像。

```
[root@master ~]# oc get is -n cicd |grep sonarqube
sonarqube    docker-registry.default.svc:5000/cicd/sonarqube 7.9.1
```

通过上述步骤，即可完成 SonarQube 自定义镜像的构建。镜像构建完成后，我们将在 OpenShift 平台上部署云原生 SonarQube 服务。在实际应用中，SonarQube 服务需要数据库进行数据存储，且默认使用的是内置 H2 数据库，H2 数据库比较适合在进行流水线测试时使用，生产环境中，通过推荐将 SonarQube 数据保存在外部数据库中，如 PostgreSQL 等外置数据库。SonarQube 外置数据库的配置很简单，只需在创建 SonarQube 应用时传入以下数据库相关参数即可。

❑ SONARQUBE_JDBC_USERNAME：用于访问外部数据库的用户名。

❑ SONARQUBE_JDBC_PASSWORD：用于访问外部数据库的用户名密码。

❑ SONARQUBE_JDBC_URL：外部数据库的 JDBC 链接地址。

本节中，我们将在 OpenShift 平台上部署 SonarQube 服务，并为 SonarQube 服务配置 PostgreSQL 外置数据库，为了实现云原生 DevOps 流水线，PostgreSQL 数据库也采用云原生方式部署在 OpenShift 平台上。SonarQube 和 PostgreSQL 在 OpenShift 上的部署实现可参考以下步骤。

1）首先，在 OpenShift 平台上基于 postgresql-95-centos7 镜像创建 PostgreSQL 数据库服务，用户名设置为 sonar，密码设置为 sonar，并创建名为"sonar"的数据库。

```
[root@master ~]# oc new-app \
--docker-image=docker.io/centos/postgresql-95-centos7:latest \
--name=sonarqube-postgresql POSTGRESQL_USER=sonar \
POSTGRESQL_PASSWORD=sonar POSTGRESQL_DATABASE=sonar
```

2）查看并验证 PostgreSQL 数据库运行状态。

```
[root@master ~]# oc get dc
NAME                   REVISION   DESIRED   CURRENT   TRIGGERED BY
sonarqube-postgresql   1          1         1
config,image(sonarqube-postgresql:latest)
[root@master ~]# oc get svc
NAME                   TYPE        CLUSTER-IP       EXTERNAL-IP   PORT(S)    AGE
sonarqube-postgresql   ClusterIP   172.30.108.148   <none>        5432/TCP   4m
```

从上述输出中可以看出，PostgreSQL 数据库已在 OpenShift 平台上成功运行，且创建了名为 "sonarqube-postgresql" 的 Service，对应的服务端口号为 5432，在 SonarQube 服务的创建过程中，将指定该 Service 作为外部数据库服务。

3）使用自定义构建的 SonarQube 镜像与 PostgreSQL 数据库配置信息（用户和密码等信息）在 OpenShift 上创建 SonarQube 服务。

```
[root@master ~]# oc new-app sonarqube:7.9.1 --name=sonarqube \
SONARQUBE_JDBC_USERNAME=sonar SONARQUBE_JDBC_PASSWORD=sonar \
SONARQUBE_JDBC_URL=jdbc:postgresql://sonarqube-postgresql/sonar
```

4）查看 SonarQube 应用运行状态。

```
[root@master ~]# oc get dc
NAME                REVISION    DESIRED    CURRENT    TRIGGERED BY
sonarqube           1           1          1
config,image(sonarqube:7.9.1)
sonarqube-postgresql  1           1          1
config,image(sonarqube-postgresql:latest)
[root@master ~]# oc get svc
NAME                TYPE        CLUSTER-IP      EXTERNAL-IP    PORT(S)   AGE
sonarqube           ClusterIP   172.30.77.252   <none>         9000/TCP  1m
sonarqube-postgresql ClusterIP   172.30.108.148  <none>         5432/TCP  9m
```

5）为 SonarQube 服务创建 Route，以便对外提供服务。

```
[root@master ~]# oc expose svc/sonarqube
route.route.openshift.io/sonarqube exposed
[root@master ~]# oc get route
NAME        HOST/PORT                            PATH    SERVICES   PORT
sonarqube   sonarqube-cicd.apps.example.com              sonarqube  9000-tcp
```

6）在浏览器中访问 http://sonarqube-cicd.apps.example.com，如图 5-24 所示。SonarQube 服务默认的用户名和密码均为 admin。

至此，我们已完成 SonarQube 在 OpenShift 平台上的云原生部署。但是，在上述部署过程中，我们并未对 SonarQube 和 PostgreSQL 服务做数据持久化存储配置，因此在容器重启后，应用数据将会丢失。在生产实践中，务必将服务的数据存储目录持久化，在 SonarQube 部署实践中，需要对以下目录做数据持久化设置。

❑ /var/lib/pgsql/data：PostgreSQL 数据库数据存储目录。

❑ /opt/sonarqube/data：SonarQube 的数据存储目录，包括 Elasticsearch 索引数据。

❑ /opt/sonarqube/extensions：SonarQube 的插件文件存储目录。

这里，我们以 PostgreSQL 数据库数据持久化配置为例，演示如何实现 OpenShift 云原生应用的数据持久化配置。首先，在 dc/sonarqube-postgresql 中查看 sonarqube-postgresql
服务的挂载点。

```
[root@master ~]# oc set volumes dc/sonarqube-postgresql
deploymentconfigs/sonarqube-postgresql
empty directory as sonarqube-postgresql-volume-1
mounted at /var/lib/pgsql/data
```

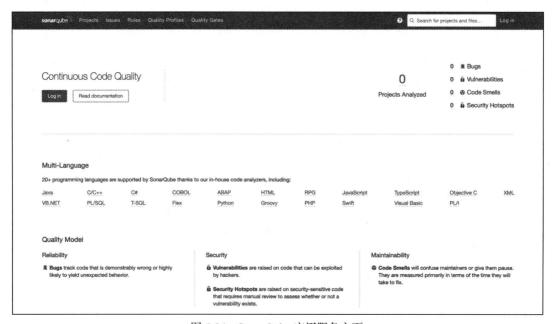

图 5-24　SonarQube 应用服务主页

从上述输出结果中可以看到，sonarqube-postgresql 服务中的挂载点是 /var/lib/pgsql/data
目录（数据库文件存储目录），且挂载点名为"sonarqube-postgresql-volume-1"，另外当前
挂载点关联的是临时目录 emptyDir，临时目录意味着容器重启后将被重置，即重启前存储
的数据将会丢失。为了持久化数据存储，需要将临时目录更换为持久存储，在 OpenShift
中，首先需要创建 PVC 来申请 PV，然后才能将 PVC 关联到服务中的挂载点上，使用如下
命令将会直接创建 PVC 并将其关联到服务挂载点。

```
[root@master ~]# oc set volumes dc/sonarqube-postgresql --add \
--name=sonarqube-postgresql-volume-1 -t pvc --claim-size=1G \
--claim-mode='ReadWriteOnce' \
--claim-name=ssonarqube-postgresql-data-pvc --overwrite
```

执行上述命令后，将会创建一个名为"sonarqube-postgresql-data-pvc"的 PVC，其类
型为 ReadWriteOnce，大小为 1GB，同时创建的 PVC 会与 sonarqube-postgresql 服务中的挂

载点 sonarqube-postgresql-volume-1 关联起来。通过如下方式可以验证 PVC 与挂载点的关联状态。

```
[root@master ~]# oc set volumes dc/sonarqube-postgresql
deploymentconfigs/sonarqube-postgresql
pvc/sonarqube-postgresql-data-pvc (allocated 1GB) as
sonarqube-postgresql-volume-1
mounted at /var/lib/pgsql/data
```

可以看到，挂载点 sonarqube-postgresql-volume-1 已经成功与刚创建的名为 "sonarqube-postgresql-data-pvc" 的 PVC 关联起来。由于 PVC 是持久化存储，因此即使反复重启容器，数据库中的文件也不会受影响。PostgreSQL 数据目录持久化完成后，按照同样的方式，通过新建 PVC，并将其与 SonarQube 中的 /opt/sonarqube/data 和 /opt/sonarqube/extensions 目录关联，即可完成 SonarQube 应用数据的持久化配置。另外，作为极为流行的代码扫描和质量管控软件，目前开源社区已有针对 OpenShift 平台部署的 SonarQube 模板文件⊖，通过应用模板文件，SonarQube 的部署将会得到极大简化。

5.4.2　Jenkins 与 SonarQube 在 OpenShift 上的集成

5.4.1 节中，我们完成了 SonarQube 服务在 OpenShift 平台上的部署，不过 SonarQube 服务部署仅是第一步。要实现对项目实代码的扫描，还需安装与编程语言相关的插件，然后通过 SonarQube Scanner 对代码进行扫描，SonarQube 的工作原理架构如图 5-25 所示。

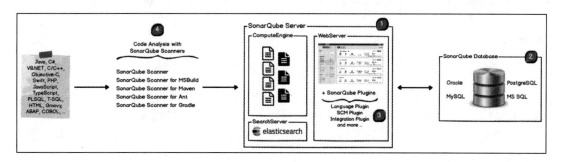

图 5-25　SonarQube 工作原理架构

SonarQube 的服务端主要由 3 个部分组成，分别是用于展示分析结果和对 SonarQube 进行配置与管理的 Web 服务端、基于 Elasticsearch 的搜索服务，以及处理代码分析报告，并将结果存储到数据库中的计算引擎服务，另外，SonarQube 支持多种后端数据库，本节中我们使用的是 PostgreSQL。为了支持不同编程语言，SonarQube 服务端实现了对不同类型扩展插件的支持。在实际使用中，SonarQube 使用 SonarQube Scannar 客户端对代码进行扫

⊖　https://github.com/OpenShiftDemos/SonarQube-openshift-docker.

描，并将分析报告发给服务端的计算引擎进行处理。为了实现 SonarQube 与 Jenkins 服务的集成，本节中，我们将在 Jenkins 服务中配置 Jenkins SonarQube 插件，并通过上一节中介绍的 flask-app 应用代码来演示 SonarQube 与 Jenkins 的集成过程，具体实现步骤如下。

1）首先，我们需要确认 SonarQube 服务中是否安装了与所需编程语言相关的分析插件。本节中，我们介绍的 flask-app 应用由 Python 语言编写，因此需要确保 SonarQube 服务中安装了 Python 代码分析插件。确认过程很简单，只需使用管理员账号登录 SonarQube 服务，进入管理员界面下的"Marketplace"子页，确认是否已安装插件即可，如图 5-26 所示。

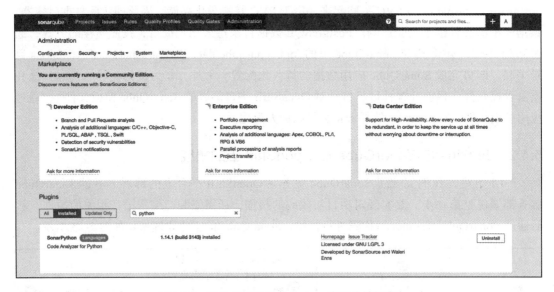

图 5-26　确认是否已安装 Python 代码分析插件

在图 5-26 中，可以在该管理界面下看到，SonarQube 已为常用编程语言安装了默认代码分析插件，包括 Java、JS、Go、HTML、PHP、Ruby、Scala 等语言插件。如果所需语言插件未被安装，则只需在该页面下通过搜索框进行搜索，并单击右侧的安装按钮即可完成所需插件的安装。

2）新建 SonarQube 扫描项目。单击"SonarQube"页面右上角的"＋"符号，即可新建扫描项目。在新建项目页面中，输入 Project key 与 Display name，并单击"Set Up"按钮，即可新建项目 flask-app，如图 5-27 所示。

3）为项目设置访问认证 Token 和扫描命令。第 2 步之后，将会出现图 5-28 所示的界面，输入 Token 名称，然后单击"Generate"即可生成 Token。Token 生成之后，将会要求我们选择与项目相关的编程语言和执行环境，从而生成 SonarQube Scanner 的执行命令，如图 5-29 所示。

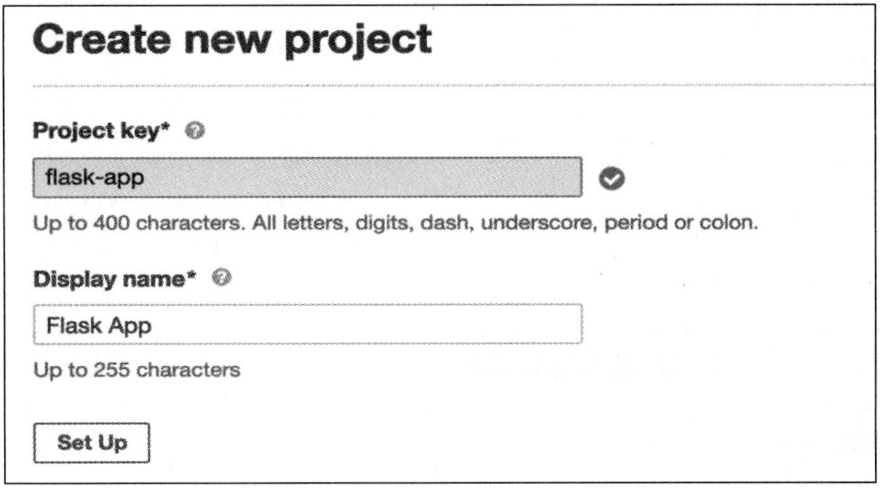

图 5-27　创建 flask-app 扫描项目

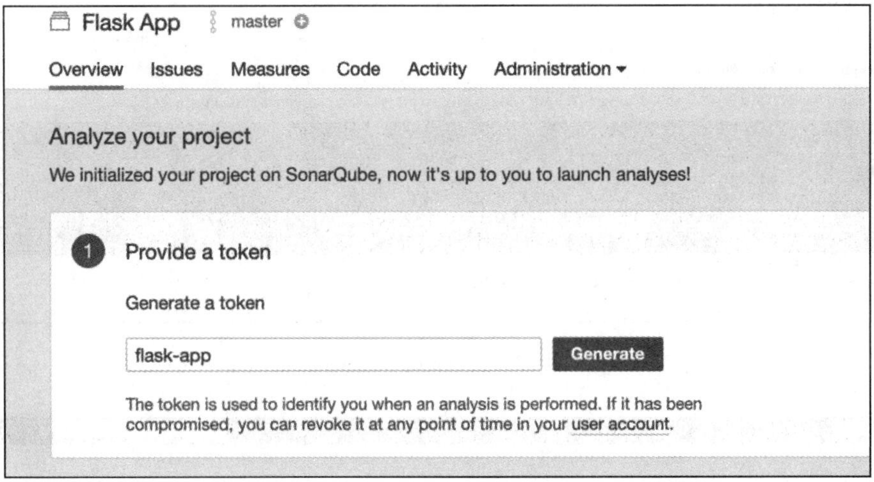

图 5-28　生成项目访问认证 Token

至此，我们已在 SonarQube 服务上创建了 flask-app 扫描项目，接下来将演示如何通过 Jenkins SonarQube Scanner 插件执行应用代码扫描，并将分析报告发送给 SonarQube 服务端。

4）在 Jenkins 中安装 SonarQube Scanner 插件。由于 OpenShift 官方提供的 Jenkins 镜像中默认并未安装 SonarQube Scanner 插件，因此需要在 Jenkins 服务中额外安装此插件。安装方式很简单，进入 Jenkins 服务的"插件管理"界面，选择"Available"标签，搜索"SonarQube Scanner"，单击安装即可，如图 5-30 所示。

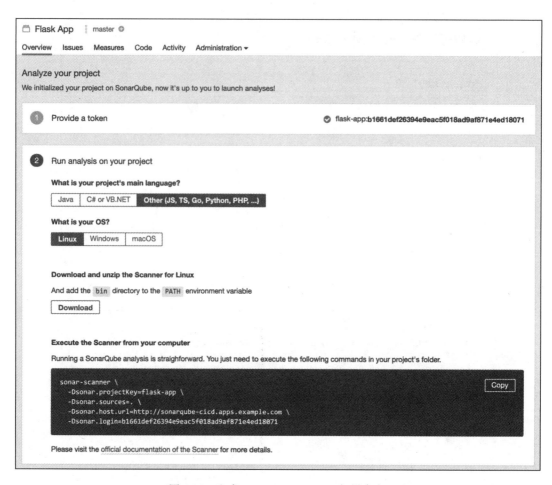

图 5-29　生成 SonarQube Scanner 扫描命令

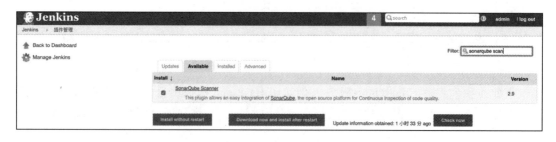

图 5-30　Jenkins 安装 SonarQube Scanner 插件

5）在 Jenkins 服务中配置 SonarQube。进入 Jenkins 服务的"系统管理→系统配置"页面，设置 SonarQube servers 地址，该地址为我们在 OpenShift 平台上部署 SonarQube 后查看到的服务地址，如图 5-31 所示。

6）设置 JDK 和 SonarQube Scanner。进入 Jenkins 服务全局工具配置页面即可进行设置，Jenkins 服务默认 JAVA_HOME 目录为 /usr/lib/jvm/java，如图 5-32 所示。SonarQube
Scanner 通过自动安装的方式完成配置，如图 5-33 所示。

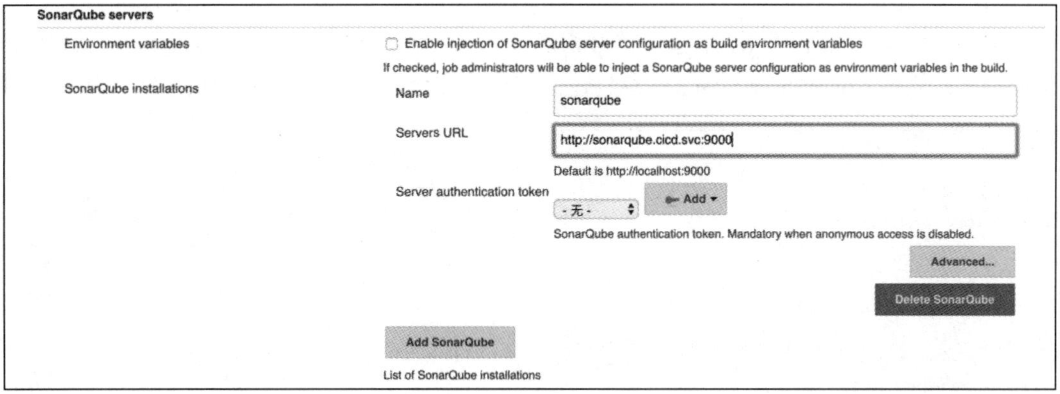

图 5-31　在 Jenkins 系统配置中添加 SonarQube servers 地址

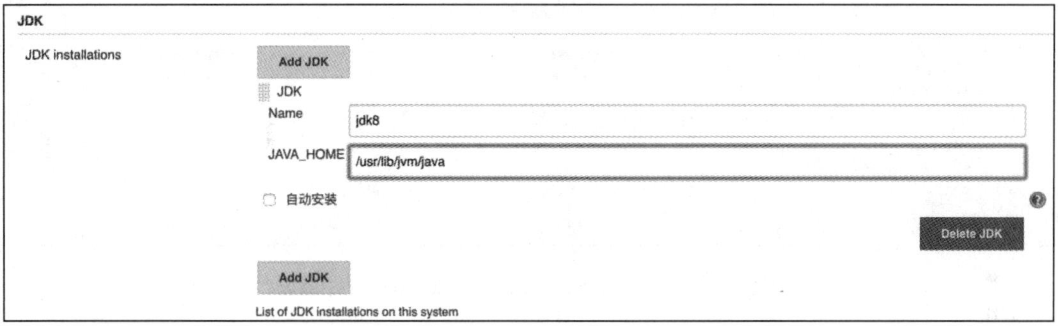

图 5-32　在 Jenkins 全局工具配置中设置 JDK

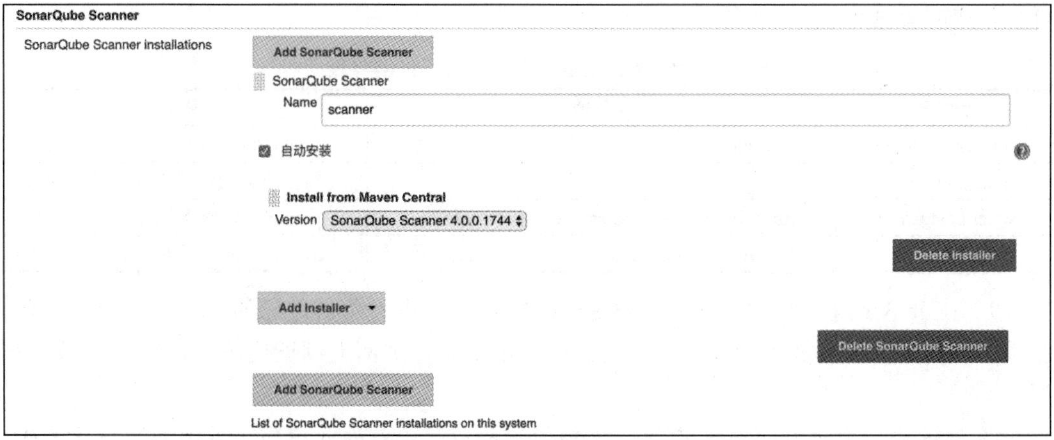

图 5-33　在 Jenkins 全局工具配置中安装设置 SonarQube Scanner

7）在 Jenkins 服务上创建名为"Flask App SonarQube"的自由风格任务，设置构建任务的源代码管理为 Git 类型，输入 flask-app 项目的仓库地址及访问凭证，本步骤可参考 5.3.2 节中的配置。

8）在 Jenkins 的任务配置选项"Build"栏中，添加构建步骤"Execute SonarQube Scanner"，输入 SonarQube Scanner 参数，保存任务完成构建任务设置，如图 5-34 所示。

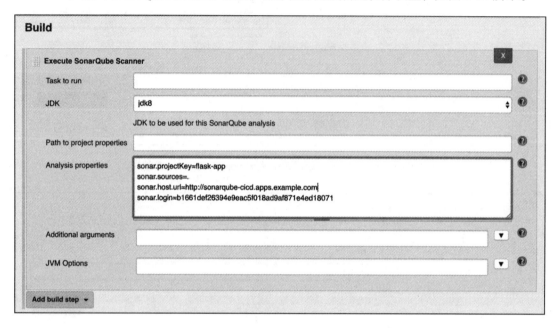

图 5-34　设置 Jenkins SonarQube Scanner 插件参数

图 5-34 中所设置的参数，即是我们在 SonarQube 服务上创建 flask-app 项目时生成的 SonarQube Scanner 执行命令中所包含的参数。表 5-2 所示为 Jenkins SonarQube Scanner 插件的主要配置参数。

表 5-2　Jenkins SonarQube Scanner 插件配置参数

参数名	参数值	说明
sonar.projectKey	flask-app	SonarQube 项目的 Project Key
sonar.sources	.	被扫描的代码所在的目录
sonar.host.url	http://SonarQube-cicd.apps.example.com	SonarQube 服务地址
sonar.login	b1661def26394e9eac5f018ad9af871e4ed18071	SonarQube 项目的认证 Token

9）在 Jenkins 控制台的 Flask App SonarQube 任务中，单击左侧的"立即构建"表单，触发一次构建。待任务运行成功后，在 SoanrQube 服务页面上浏览代码分析结果，图 5-35 所示。

图 5-35 中，由于 flask-app 项目包含的代码比较简单，因此扫描结果中的数据比较少。读者朋友可以按照以上步骤，使用 SonarQube Scanner 来扫描较为复杂的项目，扫描完成

后将会在 SonarQube 服务页面上看到非常丰富的代码分析结果。至此，我们已完成通过 Jenkins Web 界面来配置实现 Jenkins 与 SonarQube 的集成。

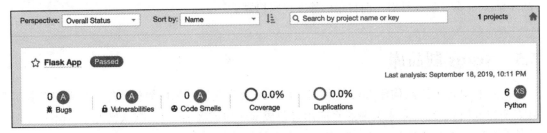

图 5-35　查看 Flask App 项目的扫描结果

事实上，通过 Jenkins Pipeline 的方式也可以实现调用 SonarQube Scanner 完成代码静态扫描，以下是使用 Jenkinsfile 来配置构建任务，完成 SonarQube Scanner 静态扫描应用代码的一个示例。

```
pipeline{
  agent any
  stages{
    stage('clone code'){
      steps{
        git credentialsId: 'gitlab', url:
'http://gitlab.cicd.svc/root/flask-app.git'
      }
    }
    stage('sonar scanner'){
      steps{
        script{
          def scannerHome = tool 'scanner';
          withSonarQubeEnv("sonarqube"){
            sh "${scannerHome}/bin/sonar-scanner \
-Dsonar.projectKey=flask-app -Dsonar.sources=. \
-Dsonar.host.url=http://sonarqube-cicd.apps.example.com \
-Dsonar.login=b1661def26394e9eac5f018ad9af871e4ed18071"
          }
        }
      }
    }
  }
}
```

在 Jenkinsfile 文件中，我们使用 git 命令来拉取应用代码，其中的 credentialsId 为 Git 仓库的凭证名。使用 tool 指令获取 SonarQube Scanner 工具在 Jenkins 服务中的安装目录，参数"scanner"为 Jenkins 服务全局工具配置中的 SonarQube Scanner 名称。withSonarQubeEnv
函数传入的参数"sonarqube"为 Jenkins 服务系统配置中的 SonarQube 服务名称。最后通过
sonar-scanner 命令启动针对当前目录的静态代码扫描。

5.5 Nexus 制品库

在使用 Maven 工具构建 Java 应用时，Maven 会为我们做好依赖包管理，并递归下载所
有需要的依赖 jar 包，完成编译后将应用打包成 war 包或者 jar 包。默认情况下，Maven 会
从外网仓库中下载依赖包，这会带来几个方面的问题。首先，应用构建环境必须能够访问
外网，但是并非所有企业都能够提供外网访问。其次，Maven 从外网下载依赖包通常速度
较慢，在大型项目的构建过程中会消耗大量时间。最后，也是最重要的一点，如果将构建
好的应用包存储在外网仓库中，对企业应用安全将构成威胁。因此，就 Java 应用的构建而
言，强烈建议企业用户构建专属私有化的 Maven 仓库，通过私有化 Maven 仓库统一管理应
用依赖包和构建完成后的应用二进制包。

在这样的背景之下，可以管理各种类型应用构建成品的制品库工具应运而生，制品
库工具不仅可以管理私有化部署的 Maven 仓库，还可管理其他类型的软件包资源，如 apt
源、yum 源、pypi 源、npm 源、Docker 镜像等。目前最流行的制品仓库软件有 JFrog 公司
的 Artifactory，以及 Sonatype 公司的 Nexus 制品库。Nexus 是一款开源且功能强大的制品
库管理器，其对应有两个版本，分别是专业版（Nexus Repository Pro）和开源版（Nexus
Repository OSS），其中专业版本是收费软件，而开源版本则是免费使用的。本章中，我们
仅介绍 Nexus 开源版本。

在最新的 Nexus 3.x 版本中，已默认支持多种主流软件包格式，如 maven、apt、bower、
docker、gitlfs、go、npm、nuget、pypi、raw、rubygems 和 yum 等，几乎覆盖了所有常用
的制品库类型。本节中，我们将在 OpenShift 平台完成 Nexus3 的云原生部署，并将其与
Jenkins 服务集成，实现自动向 Nexus 制品库中上传构建完成的 jar 包。

5.5.1 OpenShift 云原生部署 Nexus

Nexus 制品库在 OpenShift 上的部署相对比较简单，Sonatype 官方在 Dockerhub 社区提
供了针对开源 Nexus 制品库各个版本的容器镜像⊖，这些镜像均可直接在 OpenShift 平台上
运行。在部署过程中，我们需要特别关注制品库数据存储目录的持久化，否则一旦制品库
应用容器重启，则制品库中保存的所有软件包都有可能丢失。Nexus 部署中，需要进行持久
化数据存储的，主要是 /nexus-data 目录。下面，我们将介绍在 OpenShift 上部署 Nexus 制
品库的具体步骤。

⊖ https://hub.docker.com/r/sonatype/nexus3.

1）首先，下载 Nexus 官方镜像，利用镜像直接部署 Nexus 服务。

```
[root@master ~]# oc new-app \
--docker-image=docker.io/sonatype/nexus3:3.18.1 --name=nexus
```

2）部署完成后，查看 Nexus 服务的状态。

```
[root@master ~]# oc get dc
NAME                     REVISION    DESIRED    CURRENT    TRIGGERED BY
nexus                    1           1          1          config,image(nexus:3.18.1)
[root@master ~]# oc get svc
NAME        TYPE        CLUSTER-IP        EXTERNAL-IP    PORT(S)      AGE
nexus       ClusterIP   172.30.56.91      <none>         8081/TCP     2m
```

上述结果表明，Nexus 服务已成功运行在 OpenShift 平台，服务名称为"nexus"，对外服务端口为 8081。

3）查看与 nexus 服务对应的 DeploymentConfig 配置文件，找到 nexus 服务中的挂载点。

```
[root@master ~]# oc set volumes dc/nexus
deploymentconfigs/nexus
empty directory as nexus-volume-1
  mounted at /nexus-data
```

可以看到，nexus 服务中的挂载点是 /nexus-data 目录，挂载点名为"nexus-volume-1"，默认与挂载点关联的是临时目录 emptyDir，即默认是非持久性临时存储目录。

4）创建 PVC，并将其与 nexus 服务挂载点 nexus-volume-1 进行关联。

```
[root@master ~]# oc set volumes dc/nexus --add --name=nexus-volume-1\
-t pvc --claim-size=1G --claim-mode='ReadWriteOnce' \
--claim-name=nexus-data-pvc --overwrite
```

上述命令执行完成后，将会创建一个名为"nexus-data-pvc"的 PVC，其类型为 ReadWriteOnce，大小是 1GB，同时会将其与挂载点 nexus-volume-1 关联起来。

5）再次查看 nexus 服务的 DeploymentConfig 配置文件，验证是否成功关联挂载点。

```
[root@master ~]# oc set volumes dc/nexus
deploymentconfigs/nexus
pvc/nexus-data-pvc (allocated 1GB) as nexus-volume-1
mounted at /nexus-data
```

可以看到，挂载点 nexus-volume-1 已成功和名为"nexus-data-pvc"的 PVC 关联在一起。

6）为 nexus 服务创建 Route，以便对外提供服务。

```
[root@master ~]# oc expose svc/nexus
route.route.openshift.io/nexus exposed
```

```
[root@master ~]# oc get route
NAME        HOST/PORT                             PATH      SERVICES    PORT
nexus       nexus-cicd.apps.example.com                     nexus       8081-tcp
```

7）在浏览器中输入"http://nexus-cicd.apps.example.com"，访问 nexus 服务页面，如图 5-36 所示。

图 5-36　Nexus 制品库主页

至此，我们已成功将 Nexus 部署在 OpenShift 平台上。Nexus 默认的管理员用户名为 admin，初始密码保存在 /nexus-data/admin.password 文件中，可以通过以下命令查看初始密码。

```
[root@master ~]# oc exec `oc get pod | grep nexus | awk '{print $1}'`
cat /nexus-data/admin.password
dc391ec9-bea8-4ec4-a525-3b397124487c
```

当第一次使用管理员用户名与密码登录成功后，Nexus 会提示用户更新密码，单击"设置"按钮，进入管理员设置界面即可进行修改，如图 3-37 所示。

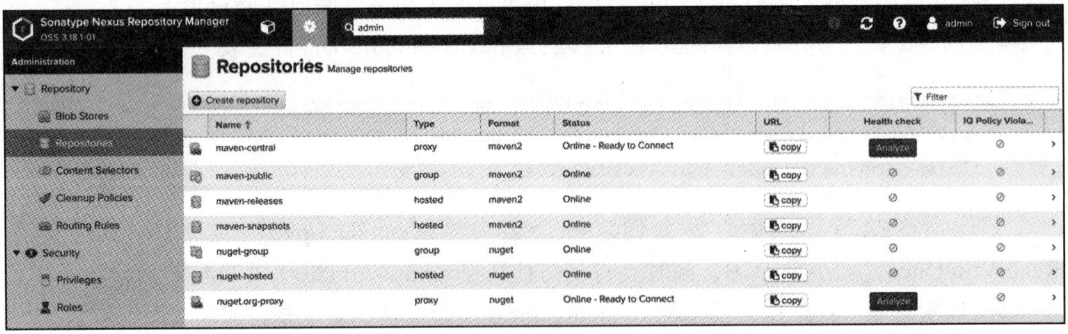

图 5-37　Nexus 制品库管理员设置界面

另外，开源社区已有基于 OpenShift 平台部署 Nexus 服务的模板文件⊖，读者朋友可以自行参考，通过模板文件，Nexus 服务的部署将会更加自动化。

5.5.2　Jenkins 与 Nexus 在 OpenShift 上的集成

在基于 Jenkins 的 DevOps 流水线中，应用构建完成后将会生成二进制文件，如 Java 应

⊖　https://github.com/OpenShiftDemos/nexus.

用构建完后将会生成 jar 包或者 war 包，为了实现对这些应用软件包的统一管理，需要将这些构建完成后的软件包存储到类似 Nexus 的制品仓库中。本节中，我们将介绍如何实现 Jenkins 与 Nexus 制品库的集成。

Nexus 安装完成后，默认会创建 maven-release 仓库，本节中我们将会向该仓库中上传一个 jar 包文件，以演示 Jenkins 与 Nexus 的集成过程。在实际的应用过程中，Jenkins 将会通过 Nexus Artifact Uploader 插件向 Nexus 仓库中上传文件。但是，OpenShift 官方提供的默认 Jenkins 镜像中并未安装 Nexus Artifact Uploader 插件，因此在开始集成之前，需要在 Jenkins 中手动安装此插件。Jenkins 与 Nexus 集成的具体实现过程如下。

1）首先，进入 Jenkins 服务的插件管理界面，选择"Available"标签，并搜索"Nexus Artifact Uploader"，进行插件安装，如图 5-38 所示。

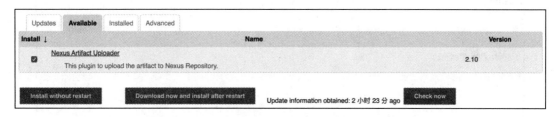

图 5-38　Jenkins 安装 Nexus Artifact Uploader 插件

2）进入 Jenkins"全局凭据"管理界面，创建访问 nexus 服务的凭证，如图 5-39 所示。

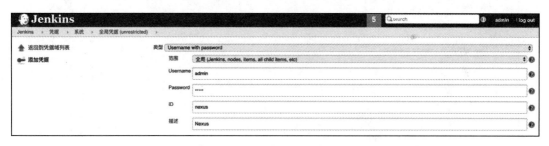

图 5-39　创建访问 nexus 服务的凭证

3）在 Jenkins 上创建名为"Upload To Nexus"的自由风格任务。

4）在任务配置选项"Build"栏中添加构建步骤"Nexus artifact uploader"，并输入参数，保存任务，如图 5-40 所示。

Maven 仓库中，对 jar 包的管理主要通过 Group Id、Atifact Id、version 来实现。表 5-3 中列出了 Jenkins 中的与 Nexus Artifact Uploader 插件有关的配置参数。

表 5-3　Jenkins Nexus Artifact Uploader 插件配置参数

参数名	参数值	说明
Nexus Version	EXUS3	Nexus 服务的版本
Nexus URL	nexus.cicd.svc:8081	Jenkins 上传 jar 包的目标 Nexus 服务地址

（续）

参数名	参数值	说明
Credentials	nexus	访问 Nexus 制品库的凭证
GroupId	com.spring	jar 包所属组 ID
Version	1.29	jar 包的版本号
Repository	maven-releases	jar 包将要上传到的 Nexus 仓库名
Artifact	spring-jdbc	jar 包在所属组中的唯一标识
Type	jar	文件后缀名
File	/var/lib/jenkins/war/WEB-INF/lib/spring-jdbc-1.2.9.jar	jar 包所在路径

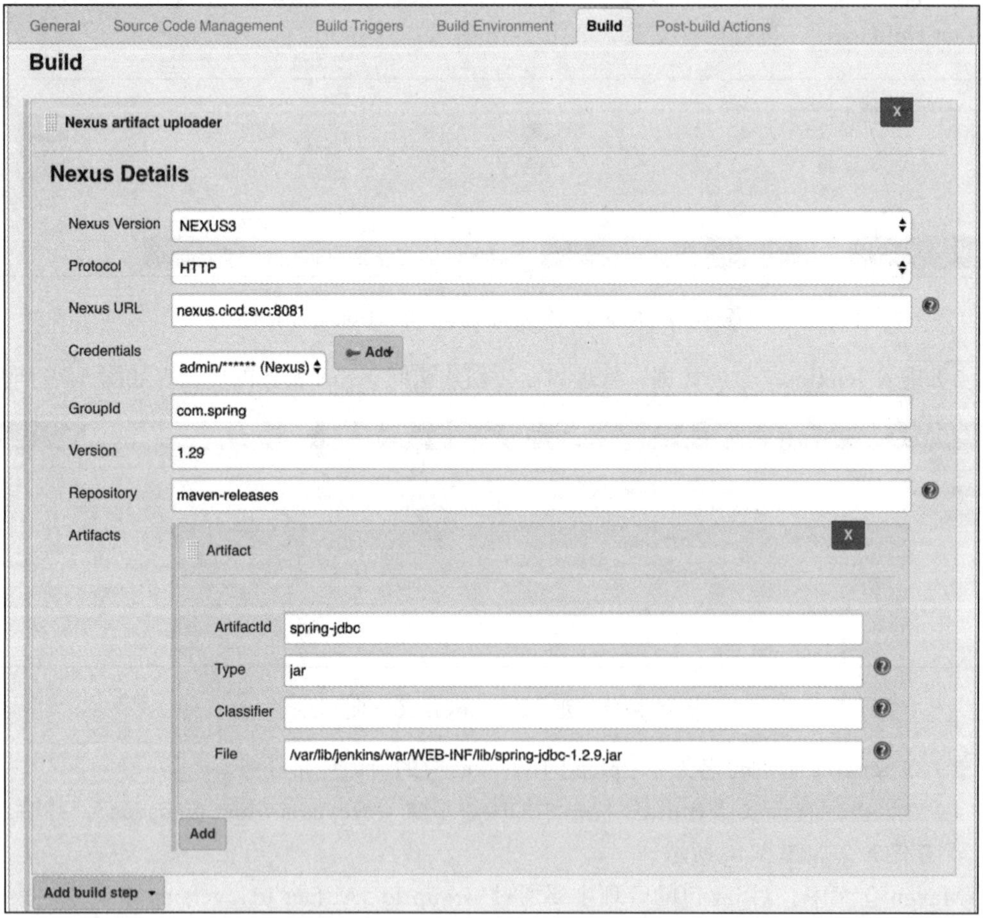

图 5-40　设置 Jenkins 中的 Nexus Artifact Uploader 插件参数

5）在 Jenkins 控制台的 Upload To Nexus 任务中，单击左侧的 "立即构建" 表单触发一次构建。待任务成功运行后，访问 Nexus 仓库，进入 maven-releases 仓库查看最新上传的 spring-jdbc-1.29.jar 文件，如图 5-41 所示。

图 5-41　查看上传的 spring-jdbc-1.29.jar 文件

至此，我们已通过 Jenkins Web 界面成功实现 Jenkins 与 Nexus 的集成。此外，通过 Jenkins Pipeline 的方式，同样也可以实现向 Nexus 中的 maven-releases 仓库上传 jar 包。下面是在 Jenkinsfile 文件中实现类似功能所需的命令。

```
nexusArtifactUploader nexusVersion: 'nexus3', protocol: 'http', nexusUrl:\
'nexus.cicd.svc:8081', credentialsId: 'nexus', groupId: 'com.spring',\
version: '1.29', repository: 'maven-releases', artifacts: [[artifactId:\
'spring-jdbc', classifier: '', file:\
'/var/lib/jenkins/war/WEB-INF/lib/spring-jdbc-1.2.9.jar', type: 'jar']]
```

5.6　构建 JeeSite 应用 DevOps 流水线实战

前面我们介绍了如何在 OpenShift 平台，将 Jenkins 持续集成服务分别与 GitLab、SonarQube 和 Nexus 集成，从而构建云原生 DevOps 流水线。本节中，我们将以实战方式，演示如何在 OpenShift 平台上将 Jenkins、GitLab、SonarQube 和 Nexus 集成在一起，并构建一条针对 Java 项目的 DevOps 流水线，最终通过这条 DevOps 流水线实现 Java 应用的持续集成与持续交付。

本节中，我们选择的 Java 项目是 JeeSite[⊖]。JeeSite 是一款基于多个开源项目，经过高度整合与封装，并具备高效率、高性能和强安全性的开源 Java EE 快速开发平台，同时 JeeSite 也是在 Spring 框架基础上搭建的一个 Java 基础开发平台。JeeSite 以 Spring MVC 为模型视图控制器，采用 MyBatis 作为数据访问层、Apache Shiro 为权限访问层、Ehcache 为数据缓存、Activiti 为工作流引擎，因此可以认为 JeeSite 是 Java Web 界的最佳整合，也是最具代表性的 Java 项目。另外，JeeSite 内置了非常丰富的功能，可以帮助开发人员快速启动一个新项目，并且避免了在新项目中重复开发很多基础功能。本节中，我们将通过 OpenShift 平台，利用前文中介绍的各种 DevOps 工具链，打造一条实现 JeeSite 应用持续构建与持续部署的流水线，最终实现 JeeSite 应用代码一经提交，就可快速在 Web 端访问 JeeSite 应用网站的更新。在正式对 JeeSite 应用进行构建部署前，需要完成以下几项任务：

　　⊖　https://gitee.com/thinkgem/jeesite

❑ 将 JeeSite 项目代码同步到私有 GitLab 代码仓库。

❑ 使用私有 Nexus 制品库作为 JeeSite 应用构建的 Maven 仓库。

❑ 在 Jenkins 服务中安装 Maven 工具。

❑ 在 SonarQube 服务上创建一个名为"jeesite"的 Java 项目。

❑ 在 OpenShift 平台上创建 JeeSite 项目，并为其准备构建配置和部署配置，同时部署 JeeSite 依赖的 MySQL 数据库服务。

❑ 在 OpenShift 平台上为 Jenkins 项目中的服务账号"jenkins"授予操作 JeeSite 项目资源的权限。

❑ 由于 JeeSite 项目的数据库连接配置是写在代码中的，所以需要手动更新代码中连接数据库的配置。

为了完成上述几项任务，可以参考如下实现步骤：

1）登录 GitLab 服务，创建一个名为"jeesite"的项目，并将 Jeesite 项目的源代码提交到该仓库中。

```
[root@master cicd]# git clone https://gitee.com/thinkgem/jeesite
[root@master cicd]# cd jeesite
[root@master jeesite]# rm -rf .git
[root@master jeesite]# git init
[root@master jeesite]# git remote add origin \
http://gitlab.apps.example.com/root/jeesite.git
[root@master jeesite]# git add .
[root@master jeesite]# git commit -m "Initial commit"
[root@master jeesite]# git push -u origin master
 * [new branch]      master -> master
```

2）修改 JeeSite 代码中的 pom.xml 文件，将默认的 Maven 仓库地址设置为私有 Nexus 制品库地址 http://nexus.cicd.svc:8081。

```
...
<!-- 设定主仓库，按设定顺序进行查找 -->
<repositories>
    <repository>
        <id>jeesite-repos</id>
        <name>Jeesite Repository</name>
        <url>http://nexus.cicd.svc:8081/repository/maven-public</url>
    </repository>
</repositories>
<!-- 设定插件仓库 -->
<pluginRepositories>
    <pluginRepository>
        <id>jeesite-repos</id>
```

```
        <name>Jeesite Repository</name>
        <url>http://nexus.cicd.svc:8081/repository/maven-public</url>
    </pluginRepository>
</pluginRepositories>
...
```

3）登录 Jenkins 服务，进入"系统管理→全局工具配置"页面，配置 Maven 工具，如图 5-42 所示。

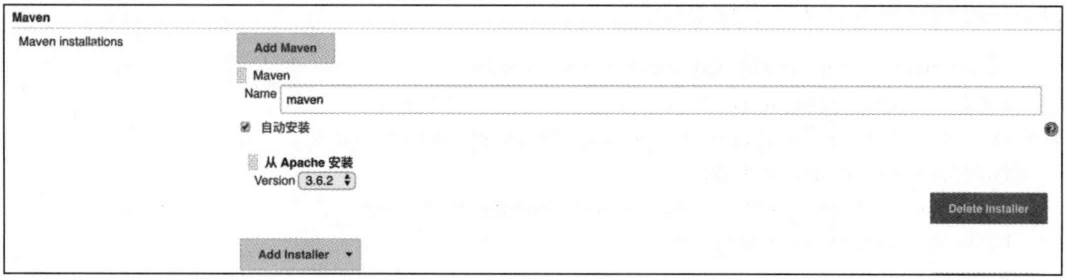

图 5-42　在 Jenkins 中安装 Maven 工具

4）登录 SonarQube 服务，创建名为"jeesite"的 Java 项目。配置完成后得到如下 sonar-scanner 扫描命令（本步骤可参考 5.4.2 节的相关内容）。

```
sonar-scanner \
  -Dsonar.projectKey=jeesite \
  -Dsonar.sources=. \
  -Dsonar.host.url=http://sonarqube-cicd.apps.example.com \
  -Dsonar.login=07e732634ff268c707b427123ef2f2fb1774b20d
```

5）在 OpenShift 平台上创建项目 jeesite。

```
[root@master jeesite]# oc new-project jeesite --display-name=JeeSite
```

6）在 OpenShift 平台上，基于 openshift/mysql-persistent 模板为 Jeesite 项目创建 MySQL 后台数据库，将数据库用户名、密码和数据库名称均设置为 jeesite。

```
[root@master jeesite]# oc new-app --template=openshift/mysql-persistent\
  --name=mysql --param=MYSQL_USER=jeesite \
  --param=MYSQL_PASSWORD=jeesite --param=MYSQL_ROOT_PASSWORD=jeesite \
  --param=MYSQL_DATABASE=jeesite -n jeesite
  --> Creating resources ...
    secret "mysql" created
    service "mysql" created
    persistentvolumeclaim "mysql" created
    deploymentconfig.apps.openshift.io "mysql" created
```

```
--> Success
```

7）JeeSite 应用的初始化数据保存在源代码中的 db/jeesite_mysql.sql 文件中，将该文件导入 MySQL 数据库服务中。

```
[root@master jeesite]# mysql -hmysql.jeesite.svc -ujeesite -pjeesite \
jeesite < ./db/jeesite_mysql.sql
```

8）在 JeeSite 本地代码仓库的根目录下创建构建 JeeSite 应用镜像所需的 Dockerfile 文件，并将其提交到 GitLab 代码仓库中。

```
[root@master jeesite]# cat << EOF >> Dockerfile
FROM docker.io/tomcat:8.5-alpine
RUN rm -rf /usr/local/tomcat/webapps/* && chmod 777 -R \
/usr/local/tomcat/webapps/
ADD ./jeesite.war /usr/local/tomcat/webapps/ROOT.war
WORKDIR /usr/local/tomcat/bin
EXPOSE 8080
CMD ["catalina.sh", "run"]
EOF
[root@master jeesite]# git add Dockerfile
[root@master jeesite]# git commit -m "Add Dockerfile"
[root@master jeesite]# git push origin master
```

9）在 OpenShift 平台上创建 JeeSite 应用的构建配置对象 BuildConfig，配置对象名为"jeesite"。

```
[root@master jeesite]# oc new-build --strategy=docker --binary \
--name jeesite -n jeesite
--> Creating resources with label build=jeesite ...
    imagestreamtag.image.openshift.io "jeesite:latest" created
    buildconfig.build.openshift.io "jeesite" created
--> Success
```

10）在 OpenShift 平台上创建 JeeSite 应用部署配置对象 DeploymentConfig，部署配置对象名为"jeesite"。

```
[root@master jeesite]# oc new-app jeesite:latest --name jeesite \
--allow-missing-imagestream-tags -n jeesite
--> Creating resources ...
    error: imagestreamtag.image.openshift.io "jeesite:latest" already exists
    deploymentconfig.apps.openshift.io "jeesite" created
--> Failed
```

因为进行流标记"jeesite:latest"已经在创建 BuildConfig 对象时生成，因此这里会有

"already exists"的错误提示，但是不影响 DeployConfig 对象的创建。

11）在 OpenShift 平台上创建 JeeSite 应用的 Service 及 Route，以便对外提供服务。

```
[root@master jeesite]# oc expose dc jeesite --port=8080
service/jeesite exposed
[root@master jeesite]# oc expose svc jeesite
route.route.openshift.io/jeesite exposed
[root@master jeesite]# oc get route
NAME        HOST/PORT                              PATH     SERVICES   PORT
jeesite     jeesite-jeesite.apps.example.com                jeesite    8080
```

12）在 OpenShift 平台上赋予"jenkins"这个 ServiceAcount 操作 jeesite 项目资源的权限。

```
[root@master jeesite]# oc policy add-role-to-user edit \
system:serviceaccount:cicd:jenkins -n jeesite
```

13）JeeSite 应用的数据库访问参数配置保存在 src/main/resources/jeesite.properties 文件中，这里需要对其进行自定义修改。参数值与 OpenShift 平台上已部署的 MySQL 数据库对应即可（要让 JeeSite 应用可以访问已运行在 OpenShift 上的 MySQL 数据库），数据库的 Host 参数值为 mysql.jeesite.svc:3306，数据库名为 jeesite，用户名为 jeesite，密码也为 jeesite。

```
...
jdbc.type=mysql
jdbc.driver=com.mysql.jdbc.Driver
jdbc.url=jdbc:mysql://mysql.jeesite.svc:3306/jeesite?useUnicode=\
true&characterEncoding=utf-8
jdbc.username=jeesite
jdbc.password=jeesite
...
```

至此，我们已完成所需的准备工作，接下来，将在 Jenkins 上创建持续构建与持续部署任务。本节中，我们将介绍 Jenkins Web 界面交互式配置和 Jenkins pipeline 命令行配置两种方式，并通过这两种方式来讲解 JeeSite 应用流水线的构建过程。

（1）基于 Jenkins Web 交互式界面的 JeeSite 应用 CI/CD 实现

首先，我们介绍基于 Jenkins Web 交互式界面的 CI/CD 任务创建。本示例中，我们通过 Jenkins 来管理流水线的调度，并实现 JeeSite 应用代码一旦提交到 GitLab 仓库，GitLab 服务将立刻通过 GitLab Webhook 触发指定的 Jenkins 构建任务，从而实现 JeeSite 应用从代码提交到应用部署的全自动化。具体操作步骤如下：

1）在 Jenkins 服务上创建名为"JeeSite"的自由风格任务，设置构建任务的源代码管理为 Git 类型，输入 JeeSite 项目的仓库地址 http://gitlab.cicd.svc/root/jeesite.git 及访问凭证，具体细节可参考 5.3.2 节的相关内容。

2）设置 JeeSite 任务的 Build Triggers 为 GitLab Webhook 机制，并生成 Secret Token，具体细节可参考 5.3.2 节的相关内容。

3）在 JeeSite 任务的配置选项"Build"栏中添加构建步骤"调用顶层 Maven 目标"，并指定 Maven 版本及构建命令"clean package"，如图 5-43 所示。

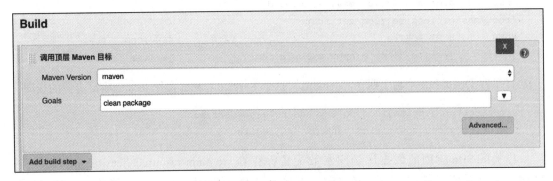

图 5-43　设置添加 JeeSite 应用编译打包

在该步骤执行时，会去检查 Maven 工具是否已经存在，如果未安装 Maven，则会自动下载 Maven 工具安装包并完成安装。

4）在 JeeSite 任务的配置选项"Build"栏中添加构建步骤"Execute SonarQube Scanner"，并配置 SonarQube 服务中 jeesite 项目相关的参数，具体细节可参考 5.4.2 节的相关内容，如图 5-44 所示。

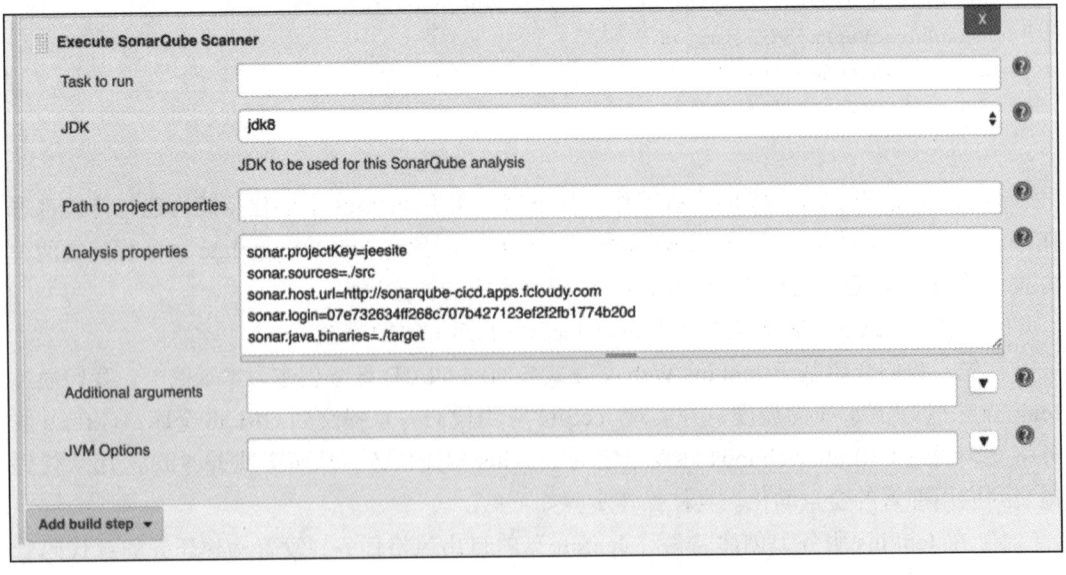

图 5-44　设置 Jenkins SonarQube Scanner 插件参数

5）在 JeeSite 任务的配置选项“Build”栏中添加构建步骤“执行 shell”，设置启动 OpenShift 平台上 jeesite 项目中构建 JeeSite 应用镜像的脚本，如图 5-45 所示。

执行 shell
Command
rm -rf builds && mkdir builds
cp Dockerfile builds/
cp target/jeesite.war builds/
oc start-build jeesite --from-dir builds --follow -n jeesite
See the list of available environment variables
Advanced...
Add build step

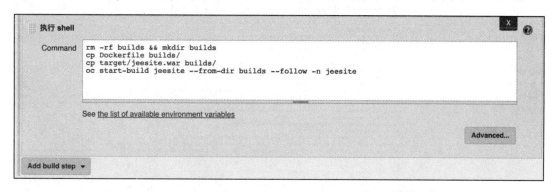

图 5-45　设置 Jenkins Shell 步骤启动 JeeSite 应用镜像构建脚本

6）进入 GitLab 服务，为 jeesite 项目设置 GitLab Webhook 链接。该链接为 Jenkins 服务中 JeeSite 任务的 Webhook 地址 http://jenkins.cicd.svc/project/JeeSite，具体细节可参考 5.3.2 节的相关内容，如图 5-46 所示。

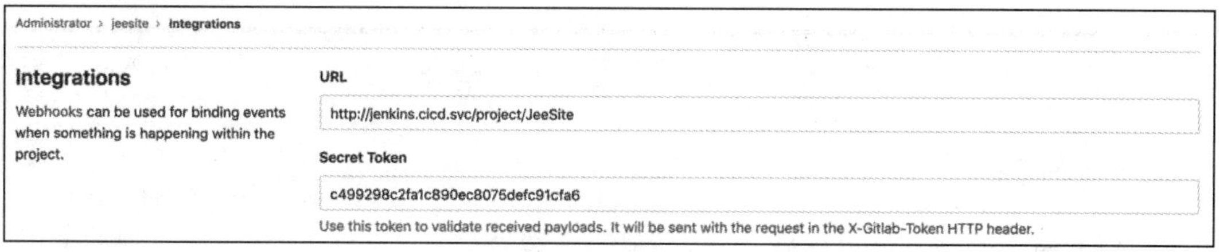

Administrator › jeesite › Integrations
Integrations
Webhooks can be used for binding events when something is happening within the project.
URL
http://jenkins.cicd.svc/project/JeeSite
Secret Token
c499298c2fa1c890ec8075defc91cfa6
Use this token to validate received payloads. It will be sent with the request in the X-Gitlab-Token HTTP header.

图 5-46　为 jeesite 项目添加 Webhook

至此，JeeSite 应用的持续集成与部署流水线构建已完成。JeeSite 代码仓库中一旦有代码更新，GitLab 服务将第一时间通过 GitLab Webhook 触发 Jenkins 服务中的 JeeSite 任务，该任务将会自动完成代码扫描、JeeSite 应用镜像构建，并生成最新的应用镜像，进而触发 OpenShift 部署最新 JeeSite 应用，从而自动完成 JeeSite 应用的升级。图 5-47 为 Jenkins 服务上输出的 JeeSite 应用构建及部署日志。

待 Jenkins 上的 JeeSite 持续集成与部署任务执行后，即可访问 SonarQube 页面查看 JeeSite 应用代码的分析结果，如图 5-48 所示。

同时，在浏览器中输入 JeeSite 应用的访问链接 jeesite-jeesite.apps.example.com，使用默认用户名 thinkgem 和默认密码 admin 即可完成登录，成功部署后的 JeeSite 应用管理界面如图 5-49 所示。

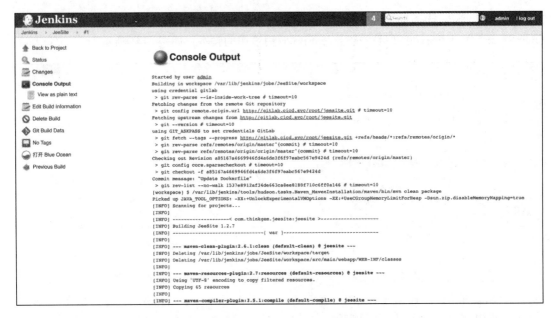

图 5-47　JeeSite 任务执行日志

图 5-48　JeeSite 项目代码扫描结果

图 5-49　JeeSite 应用管理界面

（2）基于 Jenkins pipeline 的 JeeSite 应用 CI/CD 实现

现在，我们来介绍基于 Jenkins pipeline 方式的 DevOps CI/CD 流水线构建。具体实现过程大致如下，首先，需要在 OpenShift 平台上创建一个 jenkinsPipeline 类型的 BuildConfig 对象，然后设置 JeeSite 代码仓库的 Webhook 为该 BuildConfig 的 GitLab Webhook URL。这样，一旦 JeeSite 应用代码被提交到代码仓库，GitLab 服务就会通过 GitLab Webhook 触发 jenkinsPipeline 类型的构建任务执行持续构建与部署工作。

我们在第 4 章中详细介绍过 jenkinsPipeline 构建，这是一种依赖 Jenkins 服务的构建类型。在启动 jenkinsPipeline 类型的构建后，会在当前 Project 下查找 Jenkins 服务，如果不存在 Jenkins 服务，则会自动通过 Jenkins 模板创建 Jenkins 服务并执行 Pipeline 任务。需要特别指出的是，该过程会导致在每个项目中发起 jenkinsPipeline 类型的构建时，都需要在当前项目下创建一个独立的 Jenkins 服务，而这一过程势必造成资源的严重浪费。事实上，我们已在 cicd 项目中部署了 Jenkins 服务，而 jeesite 项目下的 jenkinsPipeline 类型构建完全可以共用 cicd 项目下的 Jenkins 服务。要实现这一点，需要我们手动进行一些配置。首先，在 jeesite 项目下创建名为"jenkins"的 Service，同时将它指向 cicd 项目下的 Jenkins 服务。

```
[root@master jeesite]# oc project jeesite
[root@master jeesite]# oc create service externalname jenkins \
--external-name jenkins.cicd.svc.cluster.local -n jeesite
service/jenkins created
```

然后，在 jeesite 项目下创建一个绑定 Jenkins 服务的 Route，名为"jenkins"，主机域名设置为 cicd 项目下名为"jenkins"的路由的域名。

```
[root@master jeesite]# cat << EOF | oc create -f -
apiVersion: route.openshift.io/v1
kind: Route
metadata:
  name: jenkins
  namespace: ${PROJECT_NAME}
spec:
  host: jenkins-cicd.apps.example.com
  to:
    kind: Service
    name: jenkins
  wildcardPolicy: None
EOF
```

最后，进入 Jenkins 服务的系统设置页面，在 OpenShift Jenkins Sync 插件的"Namespace"属性框中添加 cicd jeesite，如图 5-50 所示。

上述设置完成后，jeesite 项目下创建的 JenkinsPipeline 构建将会共享 cicd 项目下的 Jenkins 服务。接下来，我们为 jeesite 项目创建 JenkinsPipeline 流水线，具体步骤如下。

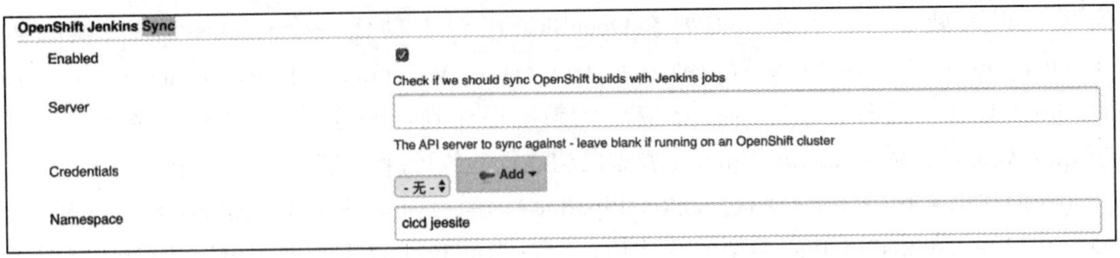

图 5-50　OpenShift Jenkins Sync 插件 "Namespace" 属性配置

1）在 JeeSite 代码仓库中添加流水线配置文件 Jenkinsfile，内容如下。

```
[root@master jeesite]# cat <<EOF > Jenkinsfile
pipeline{
  agent any
  stages{
    stage("mvn package"){
      steps{
        script{
          def mavenHome = tool 'maven';
          sh "${mavenHome}/bin/mvn clean package"
        }
      }
    }
    stage("SonarQube scanner"){
      steps{
        script{
          def scannerHome = tool 'scanner';
          withSonarQubeEnv("sonarqube"){
            sh "${scannerHome}/bin/sonar-scanner\
    -Dsonar.projectKey=jeesite -Dsonar.sources=./src\
    -Dsonar.host.url=http://sonarqube-cicd.apps.example.com\
    -Dsonar.login=07e732634ff268c707b427123ef2f2fb1774b20d\
    -Dsonar.java.binaries=./target"
          }
        }
      }
    }
    stage("start build"){
      steps{
        sh "rm -rf builds && mkdir builds && cp Dockerfile builds/ && cp target/
jeesite.war builds/"
        sh "oc start-build jeesite --from-dir builds --follow -n jeesite"
      }
```

```
        }
      }
    }
EOF
```

2）在 OpenShift 平台上创建 GitLab 访问密钥，用来拉取仓库中的项目代码。其中，用户名为 root，密码为 password。

```
[root@master jeesite]# oc create secret generic gitlab \
--from-literal=username=root --from-literal=password=password \
--type=kubernetes.io/basic-auth -n jeesite
secret/gitlab created
```

3）在 OpenShift 平台上创建 jenkinsPipeline 构建配置，指定 JeeSite 应用代码仓库地址、访问代码仓库的密钥，完成 JeeSite 应用构建与部署流水线的创建。

```
[root@master flask-app]# oc new-build --strategy=pipeline \
--code=http://gitlab.apps.example.com/root/jeesite.git#master —name\
jeesite-pipeline --source-secret=gitlab -n jeesite
--> Creating resources with label build=jeesite-pipeline ...
    buildconfig.build.openshift.io "jeesite-pipeline" created
--> Success
```

4）进入 OpenShift 控制台，在 jeesite-pipeline 的 "Configuration" 页面中，复制 Generic Webhook URL，如图 5-51 所示。在 GitLab 服务页面中，将 JeeSite 项目的 GitLab Webhook 设置为上面复制的 URL 链接，具体细节可参考 5.3.2 节的相关内容。

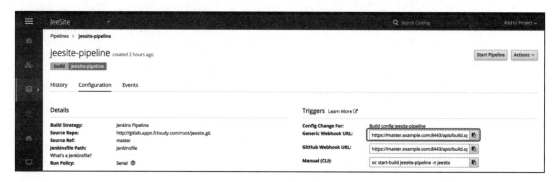

图 5-51　获取 jeesite-pipeline 的 Webhook URL

至此，基于 jenkins pipeline 构建方式的 JeeSite 应用 CI/CD 流水线工作已全部完成。现在，只需更新 JeeSite 项目代码并提交到代码仓库，该流水线就会被触发，通过 OpenShift 控制台即可查看整个流水线的进度，如图 5-52 所示。

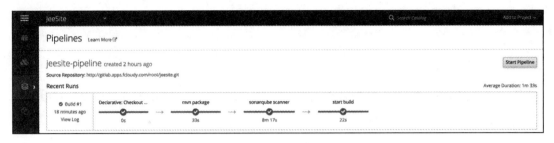

图 5-52　OpenShift 控制台上构建流水线的可视化

5.7　本章小结

本章中，我们首先介绍了 DevOps 及其流水线的概念原理，并详细介绍了常见的 DevOps 工具链软件，包括 Jenkins、GitLab、SonarQube 及 Nexus 服务，同时介绍这些服务在 OpenShift 平台上的云原生部署实现，并通过与各服务对应的 Jenkins 插件，实现了各服务与 Jenkins 服务的集成。最后使用 Jenkins Web 界面及 Jenkins Pipeline 两种方式，为经典的 JeeSite 项目构建了一条完整的持续集成 DevOps 流水线。

在云原生时代，OpenShift 为应用的持续构建及部署专门设计了 BuildConfig、DeploymentConfig、ImageStream 等资源对象，进而大大简化了 DevOps 流水线的构建过程。在 DevOps 流水线的实际构建过程中，各团队一定要以快速迭代、敏捷交付高质量软件版本为统一目标，根据实际需求及现状灵活组合 DevOps 工具链软件，不断对流水线进行优化反馈，才能构建出最适合自身项目的 DevOps 流水线。

第 6 章 *Chapter 6*

Service Mesh 及其
在 OpenShift 上的实践

  微服务架构是云原生时代最主流的软件设计架构，虽然微服务概念从提出至今不过短短几年，但是在容器及其编排技术，DevOps 等组织文化的成熟发展，尤其是企业数字化转型的迫切需求下，微服务架构迅速流行并走向落地应用。在这个过程中，涌现出了以 Spring Cloud 为代表的一批优秀微服务实现框架和工具，帮助开发者快速实现了微服务应用的开发和部署，进而满足了企业关键业务快速开发迭代和敏捷交付的需求。但是，与微服务相关的不仅仅是开发框架和工具，更重要的是微服务的治理，以及传统单体应用如何在代码零侵入的情况下实现云化微服务改造，在这样的需求下，借助 Kubernetes 的成功和影响力，以 Service Mesh 为代表的第二代微服务框架迅速成长起来，并成为微服务架构的主流。本章中，我们将重点介绍以 Spring Cloud 和 Dubbo 为主的第一代微服务框架，以及以 Service Mesh 为主的第二代微服务框架，并重点对 Service Mesh 中的杰出代表——Istio 的原理架构，以及其在 OpenShift 上的快速实现进行讲解介绍，并基于在 OpenShift 上实现的 Istio 微服务，对 Istio 的诸多功能特性进行测试和验证。

6.1　传统微服务架构

  微服务架构发展至今，已进入以 Service Mesh 为代表的第二代微服务架构时代。但是，我们仍然需要了解微服务与 SOA 的关系，了解以 Spring Cloud 和 Dubbo 为代表的第一代微服务架构，只有更好地了解微服务的起源和传统微服务架构的优劣，才能深刻理解 Service Mesh 的价值和意义。

6.1.1 微服务与 SOA

面向服务的架构（SOA）是一种软件体系架构，应用程序的不同组件通过网络上的通信协议（通常是企业服务总线，ESB）向其他组件提供服务。SOA 是一种粗粒度、松耦合的服务架构，服务之间通过简单、精确定义接口进行通信，不涉及底层编程接口和通信模型，SOA 可以看作是 B/S 模型、Web Service 技术的自然延伸。SOA 的重点不在于如何对应用程序进行组件化拆分和模块化构建，而在于如何通过分布式、独立维护和部署的软件来集成最终的应用程序。SOA 要阐述的核心要义在于，软件架构应由松耦合服务组成，而非传统单体应用。

微服务最早由 Martin Fowler 与 James Lewis 于 2014 年共同提出。微服务是 SOA 的一种轻量级解决方案，是 SOA 的升华，但其本质还是 SOA。另外，微服务不再过于强调传统 SOA 架构里面比较重要的 ESB 企业服务总线，微服务架构强调的重点在于业务系统需要彻底地组件化和服务化，原有的单个业务系统会拆分为多个可以独立开发、设计、运行和运维的小应用（微服务）。这些服务基于业务能力构建，并通过自动化机制进行独立部署，同时这些微服务组件使用不同的编程语言实现，使用不同的数据存储技术，并保持最低限度的集中式管理，如图 6-1 所示。

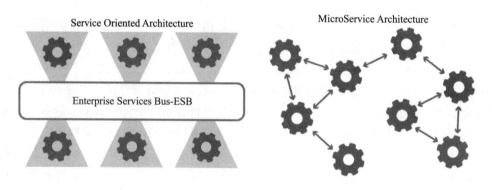

图 6-1　SOA 与微服务架构

业界有部分观点认为，SOA 之所以难以落地并被用户逐步淘汰，而微服务却被越来越多的人接受并备受推崇（见图 6-2）的最主要的原因在于 SOA 对服务是一种粗粒度的划分，而微服务是一种更细粒度的服务划分，同时也将这认为是二者最本质的区别。然而，这种观点可能忽视了微服务更细粒度划分带来的服务管理和维护成本的增加，换句话说，这类观点可能误导 SOA 没落和微服务崛起的真正原因。回顾 SOA 和微服务的发展历程，我们会发现 SOA 是一种由上至下、由大型厂商驱动、基于极其复杂顶层设计标准框架的服务架构，而这些标准框架并不被开发者们所接受。与 SOA 是由厂商驱动不同，微服务主要由开发者驱动，因此不受限于 SOA 厂商的标准，也可以理解为，微服务代表着开源和社区的胜利。

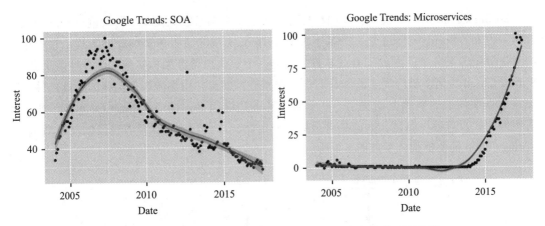

图 6-2　Google 趋势中的 SOA 与微服务两种软件架构的发展趋势

尽管微服务源自 SOA，可以归为 SOA 的一个实现子集，但是微服务与 SOA 之间也存在着很多明显的区别（如表 6-1 所示）。

表 6-1　SOA 与微服务间的对比

对比项	SOA	微服务架构
专注领域	最大化应用程序服务的可重用性	专注于业务逻辑功能（服务）的解耦
变更影响	系统性改变需要修改整体	系统性改变是创建一个新的服务
DevOps 需求	DevOps 和持续交付正在变得流行，但还不是主流	对 DevOps 和持续交付有强烈需求
服务通信	通信使用企业服务总线 ESB	使用精细、简单的消息系统
通信协议	支持多种消息协议	使用轻量级协议，如 HTTP、REST 等 API
部署方式	使用通用平台部署所有服务	应用程序通常部署在云平台上
服务交付	容器（如 Docker）的使用不太受欢迎	大力推崇和使用容器进行部署交付
数据存储	SOA 服务共享数据存储	每个微服务可以有一个独立的数据存储
服务治理	共同的治理和标准	轻松治理，更加关注团队协作和选择自由

微服务架构是伴随着互联网和开发者社区的崛起而流行起来的软件架构，在 Docker 容器和 Kubernetes 等容器编排引擎的推动下迅速发展壮大，相对而言，SOA 更适合传统企业的大型复杂系统，但是从目前技术的发展趋势来看，脱胎于 SOA 的微服务架构，显然有着更强大的生命力和潜力。

6.1.2　Spring Cloud 框架

Spring Cloud 为开发人员提供了快速构建分布式系统通用模式的工具，如配置管理、服务发现、断路器、智能路由、微代理、控制总线、一次性令牌、全局锁定、Leader 选举、分布式会话和集群状态等。分布式系统的协调催生了样板模式，使用 Spring Cloud，开发人员可以快速实现支持这些模式的服务和应用。这些服务和应用能够在任何分布式环境中良好运行，包括开发人员自己的笔记本电脑、裸机数据中心以及 Cloud Foundry 等托管平台上。

Spring Cloud 由多个独立开源项目集合而成，每个项目彼此独立，各自进行自己的迭代和版本发布。Spring Cloud 是一个基于 Spring Boot 实现的微服务架构开发工具，它不是专门解决微服务某一个问题的工具或软件，而是一个解决微服务架构实施的综合性解决框架。Spring Cloud 将诸多被广泛实践和证明过的框架进行整合并用作微服务实施的基础部件，又在这些框架体系的基础上创建了一些非常优秀的边缘组件。同时，Spring Cloud 保证了所有组件的大量兼容性测试，因此具有很好的稳定性，并且它一直保持着极高的社区活跃度。Spring Cloud 简要框架体系如图 6-3 所示。

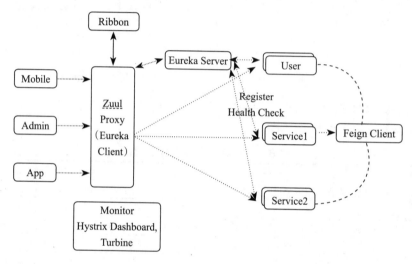

图 6-3　Spring Cloud 框架体系

另外，Spring Cloud 是与 Spring Boot 紧密关联在一起的，Spring Cloud 与 Spring Boot 之间有着严格的版本依赖关系。事实上 Spring Boot 和 Spring Cloud 都源自 Pivotal 公司（还有 Spring Framework）。Spring Boot 是 Spring 的一套快速配置脚手架，可以基于 Spring Boot 快速开发单个微服务。Spring Boot 简化了基于 Spring 的应用开发，通过少量的代码就能创建一个独立的、生产级别的 Spring 应用。由于 Spring Cloud 是基于 Spring Boot 进行开发的，因此要使用 Spring Cloud 就必须使用 Spring Boot。

在 Spring Cloud 生态体系中，外部或者内部的非 Spring Cloud 项目都统一通过 API 网关（Zuul）来访问内部服务。Zuul 网关接收到请求后，从注册中心（Eureka）获取可用服务，由 Ribbon 实现负载均衡，然后将请求分发到后端的具体实例上。在 Spring Cloud 内部，微服务之间的通信处理通过 Feign 实现，服务的超时熔断由 Hystrix 负责处理，而 Turbine 负责监控服务间的调用和熔断相关指标。除此之外，Spring Cloud 还有自己的配置中心 Config，用于管理各微服务不同环境下的配置文件。

当然，上述仅是 Spring Cloud 众多框架组件中的一部分，在 Spring Cloud 的最新版本 GreenWich 中，一共包含了 24 个基础服务组件，随着开源技术的不断发展，这个数字可能还会不断增加，所以说 Spring Cloud 其实是一个基于 Spring Boot 的微服务 "全家桶" 解决方案，它是一系列开源框架的有序集合，利用 Spring Boot 的开发便利性巧妙地简化了分布式系统基础设施的开发过程，为开发人员节省了耗费在通用功能组件配置上的大量时间。Spring Cloud 并没有重复 "造轮子"，它只是将目前各家公司开源的、比较成熟的、经得起实际考验的服务框架组合起来，通过 Spring Boot 风格进行再封装，屏蔽掉了复杂的配置和实现原理，最终给开发者留出了一套简单易懂、易部署和易维护的分布式系统开发工具包。

　　Spring Cloud 是一个非常优雅的微服务入门框架，如果在一个中小型项目中应用 Spring Cloud，那么并不需要花费太多时间和精力来对原代码进行改造和适配，就可以快速实现微服务功能。但是如果在大型项目中实践微服务，发现需要处理的问题还有很多，尤其是在项目中老旧代码较多，无法全部升级到 Spring Boot 框架下进行开发时，就会非常希望能有一个侵入性更低或者零侵入的方案来实施微服务架构。这种场景下，新一代非侵入式微服务框架 ServiceMesh 可能会是你的最佳选择，下文中，我们将会深入介绍和讲解 Service Mesh 技术及其在微服务中的应用。

6.1.3　Dubbo 框架

　　Dubbo 是阿里巴巴开源出来的一个分布式服务框架，致力于提供高性能和透明化的 RPC（远程服务调用）方案，以及 SOA 服务治理方案，可以和 Spring 框架无缝集成。更确切地说，Dubbo 并非严格意义上的微服务开发框架，而是一套 SOA 服务治理方案。服务治理是 SOA 或者微服务架构中极为重要的一个部分，尤其是在大型系统中，当微服务变得越来越多时，如何治理这些彼此独立自治又相互通信的微服务，将会直接影响整个微服务系统的稳定性和功能。

　　早在 2006 年，IBM 便提出了面向 SOA 的服务治理理念，可以概括如下：

❑ 服务定义（服务的范围、接口和边界）。
❑ 服务部署生命周期（各个生命周期阶段）。
❑ 服务版本治理（包括兼容性）。
❑ 服务迁移（启用和退役）。
❑ 服务注册中心（依赖关系）。
❑ 服务消息模型（规范数据模型）。
❑ 服务监视（进行问题确定）。
❑ 服务所有权（企业组织）。
❑ 服务测试（重复测试）。
❑ 服务安全（包括可接受的保护范围）。

　　由于早期技术水平的局限性，很多软件架构师和开发人员对于 SOA 和服务治理的技术认知依然停留在 Web Service 和 ESB 总线等技术和规范上，并没有真正将其应用到软件开发中，或者说没有通过软件技术来实现服务治理的过程。直到 2011 年 10 月，阿里巴巴开源 Dubbo，服务治理和 SOA 的设计理念才开始逐渐在国内软件行业中落地，并被广泛接受和应用。

Dubbo 包含远程通信、集群容错和自动发现 3 个核心部分。它提供透明化的远程方法调用，可以像调用本地方法一样调用远程方法，只需简单配置，没有任何 API 侵入。同时具备软负载均衡及容错机制，可在内网替代 F5 等硬件负载均衡器，降低了成本，减少了单点。可以实现服务自动注册与发现，不再需要写死服务提供方地址，注册中心基于接口名查询服务提供者的 IP 地址，并且能够平滑添加或删除服务提供者。作为一个分布式服务框架以及 SOA 治理方案，Dubbo 的功能主要包括：高性能 NIO 通信及多协议集成、服务动态寻址与路由、软负载均衡与容错、依赖分析与服务降级等。Dubbo 最大的特点是按照分层的方式来架构，使用这种方式可以使各个层之间解耦合或者最大限度地松耦合。从服务模型的角度来看，Dubbo 采用的是一种非常简单的模型，要么是提供方提供服务，要么是消费方消费服务，基于这一点可以抽象出服务提供方（Provider）和服务消费方（Consumer）两个角色。Dubbo 官方提供的架构设计如图 6-4 所示。

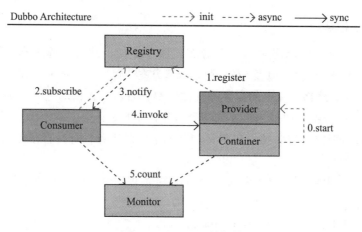

图 6-4　Dubbo 组件架构

图 6-4 描述了服务注册中心、服务提供方、服务消费方、服务监控中心之间的调用关系。服务容器负责启动、加载、运行服务提供者。服务提供者在启动时，向注册中心注册自己提供的服务，服务消费者在启动时向注册中心订阅自己所需的服务，注册中心返回服务提供者地址列表给消费者，如果有变更，注册中心将基于长连接推送变更数据给消费者。服务消费者基于软负载均衡算法，从提供者地址列表中选一台提供者进行调用，如果调用失败，再选另一台调用。服务消费者和提供者，在内存中累计调用次数和调用时间，定时每分钟发送一次统计数据到监控中心。

6.1.4　微服务现状分析

在国内技术圈中，进行微服务技术选型时，Dubbo 总是被放到 Spring Cloud 的对立面进行比较，事实上，二者的对比并不具备太大的参考价值，因为二者的关注重点不在一个维度上。表 6-2 所示为 Dubbo 与 Spring Cloud 的简单对比。

表 6-2　Dubbo 与 Spring Cloud 核心功能对比

核心功能	Dubbo	Spring Cloud
服务注册中心	Zookeeper	Spring Cloud Netflix Eureka
服务调用方式	RPC	REST API
服务监控	Dubbo-monitor	Spring Boot Admin
断路器	不完善	Spring Cloud Netflix Hystrix
服务网关	无	Spring Cloud Netflix Zuul
分布式配置	无	Spring Cloud Config
服务跟踪	无	Spring Cloud Sleuth
消息总线	无	Spring Cloud Bus
数据流	无	Spring Cloud Stream
批量任务	无	Spring Cloud Task

可以认为，Dubbo 专注于 RPC 和服务治理，而 Spring Cloud 则是一个微服务架构生态。Dubbo 只是实现了服务治理，而 Spring Cloud 子项目分别覆盖了微服务架构下的众多开源组件，服务治理只是其中一个方面。或者说，在功能上 Spring Cloud 是 Dubbo 的一个超集，而 Dubbo 是 Spring Cloud 的功能子集。对于表 6-2 中 Dubbo "无" 的要素，Dubbo 提供了各种 Filter，用户可以通过扩展 Filter 来完善其功能。因此，在已成熟并配备齐全的核心功能上，Spring Cloud 更胜一筹，在开发过程中只要整合 Spring Cloud 的子项目就可以顺利完成各种组件的融合，而 Dubbo 却需要通过实现各种 Filter 来定制，开发成本以及技术难度略高，但好处就是 Dubbo 具备更大的灵活性，用户可以自由搭配各个功能组件。另外，Dubbo 使用 RPC 通信协议，Spring Cloud 使用基于 HTTP 协议的 REST API，在通信效率上，Dubbo 优于 Spring Cloud。此外，如果不希望对技术架构进行大的改造，则建议使用 Dubbo，因为 Dubbo 对原有系统的侵入性要比 Spring Cloud 少得多。

如果把微服务架构的过程看成是组装一台汽车，那么使用 Dubbo 构建的微服务架构就像自己 DIY 一台汽车，各个环节我们可以自由选择配件，自由度很高，但是最终组装出来的汽车很可能因为某个配件的质量问题而无法启动或者跑一段距离就出问题了，当然，如果你是一名汽车专家或者配备了多名汽修高手，那这些就不再是问题；而 Spring Cloud 就像品牌汽车，上游厂家已对大量备件做了兼容性测试，保证了整车具有更高的稳定性，但是如果想要使用原装组件外的配件，那就需要花费大量时间来了解、学习整套框架。

当然，无论是 Dubbo 还是 Spring Cloud，都只适用于特定的应用场景和开发环境（它们的设计初衷并不是为了支持通用性和多语言），如二者都是主要针对 Java 语言。另外，它们都只是 Dev 层的框架，缺少 DevOps 的整体解决方案，在应用程序开发、测试、部署交付和运维全生命周期管理上没有太多的创新设计，而这些正是微服务架构需要关注的重点。从一个项目的生命周期来看，软件功能开发仅是开始，后续如何运维、扩容都是问题，而无论是 Dubbo 还是 Spring Cloud，都并不擅长这方面，或者说涉及点很少，它们更多的是提供对单体应用进行微服务拆分以及微服务运行时所需的各种组件及协议框架，但是如何来控制运行中的应用、通信、安全等，还需要用户花费更多的精力自行负责。简单来说，Dubbo 和 Spring Cloud 框架并没有完全实现应用程序（业务逻辑）与控制层面的解耦，业务逻辑的实现和对业务逻辑的控制是合在一起的。

以 OpenStack 为例，OpenStack 虽然通过 kolla-ansible 也实现了微服务架构的理念，从整个集群功能角色来看，也实现了数据面和控制面的分离，但是在微服务层面没有实现功能与控制的分离，或者说宏观上实现了分离，但是微观上并没有，最终的结果就是，服务之间的通信仍然需要消息队列中间件的支持，同时每个项目都要设立一个 API 子项目来负责与外部服务的通信，如 Nova-API、Cinder-API 等，因此在 OpenStack 中，业务逻辑与服务之间的通信是没有分离的，或者说服务之间的通信对应用程序不透明，这种不透明性导致的直接结果之一就是通信基础设施对应用代码的侵入性。这也是第二代微服务架构 Service Mesh 出现的原因，如果将 Dubbo 和 Spring Cloud 称为微服务 1.0 时代，那么 Service Mesh 就是微服务 2.0 时代，下一节中，我们将对第二代微服务架构进行详细介绍。

6.2 云原生微服务架构

如果说以 Spring Cloud 和 Dubbo 为代表的架构属于传统微服务架构，那么以 Service Mesh 为代表的架构则属于云原生时代的微服务架构，或者第二代微服务架构。本节将会重点介绍以 Linkerd 和 Istio 为主的 Service Mesh 技术。

6.2.1 Service Mesh

在第一代微服务架构中，Dubbo 本质上只能算是一个服务治理框架，而不能算微服务框架，虽然在未来的 Dubbo 3.0 中会提供对 Spring Cloud 和 Service Mesh 的支持，但是单凭 Dubbo 仍然无法搭建一个完整的微服务架构体系。另外，虽然 Spring Cloud 通过集成众多组件的形式实现了相对完整的微服务技术栈，但是 Spring Cloud 的实现方式的代码侵入性较强，而且只支持 Java 语言，无法支持其他语言开发的系统。再者 Spring Cloud "全家桶"包括的内容太多，学习使用成本很高，对于老旧系统而言，框架升级或者替换的成本较高，很多开发团队不愿意担负技术和时间上的风险与成本，使得第一代微服务架构在落地应用时遇到了很大阻力。

为了解决第一代微服务架构的诸多问题，Service Mesh（服务网格）概念开始兴起，在众多开发者中大受欢迎，并被称为第二代微服务架构。Service Mesh 是一个用于处理服务间通信的基础设施层，确保在云原生应用的复杂网络拓扑中，可靠地传输服务间的请求。Service Mesh 通常由随着应用代码一起部署的轻量级网络代理矩阵实现，同时 Service Mesh 保持对应用程序透明。简单来说，Service Mesh 是个通信基础设施层，负责服务之间的可靠通信，随着应用代码一起部署，对应用程序透明，对应用代码零侵入。在 Service Mesh 中，服务之间的通信被下沉到基础设施域中，实现了业务逻辑与基础设施的分离，使得微服务的实现无须再像 Spring Cloud 一样需要入侵业务代码，真正做到了微服务实现时的零侵入。另外，加上 Docker 和 Kubernetes 的组合，针对微服务的依赖隔离、多语言多环境支持、自动化编排部署、应用全生命周期管理等功能，使得 Service Mesh 一经推出，便大有取代 Spring Cloud 之势，广受业界青睐，迅速成为第二代微服务架构的翘楚。

　　Service Mesh 中最核心的设计理念是 Sidecar（边车），Sidecar 在软件系统架构中特指边斗车模式，这一模式的精髓在于实现了数据面（业务逻辑）和控制面的解耦。在 Service Mesh 架构中，每一个微服务实例都会部署配置一个 Sidecar Proxy。该 Sidecar Proxy 负责接管对应服务的入口和出口流量，并将微服务架构中的服务订阅、服务发现、熔断、限流、降级、分布式跟踪等功能从业务逻辑中抽离到 Sidecar Proxy 中。Sidecar 以一个独立的进程启动，可以每台宿主机共用同一个 Sidecar 进程，也可以每个应用独占一个 Sidecar 进程。所有的服务治理功能都由 Sidecar 接管，应用的对外访问仅需要访问 Sidecar 即可。当该 Sidecar 在微服务中大量部署时，这些 Sidecar 节点自然就形成了一个服务网格，如图 6-5 所示。

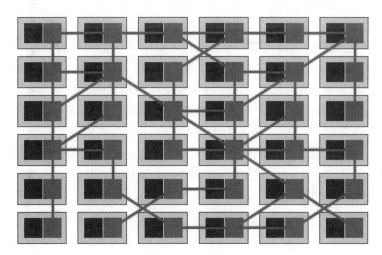

图 6-5　由 Sidecar 组成的服务网格

　　微服务的概念最初由 Martin Fowler 于 2014 年 3 月首次提出，而 Service Mesh 概念的公开出现则是在 2016 年 9 月的 SF Microservices 会议上。虽然时间很短，但是 Service Mesh 至今已经历了两代的发展。第一代 Service Mesh 主要指的是 Buoyant 的 Linkerd 1.0 和 Lyft 开源的 Envoy，第一代 Service Mesh 主要集中在数据传输层面，控制层面相对较弱。在第一代 Service Mesh 的基础上，以 Istio、Linkerd 2.0 为代表的第二代 Service Mesh 技术增强了控制层面，形成了控制层面与数据层面分离的 Service Mesh 完整技术架构，并开始走向生产环境。

6.2.2　Linkerd

Linkerd 是 Service Mesh 技术的一种实现，也是最早的 Service Mesh 开源项目。Linkerd 由曾就职于 Twitter 的 William Morgan 和 Oliver Gould 于 2016 年 1 月 15 日在 GitHub 上开源，Linkerd 基于 Scala 语言实现，最初的发行版本为 0.7。在开源 Linkerd 的同时，William Morgan 和 Oliver Gould 还创建了一个名为 "Buoyant" 的创业公司，以便推广和商业化运作 Linkerd。2016 年 10 月，Alex Leong 开始在 Buoyant 公司的官方博客中连载系列文章《A Service Mesh for Kubernetes》。随着 "The Services must Mesh" 口号的喊出，Buoyant 和 Linkerd 开始了 Service Mesh 概念的布道。2016 年下半年，Linkerd 陆续发布了 0.8 和 0.9 版本，开始支持 HTTP/2 和 gRPC，此外，借助 Service Mesh 在社区的认可度，Linkerd 在 2016 年年底开始申请加入 CNCF，并在 2017 年 1 月顺利成为 CNCF 孵化项目，同年 4 月，Linkerd 1.0 版本发布，被客户接受并在生产环境中大规模成功应用，这也是 Linkerd 和 Buoyant 最辉煌的时刻。Linkerd 1.0 的发布代表着市场的认可，而加入 CNCF 则有更重大的意义，这代表了 Service Mesh 理念得到了社区的认可和赞赏，而 Service Mesh 也因此得到了社区更大范围的关注。就在 Linkerd 1.0 发布的同一天，William Morgan 发布了 Service Mesh 布道博文《What's a service mesh? And why do I need one?》⊖，正式给 Service Mesh 做了一个权威定义。就目前而言，这也是业内公认的对 Service Mesh 最权威的定义。

Linkerd 的核心是一个透明代理，可以用它来实现一个专用的基础设施层以提供服务间的通信，进而为软件应用提供服务发现、路由、错误处理以及服务可见性等功能，同时无须侵入应用内部本身来实现，服务之间的通信交由中间层 Linkerd（如图 6-6 所示）来完成。在之前的 Spring Cloud 框架中，类似负载均衡、服务容错保护、健康机制等都是直接内嵌在各个服务中来实现的，现在把 Spring Cloud 的这一套通信机制抽离出来，交由 Linkerd 服务来代理。业务服务不需要关心这些，只需要基于 Linkerd 启动，就能够拥有这些服务治理特性。业务服务也不需要关心基于服务的注册中心和配置中心，这部分全交由 Linkerd 去处理，服务在启动时，只需要告诉 Linkerd 服务 IP、端口等信息即可。

Linkerd 作为独立代理运行，无须特定的语言和库支持。应用程序通常会在已知位置运行 Linkerd 实例，然后通过这些实例代理服务调用，服务连接到它们对应的 Linkerd 实例，并将它们视为目标服务。简单来说，就是 Linkerd 将会截取并处理服务之间的通信调用，或者说服务与服务之间通过 Linkerd 来实现通信，如图 6-7 所示。

Linkerd 可在 Kubernetes、Mesos、AWS 容器服务等环境中运行，也可在本地运行。Linkerd 基于 Java，所以运行时必须有 JVM 支持。Linkerd 运行时在端口 9990 提供一个控制管理面板，用于监控服务行为，包括服务请求量、成功率、连接信息、所配路由的延迟等指标。所有信息实时更新，用户可以很清楚地监测服务的健康情况。

⊖　https://buoyant.io/2017/04/25/whats-a-service-mesh-and-why-do-i-need-one/.

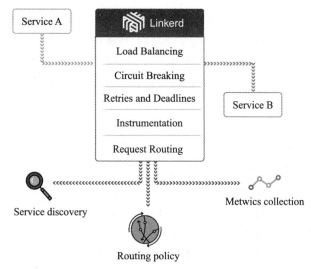

图 6-6　Linkerd 功能架构

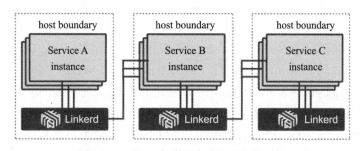

图 6-7　Linkerd 与微服务之间的拓扑关系

6.2.1 节提到，Linkerd 1.x 属于第一代 Service Mesh 技术，而 Linkerd 2.x 属于第二代 Service Mesh 技术。那么 Linkerd 1.x 和 Linkerd 2.x 之间存在什么样的渊源呢？事实上，Linkerd 1.x 和 Linkerd 2.x 之间还有一个 Buoyant 公司的产品，叫作 Conduit。Conduit 产品的出现与后面将要介绍的 Envoy 和 Istio 有关，第一代 Linkerd 由于在控制面上的缺失，致使在对阵 Istio 时力不从心，因为专注控制面的 Istio 收编了与 Linkerd 同为第一代 Service Mesh 的 Envoy，直接拥有了一个功能和稳定性与 Linkerd 处在同一水准的数据平面，加之 Istio 背后 IBM 和 Google 的极大影响力，Buoyant 决定将 Linkerd 1.x 与 Istio 项目集成，希望能够替代 Envoy，成为 Istio 的数据层面，为此，Buoyant 曾在官方博客发表博文《Linkerd and Istio: like peanut butter and jelly》[注]"，来形容 Linkerd 1.x 与 Istio 之间"亲密无间"的关系。但是，事与愿违，Linkerd 1.x 与 Envoy 数据层面之战，以 Envoy 胜利而告终。Buoyant 不得不另辟蹊径，针对 Istio 各方面的优势和 Linkerd 1.x 的不足，发布了包含数据平面和控制平面的全新 Service Mesh 项目 Conduit。为了超越基于 C++ 语言的 Envoy 在数

　　⊖　之后 Buoyant 决定放弃 Linkerd 1.x 对 Istio 的支持，因此该文章已被删除。

据平面的性能，Conduit 的数据平面采用了 Rust 语言，虽然性能表现卓越，但是过于小众，导致开源社区的贡献者数量极其稀少，根本无法形成社区力量。为了延续 Linkerd 1.x 的社区知名度和在 CNCF 中的影响力，Buoyant 将 Linkerd 1.x 和 Conduit 进行了合并，形成 Linkerd 2.x，这就是 Buoyant 的第二代 Service Mesh 技术 Linkerd 2.x 的来源。

6.2.3 Enovy

Envoy 最初源自 Lyft 公司，是一种专为单一服务和应用而设计的高性能 C++ 分布式代理，也是为大规模微服务场景下的"服务网格"架构而设计的通信总线和"通用数据平面"。通过借鉴 Nginx 、HAProxy、硬件负载均衡器和云负载均衡器等解决方案，Envoy 作为一个独立的进程与应用程序一起运行，并通过与平台无关的方式提供一些通用高级特性，从而形成一个对应用透明的通信网格。当基础设施中的所有服务流量通过 Envoy 网格流动时，通过一致的可观察性、调整整体性能和添加更多底层特性，一旦发生网络和应用程序故障，很容易就能够定位出问题的根源。在大规模的微服务集群中，众多实践表明，针对微服务集群的操作问题最终都会归结到两点——网络及其可视化，而 Envoy 的目标就是要将这两个问题变得简单易行。

前一节中，我们曾经提到 Envoy 是 Istio 的数据平面，而事实上，Envoy 的诞生比 Istio 和 Linkerd 都要早，同 Linkerd 1.x 类似，Envoy 也是第一代 Service Mesh 技术的杰出代表。2016 年年初，来自 Lyft 的 Matt Klein 使用 C++ 语言在内部进行 Envoy 的开发，2016 年 9 月 13 日，Matt Klein 在 GitHub 上宣布 Envoy 开源，直接发布 1.0.0 版本。随后，IBM 和 Google 联合 Lyft 发布 Istio，决定将 Envoy 作为 Istio 的数据平面，从此，Envoy 便一直专注于实现 Service Mesh 数据平面的工作。2017 年 9 月 14 日，紧随 Linkerd 之后，Envoy 加入 CNCF，成为 CNCF 中的第二个 Service Mesh 项目。在深入理解和介绍 Envoy 功能之前，我们有必要先对 Envoy 中的关键术语进行简要介绍（Envoy 内部结构图如图 6-8 所示）。

- ❑ 主机（Host）：能够进行网络通信的实体（如手机、服务器等上的应用程序）。在 Envoy 中，主机就是一个逻辑上的网络应用。一个物理硬件上可能运行多个主机，只要它们是可以独立寻址的。
- ❑ 下游（Downstream）：下游主机连接到 Envoy，发送请求并接收响应。
- ❑ 上游（Upstream）：上游主机接收来自 Envoy 的连接和请求并返回响应。
- ❑ 侦听器（Listener）：是可以被下游客户端连接的命名网络位置（如端口、UNIX 域套接字等）。Envoy 公开一个或多个下游主机可以连接的侦听器。
- ❑ 群集（Cluster）：是指 Envoy 连接的一组逻辑上相似的上游主机。Envoy 通过服务发现功能来发现一个集群的成员。它可以通过主动健康检查来确定集群成员的健康情况，以便 Envoy 通过负载均衡策略将请求路由到相应的集群成员。
- ❑ 网格（Mesh）：是指一致协调以便提供一致性网络拓扑的一组主机。Envoy Mesh 就是一组 Envoy 代理，它们构成了由多种不同服务和应用程序平台组成的分布式系统进行消息传递的基础。

❑ 运行时配置（Runtime Configuration）：与 Envoy 一起部署的外置实时配置系统。无须重启 Envoy 或者更改主配置，即可进行 Envoy 配置修改。

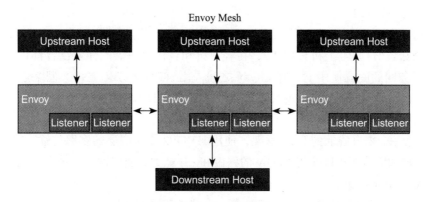

图 6-8　Envoy Mesh 内部拓扑图

Envoy 是一个面向服务架构 L7 代理和通信总线而设计的服务网格，Envoy 官网上曾解释过项目诞生的目标："对于应用程序而言，网络应该是透明的，当发生网络和应用程序故障时，能够很容易定位出问题的根源。"⊖然而现实中，尤其是在大规模微服务集群中，要实现这一目标是极其困难的，Envoy 通过以下的功能设计⊖来实现或逼近这一目标。

（1）外置进程架构

Envoy 是一个独立的代理进程，与应用程序一起部署运行。所有的 Envoy 形成一个对应用透明的通信网格，每个应用程序通过本地 Envoy 进程发送和接收消息，并不会感知外部网络拓扑结构。这个外置进程的架构相比传统的基于 Library 库的服务通信，有如下两个优势：

❑ Envoy 可与使用任何语言开发的应用一起工作。Java、C++、Go、PHP、Python 等都可以基于 Envoy 部署成一个服务网格，在面向服务的架构体系中，使用多语言开发应用越来越普遍，Envoy 填补了这一空白。

❑ 有过面向服务的大型软件架构设计经验的开发者应该都很清楚，要对传统共享 Library 类库进行升级维护是件非常痛苦的事情，而现在已可以在整个基础设施上快速升级 Envoy。

（2）基于最新 C++11 编码

Envoy 基于 C++11 编写，这样选择的原因是，社区认为基于 C++11 依然可以快速有效地开发出 Envoy 所要实现的体系结构组件。事实上，在云环境时代，现代应用的程序开发者已经很少使用 C 或者 C++ 语言了，通常会选择性能不高但是能够快速提升开发效率的

⊖　https://www.envoyproxy.io/docs/envoy/latest/intro/what_is_envoy.

⊖　https://www.envoyproxy.io/docs/envoy/latest/.

PHP、Python、Ruby、Scala 等语言，同时还能够解决复杂的外部环境依赖，而不是像本地开发那样，使用能够提供高效性能的 C 或者 C++ 语言。在云计算时代，要做到兼顾效率和性能。

（3）支持 HTTP/2

在 HTTP 模式下，Envoy 支持 HTTP/1.1、HTTP/2，并且支持 HTTP/1.1、HTTP/2 双向代理。这意味着 HTTP/1.1 和 HTTP/2，在客户机和目标服务器的任何组合都可以桥接。我们建议在服务间的配置使用上，在 Envoy 之间采用 HTTP/2 来创建持久网络连接，这样请求和响应可以被多路复用。Envoy 并不支持被淘汰的 SPDY 协议。

（4）支持 gRPC

gRPC 是一个来自谷歌的 RPC 框架，使用 HTTP/2 作为底层的多路传输。HTTP/2 承载的 gRPC 请求和应答都可以使用 Envoy 的路由和 LB 能力，所以两个系统非常互补。

（5）支持 MongoDB L7

在现代 Web 应用程序中，MongoDB 是一个非常流行的数据库应用。Envoy 支持获取统计和连接记录等信息。

（6）服务发现

服务发现是面向服务体系架构的重要组成部分。Envoy 支持多种服务发现方法，包括异步 DNS 解析和通过 REST 请求服务来发现服务。

（7）健康检查

构建 Envoy 网格的推荐方法，是将服务发现看作具有最终一致性的方法。Envoy 含有一个健康检查子系统，它可以对上游服务集群进行主动的健康检查。然后，Envoy 联合服务发现、健康检查信息来判定健康的 LB 对象。Envoy 作为一个外置健康检查子系统，也支持被动健康检查。

（8）高级 LB

在分布式系统中，不同组件之间的 LB 也是一个复杂的问题。Envoy 是一个独立的代理进程，不是一个 library 库，所以它能够在一个地方实现高级 LB，并且能够被任何应用程序访问。目前，Envoy 包括自动重试、断路器、全局限速、阻隔请求和异常检测，将来还会支持预设请求速率控制。

（9）极好的可观察性

正如前文中所提到的，Envoy 的目标是使得网络更加透明。然而，无论是网络层还是应用层，都可能会出现问题。Envoy 提供了对所有子系统的统计能力，Envoy 还支持通过管理端口查看统计信息，同时也支持第三方的分布式跟踪机制。

因为 Envoy 一开始便定位明确，即服务网格的数据平面，加之 C++ 语言的性能优势，所以不论是在第一代 Service Mesh 中与 Linkerd 1.x 的数据平面之争，还是在第二代 Service Mesh 中作为 Istio 的数据平面，与 Conduit /Linkerd 2.x 的数据平面之争，Envoy 都能成为赢家。在下一节介绍的 Istio 中，Envoy 就是其官配数据平面（Sidecar），除了开源 Istio

项目，还有很多企业级 Service Mesh 项目采用 Envoy 作为数据平面，如国外的 AWS 的 App Mesh、F5 的 Aspen Mesh、微软的 Service Fabric Mesh，国内的腾讯的 Tecent Service Mesh，阿里的 Dubbo Mesh 等都采用 Envoy 作为数据平面。纵观整个 Service Mesh 领域，Envoy 明显有成为 Service Mesh 数据平面标准的趋势，而 Envoy 的 xDS API，目前来看已经成为 Service Mesh 数据平面 API 的事实标准。

6.2.4　Istio

Istio 是第二代 Service Mesh 最杰出的代表，也是当前最为成熟、稳定，最有潜力和知名度最高的开源 Service Mesh 项目。Istio 更多的是作为 Service Mesh 的控制平面而存在，正如 6.2.3 节中提到的，Istio 由 IBM、Google 联合 Lyft 共同推出，其中 Istio 的数据平面（Sidecar）就是 Lyft 开发的 Envoy。由于 IBM 和 Google 强大的影响力，加之完善的架构设计，Istio 从出现开始便是明星项目。2017 年 5 月，Istio 0.1 版本发布，社区反响热烈，很多公司在此时就开始站队支持 Istio，同年，社区连续发布了 3 个版本，在平台支持上，从最初仅支持 K8S 扩展到非 K8S 平台，与此同时，像 Oracle 和 RedHat 这样的分别代表商业和开源软件的巨头企业也都明确表示支持 Istio。2018 年 7 月，Istio 发布 1.0 版本，这是 Istio 最为重要的里程碑，官方宣称所有的核心功能现在都可用于生产环境，而诸多主流云平台也都实现了对 Istio 的支持。

在第一代 Service Mesh 项目中，如 Linkerd 1.x 和 Envoy，更多的是实现 Service Mesh 的数据平面，简单来说就是网络代理（Proxy）。在大规模微服务集群中，Proxy 会形成巨大的代理矩阵或者网格，如何对这些看起来错综复杂的分布式代理进行统一的管理，这是第二代 Service Mesh 需要考虑的问题，而解决办法就是为 Service Mesh 构造控制平面或者控制中心（如图 6-9 所示）。在数据平面 Envoy 的基础之上再构建一个控制平面，对复杂的 Enovy 代理网格进行统一管理，这就是 Istio。有了控制平面，管理员只需根据控制中心的 API 来配置整个集群的应用流量、安全规则即可，代理会自动和控制中心打交道，根据用户的期望改变自己的行为。同时代理还会与控制中心通信，一方面可以获取需要的服务之间的信息，另一方面也可以汇报服务调用的 Metrics 数据。

在具体的实现上，Istio 的控制平面由 Pilot、Mixer、Galley 和 Citadel 组件构成（如图 6-10 所示）。控制平面的设计和功能完善性通常是决定第二代 Service Mesh 优劣的一个重要标准，早期的 Linkerd 1.x 很快被 Istio 替代，不仅是因为 Istio 背后的 IBM 和 Google 的影响力，更多还是因为 Linkerd 1.x 在控制平面上的缺失。Istio 采用 Envoy 作为数据平面，对 Envoy 的介绍这里不再赘述，Istio 控制平面各个组件的功能介绍如下。

（1）Mixer

Mixer 是一个独立于平台的组件，负责在服务网格上执行访问控制和使用策略，并从 Envoy 代理和其他服务收集遥测数据。代理提取请求类的属性，并发送到 Mixer 进行评估，属性提取和策略评估可通过 Mixer 进行配置。Mixer 中包含一个灵活的插件模型，使其能够接入到各种主机环境和基础设施后端，从这些细节中抽象出 Envoy 代理和 Istio 管理的服务。

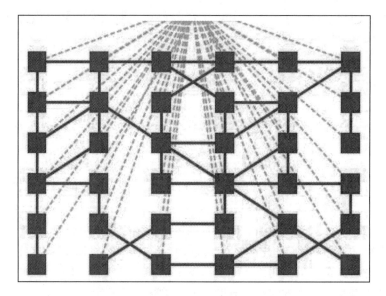

图 6-9　Service Mesh 中的控制平面

（2）Pilot

Pilot 为 Envoy Sidecar 提供服务发现功能，为智能路由（如 A/B 测试、金丝雀部署等）和弹性（超时、重试、熔断器等）提供流量管理功能。它将控制流量行为的高级路由规则转换为特定于 Envoy 的配置，并在运行时将它们发送到 Envoy Sidecar。Pilot 将平台特定的服务发现机制抽象化，并将其合成为符合 Envoy 数据平面 API 的任何 Sidecar 都可以使用的标准格式。这种松散耦合设计使得 Istio 能够在多种环境下运行（如 Kubernetes、Consul、Nomad），同时保持用于流量管理的相同操作界面。

（3）Citadel

Citadel 通过内置身份和凭证管理赋能强大的服务间和最终用户身份验证，可用于升级服务网格中未加密的流量，并为运维人员提供基于服务标识而不是网络控制的强制执行策略的能力。从 0.5 版本开始，Istio 便支持基于角色的访问控制，以便控制谁可以访问你的服务，而不是基于不稳定的三层或四层网络标识。

（4）Galley

Galley 代表其他的 Istio 控制平面组件，用来验证用户编写的 Istio API 配置。随着时间的推移，Galley 将接管 Istio 中获取配置、处理和分配组件的顶级责任。它将会把从底层平台（如 Kubernetes）获取用户配置细节的其他 Istio 组件隔离出来，如图 6-10 所示。

Istio 的架构设计非常高瞻远瞩，体现了 IBM 和 Google 这类大型传统 IT 企业的专业性，这也是 Istio 能够脱颖而出的关键。另外，Istio 的这些设计，对于系统在应对大规模流量和高性能服务处理方面也是至关重要的。Istio 几个关键设计目标如下。

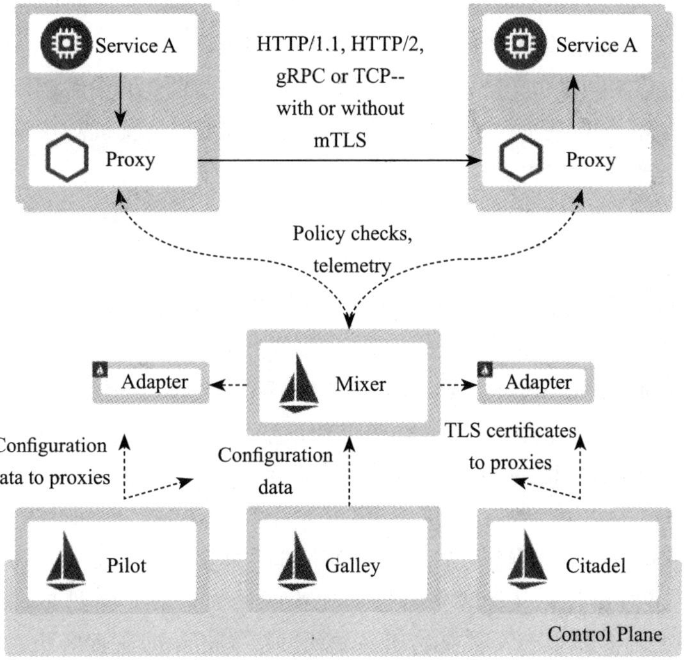

图 6-10　Istio 架构

　　1）最大化透明度。Istio 深知要想被普遍采纳，应该让运维和开发人员尽可能以很少的代价获得更大的受益。为此，Istio 将自己自动注入服务间的所有网络路径中。Istio 使用 Sidecar 代理来捕获流量，并且尽可能地在其他地方对网络层进行处理，以对通过这些代理的流量进行路由，同时无须对已部署的应用代码进行任何改动。在 Kubernetes 中，代理被注入 Pod 中，通过编写 Iptables 规则来捕获流量。一旦 Sidecar 代理被注入 Pod 中并且进行了路由规则修改，Istio 就能够控制所有流量。最大化的透明度这一原则也适用于性能方面。在部署 Istio 后，运维人员可以发现，为了实现 Istio 的这些功能而增加的资源开销是很小的。所有组件和 API 在设计时都必须考虑性能和规模的问题。

　　2）可扩展性。随着运维和开发人员越来越依赖 Istio 提供的功能，系统必然随着他们的需求而增加。在我们继续添加新功能的同时，其实最需要的是能够扩展策略系统，以便与其他策略和控制源集成，并将有关网格行为的信息传递到其他系统进行分析。策略运行时支持用于插入其他服务的标准扩展机制。此外，它允许扩展词汇表，以允许基于网格生成的新信号来执行策略。

　　3）可移植性。使用 Istio 的生态系统在很多方面都会存在差异性。Istio 必须能够让用户付出最少的努力就能运行在任何云或者本地环境中。而将基于 Istio 的服务移植到新环境中，也必须是件简单轻松的事情。使用 Istio 可以操作部署在多个环境中的单个服务。例如，可以在多云上进行部署以实现冗余。

4）策略一致性。将策略应用于服务之间的 API 调用，提供了对网格行为的最大控制。但是，将策略应用于无须在 API 级别表达的资源，也同样重要。例如，将配额应用于 ML 训练任务所消耗的 CPU 数量上，会比将配额应用于启动这个工作的调用上更有用。因此，策略系统作为独特的服务来维护，具有自己的 API，而不是将其放到代理 Sidecar 中，从而允许服务根据需要直接与其集成。

6.2.5　Docker、Kubernetes 与 Istio

前文中我们提到过微服务的实现可以划分为两代，以 Spring Cloud 和 Dubbo 为代表的第一代侵入式微服务架构，以及以 Service Mesh 为代表的第二代零侵入式微服务架构。但是，我们没有强调的是，Service Mesh 是一种后 Kubernetes 时代的软件设计框架，是基于 Kubernetes 实现的软件设计思想，虽然当前最热门的 Istio 也支持其他非 Kubernetes 容器调度平台，但是当前主流的 Service Mesh 技术主要还是以 Docker 容器和 K8S 编排引擎为主。

众所周知，Kubernetes 已经成为容器调度编排的事实标准，而 Docker 容器正好可以作为微服务的最小工作单元，从而发挥微服务架构的最大优势，因此 Docker 容器和 K8S 的组合天然就是为微服务而生的，未来微服务架构围绕 Kubernetes 展开也是必然，而 Linkerd 和 Istio 等 Service Mesh 技术，本身就是为 Kubernetes 而设计，Service Mesh 的出现正好弥补了 Kubernetes 在微服务通信管理层面的不足，因此 Docker、Kubernetes 和 Istio 的组合，未来必然是微服务的最佳实现方式。虽然 Dubbo、Spring Cloud 等都是成熟的微服务框架，但是它们或多或少都会和具体的语言或应用场景绑定，并且只解决了微服务 Dev 层面的问题。若想解决 Ops 层面的问题，它们还需和诸如 OpenShift、Cloud Foundry、Mesos、Docker Swarm 或 Kubernetes 这类资源调度框架或平台结合。但是，这种软件架构的后天结合总是会出现各种不适和问题，而 Kubernetes 则不同，它本身就是一个和开发语言无关的通用容器调度引擎，可以支持运行云原生和传统的容器化应用，并且覆盖了微服务的 Dev 和 Ops 阶段（如图 6-11 所示），结合原生为 Kubernetes 而设计的 Service Mesh，将会给用户带来最佳且最完整的端到端的微服务体验。

从当前的技术发展趋势来看，未来组成微服务架构的技术栈将会如图 6-12 所示，包括开源 OpenStack 和商业公有云在内的多云平台为微服务提供了最底层的 IaaS 资源（计算、存储和网络等），以 Docker 为代表的容器作为微服务最小工作单元被 Kubernetes/OpenShift 调度和编排，以 Istio 为代表的 Service Mesh 管理着微服务彼此之间的通信和流量，最后通过 API 网关向外暴露微服务的业务接口。从技术层面上来看，如果把 Spring Cloud 和 Dubbo 称为传统微服务架构，则可以把 Docker、Kubernetes/OpenShift 和 Istio 的组合架构称为云原生微服务架构，这也是当前和未来微服务架构的必然走向。

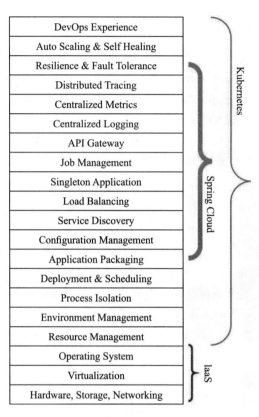

图 6-11 Kubernetes 与 Spring Cloud 功能范畴对比

图 6-12 云原生微服务架构

6.3　Istio 在 OpenShift 上的实现

Service Mesh 是后 Kubernetes 时代的产物，是基于 Kubernetes 的更高层次抽象。因此 Istio 的实现必须依赖与 Kubernetes 集群，而作为企业级 Kubernetes 发行版，OpenShift 对 Istio 进行了完善的支持，通过 OpenShift 及其提供的众多优异特性，我们可以快速实现 Istio 集群和基于 Istio 集群的微服务。

6.3.1　OpenShift 集群快速部署与实现

本章中，我们将基于 OpenShift 3.11（对应的开源版本为 OKD 3.11，对应的 Kubernetes 版本为 1.11）来部署、验证和测试 Istio 的功能，需要指出的是，OpenShift 3.11 是 OpenShift 3.0 中的最后一个版本，RedHat 在 OpenShift 4.0 Roadmap 中的很多新功能都是基于 OpenShift 3.11 来进行测试的，因此我们基于 OpenShift 3.11 的 Istio 实现方式在最新发行的 OpenShift 4.0 中理论上也是完全兼容的。关于 OpenShift 3.11 的部署和运维操作请参考第 3 章的相关内容，这里不再赘述。需要指出的是，如果希望快速体验基于 Istio 的微服务，可以通过 All-In-One 的方式快速自动化部署 OpenShift 3.11，本章重点在于介绍 Istio 的功能，因此我们这里采用 All-In-One 的方式来快速部署 OpenShift 3.11，部署完成后，检查 OpenShift 运行情况。

```
[root@os311 ~]# oc get nodes
NAME                      STATUS ROLES               AGE  VERSION
os311.test.it.example.com Ready  compute,infra,master 94d  v1.11.0+d4cacc0
[root@os311 ~]# oc get projects
NAME                 DISPLAY NAME          STATUS
default                                    Active
kube-public                                Active
kube-system                                Active
management-infra                           Active
openshift                                  Active
openshift-infra                            Active
openshift-logging                          Active
openshift-node                             Active
openshift-sdn                              Active
openshift-web-console                      Active
[root@os311 ~]# oc project default
Now using project "default" on server
"https://os311.test.it.example.com:8443".
```

在浏览器上登录 https://os311.test.it.example.com:8443，即可访问 OKD 3.11 的 Web 界面，如图 6-13 所示。

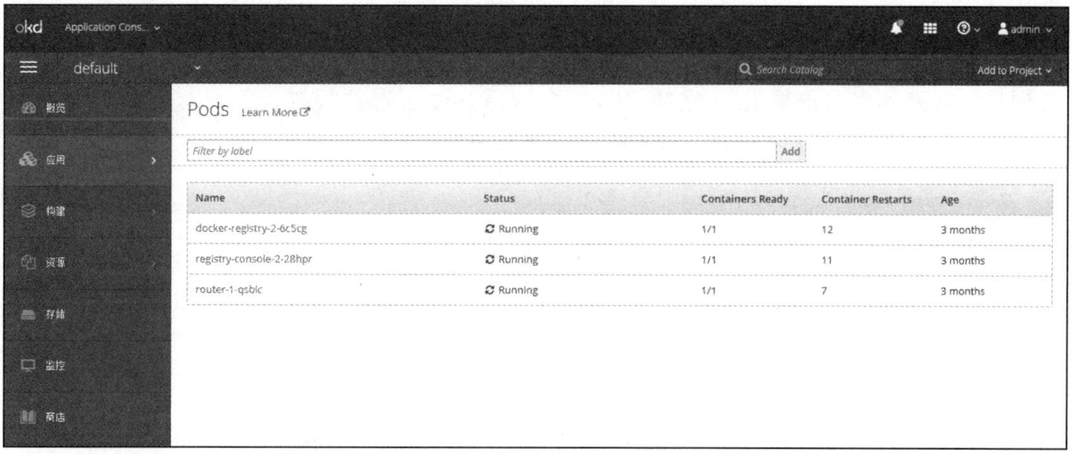

图 6-13　OKD 3.11 Web 界面

在图 6-13 中，我们进入的是 Default 项目，所以会看到运行了 Docker Registry、Registry Web 和 Router 3 个 Pod，这部分属于 OpenShift 安装配置的内容，这里不再赘述。确保你的 OpenShift 环境正常运行后，我们将继续 Istio 的实战介绍。

6.3.2　OpenShift 上部署 Istio 集群

6.3.1 节中，我们已经准备好 OpenShift 环境。本节中，我们将介绍如何在 OpenShift 3.11 环境中部署实现 Istio 1.0.5，操作步骤如下。

（1）获取 Istio 的 Docker 镜像

在部署 Istio 时，除了 Istio 的数据平面组件（Enovy Sidecar）和控制平面组件（Mixer、Galley、Citadel 和 Pilot）外，还需部署云原生监控组件 Prometheus、分布式跟踪组件 Jaeger 和可视化组件 Grafana，对于 Istio 1.0.5 版本，需要获取的 Docker 容器镜像如下。

```
docker pull docker.io/istio/proxy_init:1.0.5
docker pull docker.io/istio/proxyv2:1.0.5
docker pull docker.io/istio/galley:1.0.5
docker pull docker.io/istio/mixer:1.0.5
docker pull docker.io/istio/pilot:1.0.5
docker pull docker.io/prom/prometheus:v2.3.1
docker pull docker.io/istio/citadel:1.0.5
docker pull docker.io/istio/servicegraph:1.0.5
docker pull docker.io/istio/sidecar_injector:1.0.5
docker pull docker.io/jaegertracing/all-in-one:1.5
docker pull quay.io/coreos/hyperkube:v1.7.6_coreos.0
docker pull docker.io/grafana/grafana:5.2.3
```

（2）设置 OpenShift 中的资源访问权限

在部署 Istio 时，会自动在 OpenShift 中创建一个名为"istio-system"的命名空间或者项目，在开始安装部署 Istio 之前，需要为 istio-system 进行授权，否则 Istio 的部分服务 Pod 在 OpenShift 中将无法启动，授权命令参考如下㊀。

```
// 授予 anyuid 权限
oc adm policy add-scc-to-user anyuid -z default\
-n istio-system
oc adm policy add-scc-to-user anyuid -z istio-citadel-service-account\
-n istio-system
oc adm policy add-scc-to-user anyuid -z istio-cleanup-secrets-service-account\
-n istio-system
oc adm policy add-scc-to-user anyuid -z istio-egressgateway-service-account\
-n istio-system
oc adm policy add-scc-to-user anyuid -z istio-galley-service-account\
-n istio-system
oc adm policy add-scc-to-user anyuid -z istio-grafana-post-install-account\
-n istio-system
oc adm policy add-scc-to-user anyuid -z istio-ingressgateway-service-account\
-n istio-system
oc adm policy add-scc-to-user anyuid -z istio-mixer-service-account\
-n istio-system
oc adm policy add-scc-to-user anyuid -z istio-pilot-service-account\
-n istio-system
oc adm policy add-scc-to-user anyuid -z istio-security-post-install-account\
-n istio-system
oc adm policy add-scc-to-user anyuid -z istio-sidecar-injector-service-account\
-n istio-system
oc adm policy add-scc-to-user anyuid -z prometheus\
-n istio-system
// 授予 privileged 权限
oc adm policy add-scc-to-user privileged -z default\
-n  istio-system
oc adm policy add-scc-to-user privileged -z istio-citadel-service-account\
-n  istio-system
oc adm policy add-scc-to-user privileged -z istio-cleanup-secrets-service-\
account  -n  istio-system
oc adm policy add-scc-to-user privileged -z istio-egressgateway-service-account\
-n  istio-system
oc adm policy add-scc-to-user privileged -z istio-galley-service-account\
-n  istio-system
```

㊀ 生产环境中的授权设置请参考第 2 章中 OpenShift 的权限设置部分。

```
oc adm policy add-scc-to-user privileged -z istio-grafana-post-install-account\
-n  istio-system
oc adm policy add-scc-to-user privileged -z istio-ingressgateway-service-account\
-n  istio-system
oc adm policy add-scc-to-user privileged -z istio-mixer-service-account\
-n  istio-system
oc adm policy add-scc-to-user privileged -z istio-pilot-service-account\
-n  istio-system
oc adm policy add-scc-to-user privileged -z istio-security-post-install-account\
-n  istio-system
oc adm policy add-scc-to-user privileged -z istio-sidecar-injector-service-\
account -n  istio-system
oc adm policy add-scc-to-user privileged -z prometheus\
-n istio-system
// 授予 cluster-admin 权限
oc adm policy add-cluster-role-to-user cluster-admin -z default\
-n  \
istio-system
oc adm policy add-cluster-role-to-user cluster-admin -z istio-citadel-service-\
account    -n \
istio-system
oc adm policy add-cluster-role-to-user cluster-admin -z istio-cleanup-secrets-\
service-account   -n \
istio-system
oc adm policy add-cluster-role-to-user cluster-admin -z istio-egressgateway-\
service-account    -n \
istio-system
oc adm policy add-cluster-role-to-user cluster-admin -z istio-galley-service-\
account         -n \
istio-system
oc adm policy add-cluster-role-to-user cluster-admin -z istio-grafana-post-\
install-account      -n \
istio-system
oc adm policy add-cluster-role-to-user cluster-admin -z istio-ingressgateway-\
service-account     -n \
istio-system
oc adm policy add-cluster-role-to-user cluster-admin -z istio-mixer-service-\
account           -n \
istio-system
oc adm policy add-cluster-role-to-user cluster-admin -z istio-pilot-service-\
account             -n \
istio-system
oc adm policy add-cluster-role-to-user cluster-admin -z istio-security-post-\
```

```
install-account      -n \
istio-system
oc adm policy add-cluster-role-to-user cluster-admin -z istio-sidecar-injector-\
service-account   -n \
istio-system
oc adm policy add-cluster-role-to-user cluster-admin -z prometheus\
-n\
istio-system
```

（3）下载并解压 Istio 源码包

Istio 从 Istio 1.0 版本开始具备生产环境部署能力，截至本书写作时最新版本是 Istio 1.1.5，本节中我们使用的是 Istio 1.0.5 版本[一]。首先，我们需要到 GitHub[二]上获取 Istio 1.0.5 的源代码，并对其进行解压。

```
[root@os311 ~]#  tar -xvzf istio-1.0.5-linux.tar.gz
  [root@os311 ~]# cd istio-1.0.5/
[root@os311 istio-1.0.5]# ll
total 28
drwxr-xr-x.  2 root root   22 Dec  8 05:01 bin
drwxr-xr-x.  6 root root   79 Dec  8 05:01 install
-rw-r--r--.  1 root root  648 Dec  8 05:01 istio.VERSION
-rw-r--r--.  1 root root 11343 Dec  8 05:01 LICENSE
-rw-r--r--.  1 root root 5817 Dec 8 05:01 README.md
drwxr-xr-x. 12 root root  212 Dec 8 05:01 samples
drwxr-xr-x.  8 root root 4096 Dec 8 05:01 tools
```

（4）安装部署 Istio

Istio 使用了大量的 K8S 客户自定义资源（CRD），如 VirtualServices 和 DestinationRules 等，为了使 OpenShift/K8S 能够识别这些客户自定义资源，需要安装 Istio 中的 CRD 文件。

```
oc apply -f istio-1.0.5/install/kubernetes/helm/istio/templates/crds.yaml
```

Istio 提供了一个包含全部需要在 OpenShift/K8S 中创建对象的定义文件，这里直接应用该文件即可。

```
oc apply -f istio-1.0.5/install/kubernetes/istio-demo.yaml
```

执行上述命令后，所有对象都会被自动创建。这里我们只需等待所有 Pod 处于 running 或 completed 状态即可。

```
# oc get pods -w -n istio-system
NAME                              READY    STATUS    RESTARTS   AGE
```

```
grafana-7f6cd4bf56-2xjq8                     1/1    Running     0     1h
istio-citadel-7dd558dcf-69sl7                1/1    Running     1     66d
istio-cleanup-secrets-5zj22                  0/1    Completed   0     92d
istio-egressgateway-88887488d-vk8h7          1/1    Running     5     92d
istio-galley-787758f7b8-l2jqq                1/1    Running     1     66d
istio-grafana-post-install-fnhb5             0/1    Completed   0     92d
istio-ingressgateway-58c77897cc-n6crt        1/1    Running     5     92d
istio-pilot-86cd68f5d9-jsx2q                 2/2    Running     10    92d
istio-policy-56c4579578-xrh45                2/2    Running     20    92d
istio-security-post-install-pp4hb            0/1    Completed   0     92d
istio-sidecar-injector-d7f98d9cb-btqfk       1/1    Running     2     66d
istio-telemetry-7fb48dc68b-bhbqf             2/2    Running     31    92d
istio-tracing-7596597bd7-jgl2x               1/1    Running     1     66d
prometheus-76db5fddd5-529h8                  1/1    Running     0     1h
servicegraph-56dddff777-z8kgw                1/1    Running     0     1h
```

如果看到上述 Pod 状态，则表明 Istio 已经部署成功。

（5）设置访问路由

OpenShift 使用路由概念来将内部服务暴露给外界，下面我们为 Grafana、Prometheus、Tracing 和 ServiceGraph 服务创建路由。

```
oc expose svc istio-ingressgateway -n istio-system
oc expose svc servicegraph -n istio-system
oc expose svc grafana -n istio-system
oc expose svc prometheus -n istio-system
oc expose svc tracing -n istio-system
```

（6）设置 Istio 命令行路径

为了在系统中使用 istio 命令行，我们需要将 istioctl 添加到系统路径中。

```
export PATH=$PATH:/root/istio-1.0.5/bin/
```

接下来验证 Istio 版本。

```
[root@os311 istio-1.0.5]#  istioctl version
Version: 1.0.5
GitRevision: c1707e45e71c75d74bf3a5dec8c7086f32f32fad
User: root@6f6ea1061f2b
Hub: docker.io/istio
GolangVersion: go1.10.4
BuildStatus: Clean
```

至此，我们的 Istio 已经成功运行在 OpenShift 上，下面将继续进行基于 Istio 的微服务部署和验证测试。

6.3.3　OpenShift 上部署 Istio 微服务

本节中，我们以 RedHat 开源的 istio-tutorial[⊖] 项目为例，来演示如何在 OpenShift 上部署实现基于 Istio 的微服务。istio-tutorial 项目由 Spring Boot 实现的 3 个微服务 customer（顾客）、preference（喜好）和 recommendation（推荐）组成，它们之间的访问关系如下。

```
customer → preference → recommendation
```

即 customer 访问 preference，而 preference 访问 recommendation。每个微服务中均内置了一个异常处理，用于在所访问的目标服务不存在时做出反应：返回错误信息给终端用户。下面我们将在 OpenShift 上分别部署这 3 个微服务，具体步骤如下。

（1）新建一个用于部署微服务的项目

本节中，我们新建一个名为"ms-project"的项目，并将 3 个微服务全部部署到该项目中。

```
oc new-project ms-project
```

然后，添加 SCC 权限。

```
oc adm policy add-scc-to-user privileged -z default -n ms-project
```

将 istio-tutorial 项目的源代码下载到本地。

```
git clone https://github.com/redhat-developer-demos/istio-tutorial/
```

（2）部署 customer 微服务

由于 customer 微服务是由 Java 语言开发的，需要使用 mvn 生成 jar 包，如果系统环境中没有 mvn 工具，则需要先安装 mvn 工具。

```
# yum install maven -y
```

然后进入特定目录，生成 customer.jar 包。

```
# cd /root/istio-tutorial/customer/java/springboot
# mvn package
```

查看是否已经生成 jar 包。

```
[root@os311 target]# cd \
/root/istio-tutorial/customer/java/springboot/target
[root@os311 target]# ls -l
total 22480
drwxr-xr-x. 3 root root       83 Jan 31 21:38 classes
-rw-r--r--. 1 root root 23011022 Jan 31 21:43 customer.jar
```

⊖ https://github.com/redhat-developer-demos/istio-tutorial/.

```
-rw-r--r--. 1 root root       6182 Jan 31 21:39 customer.jar.original
drwxr-xr-x. 3 root root         25 Jan 31 21:38 generated-sources
drwxr-xr-x. 3 root root         30 Jan 31 21:38 generated-test-sources
drwxr-xr-x. 2 root root         28 Jan 31 21:39 maven-archiver
drwxr-xr-x. 3 root root         35 Jan 31 21:38 maven-status
drwxr-xr-x. 3 root root         17 Jan 31 21:38 test-classes
```

使用 istio-tutorial/customer/java/springboot 目录下的 Dockerfile 文件编译镜像,镜像名称为"example/customer"(注意末尾的"."符号)。

```
[root@os311 target]# docker build -t example/customer .
[root@os311 target]# docker images | grep customer
example/customer        latest    c933da7d9bb5    3 months ago    463 MB
```

进入 ms-project 项目,部署具有 Sidecar 的 customer 微服务(手动将 Sidecar Proxy 注入微服务 customer 的 Pod 中)。

```
oc project ms-project
// 记住你的当前目录是 istio-tutorial/customer/java/springboot
oc apply -f <(istioctl kube-inject -f ../../kubernetes/Deployment.yml)\
-n ms-project
```

为 customer 微服务创建 Service。

```
oc create -f ../../kubernetes/Service.yml
```

创建成功后,Service 的名称即 customer,为 customer 创建路由。

```
[root@os311 customer]# oc expose service customer
 [root@os311 customer]# oc get route
NAME      HOST/PORT      PATH      SERVICES      PORT    TERMINATION    WILDCARD
customer  customer-ms-project.apps.os311.test.it.example.com \
                              customer              http           None
```

为了可以直接通过路由来访问 customer 服务,这里需要将其路由添加到主机 hosts 文件中。

```
//192.168.10.67 为测试主机 IP 地址
echo "192.168.10.67 \
customer-ms-project.apps.os311.test.it.example.com" >>/etc/hosts
```

然后,等待 customer 微服务对应的 Pod 全部处于 running 状态。

```
[root@os311 customer]# oc get pods
NAME                        READY    STATUS    RESTARTS    AGE
customer-fc4cb47f9-zdp9k    2/2      Running   0           46s
```

上述结果表明，customer-fc4cb47f9-zdp9k 这个 Pod 中的 customer 和其边上的 Sidecar Proxy 两个容器都已经正常运行（这两个容器的名称分别是 customer 和 istio-proxy），customer 微服务部署结束。

测试 customer 服务，此时应该会看到 I/O 错误，因为 preference 和 recommendation 服务还没有部署。

```
# curl http://customer-ms-project.apps.os311.test.it.example.com
customer => I/O error on GET request for "http://preference:8080": preference:
Name or service not known; nested exception is java.net.UnknownHostException:
preference: Name or service not known
```

（3）部署 preference 微服务

与 customer 微服务的部署类似，首先生成 preference 服务的 jar 包。

```
# cd /root/istio-tutorial/preference/java/springboot
# mvn packge
```

编译当前目录下的 Dockerfile 文件，将镜像 Tag 设置为 v1。

```
docker build -t example/preference:v1 .
```

将 Sidercar 注入 preference 微服务中。

```
oc apply -f <(istioctl kube-inject -f ../../kubernetes/Deployment.yml)\
-n ms-project
```

为 preference 微服务创建 Service。

```
oc create -f ../../kubernetes/Service.yml
```

为 preference 服务创建路由。

```
oc expose service preference
// 将 preference 路由添加至主机 hosts 文件
echo "192.168.10.67 \
preference-ms-project.apps.os311.test.it.example.com" >>/etc/hosts
```

测试微服务，由于 recommendations 微服务还未部署，此时应该会看到错误信息返回。

```
# curl http://customer-ms-project.apps.os311.test.it.example.com
preference => I/O error on GET request for "http://recommendation:8080":
recommendation: Name or service not known; nested exception is java.net.
UnknownHostException: recommendation: Name or service not known
```

（4）部署 recommendation 微服务

与 preference 微服务的部署类似，首先生成 recommendation 服务的 jar 包。

```
cd /root/istio-tutorial/recommendation/java/springboot
mvn packge
```

编译当前目录下的 Dockerfile 文件，此时编译的镜像设置为 v1 版本，后续将会编译 v2 版本，后面我们会在 v1 与 v2 版本之间演示 Istio 的流量管理高级功能。

```
docker build -t example/recommendation:v1 .
```

将 Sidecar 注入 recommendation 微服务中。

```
oc apply -f <(istioctl kube-inject -f ../../kubernetes/Deployment.yml)\
-n ms-project
```

为 recommendation 微服务创建 Service。

```
oc create -f ../../kubernetes/Service.yml
```

为 recommendation 微服务创建路由。

```
oc expose service recommendation
// 将 recommendation 路由添加至主机 hosts 文件
echo "192.168.10.67 \
recommendation-ms-project.apps.os311.test.it.example.com" >>/etc/hosts
```

至此，customer、preference 和 recommendation 3 个微服务均部署完成，对应的 Pod 状态如下。

```
[root@os311 customer]# oc get pods -n ms-project
NAME                                 READY    STATUS     RESTARTS   AGE
customer-fc4cb47f9-zdp9k             2/2      Running    0          58m
preference-v1-6976458fcf-ckv9q       2/2      Running    0          45m
recommendation-v1-5857848d45-t5r7r   2/2      Running    0          5m
```

测试微服务，结果如下。

```
# curl http://customer-ms-project.apps.os311.test.it.example.com
// 返回结果末尾中的 "1" 表示第一次访问
customer => preference => recommendation v1 from '5857848d45-t5r7r': 1
```

这里，我们得到了预期结果，即 customer => preference => recommendation v1，这说明我们基于 Istio 的微服务已经在 OpenShift 上正常运行，下一节我们将基于本节部署的微服务来演示 Istio 的各种流量管理高级功能。

6.4 基于 OpenShift 的 Istio 功能验证与测试

Istio 是第二代微服务架构 Service Mesh 中的杰出代表，作为微服务集群中的通信层基础设施，Istio 具有丰富的流量管理功能，如流量控制、故障注入、请求熔断、路由控制、流量监控与跟踪等。本节中，我们将基于在 OpenShift 集群上实现 Istio 微服务，对 Istio 的上述特性进行充分的验证与测试。

6.4.1 微服务监控与跟踪

在大规模微服务集群中，服务治理与故障监控定位是极富挑战性的工作。能否实现对微服务应用的动态监控、跟踪和可视化展示，是区别一款微服务框架实现工具优劣的重要参考指标。在 Istio 中，已原生集成 Prometheus、Grafana 和 Jaeger 等微服务监控、可视化和动态跟踪的工具软件，下面我们将逐一演示这些功能在 Istio 中的实现。

1. 基于 Grafana 的监控可视化

Istio 通过 Prometheus 和 Grafana 提供了开箱即用的监控功能，前一节部署安装 Istio 时，默认已经安装 Prometheus 和 Grafana，通过如下方式可以看到 istio-system 命名空间中已经运行了 Prometheus 和 Grafana 的 Pod。

```
[root@os311 ~]# oc get pods -n istio-system|grep grafana
grafana-7f6cd4bf56-2xjq8                1/1        Running      0         5h
 [root@os311 ~]# oc get pods -n istio-system|grep prometheus
prometheus-76db5fddd5-529h8             1/1        Running      0         5h
```

在开始访问 Grafana 前，我们先向应用发起连续请求，以便后续在 Grafana 中可以看到更多的监控数据，向 customer 应用循环发起请求如下。

```
while true;
do curl http://customer-ms-project.apps.os311.test.it.example.com;
sleep .2;
done
```

找到 Grafana 的路由。

```
# oc get route -n istio-system
NAME                 HOST/PORT
grafana        grafana-istio-system.apps.os311.test.it.example.com
prometheus     prometheus-istio-system.apps.os311.test.it.example.com
servicegraph   servicegraph-istio-system.apps.os311.test.it.example.com
tracing        tracing-istio-system.apps.os311.test.it.example.com
```

将 grafana-istio-system.apps.os311.test.it.example.com 添加到需要访问 Grafana 主机的 /etc/hosts 文件中。在浏览器中访问 http://customer-ms-project.apps.os311.test.it.example.com

即可登录 Grafana 的 Web 界面，如图 6-14 所示。

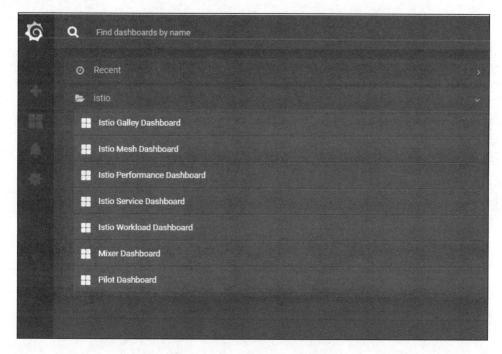

图 6-14　Istio 的 Grafana 监控界面

选择"Istio Mesh Dashboard"面板菜单，即可访问 Istio 服务网格的全局监控界面，如图 6-15 所示。

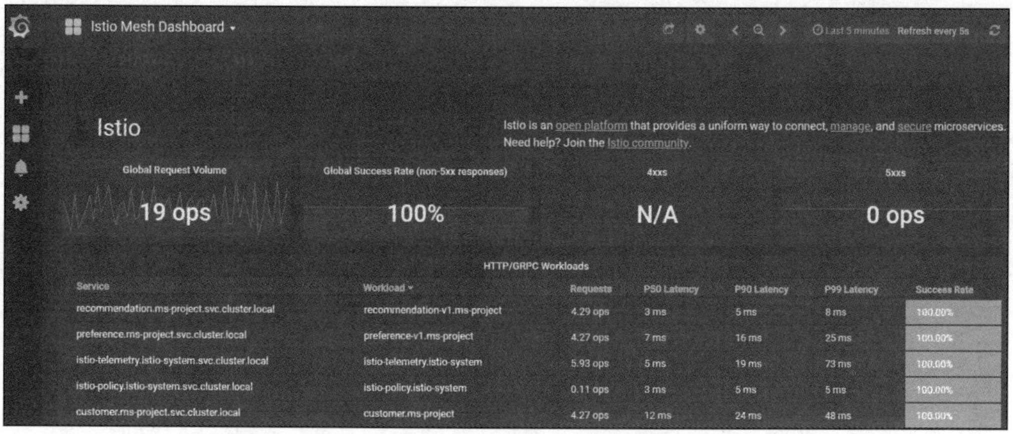

图 6-15　Istio 服务网格全局监控界面

选择"Istio Workload Dashboard"面板菜单，即可访问 Istio 服务网格中的请求流量负载监控界面，如图 6-16 所示。

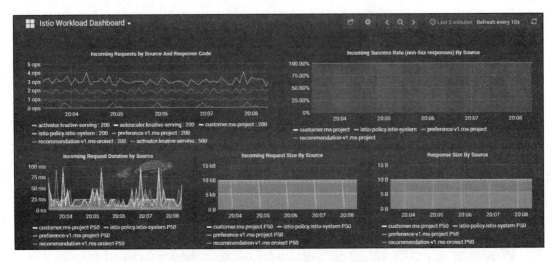

图 6-16　Istio 访问请求流量负载监控界面

选择"Mixer Dashboard"面板菜单，即可访问 Istio 的控制平面中 Mixer 组件获取到的微服务集群对资源的使用和统计情况（如内存、CPU 和磁盘等），如图 6-17 所示。

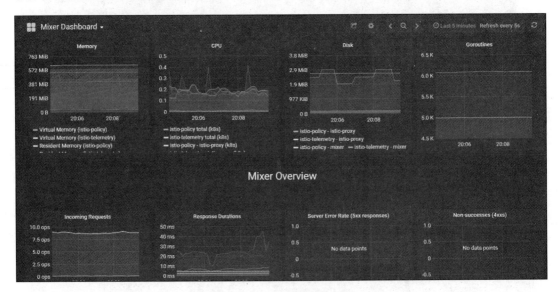

图 6-17　Mixer 资源使用统计界面

2. Prometheus 监控

另外，Istio 还允许用户自定义 Metrics，然后在 prometheus 中进行访问，如 istio-tutorial 项目中 /root/istio-tutorial/istiofiles/recommendation_requestcount.yml 就是一个自定义 metrics 的文件，这个文件为 Istio 设定了一个规则：对 recommendation.tutorial.svc.cluster.local 的每次调用都会触发 recommendationrequestcounthandler。现在，我们为 Istio

添加自定义的 Metrics 和规则。

```
# cd /root/istio-tutorial
# istioctl create -f istiofiles/recommendation_requestcount.yml -n istio-system
```

确保如下命令持续运行。

```
while true;
do curl http://customer-ms-project.apps.os311.test.it.example.com;
sleep .2;
done
```

通过如下命令找到 prometheus 的路由。

```
oc get routes -n istio-system
NAME                    HOST/PORT
grafana          grafana-istio-system.apps.os311.test.it.example.com
prometheus       prometheus-istio-system.apps.os311.test.it.example.com
servicegraph servicegraph-istio-system.apps.os311.test.it.example.com
tracing          tracing-istio-system.apps.os311.test.it.example.com
```

在浏览器中访问 prometheus-istio-system.apps.os311.test.it.example.com，即可登录 Prometheus 的 Web 界面，如图 6-18 所示。

图 6-18　Istio 中 Prometheus 的 Web 界面

在图 6-18 的执行框中输入如下 Metrics。

```
istio_requests_total{destination_service="recommendation.ms-project.svc.cluster.
local"}
```

然后单击"Execute"按钮，把时间窗口设置为 5 分钟，即可在 Prometheus 的 Graph 中看到对应自定义 Metrics 的图形，如图 6-19 所示。

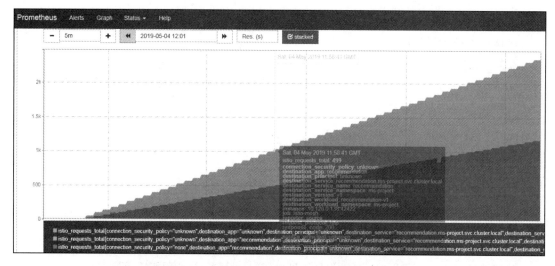

图 6-19　Istio 中自定义 Metrics 在 Prometheus 中的显示

3. Jaeger 分布式追踪

分布式跟踪涉及将跟踪上下文从一个服务传播到另一个服务，通常将下游的某些入口 HTTP 标头发送给出站请求来完成。对于嵌入了 OpenTracing 框架工具（如 opentracing-spring-cloud）的服务，这些操作可能是透明的。对于未嵌入 OpenTracing 库的服务，上下文在服务间的传播需要手动完成。由于 OpenTracing "只是"一个检测库，因此需要具体的跟踪器（Tracer）才能捕获跟踪数据并将其发送给远程服务器。在我们的微服务示例中，自带 Jaeger 的 customer 和 preference 服务就被认为是具体的跟踪器。Istio 平台自动将收集到的跟踪数据发送给 Jaeger，这样我们就能观察到涉及 3 个服务的所有跟踪信息，即使我们的 recommendation 服务并没有意识到 OpenTracing 或 Jaeger 的存在。

我们的 customer 和 preference 服务正在使用 OpenTracing 中的 TracerResolver 工具，因此可以自动加载具体的跟踪器，而不会要求我们的代码对 Jaeger 有很强的依赖性。由于 Jaeger 跟踪器可以通过环境变量来配置，因此我们不需要做任何事情就可以正确配置 Jaeger 跟踪器并使用 OpenTracing 进行注册。

在我们的微服务示例中，进行服务的追踪很简单。首先找到 Jaeger 的路由地址。

```
# oc get routes -n istio-system
NAME           HOST/PORT
grafana        grafana-istio-system.apps.os311.test.it.example.com
prometheus     prometheus-istio-system.apps.os311.test.it.example.com
servicegraph   servicegraph-istio-system.apps.os311.test.it.example.com
tracing        tracing-istio-system.apps.os311.test.it.example.com
```

在浏览器中访问 tracing-istio-system.apps.os311.test.it.example.com，即可访问 Jaeger 的 Web 界面，如图 6-20 所示。

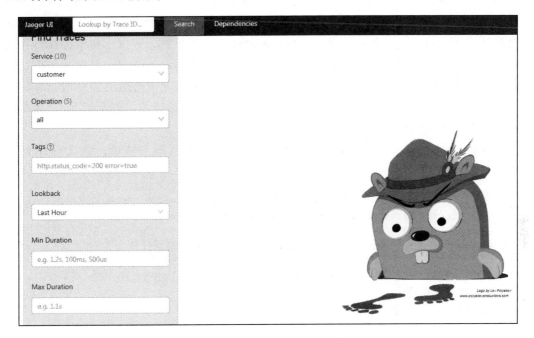

图 6-20　Jaeger 分布式追踪器 Web 界面

图 6-20 中，在"Service"对话框中选择"customer"项，单击底部的"Find Traces"按钮，即可对 customer 服务进行分布式追踪，如图 6-21 所示。关于 Jaeger 更多的使用和帮助文档请参考 Jaeger 的官方网站（https://www.jaegertracing.io/）。

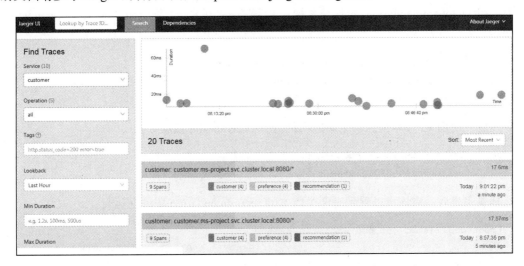

图 6-21　Jaeger 对 customer 微服务的分布式追踪

6.4.2 微服务流量控制

Service Mesh 的本质是微服务之间的通信基础设施层，实现的是对微服务之间的通信管理，因此流量管理，如蓝绿发布、金丝雀发布等，是 Istio 最核心的功能。本节中，我们继续基于 customer、preference 和 recommendation 3 个微服务，来探索和体验 Istio 在流量控制管理方面的强大能力。回顾 6.3 节的内容，在部署 recommendation 微服务时，我们部署的是 v1 版本的代码。现在，我们对 recommendation 源代码做适当修改，并将其称为 v2 版本，之后将 v2 版本源代码重新生成 war 包和容器镜像，然后部署 v2 版本的 recommendation 微服务。

首先，我们对 RecommendationVerticleTest.java 文件进行适当修改，该文件在 istio-tutorial 项目中位置如下。

```
istio-tutorial/recommendation/java/vertx/src/main/java/com/redhat \
/developer/demos/recommendation/RecommendationVerticleTest.java
```

现在，我们将 RecommendationVerticleTest.java 文件中的如下代码。

```
private static final String RESPONSE_STRING_FORMAT = "recommendation v1\
from '%s': %d\n";
```

修改为：

```
private static final String RESPONSE_STRING_FORMAT = "recommendation v2\
from '%s': %d\n";
```

我们将修改后的源代码称为 v2 版本，保存上述修改之后，通过 mvn 将 v2 版本源代码进行 war 打包，然后将其编译为 Docker 容器镜像，这里将 v2 版本的镜像 Tag 设为 v2。此时，针对 recommendation 服务，系统中应该存在 v1 和 v2 两个版本的 recommendation 镜像。

```
[root@os311]# docker images |grep recommendation
example/recommendation     v2     ab866ab897fb     9 seconds ago     455 MB
example/recommendation     v1     76f605d42ac0     10 hours  ago     455 MB
```

然后，使用 v2 版本镜像部署新版本的 recommendation 微服务。

```
oc apply -f <(istioctl kube-inject \
-f ../../kubernetes/Deployment-v2.yml) -n ms-project
```

部署完成后，应该可以看到有两个版本的 recommendation 服务在运行。

```
[root@os311]# oc get pod -n istio-system
NAME                              READY     STATUS      RESTARTS     AGE
customer-fc4cb47f9-rwl54          2/2       Running     8            10h
```

```
preference-v1-6976458fcf-kdfcw            2/2      Running   6      10h
recommendation-v1-5857848d45-qkfpf        2/2      Running   4      10h
recommendation-v2-7c98cb4d-ttd5g          2/2      Running   0      29s
```

Istio 的默认路由策略使用的是 Round-robin，即在不同版本的服务之间均匀分布负载。为了验证这一点，我们可以向服务发起持续请求，并观察服务的返回结果。

```
while true; do
curl http://customer-ms-project.apps.os311.test.it.example.com;
sleep .2;
done
```

此时，我们将会看到 V1 和 V2 版本的 recommendation 服务轮流应答请求。

```
customer => preference => recommendation v2 from '7c98cb4d-tp2ss': 1
customer => preference => recommendation v1 from '5857848d45-qkfpf': 46
customer => preference => recommendation v2 from '7c98cb4d-tp2ss': 2
customer => preference => recommendation v1 from '5857848d45-qkfpf': 47
customer => preference => recommendation v2 from '7c98cb4d-tp2ss': 3
customer => preference => recommendation v1 from '5857848d45-qkfpf': 48
```

接下来，我们模拟金丝雀发布。假设 v1 是要被淘汰的旧版本，v2 是新版本，我们希望从 v1 到 v2 迁移时平滑过渡，因此在线方式将 v2 的负载慢慢增大，同时 v1 上的负载持续减小。为了模拟金丝雀发布的过程，我们为 recommendation 服务再增加一个 v2 版本的 Pod，即此时有两个 v2 版本的 recommendation 服务在运行，一个 v1 版本的 recommendation 服务在运行。

```
[root@os311]# oc get pods
NAME                                  READY    STATUS    RESTARTS    AGE
customer-fc4cb47f9-rwl54              2/2      Running   8           11h
preference-v1-6976458fcf-kdfcw        2/2      Running   6           11h
recommendation-v1-5857848d45-qkfpf    2/2      Running   4           11h
recommendation-v2-7c98cb4d-8gm8d      2/2      Running   0           51s
recommendation-v2-7c98cb4d-tp2ss      2/2      Running   0           7m
```

此时，再次测试对服务的访问，我们将看到 v2 版本的服务承载了 2/3 的访问负载，而 v1 版本的服务承载了 1/3 的负载。

```
[root@os311 ~]# while true; do curl \
http://customer-ms-project.apps.os311.test.it.example.com; sleep .2; \
done
customer => preference => recommendation v2 from '7c98cb4d-tp2ss': 8
customer => preference => recommendation v2 from '7c98cb4d-8gm8d': 1
customer => preference => recommendation v1 from '5857848d45-qkfpf': 52
```

```
customer => preference => recommendation v2 from '7c98cb4d-tp2ss': 9
customer => preference => recommendation v2 from '7c98cb4d-8gm8d': 2
customer => preference => recommendation v1 from '5857848d45-qkfpf': 53
customer => preference => recommendation v2 from '7c98cb4d-tp2ss': 10
customer => preference => recommendation v2 from '7c98cb4d-8gm8d': 3
```

现在，我们为 recommendation 服务再增加一个 v2 版本的 Pod，即此时有 3 个 v2 版本的 recommendation 服务在运行，一个 v1 版本的 recommendation 服务在运行。

```
[root@os311 ~]# oc get pods
NAME                              READY   STATUS    RESTARTS   AGE
customer-fc4cb47f9-zdp9k          2/2     Running   0          6h
preference-v1-6976458fcf-ckv9q    2/2     Running   0          5h
recommendation-v1-5857848d45-t5r7r 2/2    Running   0          5h
recommendation-v2-7c98cb4d-77nrl  2/2     Running   0          4m
recommendation-v2-7c98cb4d-bv8nq  2/2     Running   0          1m
recommendation-v2-7c98cb4d-rtkpx  2/2     Running   0          37m
```

此时，再次测试对服务的访问，我们将看到 v2 版本的服务承载了 3/4 的访问负载，而 v1 版本的服务承载了 1/4 的负载。

```
[root@os311 ~]# while true; do curl \
http://customer-ms-project.apps.os311.test.it.example.com; sleep .2; \
done
customer => preference => recommendation v1 from '5857848d45-t5r7r': 1774
customer => preference => recommendation v2 from '7c98cb4d-rtkpx': 272
customer => preference => recommendation v2 from '7c98cb4d-77nrl': 1
customer => preference => recommendation v2 from '7c98cb4d-bv8nq': 1
customer => preference => recommendation v1 from '5857848d45-t5r7r': 1775
customer => preference => recommendation v2 from '7c98cb4d-rtkpx': 273
customer => preference => recommendation v2 from '7c98cb4d-77nrl': 2
customer => preference => recommendation v2 from '7c98cb4d-bv8nq': 2
customer => preference => recommendation v1 from '5857848d45-t5r7r': 1776
customer => preference => recommendation v2 from '7c98cb4d-rtkpx': 274
customer => preference => recommendation v2 from '7c98cb4d-77nrl': 3
customer => preference => recommendation v2 from '7c98cb4d-bv8nq': 3
customer => preference => recommendation v1 from '5857848d45-t5r7r': 1777
```

可以看到，当我们不断增加 v2 版本的服务 Pod 时，v1 版本承载的请求负载越来越小，而 v2 版本承载的负载越来越大，如果经过一段时间的测试，未发现服务有任何异常，则我们便可以将 v1 版本的应用程序全部下线，仅保留 v2 版本在线，这样便实现了一个简单的金丝雀发布。

下面，我们继续体验 Istio 是如何通过 DestinationRule（目的规则）和 VirtualService（虚

拟服务）来实现对微服务流量的灵活控制的。首先，我们来看一下 istio-tutorial 项目中针对 recommendation 服务的一个 DestinationRule 文件。

```
[root@os311]# more  \
istio-tutorial/istiofiles/destination-rule-recommendation-v1-v2.yml
apiVersion: networking.istio.io/v1alpha3
kind: DestinationRule
metadata:
  creationTimestamp: null
  name: recommendation
  namespace: ms-project
spec:
  host: recommendation
  subsets:
  - labels:
      version: v1
    name: version-v1
  - labels:
      version: v2
    name: version-v2
...
```

在 destination-rule-recommendation-v1-v2.yml 文件中，我们将 Label 为 version: v1 的所有 recommendation 服务重命名为 version-v1；将 Label 为 version: v2 的所有 recommendation 服务重命名为 version-v2，记住，这里定义的名字在 VirtualService 的定义文件中将会引用到。然后再来看 VirtualService 文件的定义。

```
[root@os311]# more  \
istio-tutorial/istiofiles/virtual-service-recommendation-v2.yml
apiVersion: networking.istio.io/v1alpha3
kind: VirtualService
metadata:
  name: recommendation
  namespace: ms-project
spec:
  hosts:
  - recommendation
  http:
  - route:
    - destination:
        host: recommendation
        subset: version-v2
      weight: 100
......
```

在 VirtualService 的定义中，"subset: version-v2"即是我们在 DestinationRule 文件中定义的新名字，代表所有 v2 版本的 recommendation 服务。从 VirtualService 的定义中可以看出，这里会将 100% 的流量全部切换到 v2 版本中，即 v1 版本将不会承载任何负载。应用上述两个文件，创建目的规则和虚拟服务。

```
istioctl create -f istio-tutorial/istiofiles/destination-rule-recommendation-\
v1-v2.yml
istioctl create —f istio-tutorial/istiofiles/virtual-service-recommendation-v2.yml
```

接着查看创建的目的规则和虚拟服务。

```
[root@os311]# oc get virtualservice
NAME            AGE
recommendation  43s
[root@os311]# oc get destinationrule
NAME            AGE
recommendation  1m
```

此时再来测试服务访问，我们将会看到，尽管系统中运行着 v1 和 v2 两个版本的 recommendation 服务，但是仅有 v2 版本会响应客户请求。

```
[root@os311 ~]# while true; do curl \
http://customer-ms-project.apps.os311.test.it.example.com; sleep .2; \
done
customer => preference => recommendation v2 from '7c98cb4d-tp2ss': 14
customer => preference => recommendation v2 from '7c98cb4d-tp2ss': 15
customer => preference => recommendation v2 from '7c98cb4d-tp2ss': 16
customer => preference => recommendation v2 from '7c98cb4d-tp2ss': 17
customer => preference => recommendation v2 from '7c98cb4d-tp2ss': 18
```

如果此时发现 v2 版本的 recommendation 服务存在问题，需要立即切换回 v1 版本，则我们只需修改上述 VirtualService 文件，将 subset: version-v2 修改为 subset: version-v1 即可。

```
[root@os311]# more \
istio-tutorial/istiofiles/virtual-service-recommendation-v1.yml
apiVersion: networking.istio.io/v1alpha3
kind: VirtualService
metadata:
  name: recommendation
  namespace: ms-project
spec:
  hosts:
  - recommendation
```

```
http:
- route:
  - destination:
      host: recommendation
      subset: version-v1
    weight: 100
---
```

然后，应用新的 VirtualService 文件 virtual-service-recommendation-v1.yml 替换之前的 VirtualService 文件 virtual-service-recommendation-v2.yml。

```
istioctl replace -f \
istio-tutorial/istiofiles/virtual-service-recommendation-v1.yml
```

现在，对 recommendation 服务的全部访问将全部被切换回 v1 版本。

```
[root@os311 ~]# while true; do curl \
http://customer-ms-project.apps.os311.test.it.example.com; sleep .2; \
done
customer => preference => recommendation v1 from '5857848d45-qkfpf': 57
customer => preference => recommendation v1 from '5857848d45-qkfpf': 58
customer => preference => recommendation v1 from '5857848d45-qkfpf': 59
customer => preference => recommendation v1 from '5857848d45-qkfpf': 60
customer => preference => recommendation v1 from '5857848d45-qkfpf': 61
customer => preference => recommendation v1 from '5857848d45-qkfpf': 62
customer => preference => recommendation v1 from '5857848d45-qkfpf': 63
customer => preference => recommendation v1 from '5857848d45-qkfpf': 64
```

如果希望将 90% 的流量留在 v1，10% 的流量切换到 v2，Istio 是否可以做到呢？答案是肯定的。要实现 9:1 的流量切分，只需定义如下 VirtualService 文件即可。

```
[root@os311 istiofiles]# more
istio-tutorial/istiofiles/virtual-service-recommendation-v1_and_v2.yml
apiVersion: networking.istio.io/v1alpha3
kind: VirtualService
metadata:
  creationTimestamp: null
  name: recommendation
  namespace: ms-project
spec:
  hosts:
  - recommendation
  http:
  - route:
```

```
    - destination:
        host: recommendation
        subset: version-v1
      weight: 90
    - destination:
        host: recommendation
        subset: version-v2
      weight: 10
---
```

应用上述 VirtualSevice 文件。

```
istioctl create -f \
istio-tutorial/istiofiles/virtual-service-recommendation-v1_and_v2.yml
```

此时测试对 recommendation 服务的访问，可以看到，v1 与 v2 版本之间的请求负载大概是 9:1。

```
customer => preference => recommendation v1 from '5857848d45-qkfpf': 71
customer => preference => recommendation v1 from '5857848d45-qkfpf': 72
customer => preference => recommendation v1 from '5857848d45-qkfpf': 73
customer => preference => recommendation v1 from '5857848d45-qkfpf': 74
customer => preference => recommendation v1 from '5857848d45-qkfpf': 75
customer => preference => recommendation v1 from '5857848d45-qkfpf': 76
customer => preference => recommendation v2 from '7c98cb4d-tp2ss': 29
customer => preference => recommendation v1 from '5857848d45-qkfpf': 77
customer => preference => recommendation v1 from '5857848d45-qkfpf': 78
customer => preference => recommendation v1 from '5857848d45-qkfpf': 79
customer => preference => recommendation v1 from '5857848d45-qkfpf': 80
customer => preference => recommendation v2 from '7c98cb4d-tp2ss': 30
```

同样，如果要将 v1 和 v2 版本服务之间的负载调整为 75：25，也只需定义新的 VirtualService 文件即可。

```
[root@os311]# more \
istio-tutorial/istiofiles/virtual-service-recommendation-\
v1_and_v2_75_25.yml
apiVersion: networking.istio.io/v1alpha3
kind: VirtualService
metadata:
  creationTimestamp: null
  name: recommendation
  namespace: ms-project
spec:
```

```
hosts:
- recommendation
http:
- route:
  - destination:
      host: recommendation
      subset: version-v1
    weight: 75
  - destination:
      host: recommendation
      subset: version-v2
    weight: 25

---
```

用 virtual-service-recommendation-v1_and_v2_75_25.yml 虚拟服务定义文件替换掉之前的 virtual-service-recommendation-v1_and_v2.yml 虚拟服务定义文件。

```
istioctl replace -f \
istio-tutorial/istiofiles/virtual-service-recommendation-\
v1_and_v2_75_25.yml
```

此时，可以看到，v1 与 v2 版本的 recommendation 服务所承载的访问请求大概是 75:25。

```
customer => preference => recommendation v1 from '5857848d45-qkfpf': 92
customer => preference => recommendation v1 from '5857848d45-qkfpf': 93
customer => preference => recommendation v1 from '5857848d45-qkfpf': 94
customer => preference => recommendation v1 from '5857848d45-qkfpf': 95
customer => preference => recommendation v2 from '7c98cb4d-tp2ss': 31
customer => preference => recommendation v1 from '5857848d45-qkfpf': 96
customer => preference => recommendation v1 from '5857848d45-qkfpf': 97
customer => preference => recommendation v1 from '5857848d45-qkfpf': 98
customer => preference => recommendation v1 from '5857848d45-qkfpf': 99
customer => preference => recommendation v1 from '5857848d45-qkfpf': 100
customer => preference => recommendation v1 from '5857848d45-qkfpf': 101
customer => preference => recommendation v1 from '5857848d45-qkfpf': 102
customer => preference => recommendation v2 from '7c98cb4d-tp2ss': 32
customer => preference => recommendation v1 from '5857848d45-qkfpf': 103
customer => preference => recommendation v2 from '7c98cb4d-tp2ss': 33
customer => preference => recommendation v2 from '7c98cb4d-tp2ss': 34
customer => preference => recommendation v1 from '5857848d45-qkfpf': 104
customer => preference => recommendation v2 from '7c98cb4d-tp2ss': 35
customer => preference => recommendation v2 from '7c98cb4d-tp2ss': 36
```

另外，如果希望恢复 Istio 默认的 Round-robin 负载轮询模式，只需把前面应用的

VirtualService 文件删除即可。

```
istioctl delete virtualservice recommendation -n ms-project
```

清除 Istio 的虚拟服务对象后，Istio 会在 v1 和 v2 版本之间均匀负载客户端请求。除了简单的流量控制之外，Istio 还能做很多高级的流量操作，比如基于用户代理客户端（如不同浏览器）的智能路由、访问控制和速率限制等，利用 Istio 都可以轻松实现。

6.4.3　微服务故障注入

故障注入（Fault Injection）为开发和测试人员主动向系统中引入故障，为观察系统在异常状态下的行为结果提供了可能，故障注入是一种针对应用程序可靠性、稳定性的验证手段。Istio 提供了非侵入式的故障注入，分为中断（abort）故障和时延（delay）故障。Istio 提供了 HTTP 故障注入功能，在 HTTP 请求转发的过程中，用户可以设定一个或多个故障。故障注入测试在应用程序上线前为其提供了完备的可靠性测试，Istio 为开发人员进行故障注入测试或调式提供了极大的便利，开发人员只需在适当的位置添加几行配置，而不用修改原代码即可进行故障注入测试。本节中，我们将继续基于 istio-tutorial 项目进行 Istio 的故障注入功能演示。

开始之前，需要先检查 ms-project 项目中的微服务运行情况。

```
[root@os311 ~]# oc get pods -n ms-project
NAME                                READY   STATUS    RESTARTS   AGE
customer-fc4cb47f9-zdp9k            2/2     Running   0          1d
preference-v1-6976458fcf-ckv9q     2/2     Running   0          1d
recommendation-v1-5857848d45-t5r7r 2/2     Running   0          1d
recommendation-v2-7c98cb4d-rtkpx   2/2     Running   0          1d
```

1. HTTP Error 503 中断故障注入

默认情况下，v1 和 v2 版本的 recommendation 微服务被随机负载，因为 OpenShift/Kubernetes 默认使用的就是随机负载均衡算法。如果检查 recommendation 服务中标记为 "app=recommendation" 的全部 Pod，将会看到有 v1 和 v2 两个 Pod。

```
[root@os311 ~]# oc get pods -l app=recommendation
NAME                                READY   STATUS    RESTARTS   AGE
recommendation-v1-5857848d45-t5r7r 2/2     Running   0          1d
recommendation-v2-7c98cb4d-rtkpx   2/2     Running   0          1d
```

要验证随机负载均衡，可以向微服务发起请求，并观察它们的响应情况。

```
[root@os311 ~]# while true; do curl \
http://customer-ms-project.apps.os311.test.it.example.com; sleep .5; \
done
```

```
customer => preference => recommendation v2 from '7c98cb4d-rtkpx': 277
customer => preference => recommendation v1 from '5857848d45-t5r7r': 1779
customer => preference => recommendation v2 from '7c98cb4d-rtkpx': 278
customer => preference => recommendation v1 from '5857848d45-t5r7r': 1780
customer => preference => recommendation v2 from '7c98cb4d-rtkpx': 279
customer => preference => recommendation v1 from '5857848d45-t5r7r': 1781
customer => preference => recommendation v2 from '7c98cb4d-rtkpx': 280
customer => preference => recommendation v1 from '5857848d45-t5r7r': 1782
customer => preference => recommendation v2 from '7c98cb4d-rtkpx': 281
```

现在我们先来查看 istio-tutorial 项目中的两个文件，destination-rule-recommendation. yml 和 virtual-service-recommendation-503.yml，即目标路由文件和虚拟服务文件。

```
cd istio-tutorial/istiofiles
// 目标路由文件
root@os311 istiofiles]# more  destination-rule-recommendation.yml
apiVersion: networking.istio.io/v1alpha3
kind: DestinationRule
metadata:
  name: recommendation
  namespace: ms-project
spec:
  host: recommendation
  subsets:
  - labels:
      app: recommendation
    name: app-recommendation
---

// 虚拟服务文件
[root@os311 istiofiles]# more virtual-service-recommendation-503.yml
apiVersion: networking.istio.io/v1alpha3
kind: VirtualService
metadata:
  name: recommendation
  namespace: ms-project
spec:
  hosts:
  - recommendation
  http:
  - fault:
    abort:
      httpStatus: 503
```

```
        percent: 50
    route:
    - destination:
      host: recommendation
      subset: app-recommendation

---
```

在虚拟服务文件 virtual-service-recommendation-503.yml 中可以看到，我们设置了 httpFault，使得名为"app-recommendation"的主机服务（这里就是 recommendation 服务）对 50% 的请求返回 503 的错误。现在，我们在 Istio 中应用上述两个文件。

```
# istioctl create -f \
istio-tutorial/istiofiles/destination-rule-recommendation.yml
# istioctl create -f \
istio-tutorial/istiofiles/virtual-service-recommendation-503.yml
```

此时，再来观察 v1 和 v2 版本 recommendation 服务对客户端请求的响应。

```
[root@os311 istiofiles]# while true; do curl \
http://customer-ms-project.apps.os311.test.it.example.com; sleep .5; \
done
customer => 503 preference => 503 fault filter abort
customer => 503 preference => 503 fault filter abort
customer => preference => recommendation v2 from '7c98cb4d-rtkpx': 427
customer => preference => recommendation v1 from '5857848d45-t5r7r': 1729
customer => 503 preference => 503 fault filter abort
customer => 503 preference => 503 fault filter abort
customer => preference => recommendation v2 from '7c98cb4d-rtkpx': 428
customer => preference => recommendation v1 from '5857848d45-t5r7r': 1730
customer => 503 preference => 503 fault filter abort
customer => preference => recommendation v2 from '7c98cb4d-rtkpx': 429
customer => 503 preference => 503 fault filter abort
customer => 503 preference => 503 fault filter abort
customer => 503 preference => 503 fault filter abort
customer => preference => recommendation v1 from '5857848d45-t5r7r': 1731
customer => preference => recommendation v2 from '7c98cb4d-rtkpx': 430
customer => 503 preference => 503 fault filter abort
```

可以看到，有近 50% 的 recommendation 服务（包括 v1 和 v2 版本）返回 503 错误，而有近 50% 的 recommendation 服务能够正常响应请求。

2. 延时故障注入

在分布式计算系统中，最隐蔽的故障可能不是某个服务宕机，而是服务响应缓慢，并导致一连串的网络服务问题。本节中，我们将通过延时故障的注入来模拟服务延时。首先，将上面 503 故障注入时创建的目标路由和虚拟服务对象清除。

```
[root@os311 istiofiles]# oc delete destinationrule  recommendation
destinationrule.networking.istio.io "recommendation" deleted
[root@os311 istiofiles]# oc delete virtualservice  recommendation
virtualservice.networking.istio.io "recommendation" deleted
```

然后，再来观察我们为延时故障设置的虚拟服务文件。

```
[root@os311 istiofiles]# more virtual-service-recommendation-delay.yml
apiVersion: networking.istio.io/v1alpha3
kind: VirtualService
metadata:
  creationTimestamp: null
  name: recommendation
  namespace: ms-project
spec:
  hosts:
  - recommendation
  http:
  - fault:
    delay:
      fixedDelay: 7.000s
      percent: 50
  route:
  - destination:
      host: recommendation
      subset: app-recommendation
```

从 virtual-service-recommendation-delay.yml 文件的定义中可以看出，recommendation 服务将会对 50% 的请求做出 7s 的延时响应。现在，分别应用 destination-rule-recommendation. yml 和 virtual-service-recommendation-delay.yml 文件。

```
# istioctl create -f \
istio-tutorial/istiofiles/destination-rule-recommendation.yml
# istioctl create -f \
istio-tutorial/istiofiles/virtual-service-recommendation-delay.yml
```

然后，再来观察服务对请求的响应情况。

```
[root@os311 istiofiles]# while true; do curl \
http://customer-ms-project.apps.os311.test.it.example.com; sleep .5; \
done
customer => preference => recommendation v1 from '5857848d45-t5r7r': 1762
customer => preference => recommendation v2 from '7c98cb4d-rtkpx': 462
```

```
customer => preference => recommendation v1 from '5857848d45-t5r7r': 1763
customer => preference => recommendation v2 from '7c98cb4d-rtkpx': 463
customer => preference => recommendation v1 from '5857848d45-t5r7r': 1764
customer => preference => recommendation v2 from '7c98cb4d-rtkpx': 464
customer => preference => recommendation v1 from '5857848d45-t5r7r': 1765
customer => preference => recommendation v2 from '7c98cb4d-rtkpx': 465
customer => preference => recommendation v1 from '5857848d45-t5r7r': 1766
customer => preference => recommendation v2 from '7c98cb4d-rtkpx': 466
```

我们会发现，服务能够响应我们的请求（看起来很正常），事实上，在返回的两次响应之间大概有 7s 的延时。

上述两种故障注入情况即是对 Istio 中 abort 和 delay 两种故障注入场景的应用演示，除此之外，还可以进行 relay 和 timeout 测试，有兴趣的读者朋友可以自行尝试。这里需要特别指出的是，通过 Istio，我们在没有修改任何源代码的情况下，通过 DestinationRule 和 VirtualService 文件，以极为简单和非侵入的方式实现了应用程序的故障注入测试。可以看出，Istio 为我们应用程序的上线测试提供了非常灵活简便的操作。

6.4.4　微服务请求熔断

本节中，我们将了解如何通过 Max Connections 和 Max Pending request 来阻断请求。为了进行负载测试，我们首先需要安装 Siege。Siege 是一个开源的回归和基准测试实用工具。通过 Siege，用户可以指定压力测试所需的模拟用户数量，并对单个 URL 进行压力测试，另外也可以将多个 URL 读入内存，并同时对它们发起压力测试。

首先，下载 Siege 二进制安装包。

```
wget -c \
https://dl.fedoraproject.org/pub/epel/7/x86_64/Packages/s/\
siege-4.0.2-2.el7.x86_64.rpm \
https://dl.fedoraproject.org/pub/epel/7/x86_64/Packages/l/\
libjoedog-0.1.2-1.el7.x86_64.rpm -P installation/
```

接着安装并验证 Siege。

```
# rpm -ivh installation/*.rpm
# siege --version
New configuration template added to /root/.siege
Run siege -C to view the current settings in that file
SIEGE 4.0.2
```

开始测试之前，先确保已有合适的 DestinationRule 和 VirtualService 对象存在。这里我们使用 istio- tutorial 项目中的 destination-rule-recommendation-v1-v2.yml 和 virtual-service-recommendation-v1_and_v2_50_50.yml 文件，这两个文件的内容分别如下。

```
[root@os311]# more destination-rule-recommendation-v1-v2.yml
apiVersion: networking.istio.io/v1alpha3
kind: DestinationRule
metadata:
  creationTimestamp: null
  name: recommendation
  namespace: ms-project
spec:
  host: recommendation
  subsets:
  - labels:
      version: v1
    name: version-v1
  - labels:
      version: v2
    name: version-v2
---


[root@os311 istiofiles]# more \
virtual-service-recommendation-v1_and_v2_50_50.yml
apiVersion: networking.istio.io/v1alpha3
kind: VirtualService
metadata:
  creationTimestamp: null
  name: recommendation
  namespace: ms-project
spec:
  hosts:
  - recommendation
  http:
  - route:
    - destination:
        host: recommendation
        subset: version-v1
      weight: 50
    - destination:
        host: recommendation
        subset: version-v2
      weight: 50
---
```

上述目标路由和虚拟服务文件表明，v1 和 v2 两个版本的 recommendation 服务将分别接收 50% 的请求。接下来，应用这两个文件。

```
istioctl create -f istio-tutorial/istiofiles/destination-rule-recommendation-\
v1-v2.yml
    istioctl create -f istio-tutorial/istiofiles/virtual-service-recommendation-v1_\
and_v2_50_50.yml
```

下面，我们开始进行负载测试。这里我们通过 Siege 模拟 20 个客户端，每个客户端同时发起两个并发请求。

```
siege -r 2 -c 20 -v http://customer-ms-project.apps.os311.test.it.example.com
```

正常情况下，将会看到如下结果。

```
** SIEGE 4.0.2
** Preparing 20 concurrent users for battle.
The server is now under siege...
HTTP/1.1 200     0.85 secs:        75 bytes ==> GET  /
HTTP/1.1 200     0.96 secs:        71 bytes ==> GET  /
HTTP/1.1 200     0.98 secs:        75 bytes ==> GET  /
HTTP/1.1 200     1.01 secs:        75 bytes ==> GET  /
HTTP/1.1 200     1.02 secs:        75 bytes ==> GET  /
HTTP/1.1 200     1.04 secs:        71 bytes ==> GET  /
HTTP/1.1 200     1.06 secs:        71 bytes ==> GET  /
HTTP/1.1 200     1.07 secs:        71 bytes ==> GET  /
HTTP/1.1 200     1.08 secs:        71 bytes ==> GET  /
HTTP/1.1 200     1.08 secs:        71 bytes ==> GET  /
HTTP/1.1 200     1.09 secs:        71 bytes ==> GET  /
HTTP/1.1 200     1.10 secs:        71 bytes ==> GET  /
HTTP/1.1 200     1.11 secs:        75 bytes ==> GET  /
HTTP/1.1 200     1.11 secs:        75 bytes ==> GET  /
HTTP/1.1 200     0.06 secs:        75 bytes ==> GET  /
HTTP/1.1 200     1.13 secs:        75 bytes ==> GET  /
HTTP/1.1 200     1.15 secs:        71 bytes ==> GET  /
HTTP/1.1 200     1.17 secs:        71 bytes ==> GET  /
HTTP/1.1 200     1.17 secs:        75 bytes ==> GET  /
HTTP/1.1 200     0.15 secs:        71 bytes ==> GET  /
HTTP/1.1 200     1.17 secs:        71 bytes ==> GET  /
HTTP/1.1 200     1.17 secs:        75 bytes ==> GET  /
HTTP/1.1 200     0.05 secs:        71 bytes ==> GET  /
HTTP/1.1 200     0.04 secs:        75 bytes ==> GET  /
HTTP/1.1 200     0.03 secs:        71 bytes ==> GET  /
HTTP/1.1 200     0.03 secs:        71 bytes ==> GET  /
HTTP/1.1 200     0.04 secs:        71 bytes ==> GET  /
HTTP/1.1 200     0.03 secs:        75 bytes ==> GET  /
HTTP/1.1 200     0.01 secs:        71 bytes ==> GET  /
```

```
HTTP/1.1 200       0.02 secs:        71 bytes ==> GET  /
HTTP/1.1 200       0.02 secs:        75 bytes ==> GET  /
HTTP/1.1 200       0.02 secs:        75 bytes ==> GET  /
HTTP/1.1 200       0.01 secs:        75 bytes ==> GET  /
HTTP/1.1 200       0.01 secs:        75 bytes ==> GET  /
HTTP/1.1 200       0.01 secs:        75 bytes ==> GET  /
HTTP/1.1 200       0.01 secs:        75 bytes ==> GET  /
HTTP/1.1 200       0.01 secs:        75 bytes ==> GET  /
HTTP/1.1 200       0.02 secs:        75 bytes ==> GET  /
HTTP/1.1 200       0.01 secs:        75 bytes ==> GET  /
HTTP/1.1 200       0.01 secs:        75 bytes ==> GET  /

Transactions:                40 hits
Availability:                100.00 %
Elapsed time:                1.83 secs
Data transferred:            0.00 MB
Response time:               0.55 secs
Transaction rate:            21.86 trans/sec
Throughput:                  0.00 MB/sec
Concurrency:                 12.08
Successful transactions:     40
Failed transactions:         0
Longest transaction:         1.17
Shortest transaction:        0.01
```

从上述结果中可以看到，我们发出的全部请求都得到成功响应，但是存在不同程度的请求延迟（最长为 1.17s，主要是 v2 版本的低性能所引起）。假设在生产系统中，这 1.17s 的延迟是由对同一实例 /pod 的过多并发请求引起的，那我们肯定不希望更多的请求在排队，使实例 /pod 变得更慢。因此，我们希望一旦发现有超过一个以上的请求在排队等待实例 /pod 处理，就为这个实例 /pod 添加一个断路器，让其不再响应请求，以便请求能够转到其他实例 /pod 上去进行处理。

现在，我们来看如何在 Istio 中添加熔断器。首先观察 istio- tutorial 项目中的目标路由文件 destination-rule-recommendation_cb_policy_version_v2.yml。

```
[root@os311 istiofiles]# more \
destination-rule-recommendation_cb_policy_version_v2.yml
apiVersion: networking.istio.io/v1alpha3
kind: DestinationRule
metadata:
  creationTimestamp: null
  name: recommendation
  namespace: tutorial
```

```
spec:
  host: recommendation
  subsets:
    - name: version-v1
      labels:
        version: v1
    - name: version-v2
      labels:
        version: v2
    trafficPolicy:
      connectionPool:
        http:
          http1MaxPendingRequests: 1
          maxRequestsPerConnection: 1
        tcp:
          maxConnections: 1
      outlierDetection:
        baseEjectionTime: 120.000s
        consecutiveErrors: 1
        interval: 1.000s
        maxEjectionPercent: 100
```

上述目标路由文件的大致意思就是，在等待 v2 版本的请求排队数超过 1 后，为 v2 版本的 recommendation 服务添加一个熔断器⊖。使用这个目标路由文件替换之前的文件。

```
istioctl replace -f istio-tutorial/istiofiles/\
destination-rule-recommendation_cb_policy_version_v2.yml -n tutorial
```

应用新的目标路由文件后，再次对 recommendation 服务进行压力测试（这里模拟 30 个用户并行发起两个请求）。

```
siege -r 2 -c 30 -v http://customer-ms-project.apps.os311.test.it.example.com
```

得到的响应结果如下。

```
** SIEGE 4.0.2
** Preparing 30 concurrent users for battle.
The server is now under siege...
HTTP/1.1 200     0.03 secs:      75 bytes ==> GET  /
HTTP/1.1 200     0.04 secs:      71 bytes ==> GET  /
HTTP/1.1 200     0.05 secs:      75 bytes ==> GET  /
HTTP/1.1 200     0.06 secs:      71 bytes ==> GET  /
HTTP/1.1 200     0.07 secs:      71 bytes ==> GET  /
```

⊖ 具体配置可参考 https://istio.io/docs/reference/config/networking/#OutlierDetection。

```
HTTP/1.1 200     0.07 secs:     75 bytes ==> GET   /
HTTP/1.1 200     0.07 secs:     71 bytes ==> GET   /
HTTP/1.1 200     0.06 secs:     71 bytes ==> GET   /
HTTP/1.1 200     0.10 secs:     71 bytes ==> GET   /
HTTP/1.1 200     0.09 secs:     71 bytes ==> GET   /
HTTP/1.1 200     0.11 secs:     71 bytes ==> GET   /
HTTP/1.1 503     0.12 secs:     92 bytes ==> GET   /
HTTP/1.1 200     0.11 secs:     71 bytes ==> GET   /
HTTP/1.1 503     0.11 secs:     92 bytes ==> GET   /
HTTP/1.1 200     0.15 secs:     71 bytes ==> GET   /
HTTP/1.1 200     0.15 secs:     71 bytes ==> GET   /
HTTP/1.1 200     0.13 secs:     75 bytes ==> GET   /
HTTP/1.1 200     0.16 secs:     71 bytes ==> GET   /
HTTP/1.1 200     0.16 secs:     71 bytes ==> GET   /
HTTP/1.1 200     0.17 secs:     71 bytes ==> GET   /
HTTP/1.1 200     0.19 secs:     71 bytes ==> GET   /
HTTP/1.1 503     0.19 secs:     92 bytes ==> GET   /
HTTP/1.1 200     0.20 secs:     71 bytes ==> GET   /
HTTP/1.1 200     0.19 secs:     71 bytes ==> GET   /
HTTP/1.1 200     0.20 secs:     75 bytes ==> GET   /
HTTP/1.1 200     0.22 secs:     75 bytes ==> GET   /
HTTP/1.1 200     0.21 secs:     75 bytes ==> GET   /
HTTP/1.1 200     0.05 secs:     71 bytes ==> GET   /
HTTP/1.1 200     0.23 secs:     71 bytes ==> GET   /
HTTP/1.1 200     0.21 secs:     75 bytes ==> GET   /
HTTP/1.1 200     0.24 secs:     75 bytes ==> GET   /
HTTP/1.1 200     0.11 secs:     71 bytes ==> GET   /
HTTP/1.1 200     0.11 secs:     71 bytes ==> GET   /
HTTP/1.1 200     0.06 secs:     75 bytes ==> GET   /
HTTP/1.1 200     0.06 secs:     75 bytes ==> GET   /
HTTP/1.1 503     0.04 secs:     92 bytes ==> GET   /
HTTP/1.1 200     0.01 secs:     71 bytes ==> GET   /
HTTP/1.1 200     0.01 secs:     71 bytes ==> GET   /
HTTP/1.1 200     0.02 secs:     75 bytes ==> GET   /
HTTP/1.1 200     0.02 secs:     75 bytes ==> GET   /
HTTP/1.1 200     0.02 secs:     71 bytes ==> GET   /
HTTP/1.1 200     0.02 secs:     71 bytes ==> GET   /
HTTP/1.1 200     0.01 secs:     75 bytes ==> GET   /
HTTP/1.1 200     0.01 secs:     71 bytes ==> GET   /
HTTP/1.1 200     0.01 secs:     75 bytes ==> GET   /
HTTP/1.1 200     0.02 secs:     71 bytes ==> GET   /
HTTP/1.1 200     0.03 secs:     75 bytes ==> GET   /
```

```
HTTP/1.1 200      0.04 secs:      75 bytes ==> GET  /
HTTP/1.1 200      0.02 secs:      71 bytes ==> GET  /
HTTP/1.1 200      0.03 secs:      75 bytes ==> GET  /
HTTP/1.1 200      0.04 secs:      75 bytes ==> GET  /
HTTP/1.1 200      0.03 secs:      75 bytes ==> GET  /
HTTP/1.1 200      0.06 secs:      75 bytes ==> GET  /
HTTP/1.1 200      0.06 secs:      71 bytes ==> GET  /
HTTP/1.1 200      0.07 secs:      71 bytes ==> GET  /
HTTP/1.1 200      0.03 secs:      71 bytes ==> GET  /
HTTP/1.1 200      0.05 secs:      75 bytes ==> GET  /
HTTP/1.1 200      0.04 secs:      75 bytes ==> GET  /
HTTP/1.1 200      0.03 secs:      75 bytes ==> GET  /
HTTP/1.1 200      0.01 secs:      71 bytes ==> GET  /

Transactions:              56 hits
Availability:              93.33 %
Elapsed time:              1.07 secs
Data transferred:          0.00 MB
Response time:             0.09 secs
Transaction rate:          52.34 trans/sec
Throughput:                0.00 MB/sec
Concurrency:               4.87
Successful transactions:   56
Failed transactions:       4
Longest transaction:       0.24
Shortest transaction:      0.01
```

可以将上述负载测试命令运行多次，每次的运行返回结果中都会有部分请求失败（这里我们一共发起 60 个请求，其中有 4 个失败），这是因为当 Istio 监测到有 1 个以上的请求在排队等待某个实例 /pod 处理时就开启了熔断器，从而导致小部分请求的失败，但是保证了整体请求的响应速度（设置熔断器后，最长响应时间是 0.24s，之前是 1.17s）。

6.4.5 微服务 Egress 路由

Istio 中的 Egress 路由允许将路由规则应用到内部服务与外部 API/ 服务的交互上。本节中，我们将演示如何配置 Egress 路由规则，以便 recommendation 服务可以调用外部服务的 API。之前的示例中，我们已发布了两个版本的 recommendation 服务（v1 和 v2 版本），本节中，我们将继续发布第三个版本的 recommendation 服务。

在发布 v3 版本的 recommendation 之前，我们需要对源代码做些修改，需要修改的源代码文件如下。

istio-tutorial/recommendation/java/vertx/src/main/java/com/redhat\

```
/developer/demos/recommendation/ RecommendationVerticle.java
```

其中，将

```
RESPONSE_STRING_FORMAT = "recommendation v2 from '%s': %d\n";
```

修改为：

```
RESPONSE_STRING_FORMAT = "recommendation v3 from '%s': %d\n";
```

　　另外，将"router.get("/").handler(this::getRecommendations);"行注释掉，同时取消"//router.get("/").handler(this::getNow);"行的注释。修改的目的是更改默认输出以便调用 http://worldclockapi.com 的 API。修改完成后保存退出，将源代码打成 jar 包。

```
[root@os311]# cd /root/istio-tutorial/recommendation/java/vertx
[root@os311 vertx]# mvn package
```

使用 docker 命令创建 v3 版本的镜像。

```
[root@os311 vertx]# docker build -t example/recommendation:v3 .
[root@os311 vertx]# docker images |grep recommendation
example/recommendation   v3   95c69735262c   24 seconds ago   449 MB
example/recommendation   v2   dc725fa99bcf   3 months ago     449 MB
example/recommendation   v1   76f605d42ac0   3 months ago     455 MB
```

接着部署 v3 版本 recommendation 服务。

```
 [root@os311 vertx]# oc apply -f <(istioctl kube-inject \
-f ../../kubernetes/Deployment-v3.yml) -n ms-project
```

然后检查微服务运行情况。

```
[root@os311 vertx]# oc get pods  —n ms-project
NAME                            READY   STATUS    RESTARTS   AGE
customer-fc4cb47f9-zdp9k        2/2     Running   0          3d
preference-v1-6976458fcf-ckv9q  2/2     Running   0          3d
recommendation-v1-5857848d45-t5r7r  2/2  Running  0          3d
recommendation-v2-7c98cb4d-rtkpx    2/2  Running  0          3d
recommendation-v3-c9845f9cd-fkgmx   2/2  Running  0          46s
```

　　可以看到，v1、v2 和 v3 版本的 recommendation 服务都已经正常启动，现在我们运行 istio-tutorial 项目中的 destination-rule-recommendation-v1-v2-v3.yml 和 virtual-service-recommendation-v3.yml 文件，将全部请求定向到 v3 版本中去。

```
istioctl create -f istio-tutorial/istiofiles/\
destination-rule-recommendation-v1-v2-v3.yml -n ms-project;
istioctl create -f istio-tutorial/istiofiles/\
```

```
virtual-service-recommendation-v3.yml -n ms-project;
```

现在，访问服务。

```
[root@os311 ~]# curl -m 5 \
http://customer-ms-project.apps.os311.test.it.example.com
curl: (28) Operation timed out after 5000 milliseconds with 0 bytes
received
```

可以看到，由于没有注册访问外部网站的 Egress 服务入口，在尝试访问外部网站 5s 后，抛出了 timeout 的异常。要解决这个问题，我们需要注册一个 Egress 服务入口，可参考如下 ServiceEntry 文件。

```
[root@os311 ~]# more
istio-tutorial/istiofiles/service-entry-egress-httpbin.yml


apiVersion: networking.istio.io/v1alpha3
kind: ServiceEntry
metadata:
  name: httpbin-egress-rule
  namespace: ms-project
spec:
  hosts:
  - now.httpbin.org
  ports:
  - name: http-80
    number: 80
    protocol: http
```

应用该 ServiceEntry 文件。

```
istioctl create -f \
istio-tutorial/istiofiles/service-entry-egress-httpbin.yml
```

再次访问服务将会看到如下信息。

```
[root@os311 ~]# curl -m 5 \
http://customer-ms-project.apps.os311.test.it.example.com
customer => preference => recommendation v3 from '7c98cb4d-rtkpx': 729
```

可以看到，完成 Istio 的 Egress 服务入口文件配置后，微服务内部可以正常访问外部服务或外部服务的 API。

6.4.6 微服务可视化

在进行微服务架构开发的时候，你可能想要对服务网格中发生的事情进行可视化。你可能会碰到诸如"哪个服务与哪个服务连接？""每个微服务有多少流量？"之类的问题。但由于微服务架构的松散耦合性，这些问题很难回答。而 Kiali 恰好可以给出这些问题的答案，它提供了网格动图可视化界面，并在图中显示你的请求和整个数据流程。

在安装 Kiali 之前，我们需要先定义 Jaeger 和 Grafana 的 URL。

```
export JAEGER_URL="http://tracing-istio-system.apps.os311.test.it.example.com ";
export GRAFANA_URL="http://grafana-istio-system.apps.os311.test.it.example.com";
export VERSION_LABEL="v0.9.0"
```

然后，安装 Kiali 的 ConfigMap。

```
curl https://raw.githubusercontent.com/kiali/kiali/${VERSION_LABEL}\
/deploy/openshift/kiali-configmap.yaml | \
  VERSION_LABEL=${VERSION_LABEL} \
  JAEGER_URL=${JAEGER_URL}  \
  GRAFANA_URL=${GRAFANA_URL} envsubst | oc create -n istio-system -f -
```

安装 Kiali 密钥。

```
curl https://raw.githubusercontent.com/kiali/kiali/${VERSION_LABEL}\
/deploy/openshift/kiali-secrets.yaml | \
  VERSION_LABEL=${VERSION_LABEL} envsubst | oc create -n \
istio-system -f -
```

在 istio-system 命名空间中部署 Kiali。

```
curl https://raw.githubusercontent.com/kiali/kiali/${VERSION_LABEL}\
  /deploy/openshift/kiali.yaml | \
    VERSION_LABEL=${VERSION_LABEL}  \
    IMAGE_NAME=kiali/kiali \
    IMAGE_VERSION=${VERSION_LABEL}  \
    NAMESPACE=istio-system  \
    VERBOSE_MODE=4   \
    IMAGE_PULL_POLICY_TOKEN="imagePullPolicy: Always" envsubst | oc \
    create -n istio-system -f -
```

将 Kiali 路由端口改为 443。

```
(oc get route kiali -n istio-system -o json|sed 's/80/443/')|oc apply\
-n istio-system -f -
```

确认 Kiali 服务 Pod 已经正常启动。

```
[root@os311 ~]# oc get pods -n istio-system|grep kiali
kiali-68df5f4bc7-kzvth          1/1        Running        0           16m
```

通过如下命令获取 Kiali 服务路由。

```
[root@os311 ~]# oc get route kiali -n istio-system
NAME        HOST/PORT                                           PATH    SERVICES
kiali       kiali-istio-system.apps.os311.test.it.example.com           kiali
```

在浏览器中输入地址 https:// kiali-istio-system.apps.os311.test.it.example.com，即可访问 Kiali 的 Web 登录界面，如图 6-22 所示（默认用户名 / 密码是 admin/admin）。

图 6-22　Kiali 登录界面

登录进入 Kiali 的管理界面后，默认将会看到所有项目（命名空间）中的应用运行统计情况，其中有 "×" 标注的部分表示应用已经停止，如图 6-23 所示。

图 6-23　Kiali 默认管理界面

为了进一步演示 Kiali 数据流量和微服务可视化的强大功能，我们需要部署基于 Istio

的微服务。前面几节中，我们已经基于 istio-tutorial 项目部署了 customer、preference 和 recommendation 微服务，本节中，我们将继续基于这 3 个微服务来演示 Kiali 的功能。首先，我们人为向服务发起访问流量（没有访问流量的情况下不会显示服务图）。

```
while true; do curl \
http://customer-ms-project.apps.os311.test.it.example.com; sleep .1; \
done
```

然后，进入图 6-23 所示的左侧"Graph"菜单，选择"ms-project"命名空间，即可看到微服务内部访问流向图，如图 6-24 所示。

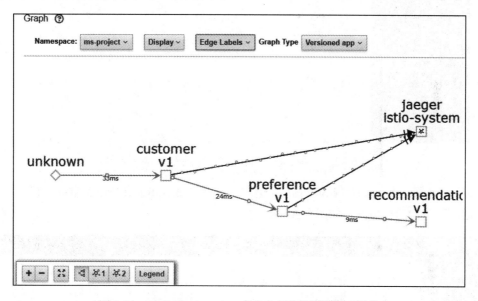

图 6-24　Kiali 对 ms-project 命名空间中微服务的可视化

在图 6-24 中，unknown 代表的就是我们发起请求访问的终端，我们看到的流量访问方向与我们在前文中提到的 3 个服务网访问顺序是一致的。

```
customer->preference->recommendation
```

在图 6-24 中，勾选上方"Display"菜单下的"Traffic Animation"复选框，就可以看到各个微服务之间访问流量的动态显示情况。勾选上方"Edge Labels"菜单下的"Response time"复选框，就可以看到每个微服务的响应时间。在图 6-24 中，Kiali 提供了很多功能选项，有兴趣的读者朋友可以自行探索。

单击左侧导航栏中的"Applications"菜单，选择"istio-system"命名空间，就能看到此命名空间下所有应用的运行情况，包括应用名称、健康状况、故障率等信息，如图 6-25 所示。

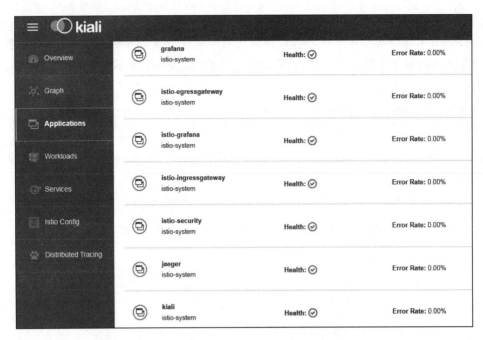

图 6-25　"istio-system"命名空间下的全部应用

单击左侧导航栏中的"Workloads"菜单，选择"ms-project"命名空间，即可看到 3 个 Istio 微服务的运行情况，如图 6-26 所示。

图 6-26　"ms-project"命名空间中的微服务

在图 6-26 中，可以看到每个 Istio 微服务名称的前面都有一个 Istio 的 Logo。单击其中的"preference"微服务，即可查看 preference 微服务的具体信息，然后单击上方"Inbound Metrics"菜单，即可看到有关 preference 微服务所接收请求流量的大致统计，如图 6-27 所示。

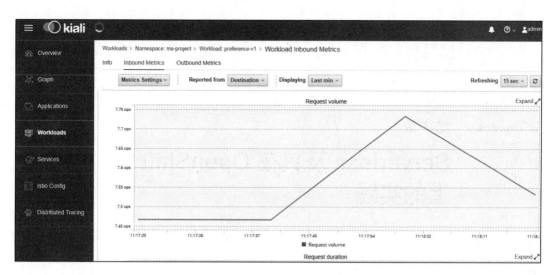

图 6-27　针对 preference 微服务的请求负载统计

　　Kiali 为我们观察微服务之间的彼此交互、请求流量走向、微服务健康状况、微服务运行负载等提供了可视化界面，简单来说，Kiali 使得复杂的微服务集群内部信息透明化、可视化，为微服务，尤其是基于 Istio 等 Service Mesh 技术的微服务提供了强大、便利的运行、维护工具。Kiali 有很多功能，如与 Jaeger 和 Grafana 的集合，几乎可以满足针对微服务的监控、跟踪和可视化等全部需求，有兴趣的读者可以继续深入了解有关 Kiali 的更多知识⊖。

6.5　本章小结

　　本章中，我们从传统微服务架构 Spring Cloud 和 Dubbo 开始介绍，分析了微服务与 SOA 之间的异同，还对 Spring Cloud 和 Dubbo 各自在微服务框架中的定位、各自的优劣及适合的应用场景进行了介绍。另外，我们分析了 Service Mesh 技术诞生的背景，对第一代 Service Mesh 技术 Linkerd 1.x 和 Envoy，以及第二代 Service Mesh 技术 Linkerd 2.x 和 Istio 进行了详细介绍。由于 Istio 在架构、功能设计和社区支持、活跃热度方面都要远优于其他 Service Mesh 开源技术，并有可能成为 Service Mesh 事实标准，我们针对 Istio 在 OpenShift 上的部署、应用进行了实战分析和介绍。基于 OpenShift 和 Istio，我们部署了一个小规模的微服务集群，并以此为基础验证了很多 Istio 的功能特性，如微服务的监控跟踪、流量控制、路由控制、故障注入、熔断、Egress 路由、服务可视化等。总体而言，以 Istio 为代表的新一代微服务架构大有可为，尤其是在云原生、微服务架构不断被倡导和落地应用的背景下，基于 Kubernetes/OpenShift 的 Service Mesh 技术必将大放异彩，作为 Service Mesh 领域的领军开源项目，Istio 任重道远，也必将潜力无限。

　　⊖　http://www.kiali.io/.

Serverless 及其在 OpenShift
上的实践

软件架构发展至今，历经了单体、SOA、微服务，再到云原生时代 Serverless 架构的变迁。而在这个架构变迁的过程中，一直不变的是提高软件系统的开发效率和交付效率，降低系统的维护成本。为了实现这个目标，几十年来，软件系统架构在新技术的不断演进和普及下，对 IT 基础架构设施进行了层层抽象，以期将基础架构设施由业务逻辑代码中完全解耦出来，进而让开发人员的精力完全聚焦在业务逻辑的实现和功能创新上，而这种层层抽象的最终结果，在目前看来，即是本章将要重点介绍的 Serverless 架构。Serverless 架构在理论上完全实现了基础设施的解耦，开发者再也不用关心业务代码的运行环境和运维管理，真正实现了云计算时代的按需使用、用完即走。Serverless 时代，广大开发者的生产力以前所未有的方式被释放出来。然而，作为新生事物，Serverless 仍然存在很多问题，如平台标准不统一、应用响应时延较高等。

本章将从软件架构的历史演化讲起，对云计算时代的 Serverless 架构及其发展现状进行深层次介绍，阐述 Serverless 在当前阶段存在的问题及其解决方案，并就时下最具潜力的 Serverless 框架 Knative 进行深入介绍。基于 OpenShift 平台，我们将以实战方式介绍如何实现 Knative 和 Serverless 应用，并就已实现的 Serverless 应用对 Knative 的几个关键特性进行测试验证。

7.1 软件架构演变历史

7.1.1 单体架构

在 PC 时代早期，应用程序的设计通常只考虑在单台计算机上运行使用。这些应用程序在设计之初就旨在通过单个应用来处理、操作和存储数据，这类软件架构通常也称为单体架构（Monolithic）。在软件架构设计上，单体应用将软件架构中的表示层、业务逻辑层和数据访问层合在一个项目中，经过统一的编译、打包，然后部署在一台服务器上。例如，在一个典型的 J2EE 项目中，单体架构通常是将所有代码打成 WAR 包，然后部署在 Tomcat 或者 Servlet 容器中运行。

　　单体架构有其优势，在小规模的应用系统中，用户访问量较小，通常只需一台服务器就能部署实现所有功能，例如，一台服务器就可以承载应用程序、数据库、文件系统等资源。互联网行业最典型的四件套 LAMP（Linux、Apache、MySQL、PHP），在项目初期通常就采用这类单体架构。在项目初始阶段，这种架构的性价比是非常高的，开发速度快、成本低，一台廉价服务器就能跑起来。

　　但是，单体架构也会带来很多问题，例如项目复杂性高，模块组件边界模糊、依赖不清；扩展能力有限，不能按需伸缩，只能以整体方式进行扩展；受所使用的技术平台和语言限制，单体架构通常是技术创新的绊脚石，很难在单体架构上进行应用创新；随着系统功能和开发人员的增加，单体架构积累的技术债务会越来越多。因此，如果不是时间仓促、完全没有技术积累，单体架构通常不会是一家有远见公司的首选。

7.1.2　SOA 架构

　　对于大规模的复杂应用，基于单体架构的应用系统就会显得特别臃肿笨重，要修改某个地方或增删某个功能，就要将整个应用全部重新编译部署。而且庞大的单体应用所需的编译时间较长，回归测试周期也很长，同时团队开发协调效率很低。另外，单体架构也不利于更新技术框架，技术框架的更新可能意味着推倒重来。

　　单体架构的各种限制意味着大规模并发访问环境中必须对其拆分扩容。单体应用的拆分通常分为三个维度：

- □ X 轴水平复制：在负载均衡器后增加多个 Web 服务器，以应对高并发访问，X 轴扩容就是简单的前置服务器的复制。
- □ Y 轴功能解耦：将一个系统中不同的功能模块解耦成不同的服务。Y 轴方向上的扩展就是将巨型单体应用分解为一组不同的服务，服务之间通过消息总线进行通信。
- □ Z 轴数据拆分：通常所说的数据库分库分表，其基本思想就是把一个数据库切分成多个部分放到不同的数据库上，从而缓解单一数据库的性能问题。分库（垂直切分）是将关系紧密的表放在一台数据库服务器上，分表（水平切分）是因为一张表的数据太多，需要将一张表的数据通过某种规则（如 Hash）切分到不同的数据库服务器上。

　　单体应用切分之后，必然面临服务组件如何集成的问题。SOA（面向服务的架构）尝试将拆分（通常是粗粒度拆分）后的应用组件进行集成，一般采用中央管理模式来确保各应用能够交互运作，这个中央管理模式的实现通常就是 ESB（Enterprise Service Bus，企业服务总线）。SOA 是集成多个较大组件的一种实现机制，通过 ESB 将粗粒度组件构成一个彼此协作的系统。通常每个组件都有自己的完整业务逻辑，组件一般采取松耦合模式。相比单体架构，SOA 具有以下优势：

❑ 模块拆分，使用接口通信，降低模块之间的耦合度；

❑ 把大型项目拆分成若干个子项目，不同的团队负责不同的子项目；

❑ 增加系统功能时只需新增子项目，调用其他系统的接口即可；

❑ 可以进行灵活的分布式部署。

但是，SOA 也存在自身的缺陷，主要有以下几点：

❑ 系统与服务界限模糊，不利于开发及维护；

❑ 虽然使用了 ESB，但是服务的接口协议不固定，种类繁多，不利于系统维护，接口开发也会增加大量工作；

❑ 由于抽取的服务粒度过大，系统与服务之间耦合度较高。

7.1.3 微服务架构

微服务是 SOA 的一种轻量级解决方案，是 SOA 的升华，但其本质还是 SOA。微服务不再过于强调传统 SOA 架构里比较重的 ESB，而强调业务系统需要彻底组件化和服务化，将原有的单个业务系统拆分为多个可以独立开发、设计、运行和运维的小应用（微服务）。这些服务基于业务能力构建，并通过自动化机制进行独立部署，同时这些微服务组件使用不同的编程语言实现，使用不同的数据存储技术，并保持最低限度的集中式管理。在微服务架构中，业务逻辑被拆分成一系列小而松散耦合的分布式组件，这些组件共同构成了复杂完整的大型应用。每个组件都被称为微服务，而每个微服务都在整体架构中执行着独立的任务或负责单独的功能。每个微服务可能会被一个或多个其他微服务调用，以执行复杂应用需要完成的具体任务。

相比 SOA 对服务的粗粒度划分，微服务是一种更细粒度的服务划分，并且不再强调 SOA 中较重的 ESB 通信机制，而是聚焦服务之间轻量级的通信机制，这通常被认为是二者最本质的区别。相比 SOA，微服务具有以下优势：

❑ 服务拆分粒度更细，有利于资源重复利用，提高开发效率；

❑ 可以更加精准地制订每个服务的优化方案，提高系统可维护性；

❑ 采用去中心化思想，服务之间采用 RESTful 等轻量协议通信，相比 ESB 更轻量；

❑ 结合 DevOps 和 CI/CD 等敏捷开发、自动化全生命周期管理技术，基于微服务架构的开发、测试、部署和维护更加轻松简单，产品迭代周期也更短；

❑ 相比 SOA 背后传统 IT 企业由上到下的商业推广，微服务架构显得更为开放，更受开发者拥护。

微服务架构思想在 2015 年一经提出，迅速得到各大技术社区和开发者的响应，以 Spring Cloud 和 Dubbo 为主的微服务框架迅速走红，随着 Docker 和 Kubernetes 的推出和成熟应用，微服务成了云原生时代炙手可热的软件架构模式。但是，世上没有"银弹"。微服务架构虽有诸多优势，但也存在不少挑战。首先要面临的便是微服务的治理，随着微服务集群的扩大，服务之间的通信错综复杂，治理成本很高，系统维护复杂。另外，传统大型应用如何进行微服务的拆分、拆分粒度如何掌控，这些都是微服务面临的挑战。为了解决微服务治理和通信问题，像 Istio 这样的 Service Mesh（服务网格）技术应运而生。Service Mesh 将微服务集群中的通信基础设施从业务逻辑中剥离出来，希望开发人员把更多的精力聚焦在业务逻辑的实现上，而不用去管理底层的通信基础设施。可以说，Service Mesh 技术的出现对微服务的发展起到了巨大的推动作用，因此有人将 Service Mesh 称为下一代微服务架构。但是，软件架构发展到今天，开发者仍然没有从基础设施中完全解放出来。

7.1.4　Serverless 架构

软件架构经历了单体、SOA、微服务的发展历程，其中蕴藏着一条"尘归尘，土归土"的古老定律。抽象、拆分、集成，再抽象、再拆分、再集成，这背后包含的逻辑就是：归属基础设施的，就不要掺杂到业务逻辑里面；归属业务逻辑的，就不要去考虑基础设施。IT 技术的发展历史其实就是自我变革和驱动行业变革的历史。而自我变革的目标，就是要实现 IT 架构的"无我"状态，这个"无我"状态，就是要实现 IT 基础设施对开发者的全透明。直至今天，技术层面的虚拟化、云计算、Docker 容器、Kubernates 编排引擎、Service Mesh 服务网格，架构设计层面的单体架构、SOA、微服务架构，以及在这些成功技术背后诸多无名的技术架构，它们的出现、消失、进化、再出现，都是为了实现自我变革的目标。在传统 IT 架构时代，这个目标确实很难实现，而在云原生时代，这一切就在眼前：无服务器架构（Serverless）。为此，曾有人惊呼，Serverless 将会是最后的软件架构！

对比传统软件架构，基于 Serverless 架构的应用具有显著优势。首先，我们不再需要运维任何云主机和操作系统，也不再需要管理代码运行环境，而只需专注于代码本身，所有配置、应用生命周期管理的工作都由 Serverless 框架负责。云计算将我们从物理硬件管理中解放出来，Serverless 架构将我们进一步从操作系统、中间件等资源中解放出来，开发者第一次真正只需专注于核心业务逻辑，一切与计算相关的基础设施终于实现了对开发者的全透明。

其次，在 Serverless 架构下，我们只需编写与核心业务相关的代码，无须编写任何加载、部署、配置应用的代码，因此开发将会变得更加敏捷。另外，Serverless 架构会为每一个事件、每一个 API 请求都启动一份新的进程执行代码（也可能是个轻量级的容器），根据请求负载，Serverless 框架会自动调整执行代码的进程，调整范围从 0 到用户指定的最大值（真正的弹性）。因此，应用负载的水平扩展也真正做到了自适应弹性伸缩，运营人员再也无须担心脉冲式的爆发性访问。

最后，Serverless 架构真正做到了资源的按需使用、按时付费。我们只需为应用运行的时间付钱，无须为应用等待请求的时间付钱。资源使用的粒度从云主机变成了进程，资源水平扩展的粒度也从原来的云主机细化到了进程，这为我们节省了大量的额外开支，同时，也不用再购买闲置的云主机来抵消因为经验缺乏而对公有云的弹性伸缩（Auto-Scaling）配置不精确带来的影响。基于 Serverless 架构，我们的业务敏捷性得到了提高，营运成本也变得更低，同时也不再需要精通操作系统配置和管理的运行管理人员，节省人力成本的同时，还极大加快了应用从开发到上线的时间。

对于一路从单体、SOA、微服务走过来的技术工程师而言，Serverless 确实有太多优点，甚至堪称目前为止最理想的软件架构。Kubernetes 联合创始人 Brendan Burns 曾经毫不吝啬地赞美道："The Future of Kubernetes Is Serverless."而这一观点也吸引了大量 Kubernetes 社区开发人员对 Serverless 的关注。2019 年 2 月，加州大学伯克利分校发表了长篇论文《 *Cloud Programming Simplified: A Berkeley View on Serverless Computing* 》，论文认为："Serverless 计算将会成为云时代默认的计算范式，并取代 Serverful（传统云）计算模式，Serverless 所提供的接口简化了云计算的编程，其代表了程序员生产力又一次的变革，一如编程语言从汇编时代演变为高级语言时代。"很显然，伯克利研究团队对 Serverless 的赞赏和推崇溢于言表。

但是，作为信息技术领域多年的从业者，我们都很清楚一个不争的事实：所有设计都只是权衡，Serverless 也不是"银弹"。首先，目前 Serverless 框架多如牛毛、十分混乱，有开源的，也有商业的，甚至还有用户自己开发实现的；其次，Serverless 基于事件驱动的进程启动时延所带来的性能问题，也是当前所有 Serverless 框架面临的棘手问题，这也导致当前的 Serverless 应用很难应对高并发场景；另外，Serverless 应用无法常驻内存，运行时间受限，因此不能运行需要长时间执行的程序；最后，Serverless 强调无状态，而且是一种彻底的无状态，对于动辄几十万、上百万行代码且充满了状态的传统企业应用来说，Serverless 的无状态改造几乎无法完成。当然，Serverless 的这些不足也正在得到改善。2018 年，Google、IBM、Pivotal 和 RedHat 联合推出了跨平台 Serverless 框架 Knative。Knative 的诞生意味着 Serverless 的江湖即将一统，7.4 节将以实战方式来深入介绍 Knative。

7.2 深入认识 Serverless 架构

7.2.1 Serverless 与云原生

CNCF 对云原生的定义为："云原生技术有利于各组织在公有云、私有云和混合云等新型动态环境中，构建和运行可弹性扩展的应用。云原生的代表技术包括容器、服务网格、微服务、不可变基础设施和声明式 API。这些技术能够构建容错性好、易于管理和便于观察的松耦合系统。结合可靠的自动化手段，云原生技术使工程师能够轻松对系统作出频繁和可预测的重大变更"。云原生的概念由 Pivotal 公司的资深架构师 Matt Stine 于 2013 年提出，简单来说，就是在云计算的时代，越来越多的应用会向云端迁移，基于云的架构设计和开发模式都需要一套全新的理念去承载，这些理念总结起来就是云原生思想。而通常所说的云原生应用就是指充分利用云平台的架构、资源优势，以及云平台所提供的各种功能和服务而设计的应用程序。作为云原生的权威组织，CNCF 维护着最全的云原生全景生态图（如图 7-1 所示）。

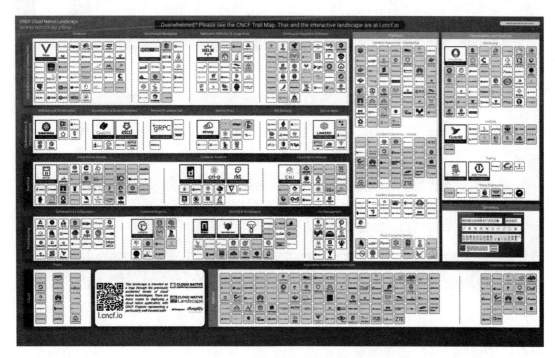

图 7-1　CNCF Cloud Native Landscape

从技术层面来看，云原生是很多当代软件架构和技术的组合。云平台是云原生的核心基础，是云原生应用运行的基石。微服务是云原生应用的最佳设计架构，容器及其编排技术是云原生应用交付的格式和手段，DevOps 为云原生应用生命周期（包括开发、测试、交付和运行管理等）提供了指导思想。Serverless 应用完全符合云原生应用的定义，充分利用云平台的各种能力，极大提升了应用开发、交付和运维的效率。因此，Serverless 是实现云原生的主要方式之一，基于 Serverless 架构的应用就是云原生应用的一种实现。细心的读者可能已经发现，CNCF 已将 Serverless 作为一个完整的 Landscape 集成到了图 7-1 所示的云原生 Landscape 中。此外，CNCF 还在 2018 年发布了 Serverless 白皮书⊖。图 7-2 即是 CNCF 发布的 Serverless 全景生态图。

如果说云原生是云计算时代的一个箱子，那么 Serverless 有可能就是这个箱子里面的"压箱宝"。Serverless 丰富了云原生架构，而云原生概念的推广和普及也让 Serverless 应用变得更容易实现和落地应用。

⊖ https://github.com/cncf/wg-serverless/blob/master/whitepapers.

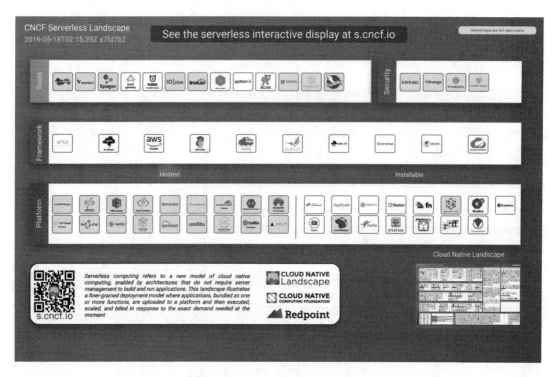

图 7-2　CNCF Serverless Landscape

7.2.2　Serverless 与微服务

Serverless 与微服务如出一辙，都是云计算发展的产物，也都是云原生的核心概念和实现方式。Serverless 和微服务这两种架构都强调功能的解耦，都追求应用系统功能的独立性和最小化，都希望通过独立的逻辑单元来完成特定的功能。只不过，对微服务而言，这个独立逻辑单元是微服务应用（App），而在 Serverless 架构中，这个独立逻辑单元是函数（function）。理论上，每个微服务都可以拆分为函数集，因此也可以认为 Serverless 是对微服务的再抽象和再拆分。虽然两种软件架构的实现方式不同，但是二者的目标是一致的，都是希望将 IT 基础设施从业务逻辑中剥离出来，让开发者把更多的精力聚焦在核心业务代码上，从而提高应用的开发、交付上线效率，同时实现应用全生命周期的自动化管理。

微服务更强调对架构的化整为零，提升软件架构整体灵活性、组件依赖隔离性和服务彼此通信的可管理性。另外，微服务还强调在提升开发效率的同时，减轻对微服务集群的运维负担，可见，微服务架构在基础设施层和应用层都有侧重。而 Serverless 的侧重点在于应用层，强调在提升开发人员效率的同时也降低其负担。在 Serverless 应用中，基础设施层已被完全屏蔽，对开发人员来说，服务器完全是"不存在"的，因此也就不需要考虑与服务器相关的配置管理与运行维护问题。

如果说基于 Service Mesh 的第二代微服务架构已无限接近 IT 自我进化的"无我"状态，

那么 Serverless 就是 IT 自我进化的最终"无我"状态，基础设施对开发人员而言已经"不存在"，剩下的只是业务代码，IT 从自我进化中释放出来的力量，将会完全聚焦到驱动业务创新上，信息技术大变革将会再次爆发。

Serverless 是一个很完美但也很超前的软件架构，它的存在并不意味着当前的微服务架构失去了存在的意义。无论是从 Serverless 的发展现状，还是从 Serverless 对底层云计算平台的较高要求，或是从当前适合的应用场景来看，Serverless 应用的普及和推广都还有相当长的一段时间，而在这段时间内，Serverless 与微服务必然会并存，这种并存的云原生架构如图 7-3 所示。

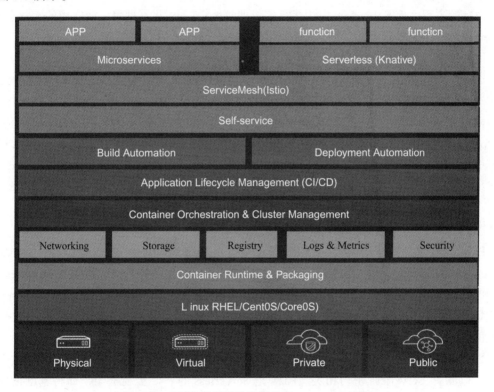

图 7-3　云原生架构下的微服务与 Serverless 并存

7.2.3　Serverless 与 PaaS

经常有人问："Serverless 与 PaaS 是什么关系？Serverless 等同于 PaaS 吗？"严格意义上 Serverless 不是 PaaS，但在某些层面上可以认为 Serverless 是 PaaS 的一部分，或者说是一种特殊的 PaaS（有一种观点将其称为 mini-PaaS）。与 Serverless 类似，传统 PaaS 的目标也是将大量精力聚焦到应用开发上，而应用运行所需的底层资源完全交由 PaaS 平台来提供。从这个维度上看，如果一个 PaaS 平台实现了应用实例的完全自动化扩展，同时能够做到事件驱动和快速启动应用实例，程序执行时间也足够短，那么它差不多就是 Serverless 平台了。

从目前主流的 PaaS 和 Serverless 平台设计理念来看，二者之间还是存在明显区别的。例如，传统 PaaS 以应用程序为粒度管理应用的生命周期，而 Serverless 的管理粒度则细化到每个应用的函数，因此初期运行平台是 PaaS 还是 Serverless 将会直接影响到应用架构的设计。另外，应用部署的模式也不同。在传统 PaaS 中，应用是持续部署在主机或者虚拟主机（包括轻量级容器虚机）中的，并没有事件驱动的概念；而在 Serverless 中，应用是按需部署、事件驱动的，简单来说，只有在需要运行应用的时候，应用才会被部署。（这也是 Serverless 能够真正做到自动弹性伸缩和按需付费的基础。）再则，PaaS 中的应用通常为常驻内存的进程，而 Serverless 应用运行完成即销毁；PaaS 并不过多强调应用的无状态性，而 Serverless 则要求必须无状态，因此 PaaS 能够支持更多的应用场景，而 Serverless 支持的应用场景则相对有限。

那么，PaaS 和 Serverless 是否只能二选一呢？当然不是，Serverless 完全可以在 PaaS 上实现，这主要还是得益于容器技术的普及应用。目前主流 PaaS 平台都支持容器技术，而容器也是很多 Serverless 框架的实现技术基础，本书介绍的核心技术 OpenShift 就是基于 Docker 容器和 Kubernetes 的 PaaS 平台。基于容器 PaaS，我们即可实现自己的私有化 Serverless 平台。本章后续重点介绍的 Knative 就是可以在 OpenShift 上实现的 Serverless 框架。

7.2.4　Serverless 与 FaaS

FaaS 就是我们经常听到的函数即服务（Function as a Service）。FaaS 这个概念是伴随着 Serverless 而出现的，很多人将 Serverless 等同于 FaaS，但事实上，FaaS 只是 Serverless 框架中的核心部分。除了 FaaS，Serverless 中还有一个概念叫作 BaaS（Backend as a Service，后端即服务）。严格意义上，Serverless 等于 FaaS 和 BaaS，或者说 FaaS 加上 BaaS 就是广义上的 Serverless，而单独的 FaaS 可以看成是狭义的 Serverless。

FaaS 的主要目标是让用户只需要关注业务代码逻辑，无须关注服务器资源，在这个层面上，FaaS 跟 Serverless 密切相关。FaaS 是 Serverless 的一个实现框架，即将基础设施与业务代码屏蔽隔离的实现框架。FaaS 的实现方案很多，比较著名的商业实现方案有 AWS Lambda、Microsoft Azure Functions、Google Cloud Functions 和 IBM Cloud Functions 等，开源实现方案有 OpenWhisk、Fn、Kubeless 等。仅有 FaaS 实现方案并不能实现一个完整的 Serverless 应用，一个完整的 Serverless 应用还需要依赖很多公有云或 PaaS 平台上的第三方服务，如对象存储、数据库服务、身份验证服务等。这些被依赖的第三方服务即是我们所说的 BaaS。

归结起来，我们可以认为，FaaS 实现了用户代码的"无服务器"运行，而 BaaS 则实现了用户代码所依赖第三方服务的"无服务器"化，当应用本身和应用依赖的服务都实现了"无服务器"化的时候，这个应用才可称为 Serverless 应用。

7.3　Serverless 发展现状

7.3.1　AWS Lambda

2014 年，AWS 推出无服务器计算服务 Lambda，Serverless 也因此一夜走红。回顾 Serverless 技术的发展历史，可以毫不夸张地说，AWS Lambda 服务开启了 Serverless 时代，也是 Serverless 技术发展史上最重要的里程碑。由于 Lambda 曾经的光环，可能部分读者会认为 AWS Lambda 就是 AWS Serverless，然而 AWS 的 Serverless 技术发展至今，早已不再局限于无服务器计算框架 Lambda，而是以 Lambda 无服务器计算框架为核心（FaaS），以一系列 AWS 公有云服务为 BaaS 的完整服务产品。或者说，AWS Lambda 和 AWS 平台上所有能让 Lambda 使用的云服务共同构成了 AWS 上完整的 Serverless 能力。表 7-1 是构成 AWS Serverless 服务的产品组成和介绍。

表 7-1　AWS Serverless 服务产品组成

产品能力	产品说明	AWS 对应的产品与服务
无服务器计算	提供 Serverless 计算能力	函数计算平台 Lambda
		容器 Serverless 平台 Fargate
编排与状态	对多个函数服务进行编排	编排服务 Step Function
规范架构	对 Serverless 进行定义描述以便重用与共享	架构规范 SAM
数据源	提供 Serverless 应用数据源的持久化存储	S3 对象存储服务
		DynamoDB 数据库服务
数据分析处理	提供 Serverless 应用的数据处理与分析能力	消息服务 SNS、SQS
		数据服务 Kinesis、Athena
身份认证与访问控制	提供 Serverless 应用的认证访问控制	网关服务 API Gateway
		身份管理服务 Cognito
		身份认证服务 IAM
开发部署工具	提供 Serverless 高效开发、测试、部署和管理能力	开发工具 Lambda Eclipse 插件、Lambda VS Studio、Lambda SDK
		测试部署工具 Chalice、SAM Local
		部署服务 CodePipeline

可以看到，AWS 围绕 Lambda 无服务器计算框架延伸出了众多服务产品，同时借助原有 AWS 公有云服务形成了非常成熟的 Serverless 产品线。本节中，我们主要针对 AWS Lambda 进行简单介绍，有兴趣的读者可以到 AWS 官网⊖对与 Serverless 相关的 BaaS 产品服务进行详细了解。

AWS Lambda 是一项用户无须预配置或管理服务器即可运行代码的计算服务。AWS Lambda 只有在业务触发时才会执行用户代码，并会根据业务负载实现计算资源的自动伸缩，既可以应对每天几个请求的场景，也可以应对每秒数千请求的访问负载，而且全程无

⊖ https://docs.aws.amazon.com/.

须人工干预。用户只需按消耗的计算时间付费——代码未运行时不会产生费用（以 100ms 为计时单位）。通过 AWS Lambda，用户可以运行各种类型的应用程序或者后端服务代码，并且无须进行任何基础设施和代码部署流程的管理，Lambda 已为用户实现了服务器和操作系统维护、容量预置、自动扩展、代码监控和记录等功能。用户只需要以 AWS Lambda 支持的语言编写业务逻辑代码，然后上传代码，Lambda 就会自动处理运行和扩展高可用性代码所需的全部工作。另外，用户可以将代码设置为从其他 AWS 产品自动触发，或者直接从任何 Web 或移动应用程序调用代码。AWS Lambda 工作原理如图 7-4 所示。

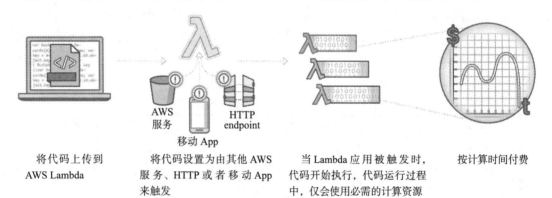

将代码上传到   将代码设置为由其他 AWS   当 Lambda 应用被触发时，   按计算时间付费
AWS Lambda   服务、HTTP 或者移动 App   代码开始执行，代码运行过程
           来触发   中，仅会使用必需的计算资源

图 7-4　AWS Lambda 工作原理

通过 AWS Lambda 执行代码，可以响应各种形式的触发程序，如数据更改、系统状态变化或用户操作等。在实际应用中，Lambda 可以由 S3、DynamoDB、Kinesis、SNS 和 CloudWatch 等 AWS 产品直接触发，因此，利用 AWS Lambda 我们可以构建出各种实时无服务器数据处理系统。一个典型的应用场景是利用 AI 图片识别功能，自动匹配与图片类似的商品。在这个场景中，用户拍摄照片并上传到 S3 对象存储，然后 S3 触发 Lambda，Lambda 执行 AI 代码识别图片，再将与识别结果类似的商品推送给终端，如图 7-5 所示。

拍照上传   Lambda 被触发   Lambda 执行图片识别 AI 代码，并匹
          S3   配类似商品推送给终端
图片上传至 S3 存储中

图 7-5　基于 AWS Lambda 和 AI 图像识别的实时数据处理场景

除了实时数据处理场景，AWS Lambda 还可用于构建无服务器后端来处理 Web、移动 App、物联网（IoT）和第三方 API 请求。例如，基于 AWS Lambda 和 Amazon Kinesis，我们可以构建 IoT 后端应用场景，用于分析传感数据并进行相应的操作，如图 7-6 所示。

图 7-6　基于 AWS Lambda 的 IoT 无服务器后端应用

　　在图 7-6 中，生产线上的传感器将数据发送至 AWS 上的 Kinesis 服务，由于 AWS 上的 Lambda 应用预先定义了 Kinesis 事件源，因此 Lambda 被触发并开始执行代码。代码实现了对传感数据的分析，以便识别生产设备上部件的异常，一旦发现部件异常，则自动下单订购新部件以便对异常部件进行更换。

7.3.2　OpenWhisk

　　OpenWhisk 是一个开源、事件驱动的无服务器计算平台，属于 Apache 软件基金会下的开源 FaaS 孵化项目，由 IBM 在 2016 年发布并贡献给开源社区。IBM 公有云提供的 FaaS 服务 IBM Cloud Functions 就是基于 OpenWhisk 的商业实现。从业务逻辑的实现上来看，OpenWhisk 同 AWS Lambda 类似，为用户提供基于事件驱动的无状态计算框架，并支持多种编程语言。与 Lambda 不同的是，OpenWhisk 是一种基于 Docker 容器技术实现的 Serverless 技术框架（尽管 Lambda 也使用了某种容器技术来实现，但并非 Docker），因此不会存在平台绑定的情况。在 Knative 无服务器计算框架问世之前，OpenWhisk 一直是开源 Serverless 框架中最流行、最稳定和最成熟的 FaaS 实现。

　　作为 IBM 推出的一款 Serverless 开源计算框架，OpenWhisk 具有很多优点。首先，OpenWhisk 是一种高性能、高可扩展性的分布式 FaaS 计算平台；其次，函数的代码及运行全部在 Docker 容器中进行，利用 Docker 引擎实现函数运行的管理、负载均衡和扩展，而且 OpenWhisk 架构中的所有其他组件（API 网关、控制器、触发器）也全部运行在 Docker 容器中，因此平台依赖的解耦使得 OpenWhisk 很容易部署在任意 IaaS 和 PaaS 平台上（早期 OpenShift 对 Serverless 的实现就是基于 OpenWhisk 的）；另外，相比其他开源 FaaS 的实现，OpenWhisk 更像是一套完整的 Serverless 解决方案，除了易于调用和函数管理的特性，它还包括身份验证鉴权、函数异步触发、链式操作等功能。

　　OpenWhisk 高层次抽象系统架构如图 7-7 所示，其中，代码是基于事件（Event）触发的，另外也可以通过 REST API 的方式调用触发。事件产生于事件源（Feed），事件源形式多样，如对数据库记录的更改、超过阈值的 IoT 传感器读数、新提交代码到 GitHub 中等。事件与对应的函数代码通过规则（Rule）绑定。通过事件与对应规则的匹配，OpenWhisk 会触发对应的行为（Action）。值得注意的是，一个规则可以绑定多个 Action，多个 Action 也可以串联，相互递进触发，从而完成复杂的操作。

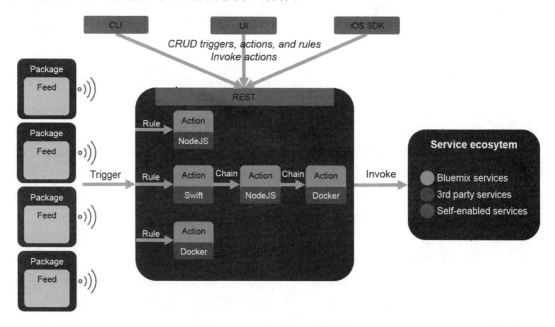

图 7-7　OpenWhisk 系统架构

作为一个开源 Serverless 项目，OpenWhisk 由很多开源组件构成，包括 Nginx、Kafka、Docker 和 CouchDB 等。所有这些开源组件结合在一起，构建了"基于事件的无服务器编程服务"。为了更详细地介绍 OpenWhisk 的工作原理，我们可以对 OpenWhisk 的内部工作流程进行跟踪。OpenWhisk 的内部组件和工作流程如图 7-8 所示。

图 7-8　OpenWhisk 内部实现流程图

为了对 OpenWhisk 内部流程进行跟踪，我们来创建一个 Action。在 OpenWhisk 中，Action 其实就是函数。首先，我们创建一个函数文件 action.js，其内容如下：

```
function main() {
  console.log('Hello World');
  return { hello: 'world' };
}
```

接着，通过 OpenWhisk 的 CLI 创建 Action。

```
wsk action create myAction action.js
```

然后，通过 CLI 对这个 Action 发起调用。

```
wsk action invoke myAction --result
```

上述示例中，我们创建了名为"myAction"的 Action，然后通过 invoke 命令调用了 myAction，这个调用将会触发 OpenWhisk 执行 action.js 文件中定义的函数，并输出执行结果。在这个调用过程中，OpenWhisk 内部操作流程如图 7-8 所示。

（1）Nginx：入口

OpenWhisk 面向用户的 API 完全基于 HTTP，遵循 RESTful 设计，因此，通过 wsk-cli 发送的命令本质上是向其发送 HTTP 请求。上面的命令可以大致翻译为：

```
POST /api/v1/namespaces/$userNamespace/actions/myAction
Host: $openwhiskEndpoint
```

在 OpenWhisk 中，调用请求进入系统中的第一个入口点就是 Nginx（一个 HTTP 反向代理服务），然后 Nginx 再将请求转发给 OpenWhisk 的控制器（Controller）。

（2）控制器

Nginx 并不处理请求，控制器才是真正开始处理请求的地方。控制器使用 Scala 语言实现，并提供了对应的 REST API，接收 Nginx 转发的请求。控制器对请求内容进行分析，以判断请求者的意图并进行下一步处理。控制器是整个 OpenWhisk 的核心，后续的多个流程都会与其有关。

（3）CouchDB：身份验证

CouchDB 是 OpenWhisk 的核心存储数据库，整个流程需要和产生的数据都存储在 CouchDB 中。以上一步用户发出 POST 调用请求为例，控制器首先要验证用户的身份和权限。用户的身份信息被事先保存在 CouchDB 的用户身份数据库中，控制器从 CouchDB 中获取用户信息并验证无误后，将进入下一个处理环节。

（4）CouchDB：获取 Action 代码

步骤 3 中的身份验证通过后，Controller 需要从 CouchDB 的 whisks 数据库中加载 Action（在本例中为 myAction）。数据库读取操作主要涉及要执行的代码和要传递给 Action

的默认参数，并与实际调用请求中包含的参数进行合并。此外，还包含执行时对其施加的资源限制，例如允许使用的内存。

（5）负载均衡

控制器的主要功能之一是负载均衡，它持续监控执行器（Invoker 或 Executor）的健康状态，并从可用的执行器中选择一个来执行 Action。

（6）Kafka：消息系统

控制器与执行器（Invoker）之间通过 Kafka 消息系统进行通信，并对请求做持久化存储和缓存。之所以使用 Kafka，主要是因为考虑到系统崩溃时调用请求丢失以及当系统过载时需等待其他请求先完成。控制器向 Kafka 推送消息，当控制器得到 Kafka 收到请求消息的确认后，会直接向发出请求的用户返回一个 Activation ID，当用户收到确认的 Activation ID 后，即可认为请求已经成功存入 Kafka 队列中。用户稍后可以通过 Activation ID 索取函数运行的结果。

（7）执行器

执行器是 OpenWhisk 的核心，主要负责 Action 的执行，它使用 Docker 来实现隔离和安全的代码执行环境。每触发一个 Action，执行器就会启动一个容器，Action 中的代码会被注入容器中并运行，执行结束后，容器自动消失。容器的启停时间其实就是最需要进行性能优化的地方，因为在大规模并发请求下，大量的容器启停可能会造成系统过载，并出现响应迟钝现象。在这个示例中，我们使用了基于 Node.js 的 Action，因此 Invoker 会启动一个 Node.js 的容器运行时，用来执行 Node.js 代码。

（8）CouchDB：存储结果

Invoker 的执行结果最终会被保存在 CouchDB 的 activations 数据库中，保存的结果中包括用户函数的返回值，以及 Docker 输出的日志记录。

```
{
  "activationId": "42309ddca6f64cfc9dr2937ebd44fbb0",
  "response": {
    "statusCode": 0,
    "result": {
      "hello": "world"
    }
  },
  "end": 1474459345621,
  "logs": [
    "2019-05-21T12:02:35.619234356Z stdout: Hello World"
  ],
  "start": 1474459434595,
}
```

控制器在得到触发结束的确认后，根据 activationId 值从 CouchDB 中取得执行结果，直接返回给用户。下面是通过 REST API 以命令行方式获取执行结果的语句。

```
wsk activation get 42309ddca6f64cfc9dr2937ebd44fbb0
```

从上述分析中可以看到，OpenWhisk 的两大核心是控制器和执行器，其他组件几乎完全源自开源社区，OpenWhisk 并未对这些开源组件做太多的自定义修改。从 OpenWhisk 的内部流程实现中可以看到，这个 Serverless 框架最核心的部分是执行器的实现。OpenWhisk 最大的不足在于高并发时的性能问题，而导致性能问题的症结在于大量执行器在启停进程或容器时所产生的过载和时延。因此，出现了很多优化执行器的实现机制，比如容器预热，即保证有一定数量的容器实时处于准备就绪状态，这样当脉冲式的并发请求来临时，不至于从零开始启动所有必需的容器。

7.3.3　OpenFaaS

OpenFaaS 是一款由 Alex Ellis 发起、基于 Docker 和 Kubernetes 构建的无服务器计算框架（FaaS）项目，目前已成长为拥有众多开发者的开源项目。在 OpenFaaS 中，任何处理流程都可以打包成一个函数，并响应一系列 Web 事件。OpenFaaS 具有很多优秀的特性，如一键安装、门户操作、支持各种语言编写函数以及可封装成 Docker 或 OCI 格式的镜像。另外，OpenFaaS 还具有很强的可移植性，可以运行在物理机、公有云或私有云上，也可以运行在 Kubernetes 或 Docker Swarm 上。作为 Serverless 框架，OpenFaaS 也具备按需扩展的能力。OpenFaaS 组件架构如图 7-9 所示。

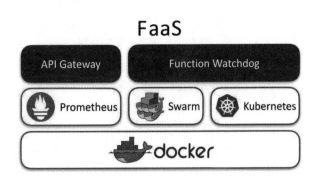

图 7-9　OpenFaaS 组件架构图

OpenFaaS 是完全基于 Docker 的 Serverless 实现，充分利用了 Kubernetes 和 Docker Swarm 的编排功能，以及 Prometheus 的云原生监控能力，可以认为 OpenFaaS 就是一个 Kubernetes 原生应用。OpenFaaS 的核心是 API Gateway 和 Function Watchdog。具体实现上，Function Watchdog 是一个基于 Go 语言的轻量级 HTTP 服务，通过它，任何 Docker 镜像都可以被转换为 Serverless 函数，另外它还会将 HTTP 请求以标准输入的形式转发给目标函数，并将目标函数的结果写到标准输出以返回给调用者。API Gateway 将外部请求路由到函数，并通过 Prometheus 收集云原生指标。另外，通过更改 Docker Swarm 或 Kubernetes API 中的服务副本数，API Gateway 可以实现函数实例的按需扩展。

7.3.4 Kubeless

Kubeless 是基于 Kubernetes 的原生无服务器框架，它允许用户部署少量的代码（函数），而无须担心底层架构。与 OpenFaaS 相比，Kubeless 与 Kubernetes 更具亲和性。Kubeless 部署在 Kubernetes 集群之上，并充分利用 Kubernetes 的各种特性及资源类型，其主要实现是将用户编写的函数转变为 Kubernetes 中的 CRD（Custom Resource Definition，自定义资源定义），并以容器方式运行在集群中。因此，熟悉 Kubernetes 的运维人员非常容易理解和部署 Kubeless。

Kubeless 的主要特点包括：支持 Python、Node.js、Ruby、PHP、Go、.NET、Ballerina 和自定义运行时，符合 AWS Lambda CLI 规范的 Kubeless CLI，采用基于 Kafka 消息系统和 HTTP 的事件触发器，默认使用 Prometheus 监视函数的调用和延迟，支持 Serverless 框架插件。Kubeless 由三个核心部分组成，分别是 Function（函数）、Trigger（触发器）和 Runtime（运行时）。

- ❑ Function 表示要执行的代码。在 Kubeless 中，函数包含有关其运行时的依赖、构建等元数据，并具有自己独立的生命周期。
- ❑ Trigger 表示函数的事件源。当事件发生时，Kubeless 确保最多调用一次函数，Trigger 可以与单个函数相关联，也可与多个函数相关联，具体取决于事件源类型。Trigger 与函数的生命周期相互解耦，并可以进行独立操作。Kubeless 主要有 3 种类型的 Trigger，分别是 HTTP Trigger、Crontab Trigger 和 Kafka Trigger。
- ❑ Runtime 用于运行不同语言编写的函数。在 Kubeless 中，每个函数运行时都会以镜像方式封装在容器镜像中，通过在 Kubeless 配置中引用这些镜像来使用函数运行时。

为了在 Kubernetes 上部署和运行函数，Kubeless 借用了很多 Kubernetes 的原生概念。Kubeless 基于 Kubernetes 原生能力的设计包含以下几个方面：

- ❑ 使用 CRD 表示 Functions。
- ❑ 每个事件源被建模成一个独立的 Trigger CRD 对象。
- ❑ 独立的 CRD 控制器负责 CRD 对象的 CRUD 操作。
- ❑ Pod 用来运行相关的 Runtime。
- ❑ ConfigMap 用来将函数代码注入 Runtime Pod 中。
- ❑ Init-contain 用来加载函数可能的依赖。
- ❑ Service 用来暴露函数。
- ❑ Ingress 用来对外暴露函数。

Kubeless 使用了三类 CRD，其中 Kubernetes CRD 和 CRD 控制器是 Kubeless 最核心的设计思想。Kubeless 对函数和 Triggers 分别使用独立 CRD，目的在于将各自的关注点明确区分开来，同时使用了单独的 CRD 控制器，以便确保代码的解耦和模块化。由于 Kubeless 高度继承于 Kubernetes，从设计思想到功能实现几乎完全借鉴 Kubernetes，因此不同于 OpenFaaS 等基于 Docker 容器的其他 Serverless 框架，Kubeless 才是真正的 Kubernetes 原生无服务器计算框架。也正因如此，Kubeless 一经推出便受到社区的极大欢迎，迅速树立了其在后 Kubernetes 时代和 Serverless 领域举足轻重的地位。

7.3.5　Serverless 现状分析

长期以来，许多开发人员最为头疼的事情不是如何实现业务逻辑，而是如何把自己的代码以一种简单优雅、稳定可靠、弹性扩展、自动伸缩和生命周期自动化管理的方式运行于生产环境中。为了实现这一目标，IT 架构不断进化，软件架构不断更新，从单体、SOA到微服务，直到 Serverless 的出现，开发者们才似乎看到了曙光。因此，自从 2014 年 AWS Lambda 问世后，跟随者层出不穷，各种商业和开源的 Serverless 服务或框架应运而生。在商业应用领域，尤以 AWS Lambda 和 Azure Functions 等公有云 Serverless 服务市场占有率最高；在开源领域，以 Kubernetes 原生的 Kubeless 和 OpenFaaS 以及基于 Docker 容器实现的 Apache OpenWhisk 等 Serverless 服务或框架拥有较多的开发者和用户。图 7-10 是当前主流的 Serverless 服务和实现框架及其在市场或社区的使用占有率调查统计情况。

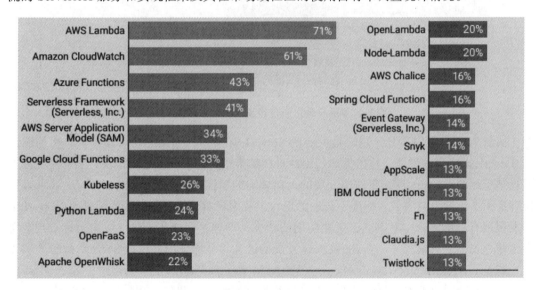

图 7-10　主流 Serverless 及其市场占有率⊖

从图 7-10 可以看到，Serverless 市场完全呈现出百花齐放的碎片化状态（这里并非现存的全部 Serverless 服务或框架）。每个公有云厂商几乎都有自己的 Serverless 及其配套的产品，而且实现方式又各不一样，由于 Docker 和 Kubernetes 的流行普及，基于 Kubernetes的开源 Serverless 实现也是层出不穷。前文提到，广义上的 Serverless 由 FaaS 和 BaaS 组成，FaaS 中的代码主要以 API 方式来使用 BaaS 提供的服务，不同厂商虽然都有类似的BaaS 服务（如数据库、对象存储等），但是各自的 API 实现可能完全不一样，因此 FaaS 在

⊖　数据源自：The New Stack Serverless survey 2018。（报告发布时 Knative 还未问世。）

不同的平台上移植几乎是不可能的，这其实也是用户当前阶段最为关心的问题——如何实现函数在不同平台上的可移植性，换句话说就是如何摆脱厂商绑定。图 7-11 是 New Stack 对用户最为关心的 Serverless 架构问题的统计。

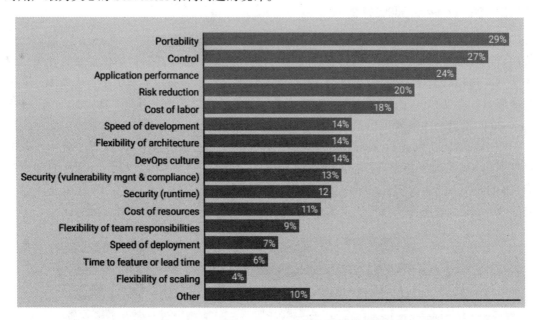

图 7-11　用户最为关心的 Serverless 架构问题

从图 7-11 中可以看到，用户最关心的 Serverless 架构三大问题是可移植性、可控制性和 Serverless 应用的性能。移植性和控制性可归结为用户对厂商绑定的担忧，而应用性能主要是基于对 Serverless 应用事件驱动型的天然缺陷的担忧。换个角度说，如果 Serverless 架构解决不了当前百花齐放、标准不统一的现状以及用户对性能问题的顾虑，那么 Serverless 的发展很有可能陷入空有其名、无法实用的状况。不过，好处在于软件层面的标准规范总是比硬件规范更容易统一。在 Serverless 发展的这几年，涌现出了一批 Serverless 框架和工具，如 Serverless Framework、Apex、AWS ASM 等，其意图都在于简化由于 Serverless 规范不统一而给用户带来的使用困难，但是这些工具事实上并没有从根本上解决问题。

2018 年 7 月 Knative 发布，针对 Serverless 现有的种种问题，Knative 提出了实质性的解决方案。因此 Knative 一经推出，便得到了整个 Serverless 社区的极大关注。本章后文中，我们将深入介绍和分析 Knative，并介绍如何在 OpenShift 平台上基于 Knative 部署自己的私有化 Serverless 平台。

7.4　Serverless 统一平台 Knative

Knative 是 Google 联合 Pivotal、IBM、RedHat 等公司开源的 Serverless 架构方案，其

主要目标在于提供一套简单易用的 Serverless 方案，以实现 Serverless 架构的标准化。根据 Google 官网上的介绍，Knative 的发布是为了解决以容器为核心的 Serverless 应用的构建、部署和运行问题。与前文介绍的很多 FaaS 不同，Knative 并不要求应用必须无状态，相反，Knative 在设计上就可以运行一切应用负载，包括传统应用、函数和容器。Knative 建立在 Kubernetes 和 Istio 平台之上，使用 Kubernetes 提供的容器管理能力（如 Deployment、ReplicaSet 和 Pod 等）以及 Istio 提供的网络管理功能（如 Ingress、LB、Dynamic Route 等）。我们都知道，在容器编排引擎争夺战中，Kubernetes 已是最终的赢家。作为一个运行和管理容器的平台，Kubernetes 很优秀，但是这些容器如何构建、运行、扩展和路由，很大程度上是由用户自己决定的。而 Knative 的目标之一是补充 Kubernetes 中缺失的这部分，让用户的精力更多地聚焦在业务逻辑上。

　　Knative 是基于 Kubernetes 和 Istio 的 Serverless 开源框架实现，并且在设计中考虑了多种角色的交互，包括开发人员、运维人员和平台提供者（如图 7-12 所示），其目标是提供更高层次的抽象，让开发者无须关注基础设施（虚拟机 / 容器、网络通信配置、容量规划和运行维护等），而是将更多的精力专注于业务代码。在技术层次上，Kubernetes 和 Istio 都是相对比较复杂的基础设施层，而 Knative 的目标之一就是将复杂的 Kubernetes 和 Istio 等基础设施再抽象化，从而为开发者提供简单高效、标准规范的 Serverless 应用运行环境。在众多的 Serverless 实现中，Knative 也是第一个基于 Istio 实现的 Serverless 框架。为了实现对 Serverless 应用的管理，Knative 将整个系统分成了三个部分，包括构建系统（Build）、服务系统（Serving）和事件系统（Eventing）。下面将对 Knative 的三大核心组件进行详细介绍。

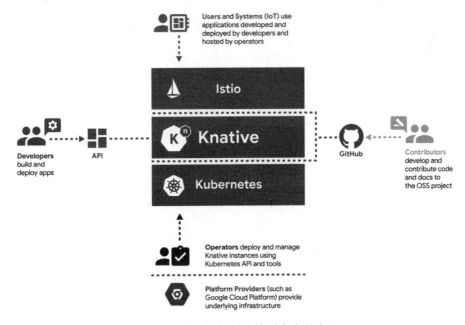

图 7-12　Knative 平台与各种角色的交互

7.4.1 构建系统 Build

Knative 构建系统 Build 的功能，就是把用户定义的函数和应用代码自动化地构建成容器镜像（Source to Image）。可能有读者朋友会有疑问，既然通过 Dockerfile 就可以将应用代码编译为 Docker 镜像，为何 Knative 还要重复造轮子，实现一个自己的构建系统呢？其实不然，Knative 是个 Kubernetes 原生的技术框架，其 Build 构建系统完全在 Kubernetes 中进行，与整个 Kubernetes 生态结合非常紧密。另外，Knative 的 Build 构建系统更多的是要使 Kubernetes 中的镜像构建过程标准化，实现一个标准化、可移植、可重用、性能高效的构建方法。因此，围绕 Kubernetes，Knative 要构建的是一套从最初源代码到最终用户可访问 URL 的完整标准化解决方案；相对而言，Dockerfile 镜像构建方式只是应用交付编排的方式之一，并没有完全实现标准化和自动化的目标。

在正式介绍 Knative 构建系统之前，需要先了解构建系统中的三个概念，即 Build、Build Template 和 Service Account。其中，Build 是负责驱动构建过程的 Kubernetes 自定义资源；Build Template 是对重复构建步骤集合进行封装和参数化的模板；Service Account 则在构建过程中对私有资源仓库（如 GitHub 或 Docker Registry）进行身份验证。在开始配置构建之前，有两个问题需要解决：一是如何从需要验证的代码仓库拉取源代码；二是如何将编译后的镜像推送到镜像仓库中。利用 Kubernetes 中的 Secret 和 Service Account 可以解决这两个问题。因此，在开始 Knative 的构建之前，第一步就是创建一个 Secret，然后再创建一个可以使用 Secret 的 Service Account，之后在构建定义中即可使用这个 Service Account 进行访问验证。

Knative 提供了 Build CRD 对象，让用户可以通过 YAML 文件来定义构建过程。下面是一个典型的 Build 配置文件。

```
#more knative-build-demo/service.yml
apiVersion: serving.knative.dev/v1alpha1
kind: Service
metadata:
  name: knative-build-demo
  namespace: default
spec:
  runLatest:
    configuration:
      build:
        serviceAccountName: build-bot
        source:
          git:
              url: https://github.com/gswk/knative-helloworld.git
              revision: master
```

```
template:
    name: kaniko
    arguments:
    - name: IMAGE
      value: docker.io/gswk/knative-build-demo:latest
revisionTemplate:
    spec:
      container:
        image: docker.io/gswk/knative-build-demo:latest
```

其中，serviceAccountName 是使用密码（Secret）的服务账户（ServiceAccount）的名称[⊖]；source 指定源代码位置信息，比如这里的 git 仓库地址和分支名称；template 是构建模板，这里使用的是 Google 提供的 kaniko 模板（需要在代码根目录下存在 dockerfile 文件），这里向模板传递了一个参数，用于告知构建系统如何推送镜像；revisionTemplate 指定了系统使用的容器的镜像。在正式应用上述 YAML 文件前，需要确保系统中已经安装了 kaniko 构建模板，安装方式如下：

```
kubectl apply -f https://raw.githubusercontent.com/knative/build-\
templates/master/kaniko/kaniko.yaml
```

在 Kubernetes 中应用上述 service.yaml 文件，即可部署我们的应用程序。

```
kubectl apply -f knative-build-demo/service.yaml
```

上述代码执行后，Knative 的构建系统将会进行以下操作（如图 7-13 所示）：

1）从 Github 的 gswk/knative-helloworld 仓库中拉取应用程序源代码。

2）使用 kaniko 构建模板及指定的参数构建容器镜像。

3）使用名为 build-bot 的 ServiceAccount 将构建后的镜像推送到 Dockerhub 中的 gswk 仓库中。

4）使用新构建的镜像 knative-build-demo:latest 启动容器。

Knative 的 Build 构建系统充分利用 Kubernetes CRD 资源来构建容器镜像，免去了镜像构建过程中的很多手动环节。此外，通过模板构建方式，Knative 实现了构建过程的自动化和标准化。虽然这里我们仅使用了 Google 提供的 kaniko 模板（除此之外，还有 Jib 和 Buildpack 模板），但是随着 Knative 生态的扩大，将会有越来越多的构建模板加入 Knative 社区[⊖]，届时，各种构建模板的出现，将会极大地满足不同用户的自动化和标准化构建需求。

⊖　Secret 和 ServiceAccount 是 Kubernetes 中认证授权的原生概念。

⊖　https://github.com/knative/build-templates.

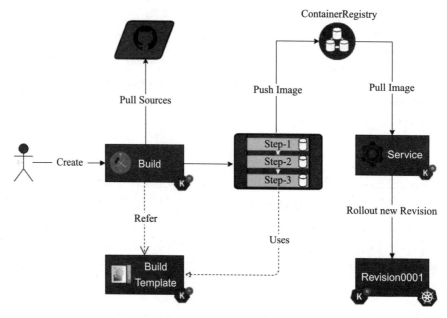

图 7-13　Knative Build 系统内部流程

7.4.2　服务系统 Serving

　　Knative 作为标准化的 Serverless 框架，必然需要一个核心组件来实现函数功能。在 Knative 中，Build 构建系统负责将源代码构建成镜像，而 Serving 服务系统负责镜像的启动部署和运行管理。需要说明的是，Knative 中的三个子系统是彼此独立的，因此 Serving 服务系统并不完全依赖 Build 构建系统，通过其他方式构建的镜像也可以在 Serving 服务系统上运行。Knative Serving 构建于 Kubernetes 和 Istio 之上，为 Serverless 应用提供部署和服务支持，可将预构建的镜像快速部署至底层 Kubernetes 集群中，支持应用实例的自动伸缩功能（既支持自动扩容，也支持缩容为零）。基于 Istio 组件，Serverless 应用还提供了与通信相关的路由和网络编程能力，另外，还可以维护和重部署某一时刻的应用版本快照。Knative Serving 使用 Kubernetes CRD 的方式定义了不同的对象来实现自身的功能，对象之间的关系如图 7-14 所示。

　　在图 7-14 中，我们看到 Knative Serving

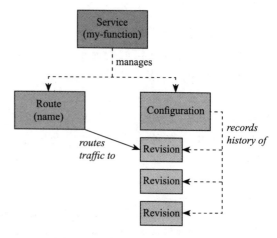

图 7-14　Knative Serving 对象模型

定义了 Service、Route、Configuration 和 Revision 四种不同的对象，这些对象全部通过 CRD 方式实现。另外，虽然这里的某些对象名称与 Kubernetes 中的相同，但是这些名称在 Knative Serving 和 Kubernetes 中代表的是完全不同的资源。下面，我们将对 Serving 中的对象进行介绍。

（1）Revision

Revision 资源是每次对工作负载进行代码和配置修改后的时间点快照（也可以理解为不同版本的 Serverless 应用）。Serving 内部维护着一个 Revision 列表，通过 Service 和 Route 资源，用户可以随时指定使用不同的 Revision 来提供服务。Revision 是不可变对象，可以长期保留。

（2）Configuration

Configuration 负责保持 Deployment 的期望状态，为代码和配置提供了彼此之间的清晰分离，并遵循应用开发的 12 要素⊖。用户每修改一次 Configuration，就会产生一个新 Revision。Configuration 是 Knative Serving 的起点，定义了你的部署的全部状态。通常，一个最小化的 Configuration 包括一个配置名称和一个容器镜像。在 Knative 中，对 Configuration 的引用通常通过 Revision 进行，因为 Revision 代表的是一个不可变的、某一时刻的代码和 Configuration 的快照。每个 Revision 引用一个特定的容器镜像和运行它所需要的全部特定对象，如环境变量和卷。

下面的代码演示了一个完整的 Configuration 定义。在这个定义中，我们指定了一个 Revision，该 Revision 指定了一个容器镜像仓库 URI，并引用了一个特定的镜像，同时指定了其版本标签。

```
#more knative-helloworld/configuration.yml
apiVersion: serving.knative.dev/v1alpha1
kind: Configuration
metadata:
  name: knative-helloworld
  namespace: default
spec:
  revisionTemplate:
    spec:
      container:
        image: docker.io/gswk/knative-helloworld:latest
        env:
          - name: MESSAGE
            value: "Knative by warrior!"
```

要使该定义生效，使用下面的命令即可。

```
//OpenShift 命令行
```

⊖　https://12factor.net/.

```
oc apply -f configuration.yaml
//Kubernetes 命令行
kubectl apply -f configuration.yaml
```

> **注意** 本章中，oc 命令行客户端代表是在 OpenShift 环境中，kubectl 代表在原生 Kubernetes 环境中，但是这两个命令行客户端是完全可以互换使用的。

在 Knative 中，就像操作 Kubernetes 对象一样，我们也可以通过命令行操作 Knative 对象，例如，通过 kubectl get revisions 和 kubectl get configurations，就可以获取 Knative 中的 Revision 和 Configuration 列表，通过 kubectl get configuration [name] –o yaml 即可以 yaml 形式看到特定 Configuration 的详细信息，而在输出的详细信息中，你将会看到 Configuration 默认对应到一个最新的、就绪的 Revision。可能有读者朋友会好奇，当我们应用上述定义的 configuration.yaml 文件后，Knative 或者 Kubernetes 集群内部发生了什么呢？事实上，Knative 将 configuration.yaml 中的定义转换成了一些 Kubernetes 对象，并在集群中创建了这些对象。因此，在应用了 Configuration 后，我们将会在 Kubernetes 集群中看到相应的 Deployment、ReplicaSet 和 Pod。

```
$ oc  get deployments -o name
deployment.extensions/knative-helloworld-00001-deployment
$ oc get replicasets -o name
replicaset.extensions/knative-helloworld-00001-deployment-6db754h895
$ oc get pods -o name
pod/knative-helloworld-00001-deployment-6db754h895-jkqt3
```

应用了 Knative Serving 中的 Configuration 后，应用就会运行在 Kubernetes 集群的 Pod 中。但是，如何让用户请求到达这些 Pod，这就是 Knative Serving 中的 Route 对象要做的事情。

（3）Route

Route 负责将一个命名的、HTTP 可寻址的网络端点映射到一个或多个 Revision。可以通过多种方式管理流量，包括蓝绿、灰度流量和重命名路由等。事实上，就如 Configuration 不会显式定义 Revision 一样，Configuration 也不会显式定义 Route，而是通过 configurationName 或者 revisionName 的形式指定一定比例的流量转发到对应的 Revision 上（Configuration 最终对应到的也是某个最新且就绪的 Revision）。下面是一个将流量转发到指定 Configuration 对应的最新且就绪的 Revision 的路由定义示例。

```
#more knative-helloworld/route.yml
apiVersion: serving.knative.dev/v1alpha1
kind: Route
metadata:
```

```
  name: knative-helloworld
  namespace: default
spec:
  traffic:
  - configurationName: knative-helloworld
percent: 100
```

这个路由示例中，全部流量（100%）都会转发到 configurationName 属性指定的 Configuration 去（knative-helloword），也即 knative-helloword 这个 Configuration 中的最新就绪 Revision。另外，通过 revisionName 属性，我们也可以在 Route 中直接指定目标 Revision，而不一定是 Configuration 默认的最新就绪的 Revision。

```
#more knative-routing-demo/route.yml
apiVersion: serving.knative.dev/v1alpha1
kind: Route
metadata:
  name: knative-routing-demo
  namespace: default
spec:
  traffic:
  - revisionName: knative-routing-demo-00001
    name: v1
    percent: 50
```

这个路由示例中，一半的流量（50%）将会转发到 revisionName 属性指定的 Revision 中（knative-routing-demo-00001）。Route 为用户提供了灵活多样的流量控制功能。通过 Route，我们很容易就能实现增量发布、金丝雀发布、蓝绿部署以及其他高级路由场景功能。当然这主要还是得益于 Knative 对服务网格 Istio 的引入。事实上，这也是 Knative 相对于其他 Serverless 框架非常明显的优势之一。Knative 中不同应用版本（Revision）的分流如图 7-15 所示。

（4）Service

Service 负责工作负载全生命周期管理，负责创建 Route、Configuration 以及 Revision 资源。通过 Service，用户可以指定使用哪个版本的 Revision 来提供服务。

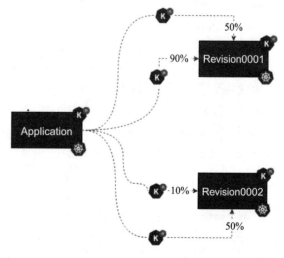

图 7-15　Knative 基于 Route 的 Revision 分流

注意 不要将 Knative Service 和 Kubernetes Service 混淆，它们是不同的资源。

一个 Service 通常要确保有一个 Configuration 和一个 Route，而 Revision 通常在 Configuration 中定义。因此，我们通常在一个 Service 定义文件中就包含其他三个对象（Configuration、Route 和 Revision），这也是推荐的做法。在 Service 中，如果未定义 Route，则 Service 会创建一个默认 Route，并将其指向最新就绪的 Revision。另外，用户每次修改 Service，都会相应地生成新 Revision。我们推荐使用一个 Service 来编排 Route 和 Configuration。

```
#more knative-helloworld/service.yml
apiVersion: serving.knative.dev/v1alpha1
kind: Service
metadata:
  name: knative-helloworld
  namespace: default
spec:
  runLatest:
    configuration:
      revisionTemplate:
        spec:
          container:
            image: docker.io/gswk/knative-helloworld:latest
```

在这个 Service 定义文件中，我们看到了 Configuration 和 Revision 的定义，但是没有出现 Route，因此 Service 会默认创建一个指向最新就绪的 Revision 的 Route。当然，用户也可以后续再定义一个自己的 Route，然后将流量指向需要的 Revision。

（5）Autoscaler 与 Activator

对于 Serverless 框架而言，一个基本的功能也是必需的功能就是自动伸缩能力，包括伸缩至零，然后再由零自动扩容到满足访问需求的数量。也就是说，Serverless 负载应可以一直缩容至零，而这也意味着如果没有请求进入，则不会有容器实例运行。目前，Knative Serving 使用两个关键组件来实现这个功能，即 Autoscaler 和 Activator。Knative 以 Pod 形式来实现 Autoscaler 和 Activator，因此，在 Knative 命名空间中，会看到 Autoscaler 和 Activator 与其他 Serving 组件一起出现。

```
# oc get pods -n knative-serving
NAME                          READY   STATUS    RESTARTS   AGE
activator-69dc4755b5-p2m5h    2/2     Running   0          7h
autoscaler-7645479876-4h2ds   2/2     Running   0          7h
controller-545d44d6b5-2s2vt   1/1     Running   0          7h
webhook-68fdc88598-qrt52      1/1     Running   0          7h
```

　　Autoscaler 负责收集特定 Revision 上与并发请求数量有关的信息。为了实现自动伸缩功能，Revision Pod 中运行有两个容器：一个是用于收集并发访问信息的 queue-proxy 容器，另一个是运行用户指定镜像的用户应用容器。queue-proxy 会检测 Revision 上的并发量，然后每隔一秒将数据发送给 Autoscaler。Autoscaler 再以每两秒一次的周期对这些指标进行评估。根据评估结果，Autoscaler 将决策是增加还是减少相应的 Revision 的部署规模。Autoscaler 和 Activator 与 Knative 的 Route 和 Revision 的交互机制如图 7-16 所示。

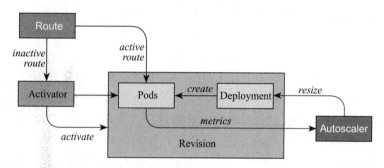

图 7-16　Autoscaler 和 Activator 与 Knative 的 Route 和 Revision 的交互机制

　　默认情况下，Autoscaler 将会维持每个 Pod 每秒平均 100 个的并发请求。当然，并发上限值和并发平均窗口都可以调整。另外，Autoscaler 也可以配置为 Kubernetes HPA（Horizontal Pod Autoscaler），而不是使用默认的配置。当配置为 HPA 时，Knative Serving 将基于 CPU 使用率来进行自动伸缩，但不支持缩容至零。例如，一个 Revision 每秒收到 1000 个请求，并且每次请求的处理时间约为 0.5 秒，如果使用的是默认设置，即每 Pod 100 个并发请求，那么，根据如下计算：

```
1000 * .5 = 500
500 / 100 = 5
```

　　这个 Revision 的 Pod 数目将扩展至 5 个，也就是说当访问到来时，Knative Serving 将自动启动 5 个 Pod 来应对并发访问（即 Pod 数由 0 自动变为 5）。

　　Autoscaler 也负责缩容至零。在 Knative 中，只有当 Revision 处于 Active 状态时才能接收请求。当 Revision 的每个 Pod 收到的平均并发数在连续 30 秒内都为 0 时，Autoscaler 就会将其置为 Reserve 状态，此时这个 Revision 将停止接收请求。此时，其底层部署将缩容至零，并且所有到此的流量均会被路由至 Activator 组件。Activator 是 Knative Serving 中的一个共享组件，所有到处于 Reserve 状态的 Revision 的流量都会经过它。Activator 在收到目标为处于 Reserve 状态的某个 Revision 的请求后，会将该 Revision 变为 Active 状态，然后将请求转发至其对应的 Pod。

7.4.3　事件系统 Eventing

　　Knative Serving 服务系统的主要功能，在于实现 Serverless 应用的运行和生命周期的管理，如自动伸缩、函数实现方式等，而 Serverless 软件架构一个最主要特征就是应用的事件驱动，即应用的运行与否应该由事件来驱动。事件概念的提出，使得函数和具体的应用调用方能够解耦，函数应用无须关心发起者是谁，只需做到有需求则响应，无需求则休眠，同时事件的发起者也不用关心自己的请求会被谁处理。就目前而言，Serverless 领域有众多的产品和实现框架，几乎每一种 Serverless 产品都有自己的事件源和事件定义，例如，AWS Lambda 有很多 AWS 云服务产品的事件源，而 OpenWhisk 中有很多 IBM Watson 系统的事件源。Knative 作为标准化 Serverless 框架，当然也会实现事件源；不仅如此，Knative 还联合 CNCF 在做事件标准化的工作，并且孵化出了 CloudEvents 这个项目。

事件驱动架构在实践中应用得非常广泛，例如，IoT 中的传感终端上传一次数据时调用一次函数进行响应，文件上传至 FTP 站点时调用一次函数进行数据分析或存储，物品销售时调用一次函数进行支付和库存信息更新处理等。在传统应用中，通常在程序中以事件监听的方式来实现这些功能；而在 Serverless 架构下，应用程序和事件监听被完全解耦，而 Knative 中的 Serving 和 Eventing 系统正是这种解耦的体现。在 Knative 中，我们无须在 Serverless 应用中实现事件的监听，而只需通过 Eventing 系统来关注我们所关心的事件是否发生，如果发生，则交由 Serving 系统进行处理即可。Knative 提供了一个抽象层使得事件的消费很简单，它提供了一个"事件"机制，用户无须编写特定的代码来选择消息代理，当事件发生时，应用程序完全不用关心它来自哪里或发到哪去。为了实现这个目标，Knative 引入了三个新的概念：Source、Channel 和 Subscription。

（1）Source

Source 就是事件的来源，它定义了事件在何处生成以及如何将事件传递给关注这一事件的对象。Knative 社区开发了许多开箱即用的源。例如 GCP PubSub（订阅 Google PubSub 服务中的主题并监听消息）、Kubernetes Event（收集 Kubernetes 集群中发生的所有事件）、GitHub（监视 GitHub 中的事件，如 Pull、Push 和创建发布等）和 Container Source（创建自己的事件源）等。每种事件源都会针对特定的应用场景，其中的 Container Source 允许用户以一种简单的方式轻松创建自定义的事件源，并打包为容器。Knative 预定义开箱即用的事件源清单在不断增加，全部可用事件源可参考 Knative 官方文档⊖。

不同事件源的配置中有不同的身份验证和配置要求。例如，在 GCP PubSub 中，会要求向 GCP 进行身份验证；而在 Kubernetes Event 中，也需要创建一个 ServiceAccount 账号，并且该账号应能读取 Kubernetes 集群内的全部事件。这里，我们以 Kubernetes Event 事件源为例，讲解如何使用事件源。首先，我们需要创建一个可以响应事件的服务，下面是创建服务的 YAML 文件。

```
apiVersion: serving.knative.dev/v1alpha1
kind: Service
```

⊖ https://knative.dev/docs/eventing/.

```
metadata:
  name: knative-eventing-demo
spec:
  runLatest:
    configuration:
      revisionTemplate:
        spec:
          container:
            image: docker.io/gswk/knative-eventing-demo:latest
```

然后，还需要创建一个能访问 Kubernetes 集群事件的服务账户，下面是它的 YAML 定义文件。

```
apiVersion: v1
kind: ServiceAccount
metadata:
  name: events-sa
  namespace: default
---
apiVersion: rbac.authorization.k8s.io/v1
kind: Role
metadata:
  creationTimestamp: null
  name: event-watcher
rules:
- apiGroups:
  - ""
  resources:
  - events
  verbs:
  - get
  - list
  - watch
---
apiVersion: rbac.authorization.k8s.io/v1
kind: RoleBinding
metadata:
  creationTimestamp: null
  name: k8s-ra-event-watcher
roleRef:
  apiGroup: rbac.authorization.k8s.io
  kind: Role
  name: event-watcher
```

```
subjects:
- kind: ServiceAccount
  name: events-sa
  namespace: default
```

上述定义文件中，我们创建了一个名为"events-sa"的服务账户（ServiceAccount）。现在，将这个 YAML 文件应用到我们的 Kubernetes 集群中。

```
//Kubernetes 原生环境
kubectl apply -f knative-eventing-demo/serviceaccount.yaml
//OpenShift 环境
oc apply -f knative-eventing-demo/serviceaccount.yaml
```

服务账户创建完成后，即可利用这个账户定义一个 Kubernetes 事件源实例，下面是定义 Kubernetes 事件源的 YAML 文件。

```
apiVersion: sources.eventing.knative.dev/v1alpha1
kind: KubernetesEventSource
metadata:
  name: k8sevents
spec:
  namespace: default
  serviceAccountName: events-sa
  sink:
    apiVersion: eventing.knative.dev/v1alpha1
    kind: Channel
    name: knative-eventing-demo-channel
```

上述定义文件中，我们定义了一个名为 k8sevents 的 Kubernetes 事件源，它使用"events-sa"服务账户，以及一个名为 knative-eventing-demo-channel 的通道（Channel）类型的事件接收器。接收器就是事件发送的目的地，后面将会重点介绍 Channel 接收器。

（2）Channel

Source 定义了事件源。在事件的传输过程中，我们可以将事件直接发送给服务。但是，如果接收并响应事件的服务此时处于关闭状态，或者需要将同一个事件同时发送给多个服务，那该怎么办呢？为了解决这个问题，Knative 引入了 Channel 机制。Channel 能缓冲和持久地存储消息，因此，即使目标服务已被关闭，随后仍然可以将事件传递到该服务。在 Source 部分定义事件源时，我们曾经使用到了一个 Channel，现在，我们继续来定义这个 Channel。

```
v1alpha1
kind: Channel
metadata:
```

```
    name: knative-eventing-demo-channel
spec:
  provisioner:
    apiVersion: eventing.knative.dev/v1alpha1
    kind: ClusterChannelProvisioner
    name: in-memory-channel
```

上述定义文件中，我们创建了一个名为 knative-eventing-demo-channel 的 Channel（通道），并定义了通道类型 in-memory-channel（内存通道）。事实上，通过 ClusterChannel-Provisioner，Knative Channel 的实现采用了可插拔式设计。因此，除了 in-memory-channel，Knative 还支持其他类型的 Channel，如 GCP PubSub（谷歌云消息发布订阅系统）、Kafka（分布式发布订阅消息系统）和 NATS（高性能的开源消息系统）。通过 Channel，Knative 将来自事件源的事件持久化缓存至通道内，但是，通道内的事件又是如何被发送至服务的呢？这就是接下来即将介绍的 Subscription（订阅）所做的事情。

（3）Subscription

事件被发送到通道后，Knative 通过订阅功能将事件转交给订阅了该事件的服务并由其进行处理。订阅是通道（Channel）和服务（Service）之间的桥梁，Knative 利用订阅功能，管理整个系统中的事件路由。截至本书写作时，Knative 中的事件可以通过两种方式发送至服务，一种是事件源直接到服务的简单事件传递方式，另一种就是 Source → Channel → Subscription 的复杂事件传递方式。图 7-17 即是 Knative 中事件到服务的传递流程。

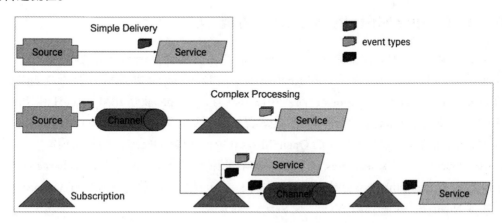

图 7-17　Knative 中事件到服务的传递流程

为了解耦并标准化服务和事件，Knative 中的服务并不关心事件或请求的来源，也不关心如何获取这些事件或请求。对 Knative 中服务的请求可以来自 HTTP 入口网关，也可以是从通道发送过来的事件。而不论请求来自何处，Knative 服务仅接收 HTTP 请求，这是 Knative 将应用代码与底层架构解耦的重要体现，也是确保 Knative 应用可以跨平台迁移的重要保障。现在，我们来创建一个订阅，这个订阅将事件从前文创建的 knative-eventing-demo-channel 通道中提取出来，并发送给 knative-eventing-demo 服务，下面是订阅的 YAML 文件。

```
apiVersion: eventing.knative.dev/v1alpha1
kind: Subscription
metadata:
  name: knative-eventing-demo-subscription
spec:
  channel:
    apiVersion: eventing.knative.dev/v1alpha1
    kind: Channel
    name: knative-eventing-demo-channel
  subscriber:
    ref:
      apiVersion: serving.knative.dev/v1alpha1
      kind: Service
      name: knative-eventing-demo
```

至此，一个完整的事件驱动 Serverless 应用（Source → Channel → Subscription）已构建完成。Kubernetes 集群中的事件将会被记录下来，并发送到 Knative 定义的通道中，最后转交给 Knative 服务进行处理。

7.5　基于 OpenShift 的 Knative 实现

OpenShift 是 RedHat 在云原生时代最核心的产品，围绕 OpenShift 容器平台，RedHat 构建起了一个完整的云原生生态。在 Knative 诞生之前，RedHat 以 IBM 开源的 OpenWhisk 为核心来打造 OpenShift Functions 产品。2018 年 7 月，Google 联合 IBM、RedHat、Pivotal 和 SAP 等企业发布 Knative 后，作为 Knative 背后的主要推手之一，RedHat 迅速将 Knative 整合至 OpenShift 中，在最新发布的 OpenShift 4.0 中，已提供 Knative 的技术预览版。事实上，由于 OpenShift 对 Kubernetes 和 Docker 容器的原生兼容性，诞生于后 Kubernetes 时代的 Knative 与 OpenShift 的整合是水到渠成的事。本节中，我们将介绍如何在 OpenShift 上部署实现 Knative，并基于 Knative 实现 Serverless 应用。

7.5.1　部署 OpenShift

关于 OpenShift 的部署和运维操作，请参考第 3 章，这里不再赘述。需要指出的是，如果希望快速体验基于 Knative 的 Serverless 应用，可以通过 All-In-One 的方式快速自动化部署 OpenShift。本章重点是介绍 Knative 的功能，因此我们这里采用 All-In-One 的方式来快速部署 OpenShift（OKD），并在部署完成后检查 OpenShift 运行情况。

```
[root@os311 ~]# oc get nodes
NAME                    STATUS    ROLES          AGE      VERSION
os311.test.it.example.com    Ready        compute,infra,master    94d
v1.11.0+d4cacc0
[root@os311 ~]# oc get projects
NAME                 DISPLAY NAME        STATUS
default                                  Active
kube-public                             Active
kube-system                             Active
management-infra                        Active
openshift                               Active
openshift-infra                         Active
openshift-logging                       Active
openshift-node                          Active
openshift-sdn                           Active
openshift-web-console                   Active
[root@os311 ~]# oc project default
Now using project "default" on server
"https://os311.test.it.example.com:8443".
```

在浏览器上登录 https://os311.test.it.example.com:8443，即可访问 OKD 的 Web 界面，如图 7-18 所示。

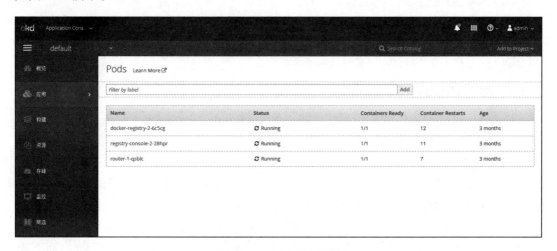

图 7-18　OKD Web 界面

在图 7-18 中，我们进入的是 Default 项目，所以会看到运行有 Docker Registry、Registry console 和 Router 3 个 Pod，这部分属于 OpenShift 安装配置的内容，这里不再赘述。确保 OpenShift 环境正常运行后，我们将继续介绍 Knative 实战。

7.5.2 部署 Istio

Knative 是基于 Kubernetes 和 Istio 实现的 Serverless 平台框架，因此在部署 Knative 之前，必须确保你的 Kubernetes 集群中已部署 Istio 服务网格。有关 Istio 在 OpenShift 上的部署实践，请参考 6.4 节，这里不再赘述。Istio 部署完成后，会在 OpenShift 中创建一个名为"Istio-system"的命名空间，请确保在该命名空间中，出现如下的 Pod 及其状态：

```
# oc get pods -w -n istio-system
NAME                                    READY    STATUS       RESTARTS    AGE
grafana-7f6cd4bf56-2xjq8                1/1      Running      0           1h
istio-citadel-7dd558dcf-69sl7           1/1      Running      1           66d
istio-cleanup-secrets-5zj22             0/1      Completed    0           92d
istio-egressgateway-88887488d-vk8h7     1/1      Running      5           92d
istio-galley-787758f7b8-l2jqq           1/1      Running      1           66d
istio-grafana-post-install-fnhb5        0/1      Completed    0           92d
istio-ingressgateway-58c77897cc-n6crt   1/1      Running      5           92d
istio-pilot-86cd68f5d9-jsx2q            2/2      Running      10          92d
istio-policy-56c4579578-xrh45           2/2      Running      20          92d
istio-security-post-install-pp4hb       0/1      Completed    0           92d
istio-sidecar-injector-d7f98d9cb-btqfk  1/1      Running      2           66d
istio-telemetry-7fb48dc68b-bhbqf        2/2      Running      31          92d
istio-tracing-7596597bd7-jgl2x          1/1      Running      1           66d
prometheus-76db5fddd5-529h8             1/1      Running      0           1h
servicegraph-56dddff777-z8kgw           1/1      Running      0           1h
```

如果看到上述 Pod 状态，则表明你的 Istio 已经部署成功。接下来即可部署 Knative 相关组件。

7.5.3 部署 Knative Serving

前文中，我们介绍了 Knative 的三大核心组件：Build、Serving 和 Eventing。在 Knative 中，这三大核心组件是解耦并可以独立部署的，其中 Knative 的核心部分是 Serving，Knative 中的 Serverless 应用功能几乎全由 Serving 系统实现。为了快速验证 Knative 中的 Serverless 应用功能，本节中，我们仅部署 Knative Serving，并通过预编译的镜像和 HTTP 请求，来验证和测试 Knative 中的 Serverless 应用功能。

在 OpenShift 中部署 Knative 很简单，前提是准备工作要充分，如授权和相应的部署容器镜像必须存在。因此，在正式部署 Knative Serving 之前，我们首先需要在 OpenShift 中进行相应的权限设置。

```
oc adm policy add-scc-to-user anyuid -z build-controller -n knative-build
oc adm policy add-scc-to-user anyuid -z controller -n knative-serving
oc adm policy add-scc-to-user anyuid -z autoscaler -n knative-serving
```

```
    oc adm policy add-cluster-role-to-user cluster-admin -z build-controller -n\
knative-build
    oc adm policy add-cluster-role-to-user cluster-admin -z controller -n knative-\
serving
```

接下来，如果你是在在线环境中，则可以一键部署 Knative Serving。

```
curl -L https://storage.googleapis.com/knative-releases \
/serving/latest/serving.yaml | sed 's/LoadBalancer/NodePort/' \
  | oc apply --filename -
```

如果你是在离线环境中，则可预先下载部署文件 serving.yaml，再将此文件涉及的容器镜像全部同步到本地，然后通过下面的方式部署 Knative Serving。

```
sed 's/LoadBalancer/NodePort/' serving.yaml
oc apply —f serving.yaml
```

需要强调的是，部署文件 serving.yaml 用到的镜像全位于 Google 容器仓库 GCR（Google Container Registry）中，考虑到部分读者可能无法直接从 GCR 中获取镜像，为了便于大家测试 Knative，笔者已将获取的 Knative 镜像推送到 Dockerhub 上的 warrior 仓库中，有需要的读者朋友可以通过 pull 命令自行获取。

```
docker pull docker.io/warrior/webhook:latest
docker pull docker.io/warrior/queue:latest
docker pull docker.io/warrior/fluentd-elasticsearch:latest
docker pull docker.io/warrior/controller:latest
docker pull docker.io/warrior/autoscaler:latest
docker pull docker.io/warrior/activator:latest
```

说明　Knative 当前最新版本是 0.6，后续如需更新镜像，则仍然需要从 GCR 中同步。这里提供一个简单的思路，就是在 GitHub 上编写构建 Knative 镜像的 Dockerfile 文件，然后将你的 Dockerhub 账户与 GitHub 账户关联，这样在 Dockerhub 上以在线方式构建 Knative 镜像时，将会自动获取 GitHub 上的 Dockerfile 文件，并从 GCR 中获取需要的 Knative 镜像，然后再从 Dockerhub 将构建好的 Knative 镜像 Pull 到本地⊖。为了便于更新镜像，笔者已在 GitHub 上开源了从 GCR 获取 Knative 镜像的 dockerfile 文件⊖，读者朋友只需 Fork 对应的 Repository，然后将其关联到自己的 Dockerhub 账户即可。

Knative Serving 部署完成后，检查对应的 Pod 是否都处于正常状态。

```
[root@os311 knative]# oc get pods -n knative-serving
```

⊖　可参考 https://blog.csdn.net/madmanvswarrior/article/details/87908996.

⊖　https://github.com/ynwssjx/knative-image-pull.

```
NAME                          READY   STATUS    RESTARTS   AGE
activator-5987b8967d-7b4cl    2/2     Running   1          10m
autoscaler-5cb6ddcdc7-9fb45   2/2     Running   1          10m
controller-d6b769678-26b2r    1/1     Running   0          10m
webhook-6d6b5bd9db-7xl9h      1/1     Running   0          10m
```

如果在你的 OpenShift 集群中可以看到上述 Pod 处于运行状态，说明 Knative Serving 已在你的集群环境中正常运行，接下来即可部署 Serverless 应用。

7.5.4 部署 Serverless 应用

部署应用之前，系统需要满足两个条件：一个是 Knative 已正常运行，另一个是需要部署的 Serverless 应用镜像已经存在。这里，我们部署 Knative 社区中的一个测试样例 HelloWorld[⊖]，这是一个 Go 语言编写的测试程序。样例程序从环境变量中获取 Target 变量的值，然后输出 Hello ${TARGET}!，如果用户未指定 Target，则用 World 来作为 Target 的默认值，输出 "HelloWorld！"。在实际部署过程中，你可以自己参考官方网站[⊖]编写 Dockerfile 文件构建这个应用的镜像文件，也可以到 Dockerhub 中下载镜像文件。

```
docker pull docker.io/warrior/knative-sample:latest
```

应用程序的镜像准备完成后，创建一个部署应用的 service.yaml 文件。

```yaml
apiVersion: serving.knative.dev/v1alpha1 # Current version of Knative
kind: Service
metadata:
  name: helloworld-go # The name of the app
  namespace: default # The namespace the app will use
spec:
  runLatest:
    configuration:
      revisionTemplate:
        spec:
          container:
// The URL to the image of the app
            image: docker.io/warrior/knative-samples:latest
            env:
// The environment variable printed out by the sample app
              - name: TARGET
                value: "Go Sample v1
```

⊖ https://github.com/knative/docs/tree/v0.6.x/docs/serving/samples/hello-world/helloworld-go.

部署 HelloWorld 应用。

```
oc apply -f service.yaml
```

执行上述命令后，Knative 内部会执行以下几个步骤：

1）为当前应用程序版本创建一个不可变 Revision。

2）为应用程序创建网络功能组件，包括 route、ingress、service 和 loadbalancer。

3）根据请求情况自动扩展或缩减 Pod 数目，包括缩减至 0。

在上述 service.yaml 文件中，我们看到应用的名称为"helloworld-go"，位于 Default 命名空间。应用创建完成后，检查 Default 命名空间中的 Pod。

```
[root@os311 ~]# oc get pods -n default
NAME                      READY   STATUS    RESTARTS   AGE
docker-registry-2-6c5cg   1/1     Running   11         128d
registry-console-2-28hpr  1/1     Running   10         128d
router-1-qsblc            1/1     Running   6          129d
```

如上，没有发现任何与 helloworld-go 相关的 Pod，这是为什么呢？这里只有两种情况：一是应用部署失败，二是应用部署后对应启动的 Pod 数量为 0。在传统应用中，Pod 没有启动则意味着应用启动失败，这是异常行为；而在 Serverless 架构下，在没有请求或事件驱动时，如果启动的 Pod 数不为 0，则是异常行为，因为 Serverless 架构的一个重要特征就是应用必须由事件驱动，否则应用应处于休眠状态，不消耗云计算资源。部署成功后的 helloworld-go 应用如图 7-19 所示。

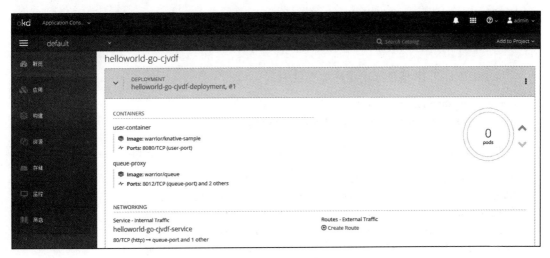

图 7-19　部署完成后的 helloworld-go 应用

在图 7-19 中，我们可以明确看到，Defualt 命名空间中与 helloworld-go 应用的 Pod 数目为 0，在没有外部请求或事件驱动的情况下，即使我们手动强制将 Pod 数目由 0 扩展至

1，Knative 也会迅速将其由 1 缩减至 0。而这，正是 Serverless 架构或者 Knative 的特性，真正按需运行、按需弹性使用资源。

7.6 Knative 应用验证与测试

7.6.1 事件驱动

Serverless 应用在 Knative 上创建完成后，如果没有访问请求，则应用处于休眠状态，此时对应的 Pod 数目为 0。根据 Knative 的架构设计原理，当有请求访问时，应用的 Pod 会自动扩展（包括从 0 开始扩展），而在等待一段时间后，如果仍然没有访问请求，则应用对应的 Pod 数目应该缩减（包括缩减至 0）。上节中，我们在 Knative 上部署了 helloworld-go 应用，接下来，我们将测试 helloworld-go 对请求的响应情况。

在访问 Knative 上的 Serverless 应用时，我们需要预先知道 Knative 为应用创建的 host URL 和 IP 地址。可通过下面的方式获取应用 IP 地址。

```
IP_ADDRESS=$(kubectl get svc istio-ingressgateway  --namespace \
istio-system —output 'jsonpath={.status.loadBalancer.ingress[0].ip}')
[root@os311 knative]# echo $IP_ADDRESS
172.29.122.36
```

可通过下面的方式获取应用 host URL 地址。

```
oc get ksvc helloworld-go  -n default --output=custom-columns \
=NAME:.metadata.name,DOMAIN:.status.domain
NAME            DOMAIN
helloworld-go   helloworld-go.default.example.com
```

将 host URL 和 IP 地址导出至环境变量中。

```
export IP_ADDRESS=172.29.122.36
export HOST_URL=helloworld-go.default.example.com
```

在向 helloworld-go 应用发送请求之前，动态跟踪 Default 命名空间内 Pod 的变化。

```
[root@os311 ~]# oc get pods -w -n default
NAME                     READY   STATUS    RESTARTS   AGE
docker-registry-2-6c5cg  1/1     Running   11         128d
registry-console-2-28hpr 1/1     Running   10         128d
router-1-qsblc           1/1     Running   6          129d
```

注意，此时没有 helloworld-go 相关的 Pod。然后，向 helloworld-go 发起访问请求。

```
[root@os311 knative]# curl -H "Host: ${HOST_URL}" http://${IP_ADDRESS}
```

此时，注意观察 Default 命名空间内 Pod 的变化。

```
[root@os311 ~]# oc get pods -w -n default
NAME                                              READY    STATUS      RESTARTS    AGE
docker-registry-2-6c5cg                           1/1      Running     11          128d
registry-console-2-28hpr                          1/1      Running     10          128d
router-1-qsblc                                    1/1      Running     6           129d
helloworld-go-cjvdf-deployment-98f7d5c65-mglnn    0/3      Pending             0      0s
helloworld-go-cjvdf-deployment-98f7d5c65-mglnn    0/3      Pending             0      0s
helloworld-go-cjvdf-deployment-98f7d5c65-mglnn    0/3      Init:0/1            0      1s
helloworld-go-cjvdf-deployment-98f7d5c65-mglnn    0/3      Init:0/1            0      4s
helloworld-go-cjvdf-deployment-98f7d5c65-mglnn    0/3      PodInitializing 0      5s
helloworld-go-cjvdf-deployment-98f7d5c65-mglnn    2/3      Running             0      13s
helloworld-go-cjvdf-deployment-98f7d5c65-mglnn    3/3      Running             0      16s
```

此时，再来看 Default 命名空间中的 Pod 情况。

```
[root@os311 ~]# oc get pods -w -n default
NAME                                              READY    STATUS      RESTARTS    AGE
docker-registry-2-6c5cg                           1/1      Running     11          128d
helloworld-go-cjvdf-deployment-98f7d5c65-mglnn    3/3      Running     0           1m
registry-console-2-28hpr                          1/1      Running     10          128d
router-1-qsblc                                    1/1      Running     6           129d
```

可以看到，Default 命名空间中出现了对应 helloworld-go 的 Pod，这个 Pod 中运行有 3 个容器。与之对应，在 OpenShift 的 Web 控制台上，也会看到 helloworld-go 的 Pod 数目由 0 变为 1，如图 7-20 所示。

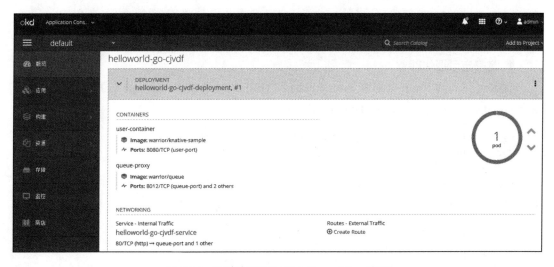

图 7-20　有请求访问时的 helloworld-go 应用

当 helloworld-go 应用的 Pod 被激活后，我们发出的请求就会得到预期的结果。

```
[root@os311 knative]# curl -H "Host: ${HOST_URL}" http://${IP_ADDRESS}
HelloWorld: Go Sample v1!
```

本节中，我们手动发起的 curl 请求属于一次性请求，根据 Knative 的设计，在当前请求响应完成后，如果没有后续的请求，则应用 Pod 数目将缩减至 0。示例中，当我们得到返回结果一段时间后，再来检查 Default 命名空间中的 Pod，会发现 helloworld-go 应用的 Pod 已经消失了。

```
[root@os311 ~]# oc get pods -n default
NAME                         READY    STATUS     RESTARTS   AGE
docker-registry-2-6c5cg      1/1      Running    11         128d
registry-console-2-28hpr     1/1      Running    10         128d
router-1-qsblc               1/1      Running    6          129d
```

通过本节 helloworld-go 应用示例，我们可以看到，基于 Knative 的应用确实实现了 Serverless 应用的目标。应用完全由事件或请求驱动，真正实现了资源的按需消耗、弹性伸缩，本节中我们仅发起了一次性请求，下一节中，我们将演示向应用同时发起多个请求，并观察 Knative 应用在应对多并发请求时的自动弹性扩展能力。

7.6.2　自动伸缩

本节中，我们将通过压力测试工具，模拟并行负载持续向 Knative 应用发送并行请求，观察 Knative 应用的自动伸缩（Autoscaling）能力。本节使用的示例代码源自 Knative 社区一个名为 autoscale-go 的应用⊖，为了以图形化方式观察 Knative 应用的自动伸缩功能，我们在正式将 autoscale-go 部署到 Knative 之前，先在系统上部署模拟负载生成工具 hey⊜，并为 Knative 安装性能指标监控工具 Prometheus 和图形显示工具 Grafana。

1. 监控与可视化部署
首先，我们为 Knative 部署 Prometheus 和 Grafana。下载 Knative 的集群指标监控部署文件 monitoring-metrics-prometheus.yaml⊜。

```
wget https://github.com/knative/serving/releases/download\
/v0.3.0/monitoring-metrics-prometheus.yaml
```

monitoring-metrics-prometheus.yaml 部署文件中需要用到多个镜像，如果是离线部署，请将需要的镜像 Pull 到本地。

⊖ https://github.com/knative/docs/tree/v0.6.x/docs/serving/samples/autoscale-go.

⊜ https://github.com/rakyll/hey.

⊜ 这里使用的是 0.3.0 版本部署文件，请根据需要选择自己的版本。

```
docker pull quay.io/coreos/kube-rbac-proxy:v0.3.0
docker pull quay.io/coreos/kube-state-metrics:v1.3.0
docker pull quay.io/prometheus/node-exporter:v0.15.2
docker pull quay.io/coreos/kube-rbac-proxy:v0.3.0
docker pull quay.io/coreos/monitoring-grafana:5.0.3
docker pull prom/prometheus:v2.2.1
docker pull k8s.gcr.io/addon-resizer:1.7
```

至于 addon-resizer 镜像，可到笔者的 Dockerhub 上下载到本地，然后再将其 Tag 为上述镜像。

```
docker pull warrior/addon-resizer:latest
docker tag warrior/addon-resizer:latest k8s.gcr.io/addon-resizer:1.7
```

镜像准备就绪后，可以直接应用 monitoring-metrics-prometheus.yaml 部署文件。由于该部署文件会在 OpenShift 中创建一个名为"Knative-monitoring"的命名空间，因此在应用部署文件前，需要进行相应的授权设置。

```
oc adm policy add-scc-to-user anyuid -z kube-state-metrics -n knative-monitoring
oc adm policy add-scc-to-user anyuid -z node-exporter -n knative-monitoring
oc adm policy add-scc-to-user anyuid -z prometheus-system -n knative-monitoring
oc adm policy add-scc-to-user anyuid -z default -n knative-monitoring
oc adm policy add-cluster-role-to-user cluster-admin -z kube-state-metrics -n \
knative-monitoring
oc adm policy add-cluster-role-to-user cluster-admin -z node-exporter -n knative-\
monitoring
oc adm policy add-cluster-role-to-user cluster-admin -z prometheus-system  -n\
knative-monitoring
oc adm policy add-cluster-role-to-user cluster-admin -z default  -n knative-\
monitoring
```

然后，应用 monitoring-metrics-prometheus.yaml 部署文件。

```
oc apply -f monitoring-metrics-prometheus.yaml
```

检查相应的 Pod 是否正常运行。

```
[root@os311 knative]# oc get pods -n knative-monitoring
NAME                            READY    STATUS     RESTARTS    AGE
grafana-79cf95cc7-qmp9p         1/1      Running    0           40s
kube-state-metrics-6597987945-wgmbj  4/4  Running   0           32s
node-exporter-qpzx6             2/2      Running    0           41s
prometheus-system-0             1/1      Running    0           38s
prometheus-system-1             1/1      Running    0           38s
```

如果看到上述 Pod 及其运行状态，则说明 monitoring-metrics-prometheus.yaml 文件已

被成功部署，Knative 应用已被 Prometheus 监控，并可通过 Grafana 进行可视化。如果要访问 Grafana 界面，则先为 Grafana 服务设置访问路由。

```
[root@os311 ~]# oc expose svc grafana -n knative-monitoring
[root@os311 ~]# oc get route  -n knative-monitoring
NAME        HOST/PORT
grafana     grafana-knative-monitoring.apps.os311.test.it.example.com
```

在浏览器输入 http://grafana-knative-monitoring.apps.os311.test.it.example.com，即可访问 Grafana 的可视化页面，如图 7-21 所示。

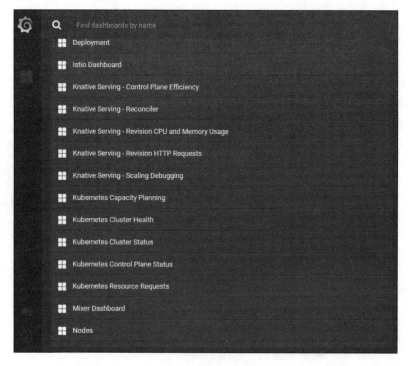

图 7-21　Knative 监控页面

从图 7-21 可以看到，Knative 不仅对自身进行监控，还对 Istio 和 Kubernetes 进行监控，其实这也很好理解，因为 Knative 是基于 Kubernetes 和 Istio 实现的 Serverless 框架，因此要监视 Knative 集群的行为，必然也要监视 Istio 和 Kubernetes，这也是 Knative 的优势所在，用户只需关注上层的 Knative，而不用关心底层较为复杂的 Kubernetes 和 Istio。另外，为了节约资源，部署 Knative 监控后，即可停止原有的 Istio 和 Kubernetes 监控服务。

2. 压测工具部署

我们现在来安装压力测试工具 hey。hey 依赖于 Go 语言，因此如果系统中未安装 Go 语言，则需预先安装 Go。

```
yum install -y go
```

由于网络原因，Go 安装后在 go/src/golang.org/x 目录下可能没有任何文件。此时，需要手工下载这些文件并将其上传到 go/src/golang.org/x 目录下。为了便于读者朋友下载，笔者已将这些文件存放于 GitHub 上（github.com/ynwssjx/golang.org），只需下载、上传和解压即可。Go 成功安装后，再来部署 hey 工具。

```
go get -u github.com/rakyll/hey
```

假如我们的 Go 和 hey 都在 root 目录下进行安装，则 hey 工具可执行文件位于下面的目录中。

```
[root@os311 bin]# pwd
/root/go/bin
[root@os311 bin]# ls -l
total 8908
-rwxr-xr-x 1 root root 9118459 Jun  8 23:00 hey
```

为了便于使用，我们需要将 /root/go/bin 加入到系统路径 PATH 中，然后便可直接使用 hey 命令行工具。

3. autoscale-go 应用部署

上述准备工作完成后，我们现在来部署 autoscale-go。首先将测试用例项目复制到本地。

```
git clone -b "release-0.3" https://github.com/knative/docs knative-docs
cd knative-docs
```

找到 knative-docs/docs/serving/samples/autoscale-go 目录下的 service.yaml 部署文件。

```
apiVersion: serving.knative.dev/v1alpha1
kind: Service
metadata:
  name: autoscale-go
  namespace: default
spec:
  runLatest:
    configuration:
      revisionTemplate:
        metadata:
          annotations:
            # Target 10 in-flight-requests per pod.
            autoscaling.knative.dev/target: "10"
        spec:
          container:
            image: gcr.io/knative-samples/autoscale-go:0.1
```

autoscale-go 应用的镜像位于 GCR 仓库中，不能正常获取的读者，可到笔者 Dockerhub 进行下载，然后再将其 Tag 成 GCR 镜像。

```
docker pull warrior/autoscale-go:latest
docker tag warrior/autoscale-go:latest gcr.io/knative-samples\
/autoscale-go:0.1
```

应用部署文件如下。

```
oc apply -f knative-docs/docs/serving/samples/autoscale-go/service.yml
```

由于我们采用默认方式将应用部署在 Default 命名空间中，因此部署完成后，Default 命名空间中将会看到 Pod 数目为 0 的应用，如图 7-22 所示。

图 7-22　autoscale-go 应用部署结果

为了访问 autoscale-go 应用，我们需要获取应用的 host URL 和 IP 地址。

```
export IP_ADDRESS=`oc get svc istio-ingressgateway --namespace \
istio-system —output jsonpath="{.status.loadBalancer.ingress[*].ip}"`
export HOST_URL=`oc get ksvc autoscale-go  -n default \
--output=custom-columns=NAME:.metadata.name,DOMAIN:.status.domain`
```

现在，我们向 autoscale-go 应用发送请求，并观察其消耗的资源情况。

```
[root@os311]# curl --header "Host: ${HOST_URL}"\
"http://${IP_ADDRESS?}?sleep=100&prime=10000&bloat=5"
The largest prime less than 10000 is 9973.
Allocated 5 Mb of memory.
Slept for 100.59 milliseconds.
```

然后，我们再通过压力测试工具 hey 并行发送 50 个请求并持续 30 秒，观察 autoscale-go 应用的自动伸缩情况。

```
[root@os311 ~]# hey -z 30s -c 50 -host "${HOST_URL}" \
"http://${IP_ADDRESS?}?sleep=100&prime=10000&bloat-5"  && oc get pods\
-n default

Summary:
  Total:        30.2123 secs
  Slowest:      1.9020 secs
  Fastest:      0.1199 secs
  Average:      0.3574 secs
  Requests/sec: 48.1593

  Total data:   140500 bytes
  Size/request: 100 bytes

Response time histogram:
  0.120 [1]     |
  0.298 [757]   |■■■■■■■■■■■■■■■■■■■■■■■■■■■■■■■■■■■■■■■■■■
  0.476 [422]   |■■■■■■■■■■■■■■■■■■■■■■■■
  0.655 [163]   |■■■■■■■■■
  0.833 [12]    |■
  1.011 [2]     |
  1.189 [1]     |
  1.367 [12]    |■
  1.546 [29]    |■■
  1.724 [2]     |
  1.902 [4]     |

Latency distribution:
  10% in 0.1864 secs
  25% in 0.2199 secs
  50% in 0.2847 secs
  75% in 0.4243 secs
  90% in 0.5439 secs
  95% in 0.6194 secs
  99% in 1.4796 secs

Details (average, fastest, slowest):
  DNS+dialup:   0.0001 secs, 0.1199 secs, 1.9020 secs
  DNS-lookup:   0.0000 secs, 0.0000 secs, 0.0000 secs
  req write:    0.0000 secs, 0.0000 secs, 0.0015 secs
  resp wait:    0.3571 secs, 0.1197 secs, 1.9016 secs
```

```
resp read:      0.0001 secs, 0.0000 secs, 0.0171 secs

Status code distribution:
 [200] 1405 responses


NAME                                              READY   STATUS    RESTARTS   AGE
autoscale-go-fgszf-deployment-5ff7c96888-2dfft    3/3     Running   0          30s
autoscale-go-fgszf-deployment-5ff7c96888-8jrbw    3/3     Running   0          30s
autoscale-go-fgszf-deployment-5ff7c96888-nwfsb    3/3     Running   0          32s
autoscale-go-fgszf-deployment-5ff7c96888-q7gcd    3/3     Running   0          30s
autoscale-go-fgszf-deployment-5ff7c96888-sqcl8    3/3     Running   0          27s
```

上述结果中，hey 给出了具体的请求响应统计分析，并且可以看到 autoscale-go 应用自动启动了 5 个 Pod 来处理请求，如图 7-23 所示。事实上，Knative 的 autoscaler 默认每个 Pod 接收的请求是 100，但是在我们部署 autoscale-go 应用的 service.yaml 文件中，我们将其设置成了 10。

```
......

annotations:
  # Target 10 in-flight-requests per pod.
  autoscaling.knative.dev/target: "10"
......
```

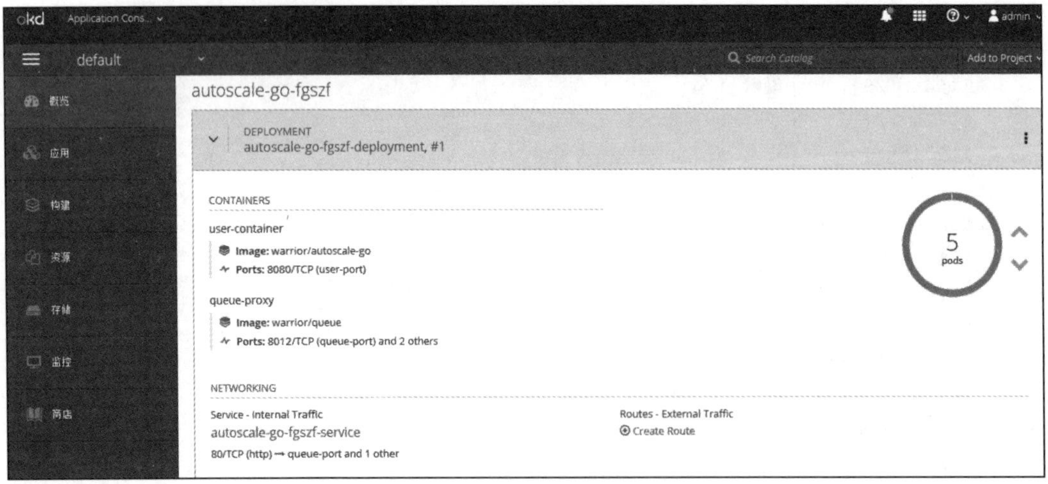

图 7-23　autoscale-go 应用自动弹性扩容

然后，hey 向应用发出的并行请求是 50，因此最终看到 Knative Serving 自动启动了 5（50/10）个 Pod 来响应请求。

另外，Knative Serving 的 autoscaler 支持自定义 Pod 扩展依据（默认根据每个 Pod 接

收的请求数来扩展 Pod），目前 Knative 支持两种 autoscaler 类型，分别是 kpa.autoscaling.
knative.dev（默认方式）和 hpa.autoscaling.knative.dev（根据 CPU 使用情况来扩展 Pods），
要自定义 autoscaler 类型，只需在服务部署文件的 Annotations 字段指定即可，例如，如果
要基于每个 Pod 的 CPU 使用情况来扩充 Pod 数目，则在部署文件中进行如下指定即可：

```
apiVersion: serving.knative.dev/v1alpha1
kind: Service
metadata:
  name: autoscale-go
  namespace: default
spec:
  template:
    metadata:
      annotations:
          // 基于标准的 Kubernetes CPU 使用情况来扩展
          autoscaling.knative.dev/class: hpa.autoscaling.knative.dev
          autoscaling.knative.dev/metric: cpu
    spec:
      containers:
        - image: gcr.io/knative-samples/autoscale-go:0.1
```

另外，如果采用默认的 autoscaler 类型，则每个 Pod 接收的请求数目、应用的最小和最
大 Pods 数目都是可以自定义的。

```
apiVersion: serving.knative.dev/v1alpha1
kind: Service
metadata:
  name: autoscale-go
  namespace: default
spec:
  template:
    metadata:
      annotations:
          // 使用默认的 pods 扩展方式
          autoscaling.knative.dev/class: kpa.autoscaling.knative.dev
          autoscaling.knative.dev/metric: concurrency
          // 每个 pods 只能接受 10 个请求
          autoscaling.knative.dev/target: "10"
          // 最小 pod 数为 1，即禁止缩减为 0
          autoscaling.knative.dev/minScale: "1"
          // pods 数目最多扩展到 100 个
          autoscaling.knative.dev/maxScale: "100"
    spec:
```

```
containers:
  - image: gcr.io/knative-samples/autoscale-go:0.1
```

通过本节示例，我们可以看到 Knative 应用在应对脉冲式突发并行请求时，确实做到了弹性伸缩，自动扩展应用的 Pod 数目来响应突发的并行请求。另外，通过 Grafana 监控界面，也可以直观地看到在脉冲式突发请求到来时系统内部的资源消耗情况，如图 7-24 和图 7-25 所示。

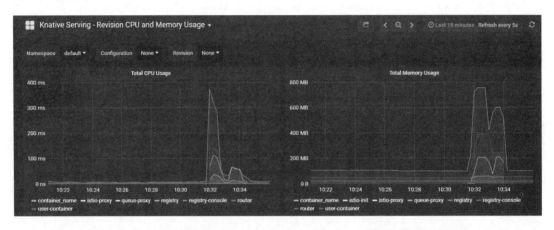

图 7-24 Knative Serving 中 autoscale-go 应用的 CPU 和内存资源消耗情况

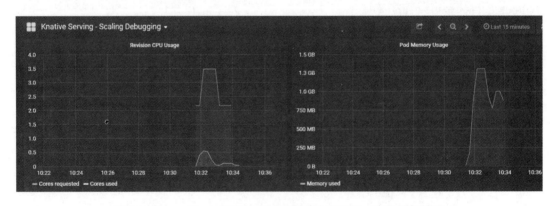

图 7-25 autoscale-go 应用在响应突发请求时的 Pod 资源消耗情况

从图 7-24 和图 7-25 中可以看到，系统内部资源的消耗与应用是否处理请求成正比。在没有外部请求时，系统内部资源消耗很少，尤其是 autoscale-go 应用几乎没有消耗资源，当脉冲式的外部请求突然出现时，系统内部的资源消耗也呈现脉冲状，这很好地解释了 Serverless 应用对系统资源的按需使用。

7.7　本章小结

本章从软件架构的演化讲起，介绍了传统单体架构、SOA 架构、微服务架构以及当前最热门的 Serverless 架构，同时介绍了 Serverless 与当前热门术语（如云原生、微服务、PaaS 和 FaaS）之间的区别与联系，并对目前主流的 Serverless 实现工具和框架平台进行了详细介绍。

由于 Serverless 架构的诸多优势，各种商业和开源版本的 Serverless 应用层出不穷，而各个版本之间平台依赖严重，难以进行 Serverless 应用的迁移，因此大多数企业用户在面对 Serverless 架构选型时，通常难以做出决策。为了标准化 Serverless 框架，基于 Kubernetes 和 Istio 的 Knative 应运而生，并以其运行一切应用负载和跨平台的架构设计而广受欢迎，加上 Google、IBM、RedHat 和 Pivotal 的力推，尽管 Knative 仍然十分年轻，但是已呈现出一统 Serverless 框架的趋势。本章对 Knative 的三大核心系统 Build、Serving 和 Eventing 进行了深入介绍，并在 OpenShift 上部署实现了 Knative。为了验证 Knative 的特性，本章还在 Knative 上部署了两个应用，同时对 Knative 的事件驱动、自动伸缩等核心功能进行了测试验证。

通过本章的学习，读者朋友应该能对软件架构的发展历史有大概的了解，并对未来软件架构——Serverless 有全方位的了解；通过实战操作演示，读者朋友应该能够熟练掌握 Knative 的部署和使用方法以及基于 Knative 的应用部署方式。

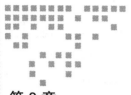

Spark 数据科学及其在 OpenShift 上的实践

长期以来，数据科学一直深藏"闺"中，似乎常人难以企及。终其原因，不仅因为分布式计算框架的缺失和不足，还在于数据科学所需基础设施资源难以得到满足，以及分布式计算框架实现的难度和门槛极高。随着底层基础架构设施的不断抽象，云计算掀起的技术革命为上层软件的架构设计带来了前所未有的变革，分布式计算框架在云计算的沃土上百花齐放，以 Hadoop 和 Spark 生态圈为引领的大数据时代将数据科学推向了普通大众，每一份梦想和创新思维都在数据科学的引擎中得以苗壮成长。然而，尽管云计算中的 IaaS 为我们解决了分布式计算框架资源获取的问题，但是计算框架从部署实现到运行维护的全生命周期管理问题仍然未能得到解决，而且围绕每种计算框架所衍生出的复杂生态圈，也极大地阻碍了数据科学的普及应用。随着 Docker 和 Kubernetes 的成熟应用，大数据生态圈软件也正在朝着云原生方向发展，其中尤以 Spark 的云原生进化最为成熟。本章中，我们将重点介绍以云原生 Spark 为核心的数据科学在 OpenShift 平台上的实现，为了验证 OpenShift 平台上云原生 Spark 集群在数据科学上的价值，我们还在 OpenShift 平台上以 Spark 计算框架为核心，实现了当前最为热门的自然语言处理和推荐引擎系统。

8.1 Spark 计算框架介绍

Spark 是一种通用的大数据快速处理引擎。Spark 最初作为一种轻量级计算框架，2009年诞生于伯克利 AMPLab 实验室，2013 年成为 Apache 基金会项目。由于受到社区和开发人员的极大欢迎，2014 年 Spark 飞速成长为 Apache 顶级项目，并逐渐取代 MapReduce

在大数据处理领域的地位。Spark 在 MapReduce 基础上继承发展而来，吸取并借鉴了 MapReduce 分布式并行计算的诸多优点，同时针对 MapReduce 的缺陷，引入了多种新型设计思想和优化策略对其进行改进。Spark 是一个高性能 DAG（Directed Acyclic Graph）计算引擎，通过引入 RDD（Resilient Distributed Datasets，弹性分布式数据集）模型，使其具备较高的容错性，并且允许开发人员在大型集群上执行基于内存的分布式计算。

Spark 是一种 "One Stack to rule them all" 的大数据计算框架，其设计目标在于通过统一的技术堆栈来解决大数据领域的各种计算任务，Spark 将 Spark RDD、Spark SQL、Spark Streaming、MLlib、GraphX 构建在统一的技术栈上，通过一个大数据处理平台统一解决了大数据领域中离线批处理、交互式查询、实时流计算、机器学习与图计算等多种最为重要和常见的数据处理任务。Spark 计算框架包含了多个紧密集成的组件（Spark SQL、Spark Streaming、MLlib、GraphX 等），如图 8-1 所示。位于底层的 Spark Core 实现了 Spark 作业调度、内存管理、容错、与存储系统交互等基本功能，并针对 RDD 提供了丰富的操作接口。在 Spark Core 的基础上，Spark 提供了一系列面向不同应用需求的组件，下面对这些相关组件进行介绍。

8.1.1　Spark 组件

（1）Spark SQL

Spark SQL 是 Spark 中用以操作结构化数据的组件，能将 SQL 转换成 Spark 应用程序，以便提交到 Spark 集群中运行。通过 Spark SQL，用户可以使用 SQL 或者 HQL（Hive 版本的 SQL）来查询数据。通过 Spark SQL 接口，开发者可以将 SQL 语句混编到 Spark 应用程序中，因而用户可以在单个应用中同时进行 SQL 查询和复杂的数据分析。在 Spark SQL 之前，伯克利曾经尝试改进 Apache Hive，以便其能够运行在 Spark 上，并提出了 Shark 组件。然而，随着 Spark SQL 的提出与发展，其与 Spark 引擎和 API 结合得更加紧密，因此 Shark 目前已被 Spark SQL 所取代。

（2）Spark Streaming

Spark Streaming 是 Spark 平台上针对实时数据进行流式计算的组件，提供了丰富的处理数据流 API。Spark Streaming 基于 Spark Core 实现，其基本思想是将流式数据以时间为单位切割成较小的 RDD，并启动一个应用程序处理单位时间内的 RDD。简而言之，它将流式计算转化成微批处理（Micro-batch），借助高效的 Spark 引擎进行快速计算。由于 Spark Streaming 采用了微批处理方式，因此只能将其作为近实时处理系统，而不是严格意义上的实时流式处理系统。

（3）MLlib

MLlib 是 Spark 提供的一个机器学习算法库，实现了常用的机器学习和数据挖掘算法，包括聚类、分类、推荐、回归和协同过滤等，MLlib 还对机器学习流水线进行了抽象，提供了一系列实施特征工程（包括特征抽取、转换和选择等）和构建机器学习模型相关的通用组件和算法。MLlib 诞生于 Spark 0.8 版本，最初完全基于 RDD API 实现，由于存在诸多限制和问题，MLlib 从 Spark 1.2 版本开始引入了基于 DataFrame 的实现，并已成为现在的主流实现方式。相比基于 MapReduce 实现的机器学习算法库 Mahout，基于 Spark 的 MLlib 在效率上要高出很多，因此 MLlib 已经成为目前最受欢迎的分布式机器学习实现之一。

（4）GraphX

GraphX 是基于 Spark 实现的图计算框架与算法库，提供了通用的图存储模式和图计算模式。GraphX 提出了弹性分布式属性图的概念，并在此基础上实现了图视图与表视图的有机结合与统一，同时针对图数据处理提供了丰富的操作。此外，GraphX 还实现了与 Pregel 的结合，因而可以直接使用一些常用的图算法。

（5）SparkR

R 语言是一种非常优秀的统计分析和统计绘图编程语言，它支持很多扩展，以便支持数据处理和机器学习任务。SparkR 是一个 R 语言包，提供了一种轻量级使用方式，使得数据分析人员可以在 R 语言中轻松使用 Apache Spark。SparkR 最初是由 AMPLab 发起的项目，旨在整合 R 的易用性和 Spark 的可扩展能力，这一项目后来得到了开源社区的大力支持，性能大幅提高，并在 R 语言中得到广泛使用，如图 8-1 所示。

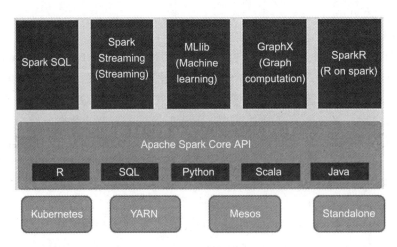

图 8-1　Spark 生态系统组件

8.1.2　Spark 的优势和特性

全新的计算框架设计和基于内存的快速计算模式，使得 Spark 在大数据处理领域脱颖而出，并具备很多优势和特性，这些特性如下：

（1）快速计算

Spark 采用 DAG 计算引擎，支持在内存中对数据进行迭代计算。官方数据表明，如果由磁盘上读取数据，则速度是 Hadoop MapReduce 的 10 倍以上；而如果从内存中读取数据，则速度可高达 MR 的 100 多倍。

（2）通用框架

Spark 生态圈组件包含了 Spark Core、Spark SQL、Spark Streaming、MLlib 和 GraphX 等，这些组件分别实现了数据处理领域中的离线批处理、交互式查询、实时流计算、机器学习与图计算。Spark"一站式"计算框架充分满足了各个行业和场景对数据处理的不同需求。

（3）语言丰富

Spark 不仅支持 Scala 应用程序，而且还支持 Java、Python、SQL 和 R 等语言编写的应用程序，尤其是 Scala 高效、可拓展的语言特性，使得开发者能够使用简洁的代码处理较为复杂的数据处理工作。

（4）生态兼容

Spark 具有很强的适应性，除了内存，Spark 还能与 HDFS、Cassandra、HBase、S3 和 Techyon 等数据库和存储系统进行数据读写交互。除了自带的 Standalone 部署模式，Spark 还能运行在 Kubernetes、Mesos、Hadoop YARN 集群上，同时还支持 AWS EC2 快速自动化部署。另外，Spark 与 Hadoop 生态可以紧密集成，因此 Spark 与已有技术生态具有极好的兼容支持性。

8.2　Spark 与数据科学

随着大数据技术的发展和成熟，数据科学（Data Science）已成为近年来极为热门的学科方向。数据科学是指以统计学、机器学习、数据可视化以及领域知识为理论基础，对数据科学基础理论、数据预处理、数据计算和数据管理等进行应用研究的知识体系。数据科学的研究过程，就是从物理世界中获取数据集，并对该数据集进行挖掘分析，从而发现数据规律，并将这些数据规律应用到物理世界的过程。例如，银行业使用数千个特征、数十亿交易记录来构建信用卡欺诈检测模型，投资机构通过模拟包含数百万种金融工具的投资组合来评估金融风险，电商平台向成千上万的用户智能推荐数百万产品，新闻客户端根据用户喜好智能推荐新闻网站，科研机构分析成千上万人类基因的相关数据以发现致病基因，等等这些都属于数据科学的范畴。

数据科学的发展以及在各个领域的应用得益于大数据时代。我们对数据收集、存储和处理工具的成熟应用尤以 Hadoop 为代表。长久以来，为了发现数据特征或进行复杂分析，人们一直在寻找一种更灵活、更易用，而且在机器学习和统计分析等方面具备丰富功能的数据处理工具和编程模式。虽然利用 R、PyData 和 Octave 等开源框架可以在单机小数据集上进行快速分析和建模，但是如果数据集巨大，为了实现预期结果，就必须利用计算机集群来进行并行计算，比如 HPC（High-Performance Computing，高性能计算）集群。但是，HPC 抽象层次较低，难于使用，而 PyData 和 R 等数据分析语言很难实现分布式扩展。

对于数据分析人员或者数据科学家而言，最理想的情况就是编程时感觉不到计算机集群的存在（单机思维编程），而计算时由计算引擎将代码和数据自动拆分并分发到后台大规模集群上进行计算，并将最终结果汇总给用户。Hadoop 的出现从根本上解决了这一问题。Hadoop 生态系统将大数据集处理涉及的诸多琐碎化工作自动化，使得数据科学家使用计算机集群就像使用单台计算机一样简单。在 Hadoop 生态中，最核心的部分就是分布式计算引擎或者计算框架，其中以 Google 在 2004 年提出的 MapReduce 计算框架最为有名。但是，随着数据分析师和数据科学家对大数据处理的深入研究和应用，MapReduce 计算框架越显捉襟见肘，MapReduce 在数据科学领域的局限性，主要表现在以下几个方面：

（1）计算效率低下

MapReduce 的效率低下主要表现在这几个方面：首先，任务调度和启动开销大，运行每个任务都要单独启动一个 Java 虚拟机，而且不能复用，导致任务启动开销很大。其次，MapReduce 是"硬盘时代"的产物，整个计算模式围绕磁盘设计，难以使用内存计算。另外，Map 和 Reduce 端固化的排序设计使得很多无须排序的应用增加额外开销。最后，磁盘 IO 操作复杂，因此开销很大，复杂任务的多个 MapReduce 作业之间通过 HDFS 发生数据交换，而读写 HDFS 需消耗大量磁盘和网络 IO。

（2）不适用迭代式和交互式计算

MapReduce 是一种基于 HDFS 磁盘文件系统的计算框架，追求的是高吞吐率和相对低效的处理过程，因此不适合迭代式（比如机器学习）和交互式计算（比如即席查询），因为反复的迭代意味着与磁盘文件系统的多次读写交互，这势必导致处理效率的进一步降低。而数据科学领域的机器学习和模型训练具有明显的重复迭代特征。

（3）仅支持 Map 和 Reduce 两种操作

MapReduce 提供的编程接口抽象层次过低，这意味着即使仅仅想要实现一些类似排序、分组等常用功能，开发者也需编写大量代码，而且可能还需要实现多个 Mapper 和 Reducer 并进行组装，这极大地增加了数据科学行业的工作量，阻碍了数据科学的大众化发展。

（4）编程不灵活

MapReduce 计算框架接口抽象程度低，对外提供了少量编程接口，在应对很多类似迭代式计算的复杂算法时，开发人员很难将复杂问题拆分成符合 MapReduce 特征的各个阶段，因而很难使用 MapReduce 提供的编程接口来实现这些复杂算法。MapReduce 提供的模型过于"简单粗暴"，解决一些复杂的数据科学问题时不够直观和灵活。

（5）框架不统一

MapReduce 并不等于 Hadoop。MapReduce 只是一个计算框架，而 Hadoop 是个生态圈。随着数据科学的不断发展，MapReduce 自身的缺陷不断暴露，尤其在流式实时计算和交互式计算方面。为了克服 MapReduce 的不足，Hadoop 生态圈中新型计算框架层出不穷，包括流式实时计算框架 Storm、交互式计算框架 Impala 等，这些计算框架虽然弥补了 MapReduce 的不足，但也让用户陷入运维管理多套计算框架的繁杂工作中，多样化的计算框架极大地增加了数据科学的应用难度。

MapReduce 的上述缺陷，使得其在需要高吞吐率的批处理场景外很难有更多的应用场景，尤其是在需要大量重复迭代和交互式计算的机器学习领域，MapReduce 几乎无法胜任。因此，业界需要一个更强大的处理框架，能够以更灵活、更易用和更高效的方式真正解决更多、更复杂的大数据问题。目前来看，这个处理框架就是 Spark。Spark 是基于 DAG 和内存的高速并行计算框架，具有性能高效、简单易用、与 Hadoop 生态深度集成的特性。上述 Spark 的有别于 MapReduce 的特点，使得它在数据分析、数据挖掘和机器学习等数据科学领域得到广泛应用，Spark 已经取代 MapReduce 成为应用最为广泛的大数据计算引擎。由于 MapReduce 对迭代式机器学习的缺陷，基于 MapReduce 实现的开源机器学习库 Mahout 已迁移至 Spark 或 Flink 等新型 DAG 计算平台上。

Spark 成为数据科学最有力的计算框架的原因，不仅仅在于其基于 DAG、RDD 和内存来设计的计算模型，最重要的还是 Spark 契合了数据科学领域的核心内涵，即构建数据应用的最大瓶颈不是 CPU、磁盘或者网络，而是数据科学家和数据分析人员的生产效率，我们永远不会关心计算如何被实现，只会关心如何通过最简单的方式获取我们想要的结果。通过将预处理到模型评价的整个流水线整合在一个编程环境中，Spark 极大地提升了数据分析人员的开发效率。另外，Spark 避免了采样和从 Hadoop 的 HDFS 中反复读取数据所带来的问题，而这些是类似 R 语言框架经常遇到的问题。在数据处理和 ETL 方面，Spark 作为一个通用计算引擎，其核心 API 为数据转换提供了强大的基础，Spark 的 Scala 和 Python API 可以让我们使用更具表达力和解释性的通用编程语言来编写数据科学应用程序。另外，Spark 的内存缓存功能使其非常适合机器学习。机器学习是一种需要大量迭代和遍历的算法模型，通过将中间结果或训练数据集缓存到内存，可以节省大量磁盘访问的开销，从而极大地提升数据分析人员的效率。

综上，Spark 就是为数据科学而生，并将会成为数据科学家的统一平台。Spark 自带的机器学习库、兼容一切 Java 库的 Scala 编程言语、R 和 Python 命令行解释器、内存计算和 RDD 弹性分布式数据集、对统计计算的支持和集合计算 API、简单通用的编程语言、统一的计算框架、与 Hadoop 生态圈的紧密集成，这一切造就了 Spark 数据科学的坚实基础。

8.3　Spark on K8S 介绍

Spark 支持多种部署模式，包括 Amazon EC2、Apache Mesos 和 Hadoop YARN，从 Spark2.3 版本开始，还增加了对 Kubernetes 的支持。Kubernetes 作为云原生的基石，对 K8S 的支持意味着 Spark 已正式融入云原生架构体系。本节我们将介绍 Spark 在 Kubernetes 上的实现机制与原理，后续将重点介绍如何在 OpenShift 上实现 Spark 集群，并对其进行访问和集群生命周期的管理。在正式介绍 Spark 在 Kubernetes 上的实现之前，我们需要先熟悉 Spark 计算框架中以下几个重要的概念。

（1）Application

与 Hadoop 中的 MapReduce 应用类似，Spark Application 指的是用户通过各种编程语言（Java、Python、Scala、R 等）编写的 Spark 应用程序，应用程序通常包含一个 Driver 代码和分布在集群中多个节点上运行的 Executor 代码。

（2）Driver

Spark 中的 Driver 负责执行用户 Application 中的 main() 函数以创建 SparkContext 对象实例，SparkContext 负责准备 Spark 应用程序的运行环境并与 Cluster Manager 通信，从而进行资源的申请、任务的分配和监控等，当 Executor 将分配的任务执行完毕后，Driver 负责将 SparkContext 关闭回收，通常 SparkContext 也代表着 Driver。

（3）Executor

Executor 是 Application 运行在 Worker 节点上的一个进程，该进程负责运行拆分后的子任务 Task，同时负责将数据存储到内存或者磁盘上，通常 Spark 集群中每个 Application 都会拥有属于自己的多个 Executors。

（4）Cluster Manager

Cluster Manager 是集群中的资源管理器，负责 Spark 集群资源的分配。目前 Spark 支持的集群管理器包括原生的 Standalone、Apache Mesos、Hadoop YARN 和 Kubernetes。

（5）SparkContext

SparkContext 由 Driver 在执行 Application 时创建，是 Spark 应用的运行时环境。

在实际应用中，Spark 应用程序的运行时环境由一个 Driver 进程（SparkContext）和多个 Executor 进程构成，根据不同的集群模式，这些进程可以运行在不同的节点上。Driver 进程运行用户程序，并依次经历逻辑计划生成、物理计划生成、任务调度等阶段后，将任务（Tasks）分配到各个 Executor 上执行；Executor 进程（运行在不同的计算节点上）是拥有独立计算资源的 JVM 实例，其内部以线程方式运行 Driver 分配的任务（Tasks），如图 8-2 所示。

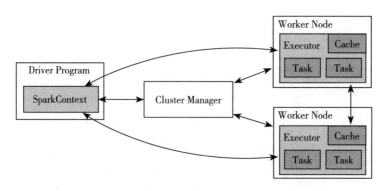

图 8-2　Spark 集群架构

在图 8-2 中，Driver 中的 SparkContext 可以连接到不同的集群管理器（Cluster

Manager）上，目前支持的集群管理器包括 Spark 自带的 Standalone、Apache Mesos、Hadoop YARN 和 Kubernetes。集群管理器的主要作用就是集群资源的分配、回收和管理，一旦 SparkContext 连接到对应的集群管理器上，Spark 就会从集群节点上获取 Executor（负责具体计算和数据存储的进程），在 Spark 将应用代码发送给 Executors 后，SparkContext 就会将分解后的任务发送给节点上的 Executors 执行。简单而言，Spark 程序的实现流程是，Driver 首先对 SparkContext 对象实例化，再通过 SparkContext 提供的函数构造 RDD，在 RDD 基础上，通过 transformation 算子完成数据处理逻辑，通过 action 算子将最终结果返回或保存到文件中。

既然 Spark 已经有 Standalone、Mesos 和 YARN 三大主流集群管理器，为何还要使用 Kubernetes 来管理 Spark 集群资源呢？总结起来，Spark on Kubernetes 有以下几方面优势：

1）Kubernetes 原生调度。采用 Kubernetes 原生调度，不再需要二级调度，直接使用 Kubernetes 原生的调度模块，通过 Spark on Kubernetes 部署模式，直接使用 Kubernetes 的资源调度功能，并跟其他应用统一共享底层 Kubernetes 调度引擎，实现数据中心资源调度引擎的统一。

2）资源隔离。Hadoop YARN 模式下的 Queue 在 Spark on Kubernetes 模式下已被 Kubernetes 原生的 Namespace 取代，Kubernetes 可以为每个用户分别指定一个 Namespace，用户的 Saprk 任务可以提交到指定的 Namespace 中，如此便可直接使用 Kubernetes 中原生的资源限制功能，实现任务资源的细粒度限制。

3）资源分配。在 Kubernetes 集群中，可以为每个 Spark 任务指定资源限制，任务之间的资源使用更加隔离，彼此不存在过度争抢，实际指定了多少资源任务就只能使用多少资源，因为没有了类似 YARN 那样的二层调度，因此可以更高效和细粒度地使用资源。

4）统一云原生架构。云原生时代，Docker 容器是应用交付的事实标准，而 Kubernetes 已成为毫无争议的编排调度引擎，Docker Swarm 和 Apache Mesos 已被逐渐边缘化。在一切皆在呼吁云原生的时代，基于 Spark 的数据科学，如 AI、机器学习等，越来越多地被迁移到了云平台上，由于数据科学的特殊性和云平台的通用性，底层计算资源不仅存在 CPU，还存在 GPU 和 FPGA 等异构的计算单元，而 Kubernetes 作为资源调度引擎，很好地屏蔽了底层异构计算单元，为上层数据科学任务实现底层资源的统一调度，如图 8-3 所示。因此 Spark on Kubernetes 也是 Spark 迈进云原生时代的必然。

在实际应用中，Spark on Kubernetes 必须满足的软件版本条件是 Spark 2.3 和 Kubernetes 1.6 及以后的版本。使用 Kubernetes 原生调度的 Spark 的基本设计思想，就是将 Spark 的 Driver 和 Executor 都放在 Kubernetes 的 Pod 中运行。事实上，Spark Driver 可以运行在 Kubernetes 集群内部（Cluster mode），也可以运行在外部（Client mode），而 Executor 则只能运行在集群内部，如图 8-4 所示。

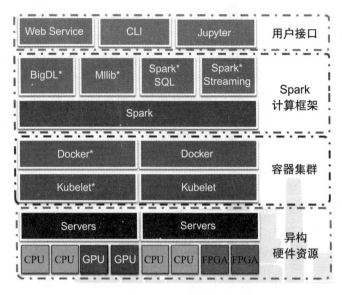

图 8-3　云原生时代数据科学统一参考架构

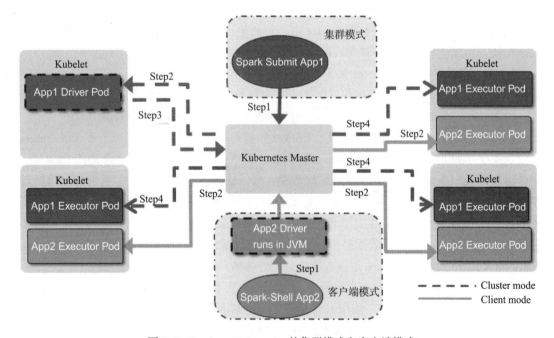

图 8-4　Spark on Kubernetes 的集群模式和客户端模式

在 Spark on Kubernetes 中，用户可以通过 Spark-submit 将 Spark 应用直接提交到 Kubernetes 集群中，在集群模式（Cluster Mode）下，用户提交任务后 Spark 和 Kubernetes 集群内部的工作流程如下（如图 8-5 所示）：

1）Spark 创建 Spark Driver，并运行在 Kubernetes 集群中的 Pod 内；

2）Spark Driver 在 Kubernetes 集群的 Node 上创建 Executors（运行在 Pod 内），并与之保持通信，然后 Executors 执行应用程序；

3）任务执行完成后，运行 Executor 的 Pods 就会终止并被清除，但是 Driver Pod 会保留日志并在 Kubernetes API 中保留"completed"状态（此时的 Driver Pod 不会消耗任何 CPU 或内存资源），直到最终被垃圾回收或被手动清除。

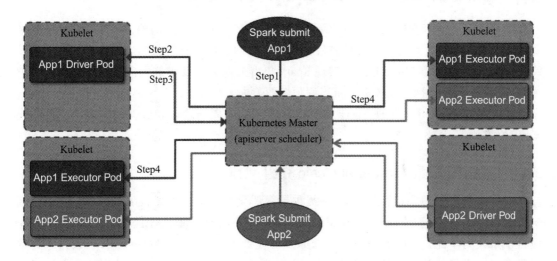

图 8-5　Spark on Kubernetes 工作流程

随着云原生的普及推广，Spark on Kubernetes 正在成为 Apache Spark 的主流实现模式，越来越多的厂商和开源项目正在致力于简化 Spark 的部署维护，以便数据科学家可以将更多的精力聚焦到数据分析上。2019 年年初，Google 在 GitHub 上开源了 Spark on Kubernetes Operator 项目⊖，借助 Kubernetes 的 CRD 和 Operator 框架，项目致力于从 Spark 的部署到维护全生命周期的自动化管理，一经推出便受到社区的极大欢迎。作为开源领军企业，RedHat 针对数据科学专门发起 Radanalyticsio 社区和相关的开源项目，其中的 Spark-operator 项目⊜就致力于在 OpenShift 上实现 Spark 全生命周期的管理。

需要指出的是，本章我们的重点不在于过深地介绍 Spark 计算框架的实现原理、如何编写 Spark 应用和分析 Spark 执行应用的机制流程。我们的目的在于从数据科学的角度，通过一种简单快速、稳定、高可用的方式来实现 Spark 计算框架的生命周期管理，我们希望数据科学家和数据工程师不要将过多的精力放在 Spark 上，而只是将其当作一种计算框架或工具来使用。作为数据工程师，聚焦的重心应该在于如何通过 Spark 来快速实现数据

⊖　https://github.com/GoogleCloudPlatform/spark-on-k8s-operator.

⊜　https://github.com/radanalyticsio/spark-operator.

分析、机器学习、模型训练等与业务密切相关的工作，而不是花费大量的精力在计算框架和工具上。因此，在本章后续部分我们将会介绍如何在 OpenShift 上快速简单地部署实现 Spark 计算框架，并对其进行生命周期的自动管理，然后介绍如何在 OpenShift 上基于 Spark 快速实现数据科学分析。

8.4 Spark 数据科学在 OpenShift 上的实现

对于数据科学家和数据分析工程师而言，Spark 仅是个计算框架，不管 Spark 集群采用何种方式进行部署和管理，其最终目标都是为我们的数据分析服务。因此，如何通过简单、快速、稳定并可扩展的方式来实现 Spark 集群的部署以及集群生命周期的管理和维护一直是 Spark 开发者社区和数据分析工程师们的追求。本节中，我们将通过开源社区项目，介绍如何在 OpenShift 上实现 Spark 计算框架的全生命周期管理和数据科学应用的自动化部署。

8.4.1 数据科学项目 Radanalyticsio 介绍

Kubernetes 的出现和普及为 Spark 提供了容器化部署的新方式，随着 Kubernetes 社区 Operator 框架的提出和流行，Spark 集群的自动化生命周期管理也正在实现（Spark-operator 项目正是致力于此）。作为 RedHat 在云原生时代最核心的产品，OpenShift 也致力于为数据科学家提供最简洁和方便的数据分析平台与实现工具，OpenShift 作为 Kubernetes 原生 PaaS 平台，完全支持 Apache Spark 计算框架。为了向 OpenShift 用户提供最简洁的 Apache Spark 实现方式，RedHat 的 Big Data SIG（Special Interest Group）发起了 Radanalyticsio 社区⊖，并致力于通过 Oshinko 项目⊜实现 Apache Spark 在 OpenShift 上的快速部署和生命周期管理。此外，Radanalyticsio 开源社区还向用户提供了很多数据驱动和智能应用的实现教程、案例和项目实践。Radanalyticsio 社区最核心的两个项目分别是 openshift-spark 和 oshinko，其中 oshinko 是一个顶层命名空间，其下有多个命名为 oshinko-* 的子项目，这些子项目专注于在 openShift 中交付和管理 Apache Spark 集群。oshinko 中的几个子项目分别是 oshinko-cli、oshinko-console、oshinko-s2i、oshinko-specs 和 oshinko-webui。Radanalyticsio 社区中的项目介绍大致如下：

（1）openshit-spark

openshift-spark 项目⊜的主要目的在于创建可以运行在 OpenShift 上的 Apache Spark 容器镜像，openshift-spark 项目的仓库中包含了创建镜像所需的全部文件，用户可以将 openshift-spark 项目创建的 Apache Spark 容器镜像运行在 OpenShift 上，或者以 Apache

---

⊖ https://radanalytics.io/.

⊜ https://github.com/radanalyticsio.

⊜ https://github.com/radanalyticsio/openshift-spark.

Spark 的 Standalone 方式来运行这些镜像。方便起见，读者朋友可以直接到 Docker Hub 上[⊖]下载 openshift-spark 镜像，并通过 oshinko 项目来部署使用 openshift-spark 镜像。

（2）oshinko-cli

oshinko-cli 项目包含用于管理 Apache Spark 集群的命令行工具。此外，它还包含一个用于管理集群业务逻辑的 Go 语言库以及一个使用该库的 REST 服务器。

（3）oshinko-console

oshinko-console 是 OpenShift 控制台的扩展，用以支持对 Apache Spark 集群的管理。通过 oshinko 项目的控制台，用户可以很方便地管理 Apache Spark 集群，如增删 Worker 节点数目等。

（4）oshinko-s2i

oshinko-s2i 项目是针对 Apache Spark 应用的 S2I 项目，通过 oshinko-s2i，我们可以快速将 Spark 数据分析应用源代码打包成容器镜像并部署到 OpenShift 上，同时利用 OpenShift 的 Spark 集群进行计算。

（5）oshinko-specs

oshinko-specs 主要是 oshinko 项目中实现的功能和相关说明文档。

（6）oshinko-webui

oshinko-webui 项目提供了一个 HTML 类型的服务，为 Apache Spark 集群的管理提供了基于容器的浏览器界面。通常而言，在通过 oshinko 项目部署 Apache Spark 时，oshinko-webui 是最核心的项目，该项目提供了在 OpenShift 环境中部署和管理 Apache Spark 集群的解决方案。通过 oshinko-webui 项目提供的 Web 界面，用户可以在 Web 浏览器中创建、更新和销毁 Apache Spark 集群。另外，用户通过 oshinko-webui 项目提供的浏览器便可控制 Spark 群集的生命周期。

在 Radanalyticsio 社区项目中，openshift-spark 和 oshinko 项目是针对 Apache Spark 的基础设施项目，主要用于 Spark 集群的镜像编译、部署和生命周期的管理。除了上述两个基础设施项目外，Radanalyticsio 中还有其他几个 Spark 应用扩展项目，如 scorpion-stare 项目[⊜]、silex 项目[⊛]和 Streaming-amqp 项目®，其中 scorpion-stare 项目为 Apache Spark 应用提供了识别 Kubernetes、OpenShift 和 oshinko 等集群调度器的后端插件，通过这些调度器，Spark 应用便可具备弹性扩展能力。而 Silex 项目是由 RedHat 构建的可重复使用的 Spark 应用代码库，RedHat 的目标是将其发展成为对数据科学有用的参考代码库。最后的 streaming-amqp 项目为 Apache Spark Streaming 提供了一个 AMQP 连接器，以便 Spark 应用可以从所有基于 AMQP 的数据源中提取流式数据。

⊖　https://hub.docker.com/r/radanalyticsio/openshift-spark.

⊜　https://github.com/radanalyticsio/scorpion-stare.

⊛　https://github.com/radanalyticsio/silex.

®　https://github.com/radanalyticsio/streaming-amqp.

从对 Radanalyticsio 项目的介绍中可以看出，基于 OpenShift 容器平台，RedHat 正致力于为数据科学家和工程师打造基于 Apache Spark 的全生命周期数据分析平台。下一节中，我们将介绍如何在 OpenShift 上利用 Radanalyticsio 项目快速部署和管理维护 Apache Spark 集群，以及如何快速实现基于 OpenShift 和 Spark 的数据分析应用。

8.4.2　Spark 集群在 OpenShift 上的生命周期管理

在上一节中，我们介绍了 Radanalyticsio 社区及其提供的多个子项目。事实上，当我们在 OpenShift 上部署基于 oshinko 项目的 Spark 集群时，通常只会使用 oshinko-webui 项目，因为 Spark 集群的部署和生命周期的管理都可以在 oshinko-webui 项目提供的 Web 界面上进行，当我们在 oshinko-webui 项目提供的 Web 界面上创建 Spark 集群时，oshinko 会自动获取 openshift-spark 项目编译的 Spark 容器镜像（镜像通常已被编译并上传至镜像仓库中）并启动 Spark 集群。除了 oshinko-webui 项目，oshinko-s2i 项目也会用到。oshinko-s2i 项目实现了 Apache Spark 应用的 Source-to-Image 工作流，将 Spark 应用源代码以流水线形式编译成镜像并以容器方式部署在 OpenShift 上。接下来，我们将介绍如何通过 oshinko-webui 项目在 OpenShift 上快速部署实现 Spark 集群并对其进行生命周期的管理。开始之前，需要确保你的 OpenShift 集群已被成功部署并正常运行。

为了实现更好、更快的部署体验，我们预先将部署过程中需要使用的两个 Docker 镜像 Pull 到本地。

```
docker pull radanalyticsio/oshinko-webui
docker pull radanalyticsio/openshift-spark
```

为了区别 OpenShift 中的其他项目，我们为 Spark 集群创建一个单独的命名空间（项目）。

```
[root@os311 ~]# oc new-project radanalyticsio
[root@os311 ~]# oc project radanalyticsio
```

oshinko-webui 项目需要与 OpenShift 交互，并控制 Spark 资源。为了实现这一点，我们需要在 Radanalyticsio 命名空间中创建具有编辑权限的服务账户（Service Account，SA），Radanalyticsio 社区提供的 resources.yaml 文件提供了 SA 的创建过程和全部所需的镜像流及模板资源，我们可以应用这个资源文件。

```
[root@os311 ~]# oc create -f https://radanalytics.io/resources.yaml
serviceaccount/oshinko created
rolebinding.authorization.openshift.io/oshinko-edit created
configmap/oshinko-py36-conf created
configmap/default-oshinko-cluster-config created
imagestream.image.openshift.io/radanalytics-pyspark created
imagestream.image.openshift.io/radanalytics-pyspark-py36 created
imagestream.image.openshift.io/radanalytics-java-spark created
```

```
imagestream.image.openshift.io/radanalytics-scala-spark created
imagestream.image.openshift.io/openshift-spark created
imagestream.image.openshift.io/openshift-spark-py36 created
template.template.openshift.io/oshinko-python-spark-build-dc created
template.template.openshift.io/oshinko-python36-spark-build-dc created
template.template.openshift.io/oshinko-java-spark-build-dc created
template.template.openshift.io/oshinko-scala-spark-build-dc created
template.template.openshift.io/oshinko-webui-secure created
template.template.openshift.io/oshinko-webui created
template.template.openshift.io/radanalytics-jupyter-notebook created
```

查看 Radanalyticsio 命名空间中的镜像流。

```
[root@os311 ~]# oc get is
NAME
openshift-spark
openshift-spark-py36
radanalytics-java-spark
radanalytics-pyspark
radanalytics-pyspark-py36
radanalytics-scala-spark
```

查看 Radanalyticsio 命名空间中的应用模板。

```
[root@os311 ~]# oc get template
NAME
oshinko-java-spark-build-dc
oshinko-python-spark-build-dc
oshinko-python36-spark-build-dc
oshinko-scala-spark-build-dc
oshinko-webui
oshinko-webui-secure
radanalytics-jupyter-notebook
```

这里，我们将会用到 oshinko-webui 模板来部署 oshinko-webui 项目。这个模板中的参数在使用时是可以自定义的，这些参数如果未被用户自定义，则会使用默认值。下面是模板中的参数的查看方式。

```
[root@os311 ~]# oc describe template oshinko-webui
Name:          oshinko-webui
Namespace:     radanalyticsio
Created:       4 minutes ago
Labels:        <none>
Description:   Launch the Oshinko Apache Spark cluster management WebUI.
```

```
Annotations:          openshift.io/display-name=Oshinko WebUI

Parameters:
    Name:             SPARK_DEFAULT
    Description:      Full name of the spark image to use when creating
                      clusters
    Required:         false
    Value:            <none>

    Name:             OSHINKO_WEB_NAME
    Description:      Name of the oshinko web service
    Required:         false
    Value:            oshinko-web

    Name:             OSHINKO_WEB_IMAGE
    Description:      Full name of the oshinko web image
    Required:         true
    Value:            radanalyticsio/oshinko-webui:stable

    Name:             OSHINKO_WEB_ROUTE_HOSTNAME
    Description:      The hostname used to create the external route for
                      the webui
    Required:         false
    Value:            <none>

    Name:             OSHINKO_REFRESH_INTERVAL
    Description:      Refresh interval for updating cluster list in
                      seconds
    Required:         false
    Value:            5
......
```

此处，有两个参数需要我们注意，即 SPARK_DEFAULT 和 OSHINKO_WEB_IMAGE 参数，其中 SPARK_DEFAULT 参数的值就是我们在创建 Spark 集群时使用的 Spark 镜像（openshift-spark 镜像），OSHINKO_WEB_IMAGE 参数则是部署 oshinko-webui 应用时需要使用的镜像名（oshinko-webui 镜像）。由于我们事先已将两个镜像 Pull 到本地，因此在使用 oshinko-webui 模板创建应用时，我们使用这两个本地镜像替换掉 oshinko-webui 模板中的默认值（否则部署过程会自动到 Docker Hub 仓库中 Pull 镜像，部署过程会比较耗时）。

```
[root@os311 ~]# oc new-app --template=oshinko-webui \
--param=SPARK_DEFAULT=radanalyticsio/openshift-spark:latest \
--param=OSHINKO_WEB_IMAGE=radanalyticsio/oshinko-webui:latest
```

```
--> Deploying template "radanalyticsio/oshinko-webui" to project
radanalyticsio

  Oshinko WebUI
  ---------
  Launch the Oshinko Apache Spark cluster management WebUI.

  * With parameters:
    * SPARK_DEFAULT=radanalyticsio/openshift-spark:latest
    * OSHINKO_WEB_NAME=oshinko-web
    * OSHINKO_WEB_IMAGE=radanalyticsio/oshinko-webui:latest
    * OSHINKO_WEB_ROUTE_HOSTNAME=
    * OSHINKO_REFRESH_INTERVAL=5

--> Creating resources ...
  service "oshinko-web-proxy" created
  service "oshinko-web" created
  route.route.openshift.io "oshinko-web" created
  deploymentconfig.apps.openshift.io "oshinko-web" created
--> Success
  Access your application via route
'oshinko-web-radanalyticsio.apps.os311.test.it.example.com'
  Run 'oc status' to view your app.
```

部署完成后，查看 Radanalyticsio 命名空间中的 Pod 情况。

```
[root@os311 ~]# oc get all
NAME                         READY      STATUS      RESTARTS     AGE
pod/oshinko-web-1-lftb6  2/2        Running     0            1m
```

如果看到上述结果，则表明 oshinko-webui 应用已正常运行。现在我们来查看 oshinko-webui 应用的访问路由。

```
  [root@os311 ~]# oc get route
NAME                   HOST/PORT                                            PATH
oshinko-web  oshinko-web-radanalyticsio.apps.os311.test.it.example.com     /webui
oshinko-web-proxy  oshinko-web-radanalyticsio.apps.os311.test.it.example.com /proxy
```

此时，在 OpenShift 的 Web 控制台上，进入 Radanalyticsio 命名空间，即可看到有个名为 oshinko-web 的应用 Pod 正在运行，同时还可看到应用对应的路由地址，如图 8-6 所示。

现 在，通 过 http://oshinko-web-radanalyticsio.apps.os311.test.it.example.com/webui 链 接，即可访问 oshinko-webui 应用的 Web 界面，如图 8-7 所示。

在图 8-7 中，由于还未创建任何 Spark 集群，因此我们看到的 Web 界面里没有任何东西，点击右上角的"Deploy"按钮，即可部署 Spark 集群，如图 8-8 所示。

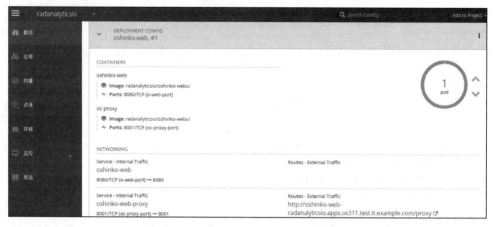

图 8-6　OpenShift 上的 oshinko-web 应用

图 8-7　oshinko-webui 应用 Web 初始界面

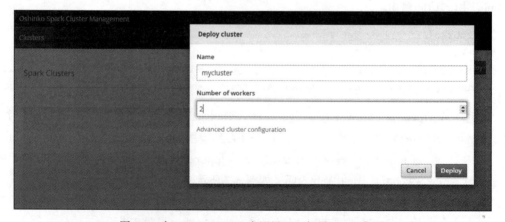

图 8-8　在 oshinko-webui 应用界面上部署 Spark 集群

在图 8-8 中，我们将 Spark 集群名称设置为"mycluster"，同时设置 Workers 的数目为 2，完成后点击右下角的"Deploy"按钮，Oshinko-webui 应用将自动创建 Spark 集群，如图 8-9 所示。

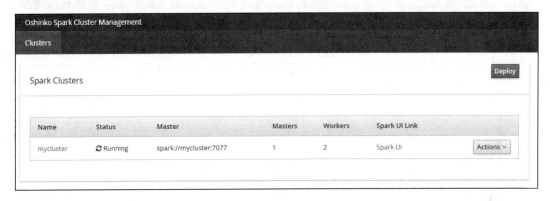

图 8-9　在 oshinko-webui 上自动创建并运行的 Spark 集群

在图 8-9 中，点击"Spark UI"链接，即可访问 Apache Spark 集群默认提供的 Web 界面，如图 8-10 所示。

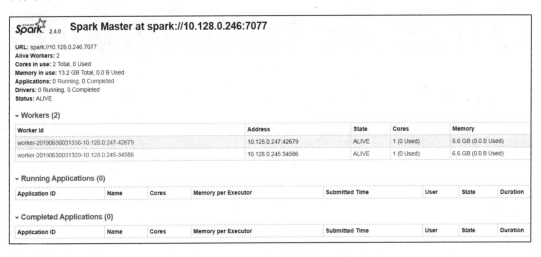

图 8-10　Apache Spark 集群 Web 界面

回到图 8-9 中，单击集群名称"myspark"，即可查看与"mycluster"集群相关的 Pod 信息和详细信息，如图 8-10 和图 8-11 所示。

在图 8-11 中，我们可以看到，"mycluster"集群有一个 Master 和两个 Worker 节点，并且 Spark 集群应用的镜像正是我们在创建 oshinko-webui 应用时指定的镜像本地镜像，即 radanalyticsio/openshift-spark:latest。在图 8-10 和图 8-11 中，单击右上角的"Actions"按钮，将会看到其中有"delete cluster"和"scale cluster"两个选项，选中"scale cluster"

选项，即可对 Spark 集群进行扩展，如图 8-12 所示。

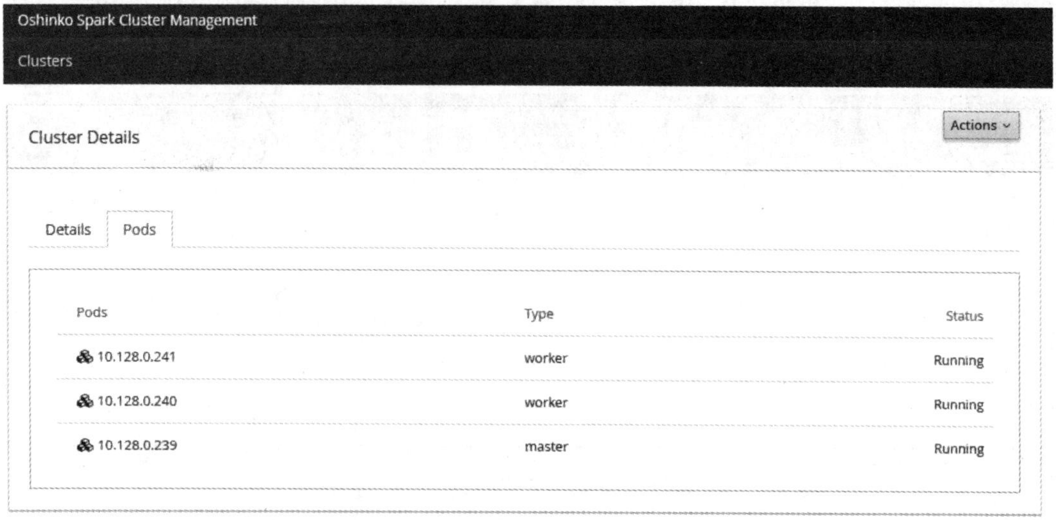

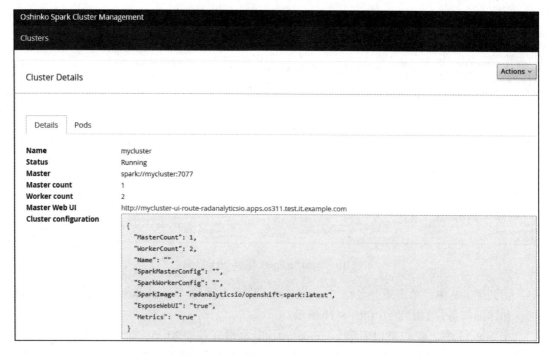

图 8-11 "mycluster"集群中的 Pod 信息

图 8-12 "mycluster"集群的详细信息

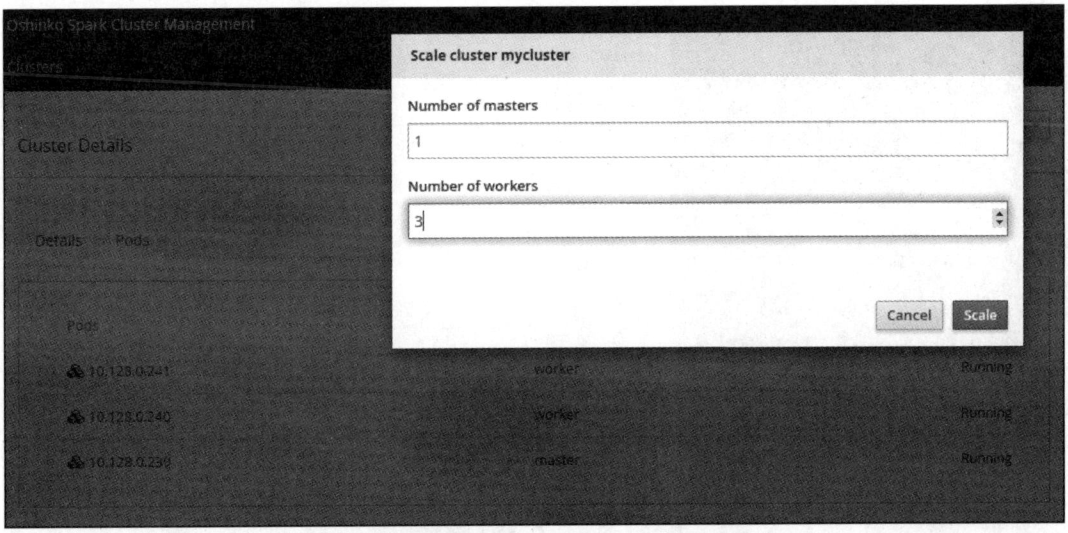

图 8-13　通过菜单扩展 Spark 集群

在图 8-13 中，我们将 Workers 数目由 2 调整至 3，并单击"Scale"按钮，Spark 集群的扩容就顺利完成了，如图 8-14 所示。

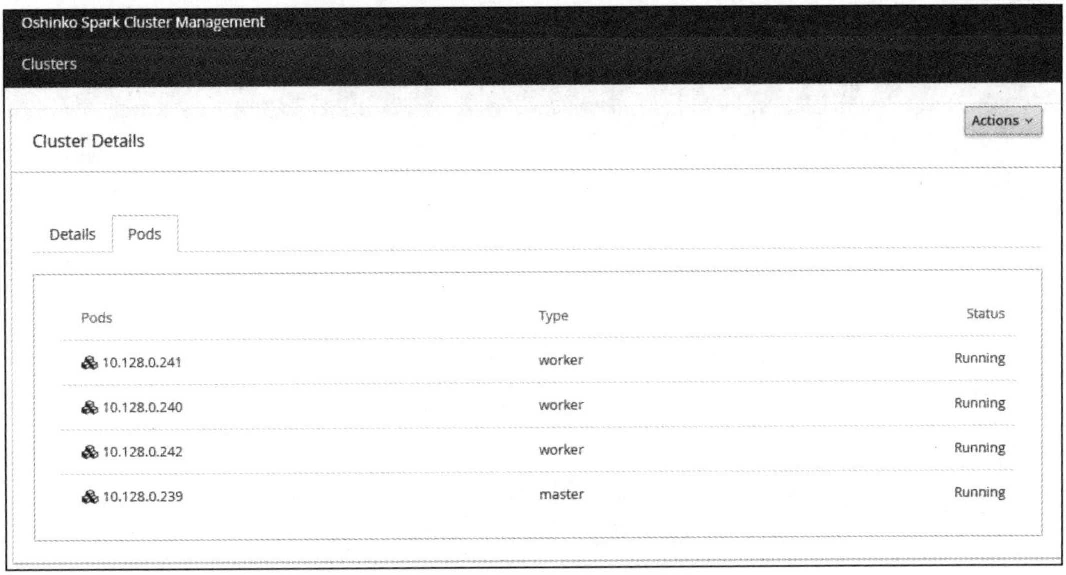

图 8-14　扩容完成后的 Spark 集群

在图 8-14 中，再次点击右上角的"Actions"按钮，并选中"Scale cluster"菜单，此时我们将 Spark 集群的 Workers 数目由 3 调整至 1，即缩减 Spark 集群，如图 8-15 所示。

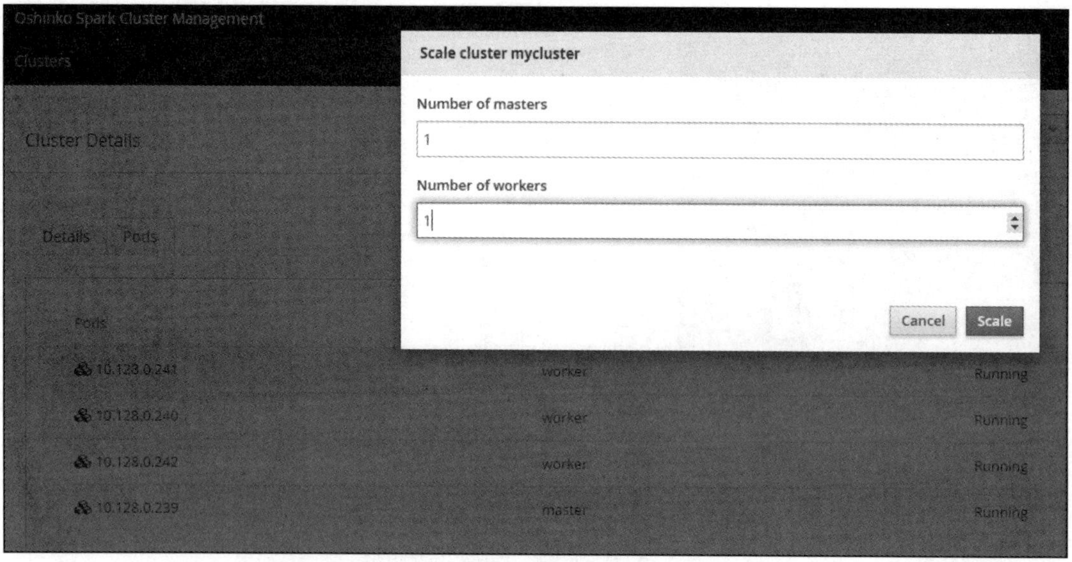

图 8-15　Spark 集群缩减

在图 8-15 中，单击"Scale"按钮，Spark 集群中的 Workers 数目将由原来的 3 个自动缩减为 1 个，如图 8-16 所示。

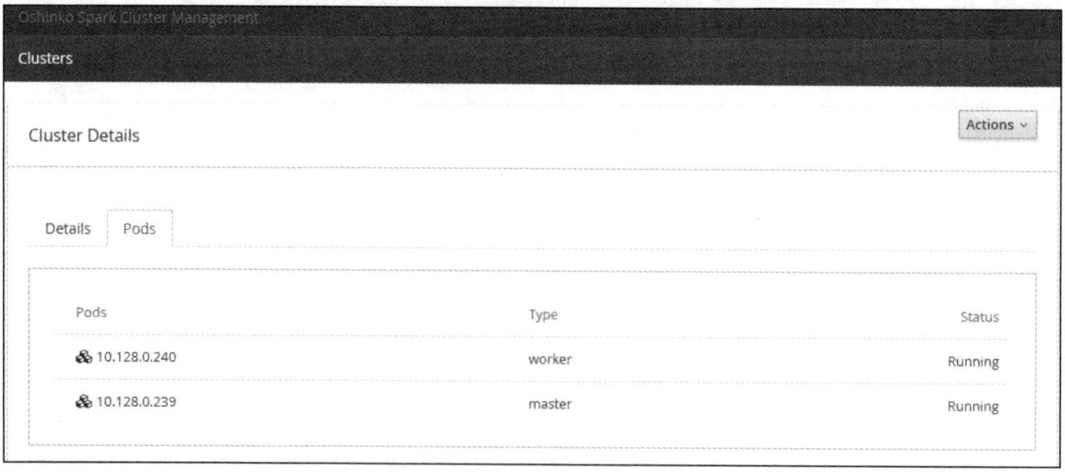

图 8-16　Spark 集群 Workers 数目已由 3 缩减为 1

一旦我们的数据分析任务顺利完成，即可释放 Spark 集群占用的资源。在图 8-16 中，点击右上角的"Actions"按钮，并选中"Delete cluster"菜单，即可将我们的 mycluster 集群删除，如图 8-17 所示。

可以看到，通过 oshinko-webui 项目提供的 Web 界面，我们可以轻松简单、快速方便地创建 Spark 集群，并对 Spark 集群的生命周期进行界面化的管理。基于 OpenShift 容器平台，oshinko-webui 项目为我们解决了过往复杂的 Spark 集群部署、管理和运维任务，将数据科学家和工程师从繁杂和低价值的工作中释放出来，以便将更多的精力聚焦在数据分析上。下一节中，我们将介绍如何在 OpenShift 上通过 S2I 机制快速部署和实现 Apache Spark 数据分析应用。

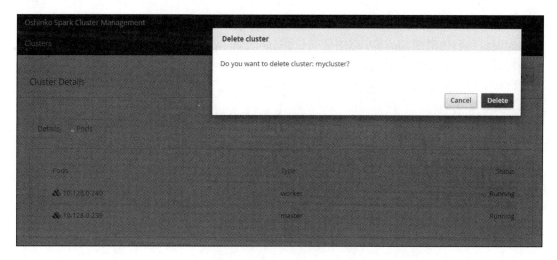

图 8-17　删除 mycluster 集群

8.4.3　Spark 应用在 OpenShift 上的自动部署实现

SparkPi 是 Apache Spark 社区最为著名的 Spark 应用程序，其程序思想就是通过 Spark 计算框架来估算圆周率的值。本节中，我们将介绍如何利用 Radanalyticsio 社区中的 oshinko 项目，以最简单的方式将 Spark 应用从源代码仓库中直接部署到 OpenShift 上。Radanalyticsio 社区分别以 Java、Python 和 Scala 语言实现了 SparkPi 应用，本节中我们使用基于 Python 的 SparkPi 应用⊖。此外，Radanalyticsio 社区为基于 Python2、Python3、Java 和 Scala 语言的 Spark 应用提供了相应的应用创建模板，要使用这些模板，需要在 OpenShift 命名空间中预先应用 Radanalyticsio 社区的资源文件 resource.yaml。

```
oc create -f https://radanalytics.io/resources.yaml
```

我们在上一节中已在 Radanalyticsio 命名空间中执行过上述命令，而本节中我们的 SparkPi 应用仍然部署在 Radanalyticsio 命名空间中，因此上述命令可以不用执行。Radanalyticsio 社区默认提供的模板文件，可以通过如下方式查看。

```
[root@os311 ~]# oc get template
NAME
oshinko-java-spark-build-dc
```

⊖　https://github.com/radanalyticsio/tutorial-sparkpi-python-flask.

```
oshinko-python-spark-build-dc
oshinko-python36-spark-build-dc
oshinko-scala-spark-build-dc
oshinko-webui
oshinko-webui-secure
radanalytics-jupyter-notebook
```

　　这里，我们使用的 SparkPi 应用是基于 Python2 的 Spark 应用，因此我们在本节中使用的模板是 oshinko-python-spark-build-dc。在正式使用模板之前，最好先检查模板内部的参数，以便了解如何使用模板来创建应用。

```
[root@os311 ~]# oc describe template  oshinko-python-spark-build-dc
Name:          oshinko-python-spark-build-dc
Namespace:     radanalyticsio
Created:       4 hours ago
Labels:        <none>
Description:   Create a buildconfig, imagestream and deploymentconfig \
using source-to-image and Python Spark source files hosted in git
Annotations:   openshift.io/display-name=Apache Spark Python


Parameters:
  Name:            APPLICATION_NAME
  Description:     The name to use for the buildconfig, imagestream
                   and deployment components
  Required:        true
  Generated:       expression
  From:            python-spark-[a-z0-9]{4}

  Name:            GIT_URI
  Display Name:    Git Repository URL
  Description:     The URL of the repository with your application
                   source code
  Required:        false
  Value:           <none>

  Name:            GIT_REF
  Display Name:    Git Reference
  Description:     Optional branch, tag or commit
  Required:        false
  Value:           <none>

  Name:            CONTEXT_DIR
  Description:     Git sub-directory path
```

```
Required:         false
Value:            <none>


Name:             APP_FILE
Description:      The name of the main py file to run. If this is \
                  not specified and there is a single py file at top \
                  level of the git respository, that file will be \
                  chosen.
Required:         false
Value:            <none>


Name:             APP_ARGS
Description:      Command line arguments to pass to the Spark \
                  application
Required:         false
Value:            <none>


Name:             SPARK_OPTIONS
Description:      List of additional Spark options to pass to \
                  spark-submit (for exmaple --conf property=value \
                  --conf property=value). Note, --master and \
                  --class are set by the launcher and should not be \
                  set here.
Required:         false
Value:            <none>


Name:             OSHINKO_CLUSTER_NAME
Description:      The name of the Spark cluster to run against. The \
                  cluster will be created if it does not exist, and \
                  a random cluster name will be chosen if this value \
                  is left blank.
Required:         false
Value:            <none>


Name:             OSHINKO_NAMED_CONFIG
Description:      The name of a stored cluster configuration to use \
                  if a cluster is created, default is 'default'.
Required:         false
Value:            <none>


Name:             OSHINKO_SPARK_DRIVER_CONFIG
Description:      The name of a configmap to use for the Spark \
                  configuration of the driver. If this configmap is \
```

```
                    empty the default Spark configuration will be used.
   Required:        false
   Value:           <none>


   Name:            OSHINKO_DEL_CLUSTER
   Description:     If a cluster is created on-demand, delete the \
                    cluster when the application finishes if this \
                    option is set to 'true'
   Required:        true
   Value:           true


  Object Labels:    application=oshinko-python-spark,createdBy=template-oshinko-
python-spark-build-dc

   Message:         <none>

   Objects:
    ImageStream      ${APPLICATION_NAME}
    BuildConfig      ${APPLICATION_NAME}
    DeploymentConfig ${APPLICATION_NAME}
    Service          ${APPLICATION_NAME}
    Service          ${APPLICATION_NAME}-headless
```

上述模板参数中，需要重点关注的几个参数如下：

❑ APPLICATION_NAME：模板创建的应用名称，OpenShift 中与应用相关的 ImageStream、BuildConfig、DeploymentConfig 和 Service 都会引用这个参数值。

❑ GIT_URI：Spark 应用源代码的仓库地址，应用模板后，将会从 GIT_URI 指定的仓库地址中获取 Spark 应用源代码。

❑ OSHINKO_CLUSTER_NAME：我们在 OpenShift 上的 Spark 集群名称，也是用于计算应用的 Spark 集群名称。如果未指定值，则模板将会通过 oshinko 项目自动在 OpenShift 上新创建一个 Spark 集群，集群名称随机生成。如果为其指定了特定的 Spark 集群名称，则 Spark 应用将利用指定的集群来进行计算。

❑ OSHINKO_DEL_CLUSTER：如果 OSHINKO_CLUSTER_NAME 参数为指定具体值，则在 Spark 应用计算完成后，在计算前自动生成的 Spark 集群将会被自动删除。如果用户为 OSHINKO_CLUSTER_NAME 参数指定了具体的 Spark 集群名称，则计算完成后 Spark 集群不会被删除。

本节中，我们将继续使用上节中创建的 Spark 集群来计算 SparkPi 应用（应用 Pod 运行在 Radanalytics 命名空间中），Spark 集群名称为"mycluster"，SparkPi 应用名称为"sparkpi"，SparkPi 应用的 GitHub 源代码仓库地址为 GIT_URI=https://github.com/

radanalyticsio/tutorial- sparkpi-python-flask.git。由于这里使用的是 OpenShift 的 S2I 机制来从源代码库中自动部署应用，部署过程中，生成的镜像会被自动 Push 到 OpenShift 集成的内部容器仓库（位于 Default 命名空间）中，因此需要对 Radanalytics 命名空间中的 ServiceAccount 进行相关授权，查看命名空间中有哪些 ServiceAccount。

```
[root@os311 ~]# oc get serviceaccount —n radanalytics
NAME        SECRETS    AGE
builder     2          23h
default     2          23h
deployer    2          23h
oshinko     2          23h
```

为相应的 ServiceAccount 进行授权。

```
oc adm policy add-cluster-role-to-user cluster-admin -z default -n radanalytics
oc adm policy add-cluster-role-to-user cluster-admin -z oshinko -n radanalytics
oc adm policy add-cluster-role-to-user cluster-admin -z builder -n radanalytics
oc adm policy add-cluster-role-to-user cluster-admin -z deployer -n radanalytics
```

上述工作准备就绪后，即可通过命令行来创建 SparkPi 应用。

```
[root@os311 ~]# oc new-app --template oshinko-python-spark-build-dc  \
            -p APPLICATION_NAME=sparkpi \
            -p GIT_URI=https://github.com/radanalyticsio/tutorial-\
               sparkpi-python-flask.git\
            -p OSHINKO_CLUSTER_NAME=mycluster


--> Deploying template "radanalyticsio/oshinko-python-spark-build-dc" to project
radanalyticsio


    Apache Spark Python
    ---------
    Create a buildconfig, imagestream and deploymentconfig using
    source-to-image and Python Spark source files hosted in git

    * With parameters:
     * APPLICATION_NAME=sparkpi
     * Git Repository
       URL=https://github.com/radanalyticsio/tutorial-sparkpi-pyt
       hon-flask.git
     * Git Reference=
     * CONTEXT_DIR=
     * APP_FILE=
     * APP_ARGS=
```

```
        * SPARK_OPTIONS=
        * OSHINKO_CLUSTER_NAME=mycluster
        * OSHINKO_NAMED_CONFIG=
        * OSHINKO_SPARK_DRIVER_CONFIG=
        * OSHINKO_DEL_CLUSTER=true

--> Creating resources ...
    imagestream.image.openshift.io "sparkpi" created
    buildconfig.build.openshift.io "sparkpi" created
    deploymentconfig.apps.openshift.io "sparkpi" created
    service "sparkpi" created
    service "sparkpi-headless" created
--> Success
    Build scheduled, use 'oc logs -f bc/sparkpi' to track its progress.
    Application is not exposed. You can expose services to the outside
world by executing one or more of the commands below:
      'oc expose svc/sparkpi'
      'oc expose svc/sparkpi-headless'
    Run 'oc status' to view your app.
```

上述命令执行后，在 OpenShift 的 Web 界面中，在 radanalytics 项目的"构建"下，即可看到有个名为"sparkpi"的应用正在构建。构建的大致过程就是从 GitHub 中拉取源代码，然后编译容器镜像，并将编译后的镜像上传到内部容器仓库中，如图 8-18 所示。

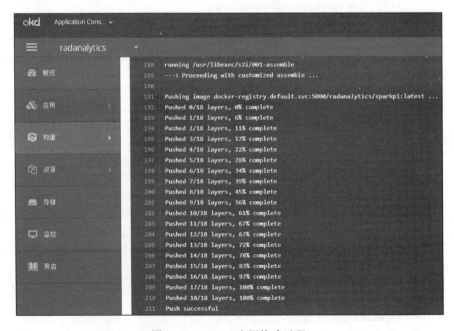

图 8-18　sparkpi 应用构建过程

在图 8-17 中，当我们看到 " Push successful " 时，则表明 OpenShift 中的 S2I 过程已经完成，并将会迅速启动 sparkpi 应用 Pod，启动后的 Pod 如图 8-19 所示。

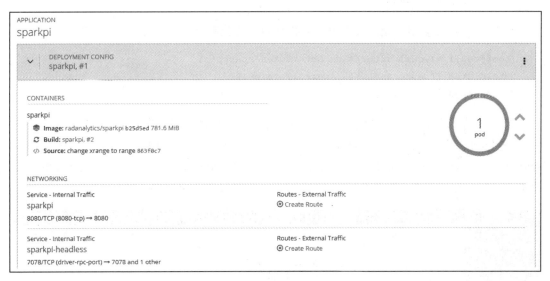

图 8-19　OpenShift Web 界面中的 sparkpi 应用 Pod

在图 8-19 中，我们可以看到 sparkpi 应用对外的路由还未创建，此时外部客户端是无法访问 sparkpi 应用的。在访问应用前，首先为其创建路由。

```
oc expose svc/sparkpi
oc expose svc/sparkpi-headless
```

执行上述命令后，即可查看 sparkpi 应用对外访问的路由。

```
[root@os311 ~]# oc get route
NAME                 HOST/PORT                                           PATH
mycluster-ui-route mycluster-ui-route-radanalytics.apps.os311.test.it.example.com
oshinko-web          oshinko-web-radanalytics.apps.os311.test.it.example.com   /webui
oshinko-web-proxy  oshinko-web-radanalytics.apps.os311.test.it.example.com   /proxy
sparkpi              sparkpi-radanalytics.apps.os311.test.it.example.com
sparkpi-headless     sparkpi-headless-radanalytics.apps.os311.test.it.example.com
```

此时，在浏览器中输入 sparkpi-radanalytics.apps.os311.test.it.example.com 即可访问 sparkpi 应用。在实际使用中，我们需要在上述路径中添加 sparkpi 来触发应用。另外，我们也可以通过 curl 命令行来访问 sparkpi 应用。

```
[root@os311 ~]# curl http://`oc get routes/sparkpi \
--template='{{.spec.host}}'`
Python Flask SparkPi server running. Add the 'sparkpi' route to this URL
to invoke the app.
```

```
[root@os311 ~]#curl http://`oc get routes/sparkpi \
--template='{{.spec.host}}'`/sparkpi
Pi is roughly 3.1463
```

当然，sparkpi 应用还允许我们改变采样数目来优化圆周率的计算结果。

```
[root@os311 ~]#curl http://`oc get routes/sparkpi \
--template='{{.spec.host}}'`/sparkpi?scale=10
Pi is roughly 3.142372
```

在上述应用访问中，当我们每次向 sparkpi 应用发起访问时，sparkpi 都会通过我们后端的 Spark 计算集群框架来估算圆周率的近似值。在这个案例中，我们的 Spark 集群和 sparkpi 应用都运行在 OpenShift 上（Radanalytics 命名空间中），因此这是个比较典型的云原生数据分析应用，如图 8-20 所示。

图 8-20　基于 OpenShift 的云原生 Spark 数据分析应用

8.5　Spark 数据科学之云原生自然语言处理

8.5.1　自然语言处理与 Word2vec

随着人工智能在计算机应用领域的不断扩大，自然语言处理（Natural Language Processing，NLP）受到了行业的高度重视，众多科研院校和科技公司都在致力于 NLP 的研究和应用，尤其是机器翻译、智能客服、人机对话、语音识别以及信息检索等领域，对计算机的自然语言处理能力提出了越来越高的要求。在技术实现上，为了让计算机能够处理自然语言，通常我们需要对自然语言进行建模。在对统计语言模型进行了多年的研究之后，Google 公司于 2013 年开源了一款用于训练词向量的软件工具 Word2vec [⊖]。Word2vec

---

[⊖] https://en.wikipedia.org/wiki/Word2vec.

可以根据给定的语料库，通过优化后的训练模型快速有效地将一个词语表达成向量形式，从而为自然语言处理领域的应用研究提供了有力的工具。Word2vec 工具主要包含两个模型，分别是跳字模型（Skip-Gram）和连续词袋模型（Continuous Bag of Words，CBOW），以及两种高效训练的方法，即负采样（Negative Sampling）和层序 Softmax（Hierarchical Softmax）。自从 Google 提出了 Word2vec 后，其已被广泛应用在自然语言处理任务中，同时它的模型和训练方法也使很多后续的词向量模型受到了启发。

8.5.2　自然语言处理开源项目 Ophicleide

本节中，我们将介绍如何在 OpenShift 上通过开源项目 Ophicleide⊖ 来实现基于 Spark 集群的云原生 Word2vec 自然语言处理应用。Ophicleide 是一个开源的云原生应用程序，为用户提供了一个简单的 GUI 界面，以便用户可以通过简单的方式来训练 Word2vec 模型，并基于训练模型对词语进行识别查询。Ophicleide 通过 HTTP 协议可以从任何 URL 中获取文本语料库，然后利用这些文本训练 Word2vec 模型，最后使用训练好的模型对给定的单词进行查询，并从语料库中找到具有类似特征向量的单词。Ophicleide 应用套件由两个微服务组成，即 Ophicleide-training 和 Ophicleide-web。Ophicleide-training 微服务是基于 Python 和 Pyspark 的应用，主要负责通过 RESTful 接口来接收用户的模型训练和单词查询请求，Ophicleide-training 通过 OpenShift 上的云原生 Spark 集群来进行 Word2vec 模型的训练计算，计算结果存储在 MongoDB 数据库中。Ophicleide-web 微服务是一个基于 node.js 的应用，主要负责为用户提供 Web 接口界面，通过 Web 接口界面，用户可以通过 URL 向 Ophicleide-training 提供用于计算 Word2vec 模型的语料库。Ophicleide 逻辑架构如图 8-21 所示。

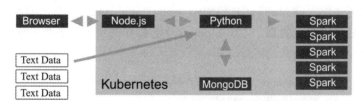

图 8-21　Ophicleide 应用套件逻辑架构

8.5.3　自然语言处理云原生部署实现

本节中，我们将介绍如何通过 OpenShift 简单快速地实现 Ophicleide 自然语言处理应用。在正式开始之前，我们需要一个正常运行的 OpenShift 和云原生的 Spark 集群环境。本章前文已经通过 Radanalyticsio 项目在 OpenShift 上部署了一个名为"mycluster"的 Spark 集群。下面我们将介绍如何在 OpenShift 上部署 Ophicleide-training 和 Ophicleide-web 微服

⊖　https://github.com/ophicleide.

务。由于 Ophicleide 应用需要使用 MongoDB 数据库来存储训练模型，因此如果 OpenShift 环境中还未部署 MongoDB，则我们首先按照如下步骤部署云原生的 MongoDB 数据库。

首先，将 OpenShift 自动部署项目 Openshift-ansible 的源代码 Clone 至本地。

```
git clone https://github.com/openshift/openshift-ansible -b \
release-3.11
```

> **注意** 上述命令下载的是针对 Openshift 3.11 的版本（不同版本的文件位置和路径不一样）。

然后，设置系统环境变量。

```
IMAGESTREAMDIR=~/openshift-ansible/roles/openshift_examples/files\
/examples/x86_64/image-streams;
DBTEMPLATES=~/openshift-ansible/roles/openshift_examples/files\
/examples/x86_64/db-templates;
QSTEMPLATES=~/openshift-ansible/roles/openshift_examples/files\
/examples/x86_64/quickstart-templates
```

接下来将 MongoDB 模板以及社区默认提供的模板导入 OpenShift 命名空间中（如果模板已经存在，则可忽略）。这里，我们将 OpenShift 社区预置的模板导入 Radanalytics 项目中（默认将会导入至 openshift 项目）。

```
oc create -f $IMAGESTREAMDIR/image-streams-centos7.json -n radanalytics
oc create -f $DBTEMPLATES -n radanalytics
oc create -f $QSTEMPLATES -n radanalytics
```

此处，我们通过导入的 MongoDB 模板（mongodb-ephemeral）创建 MongoDB 临时存储数据库。这里需要特别指出的是，创建 MongoDB 数据库时设置的各个参数值一定要记录下来，后续将会使用到。

```
[root@os311 ~]# oc new-app --template mongodb-ephemeral  \
            -p NAMESPACE=radanalytics\
            -p DATABASE_SERVICE_NAME=mongodb\
            -p MONGODB_USER=warrior123\
            -p MONGODB_PASSWORD=warrior123\
            -p MONGODB_DATABASE=nlpdb\
            -p MONGODB_ADMIN_PASSWORD=warrior\
            -p MONGODB_VERSION=3.6
```

上述命令将会自动获取 MongoDB 容器镜像，并自动创建数据库服务。创建完成后，检查 MongoDB 数据库运行情况。

```
[root@os311 ~]# oc get pods -n radanalytics
```

```
NAME                 READY      STATUS      RESTARTS      AGE
mongodb-1-7f6h7      1/1        Running     0             1m
```

通过 rsh 命令行，我们可以测试 MongoDB 数据库是否可以正常访问。

```
[root@os311 ~]# oc rsh mongodb-1-7f6h7
sh-4.2$ mongo -u warrior123 -p warrior123 nlpdb
MongoDB shell version v3.6.3
connecting to: mongodb://127.0.0.1:27017/nlpdb
MongoDB server version: 3.6.3
Welcome to the MongoDB shell.
For interactive help, type "help".
For more comprehensive documentation, see
  http://docs.mongodb.org/
Questions? Try the support group
  http://groups.google.com/group/mongodb-user
>
```

至此，我们的 MongoDB 数据库已经创建完成（如图 8-22 所示）。需要记住的是，MongoDB 的链接访问地址由以下几个参数构成：

mongodb://$Username:$Password@$DATABASE_SERVICE_NAME/$MONGODB_DATABASE

在我们的示例中，MongoDB 的访问地址为：

mongodb://warrior123:warrior123@mongodb/nlpdb

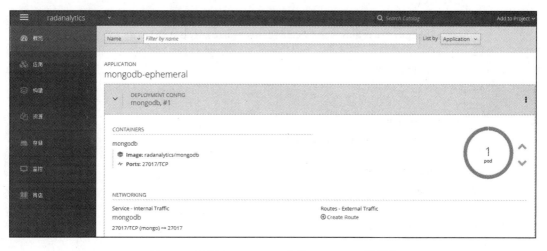

图 8-22　运行在 OpenShift 上的 MongoDB 数据库

现在，我们需要为 Ophicleide 应用套件定义一个 OpenShift 应用模板（Template）。在这个应用模板中，我们将定义运行 Ophicleide 应用所需的全部 OpenShift 对象，以便后续可以直接通过命令行或者在 OpenShift 的 Web 界面上创建 Ophicleide-training 和 Ophicleide-web
微服务应用。以下是 Ophicleide 应用模板的定义内容。

```
[root@os311 ~]# more ophicleide-setup-list.yaml
// 定义镜像流
- kind: ImageStream
  apiVersion: v1
  metadata:
    name: ophicleide-training
  spec: {}


- kind: ImageStream
  apiVersion: v1
  metadata:
    name: ophicleide-web
  spec: {}


// 定义 buildconfig
- kind: BuildConfig
  apiVersion: v1
  metadata:
    name: ophicleide-training
  spec:
    source:
      type: Git
      git:
        uri: https://github.com/ophicleide/ophicleide-training
    strategy:
      type: Docker
    output:
      to:
        kind: ImageStreamTag
        name: ophicleide-training:latest

- kind: BuildConfig
  apiVersion: v1
  metadata:
    name: ophicleide-web
  spec:
    source:
      type: Git
      git:
        uri: https://github.com/ophicleide/ophicleide-web
```

```
      strategy:
        type: Source
        sourceStrategy:
          from:
            kind: DockerImage
            name: centos/nodejs-4-centos7:latest
        output:
          to:
            kind: ImageStreamTag
            name: ophicleide-web:latest
// 定义 template
- kind: Template
  apiVersion: v1
  template: ophicleide
  metadata:
    name: ophicleide
  objects:


// 定义 services
    - kind: Service
      apiVersion: v1
      metadata:
        name: ophicleide-web
      spec:
        ports:
          - protocol: TCP
            port: 8080
            targetPort: 8081
        selector:
          name: ophicleide


// 定义服务 route
    - kind: Route
      apiVersion: v1
      metadata:
        name: ophicleide-web
      spec:
        host: ${WEB_ROUTE_HOSTNAME}
        to:
          kind: Service
          name: ophicleide-web


    - kind: DeploymentConfig
```

```
apiVersion: v1
metadata:
  name: ophicleide
spec:
  strategy:
    type: Rolling
  triggers:
    - type: ConfigChange
    - type: ImageChange
      imageChangeParams:
        automatic: true
        containerNames:
          - ophicleide-web
        from:
          kind: ImageStreamTag
          name: ophicleide-web:latest
    - type: ImageChange
      imageChangeParams:
        automatic: true
        containerNames:
          - ophicleide-training
        from:
          kind: ImageStreamTag
          name: ophicleide-training:latest
  replicas: 1
  selector:
    name: ophicleide
  template:
    metadata:
      labels:
        name: ophicleide
    spec:
      containers:
        - name: ophicleide-web
          image: ophicleide-web:latest
          env:
            - name: OPHICLEIDE_TRAINING_ADDR
              value: "127.0.0.1"
            - name: OPHICLEIDE_TRAINING_PORT
              value: "8080"
            - name: OPHICLEIDE_WEB_PORT
              value: "8081"
          ports:
            - containerPort: 8081
              protocol: TCP
```

```
        - name: ophicleide-training
          image: ophicleide-training:latest
          env:
            - name: OPH_MONGO_URL
              value: ${MONGO}
            - name: OPH_SPARK_MASTER_URL
              value: ${SPARK}
          ports:
            - containerPort: 8080
              protocol: TCP
// 以下是使用此模板时需要输入的参数
  parameters:
    - name: SPARK
      description: connection string for the spark master
      required: true
    - name: MONGO
      description: connection string for mongo
      required: true
    - name: WEB_ROUTE_HOSTNAME
      description: The hostname used to create the external route for the
ophicleide-web component
```

在 OpenShift 中应用上述定义的 ophicleide-setup-list.yaml 模板文件，创建与 ophicleide 相关的各种 OpenShift 对象。

```
[root@os311 ~]# oc create -f ophicleide-setup-list.yaml
imagestream.image.openshift.io/ophicleide-training created
imagestream.image.openshift.io/ophicleide-web created
buildconfig.build.openshift.io/ophicleide-training created
buildconfig.build.openshift.io/ophicleide-web created
template.template.openshift.io/ophicleide created
```

可以看到，我们已在当前命名空间中创建了多个对象，其中就有一个名为"ophicleide"的模板，通过这个模板，我们即可创建 ophicleide 应用。在创建 ophicleide 应用时，有两个参数必须指定，即 Spark 集群和 MongoDB 数据库的访问地址。MongoDB 的访问地址前文已经给出，Spark 的访问地址可以在上一节的 oshinko-webui 项目提供的界面上查看，如图 8-23 所示。

现在，利用上述导入的 ophicleide 应用模板，通过 OpenShift 应用创建命令，即可创建 Ophicleide 应用。

```
[root@os311 ~]# oc new-app -template ophicleide \
        -p SPARK=spark://10.128.0.41:7077 \
        -p MONGO=mongodb://warrior123:warrior123@mongodb/nlpdb
```

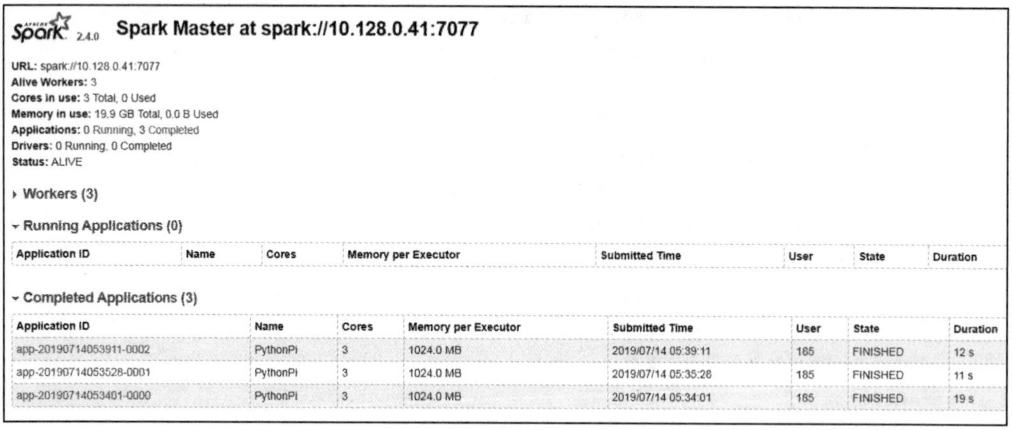

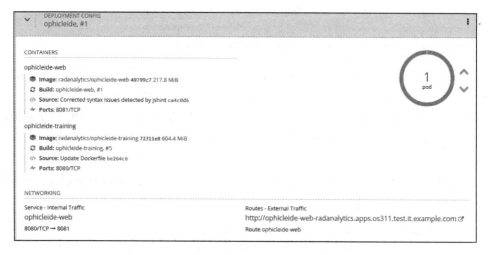

图 8-23　Spark 访问链接地址

　　上述命令将会在 OpenShift 的当前命名空间中创建 ophicleide-training 和 ophicleide-web 应用。由于命令是通过 OpenShift 的 S2I 机制来部署应用，而上述 ophicleide 应用模板启动之后，并没有自动下载应用源代码编译镜像和部署应用，因此需要我们以命令行方式（也可以在 Web 上操作）手动触发 S2I 流程。

```
[root@os311 ~]# oc start-build ophicleide-training
[root@os311 ~]# oc start-build ophicleide-web
```

　　针对 ophicleide-training 和 ophicleide-web 的 S2I 成功完成后，OpenShift 将会自动部署 ophicleide-training 和 ophicleide-web 两个微服务。部署完成后，在 OpenShift 的 Web 界面，我们将会看到名为 ophicleide 的 Pod 中，运行着 ophicleide-training 和 ophicleide-web 两个容器，如图 8-24 所示。

图 8-24　运行在 OpenShift 上的 ophicleide-training 和 ophicleide-web 微服务

8.5.4　自然语言处理应用验证与测试

上一节中，我们已经成功在 OpenShift 上部署了 ophicleide-training 和 ophicleide-web 微服务，并将 ophicleide-web 服务的访问路由暴露给了外网。现在，只需通过 ophicleide-web 应用暴露出来的路由，即可访问 Ophicleide 的前置应用 ophicleide-web，如图 8-25 所示。

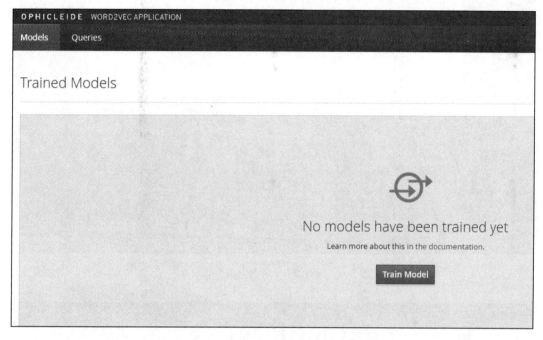

图 8-25　ophicleide-web 前置应用初始界面

在图 8-25 中，点击"Train Model"按钮，将会弹出新的对话框，如图 8-26 所示。在弹出的对话框中输入模型名称和包含了文本语料库的 URL 地址，点击"Train"按钮，即可调动后台的 Spark 集群训练 Word2vec 模型。

以下是在模型训练中通常会使用的一些文本语料库的 URL 地址。

```
https://www.gutenberg.org/cache/epub/31100/pg31100.txt
http://www.gutenberg.org/cache/epub/345/pg345.txt
http://www.gutenberg.org/cache/epub/32522/pg32522.txt
```

本节中，我们采用了 https://www.gutenberg.org/cache/epub/31100/pg31100.txt 语料库，读者朋友也可以根据需要采用其他两个语料库进行模型训练。Word2vec 模型训练消耗资源较多，如果系统资源不足，将会提示内部错误。Word2vec 的模型训练由后台的 Spark 集群实现，当 Spark 的 Job 完成后，模型训练也就完成了，则模型状态将会由"running"变成"ready"，如图 8-27 所示。

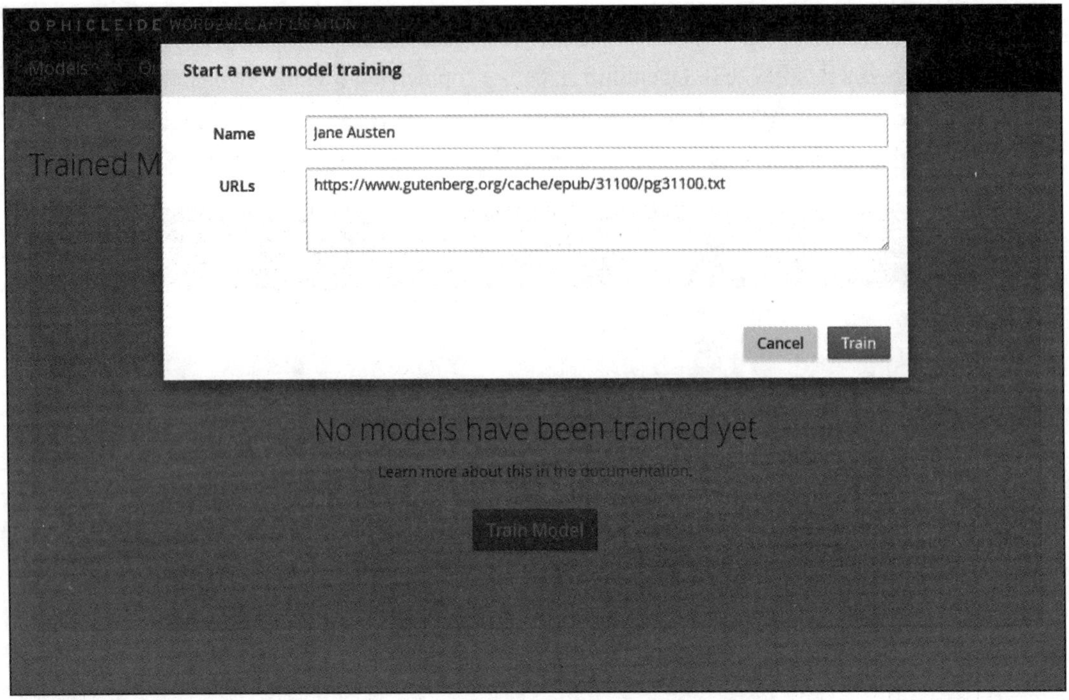

图 8-26　Word2vec 模型训练参数输入

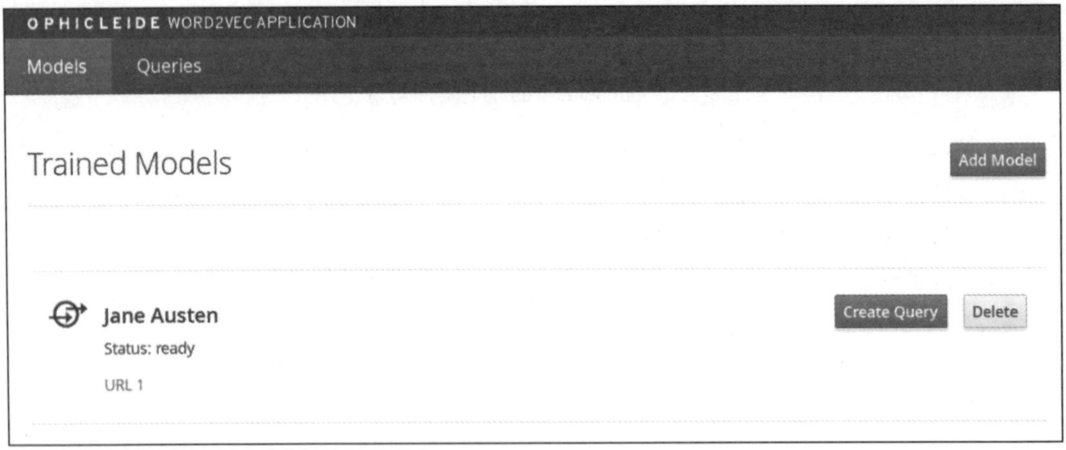

图 8-27　训练完成后的 Word2vec 模型

在图 8-27 中，单击"Create Query"按钮，即可启动单词查询输入界面。如图 8-28 所示，在对话框中输入需要查询的单词并选中想要使用的模型，单击"Query"按钮，即可在该模型中查找相似的单词。

图 8-28　创建单词查询

图 8-29 即是基于 Word2vec 模型 " Jane Austen"对单词 " darcy"查询后的结果页面，这个结果页面展示了与"darcy"最相似的前 5 个单词，并按照向量相似性进行了排序。

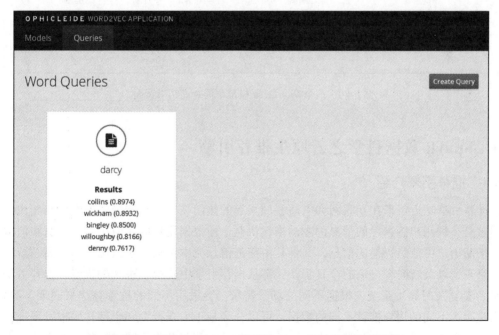

图 8-29　基于 Jane Austen 模型的 darcy 单词查询结果页面

如果你已训练了多个模型，并想基于不同的模型来查询不同的单词，只需在图 8-29 中
单击"Create Query"按钮，然后输入单词并选择模型名称即可得到查询结果。图 8-30 是
基于多个模型的多单词查询结果页面。

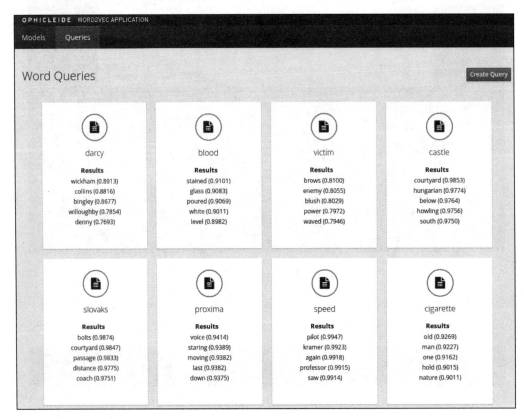

图 8-30   多个 Word2cev 模型单词查询结果页面

8.6   Spark 数据科学之云原生推荐引擎

8.6.1   推荐引擎介绍

推荐引擎是近年来在互联网和电商领域兴起的热门技术。与传统的搜索引擎相比，推
荐引擎是一种用户感兴趣的消息的主动推送机制，即根据用户的实时搜索、浏览和消费记
录，推断用户可能感兴趣的信息，并将其由茫茫信息流中主动推送给用户。电商领域的淘
宝、京东，以及新闻客户端的今日头条，都从推荐引擎中获得了极大的价值。推荐引擎本
身是一套复杂的算法系统，根据不同的场景需求，会采用不同的推荐算法来实现。例如，
根据是否为不同的用户推荐不同的数据，可以分为基于大众行为和个性化的推荐系统；根
据算法数据源，又可以分为基于人口统计学、基于内容和基于协同过滤的推荐系统；根据

建模方式，又可以分为基于物品和用户本身、基于关联规则和基于机器学习模型的推荐系统。本节中，我们的重点不在于深入介绍推荐系统及其算法实现，而在于讲解如何在 OpenShift 上简单快速地实现基于 Spark 计算框架的云原生推荐系统。

8.6.2　推荐引擎开源项目 Jiminy

本节中，我们将介绍一个简单的开源推荐系统项目 Jiminy，它由 3 个子服务 jiminy-predictor[⊖]、jiminy-modeler[⊜]、Jiminy-html-server[⊛]组成。其中，jiminy-html-server 是推荐系统的门户应用，负责接收用户请求；jiminy-modeler 是一个实时运行的推荐模型生成器，负责基于源数据生成推荐模型；jiminy-predictor 是预测服务，负责根据门户输入和推荐模型，推荐用户可能感兴趣的信息。在 Jiminy 项目中，jiminy-modeler 和 jiminy-predictor 两个服务均会使用后端 Spark 集群进行计算，Jiminy 推荐系统项目的逻辑架构如图 8-31 所示。Jiminy 使用的数据集源自 GroupLens Research 的 MovieLens 数据集[⊛]，这个数据集中包含了电影、用户以及用户对每部电影评分信息的集合，总共涉及 700 个用户对 9000 部电影的 100 000 条评分信息。

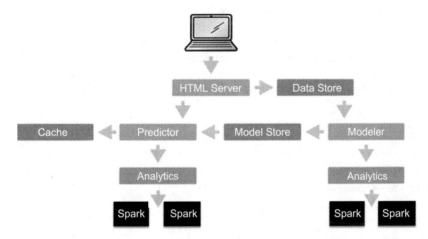

图 8-31　Jiminy 推荐引擎项目逻辑架构

在 Jiminy 推荐系统项目中，除了 Jiminy 自身的服务外，还需要额外的存储服务用于数据存储、模型存储和数据缓存。数据存储服务采用的是 PostgreSQL，主要用于存储模型训练的源数据，这里主要就是 MovieLens 数据集。模型存储采用的是 MongoDB，主要用于存储 modeler 服务生成的模型，而缓存是个可选服务，主要用于缓存重复性的查询数据。

⊖　https://github.com/radanalyticsio/jiminy-predictor.

⊜　https://github.com/radanalyticsio/jiminy-modeler.

⊛　https://github.com/radanalyticsio/jiminy-html-server.

⊗　https://grouplens.org/datasets/movielens/.

8.6.3　推荐引擎云原生部署与实现

接下来，我们将介绍如何在 OpenShift 上快速部署实现 Jiminy 推荐系统。开始之前，请确保前文介绍的 Oshinko 项目已正常运行在 OpenShift 上，后续将会通过 Oshinko 项目模板自动创建 Spark 集群。要部署 Jiminy 推荐系统，我们的第一步就是在 OpenShift 上创建 PostgreSQL 数据库。

```
oc new-app \
  -e POSTGRESQL_USER=postgres \
  -e POSTGRESQL_PASSWORD=postgres \
  -e POSTGRESQL_DATABASE=postgres \
  --name postgresql \
  centos/postgresql-95-centos7
```

上述命令中，PostgreSQL 数据库的参数很关键，后续将会通过这些参数来访问 PostgreSQL 数据库，因此请务必记录下这些参数值。PostgreSQL 数据库正常运行后，我们需要将模型训练源数据导入数据库中，这里我们在 OpenShift 上创建一个 Job，以批处理方式将源数据导入数据库。首先创建数据导入模板。

```
oc create -f https://raw.githubusercontent.com/radanalyticsio \
/jiminy-tools/master/openshift-templates/data-store-loader.yaml
```

然后，通过上述命令创建的 jiminy-data-loader 模板，将源数据导入 PostgreSQL 数据库中。

```
oc new-app \
  -p JOB_NAME=jiminy-data-loader \
  -p DB_HOST=postgresql \
  -p DB_USER=postgres \
  -p DB_PASSWORD=postgres \
  -p DB_DBNAME=postgres \
  -p DATASET_URL=http://files.grouplens.org/datasets \
    /movielens/ml-latest-small.zip \
  jiminy-data-loader
```

查看当前命名空间下的 Job 情况。

```
[root@os311 ~]# oc get jobs
NAME                 DESIRED    SUCCESSFUL    AGE
jiminy-data-loader   1          0             28s
```

跟踪 Job 日志，观察确认数据已经导入完成。

```
[root@os311 ~]# oc logs -f job/jiminy-data-loader
```

```
INFO:root:starting data loader
INFO:root:connecting to database
INFO:root:creating products table
INFO:root:creating ratings table
INFO:root:downloading and unzipping dataset
INFO:root:found ratings.csv file in dataset
INFO:root:found movies.csv file in dataset
INFO:root:loading products table
INFO:root:loaded products table
INFO:root:loading ratings table
INFO:root:loaded ratings table
```

当 Job 日志返回上述输出时，则表明数据导入完成。此时，我们可以进入 PostgreSQL 数据库，验证我们导入数据的有效性。

```
// 访问 PostgreSQL 数据库
[root@os311 ~]# oc rsh postgresql-2-wpfnh
sh-4.2$ psql -U postgres  -d postgres
psql (9.5.14)
Type "help" for help.
// 查看数据库中的表
postgres=# \dt
         List of relations
 Schema |   Name   | Type  |  Owner
--------+----------+-------+----------
 public | products | table | postgres
 public | ratings  | table | postgres
(2 rows)
// 查看表结构
postgres=# \d products
     Table "public.products"
   Column    | Type | Modifiers
-------------+------+-----------
 id          | integer |
 description | text    |
 genres      | text    |

postgres=# \d ratings
                    Table "public.ratings"
  Column  |  Type   |                      Modifiers
----------+---------+----------------------------------------------------
 id       | integer | not null default nextval('ratings_id_seq'::regclass)
 userid   | integer |
```

```
movieid   | integer  |
rating    | real     |
timestamp | integer  |
Indexes:
    "ratings_pkey" PRIMARY KEY, btree (id)
```
// 提取 products 表前 10 行数据
```
postgres=# select id,description,genres from products limit 10;
 id |           description            |              genres
----+----------------------------------+----------------------------------------------
  1 | Toy Story (1995)                 |Adventure|Animation|Children|Comedy|Fantasy
  2 | Jumanji (1995)                   | Adventure|Children|Fantasy
  3 | Grumpier Old Men (1995)          | Comedy|Romance
  4 | Waiting to Exhale (1995)         | Comedy|Drama|Romance
  5 | Father of the Bride Part II (1995)| Comedy
  6 | Heat (1995)                      | Action|Crime|Thriller
  7 | Sabrina (1995)                   | Comedy|Romance
  8 | Tom and Huck (1995)              | Adventure|Children
  9 | Sudden Death (1995)              | Action
 10 | GoldenEye (1995)                 | Action|Adventure|Thriller
```
// 提取 ratings 表前 10 行数据
```
postgres=# select id,userid,movieid,rating,timestamp from ratings limit 10;
 id | userid | movieid | rating | timestamp
----+--------+---------+--------+-----------
  1 |      1 |       1 |      4 | 964982703
  2 |      1 |       3 |      4 | 964981247
  3 |      1 |       6 |      4 | 964982224
  4 |      1 |      47 |      5 | 964983815
  5 |      1 |      50 |      5 | 964982931
  6 |      1 |      70 |      3 | 964982400
  7 |      1 |     101 |      5 | 964980868
  8 |      1 |     110 |      4 | 964982176
  9 |      1 |     151 |      5 | 964984041
 10 |      1 |     157 |      5 | 964984100
(10 rows)
```

从上述数据库查询的结果中我们可以看到，电影数据集已被成功导入 PostgreSQL 数据库中，在评分表（rating）中，用户和电影均通过 ID 方式来表示，用户对电影的评分在 1~5 之间，总共涉及 700 个用户对 9000 部电影的 100 000 条影评记录。接下来，我们创建存储推荐模型的 MongoDB 数据库，这里我们以模板方式来创建 MongoDB 数据库。

```
oc new-app --template mongodb-ephemeral\
         -p NAMESPACE=radanalytics\
```

```
-p DATABASE_SERVICE_NAME=mongodb\
-p MONGODB_USER=warrior123\
-p MONGODB_PASSWORD=warrior123\
-p MONGODB_DATABASE=models\
-p MONGODB_ADMIN_PASSWORD=warrior\
-p MONGODB_VERSION=3.6
```

上述 MongoDB 数据库创建命令中，参数值很关键，后续将通过这些参数来访问 MongoDB 数据库。PostgreSQL 和 MongoDB 存储服务全部正常运行后（缓存服务暂时不需要），我们即可部署 Jiminy 推荐系统应用服务。首先，我们部署建模服务 jiminy-modeler，由于 jiminy-modeler 需要访问 PostgreSQL 和 MongoDB 两个数据库，因此在创建服务时需要指定两个数据库的访问参数。

```
oc new-app --template oshinko-python-spark-build-dc \
  -p GIT_URI=https://github.com/radanalyticsio/jiminy-modeler \
  -e MONGO_URI=mongodb://warrior123:warrior123@mongodb/models \
  -e DB_HOST=postgresql \
  -e DB_USER=postgres \
  -e DB_PASSWORD=postgres \
  -e DB_DBNAME=postgres \
  -p APP_FILE=app.py \
  -p APPLICATION_NAME=modeler
```

上述创建 jiminy-modeler 服务的命令中，我们使用了 oshinko-python-spark-build-dc 模板，由于没有显式指定 Spark 集群名称，因此将会通过之前部署的 Oshinko 项目自动为我们创建一个 Spark 集群供 jiminy-modeler 服务使用，上述命令成功执行后，我们将会看到命名空间中的 Pods。

```
[root@os311 ~]# oc get pods
NAME                        READY    STATUS     RESTARTS    AGE
cluster-881da6-m-1-w7wzs    1/1      Running    0           48s
cluster-881da6-w-1-lx67d    1/1      Running    0           48s
modeler-1-dfchf             1/1      Running    0           56s
mongodb-1-7j7gw             1/1      Running    0           6m
oshinko-web-1-cnhfh         2/2      Running    2           4d
postgresql-2-wpfnh          1/1      Running    2           10h
```

可以看到，除了数据库和 modeler 服务外，命名空间中还有一个 Spark 集群在运行。jiminy-modeler 服务创建完成后，接下来即可创建 jiminy-predictor 服务，jiminy-predictor 服务只需要访问 MongoDB 中的模型，其创建命令如下。

```
oc new-app --template oshinko-python-spark-build-dc \
  -p GIT_URI=https://github.com/radanalyticsio/jiminy-predictor \
```

```
-e MODEL_STORE_URI=mongodb://warrior123:warrior123@mongodb/models\
-p APP_FILE=app.py \
-p APPLICATION_NAME=predictor
```

上述 jiminy-predictor 服务创建命令也会在命名空间中自动创建一个 Spark 集群，以供 jiminy-predictor 服务使用。此时，命名空间中的 Pods 情况如下：

```
[root@os311 ~]# oc get pods
NAME                          READY    STATUS      RESTARTS    AGE
cluster-4e9eec-m-1-4bm4f      1/1      Running     0           21s
cluster-4e9eec-w-1-9s47z      1/1      Running     0           20s
cluster-881da6-m-1-w7wzs      1/1      Running     0           48s
cluster-881da6-w-1-1x67d      1/1      Running     0           48s
modeler-1-dfchf               1/1      Running     0           56s
mongodb-1-7j7gw               1/1      Running     0           6m
oshinko-web-1-cnhfh           2/2      Running     2           4d
postgresql-2-wpfnh            1/1      Running     2           10h
predictor-1-n9dnq             1/1      Running     0           27s
```

可以看到，此时的命名空间中，已经有 4 个与 Spark 相关的 Pods 在运行。4 个 Spark 的服务 Pods 代表了两个 Spark 集群（modeler 创建了一个 Spark 集群，predictor 也创建了一个 Spark 集群），默认每个 Spark 集群有一个 Master 和一个 Worker 服务 Pod，如图 8-32 所示。

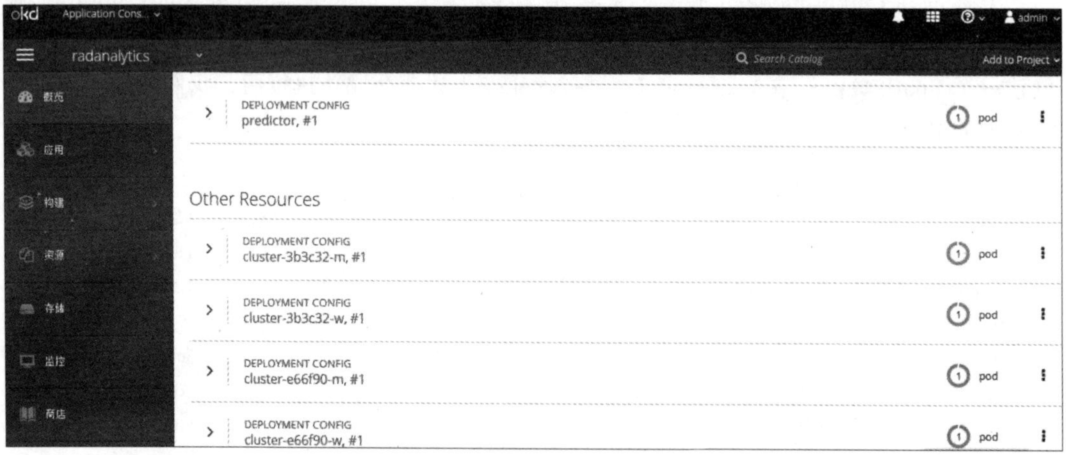

图 8-32 自动创建的两个 Spark 集群

最后，我们再来创建门户服务 jiminy-html-server。jiminy-html-server 服务是个 Spring Boot 应用，我们通过 S2I 的方式来创建这个应用。

```
oc  new-app fabric8/s2i-java-https://github.com/radanalyticsio \
```

```
/jiminy-html-server.git \
-e SPRING_DATASOURCE_URL=jdbc:postgresql: \
  //postgresql:5432/postgres \
-e SPRING_DATASOURCE_USERNAME=postgres \
-e SPRING_DATASOURCE_PASSWORD=postgres \
-e OPENSHIFT_CONFIG_PREDICTOR_URL=http: \
  //predictor:8080/predictions/ranks \
--name html-server
```

jiminy-html-server 应用编译部署时间会相对较长（可以事先准备好 fabric8/s2i-java 镜像），jiminy-html-server 服务成功运行后，需要将其路由暴露给外网。

```
oc expose svc/html-server
```

上述命令成功执行后，在 OpenShift Web 界面对应的命名空间下，将会看到 html-server 服务已正常运行，如图 8-33 所示。

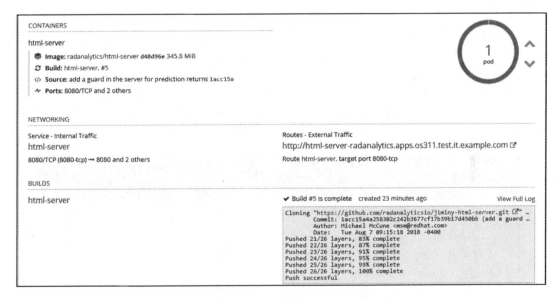

图 8-33　OpenShift 上正常运行的 html-server 服务

8.6.4　推荐引擎应用验证与测试

至此，我们的 Jiminy 推荐系统服务已全部部署完成。基于 OpenShift 容器平台，从数据存储服务到 Jiminy 推荐系统服务，均实现了云原生部署与管理。现在，通过 jiminy-html-server 服务的对外访问地址，即可访问 Jiminy 推荐系统，下面是对外访问地址查看方式。

```
[root@os311 ~]# oc get route
NAME                HOST/PORT
```

```
html-server       html-server-radanalytics.apps.os311.test.it.example.com
```

现在，通过 html-server-radanalytics.apps.os311.test.it.example.com 地址，即可访问我们的 Jiminy 推荐系统门户，如图 8-34 所示。

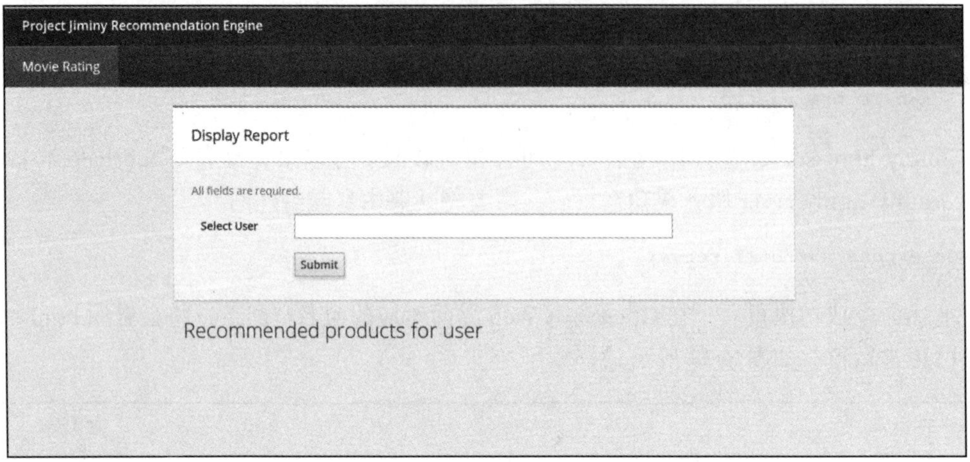

图 8-34　Jiminy 推荐系统访问界面

在图 8-34 中，在 "Select User" 对话框中输入想要为其推荐电影的用户 ID（如为 ID 是 1 的用户推荐电影），单击 "Submit" 按钮，jiminy-predictor 应用将会根据输入，结合推荐模型，为用户推荐一个电影列表清单，如图 8-35 所示。

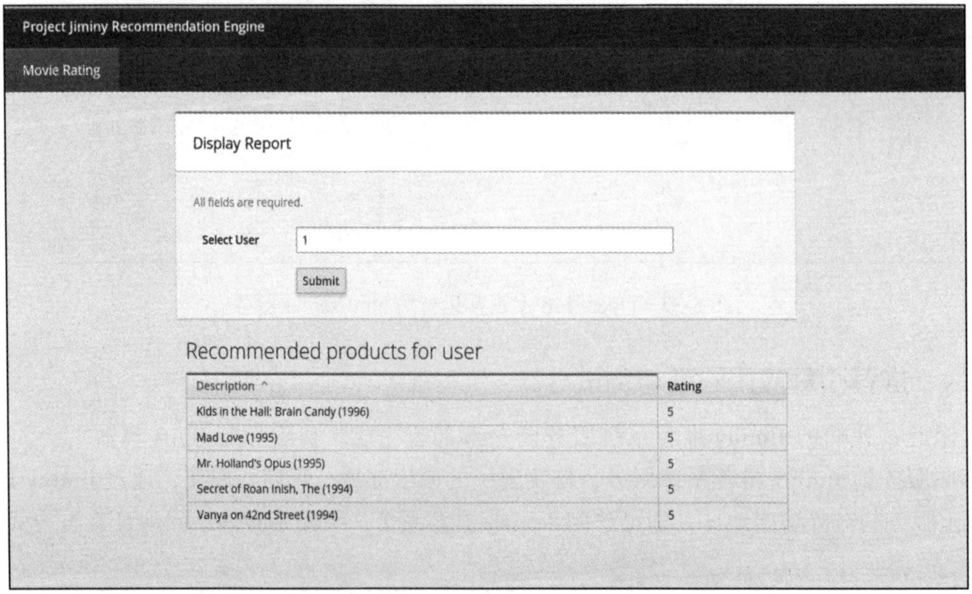

图 8-35　根据用户喜好推荐的电影清单

8.7　本章小结

  Spark 是当前数据科学领域极为流行和通用的计算框架。本章中，我们对 Spark 大数据计算引擎进行了架构设计上的介绍，并对 Spark 在数据科学领域的应用进行了讲解，同时还对其在数据科学领域优于 MapReduce 框架的原因进行了分析。通过介绍和分析，我们可以看到 Spark 已经淘汰了传统的 Hadoop 体系，并逐步成为数据科学领域的统一计算框架，而基于 Kubernetes 的云原生 Spark 生命周期管理正在成为当前的主流趋势，因此本章还对 Spark 的云原生架构 Spark on Kubernetes 进行了详细介绍。然后，我们通过应用实践的方式，在 OpenShift 上利用 Radanalytics 开源项目，以极为简单快速的方式部署实现了 Spark 集群，并对 Spark 集群在 OpenShift 上的生命周期管理进行了演示。为了证明云原生数据科学在 OpenShift 上的可行性，我们基于云原生 Spark 集群，在 OpenShift 上实现了当下最为热门的自然语言处理（NLP）应用和推荐引擎系统。通过云原生的 NLP 和推荐引擎系统的部署和应用实践，我们可以看到，利用 OpenShift 容器平台，可以极大降低企业数字化转型和智能化转型的门槛，企业可以将极为复杂的智能应用编排系统下沉到云原生平台，以便企业应用开发人员可以更高效地聚焦在数据科学和智能应用系统的开发上。

推荐阅读

推荐阅读

企业级业务架构设计

畅销书，企业级业务架构设计领域的标准性著作。

从方法论和工程实践双维度阐述企业级业务架构设计。作者是资深的业务架构师，在金融行业工作近20年，有丰富的大规模复杂金融系统业务架构设计和落地实施经验。本书在出版前邀请了微软、亚马逊、阿里、百度、网易、Dell、Thoughtworks、58、转转等10余家企业的13位在行业内久负盛名的资深架构师和技术专家对本书的内容进行了点评，一致好评推荐。

作者在书中倡导"知行合一"的业务架构思想，全书内容围绕"行线"和"知线"两条主线展开。"行线"涵盖企业级业务架构的战略分析、架构设计、架构落地、长期管理的完整过程，"知线"则重点关注架构方法论的持续改良。

数据中台

超级畅销书，数据中台领域的唯一著作和标准性著作。

系统讲解数据中台建设、管理与运营，旨在帮助企业将数据转化为生产力，顺利实现数字化转型。

本书由国内数据中台领域的领先企业数澜科技官方出品，几位联合创始人亲自执笔，7位作者都是资深的数据人，大部分作者来自原阿里巴巴数据中台团队。他们结合过去帮助百余家各行业头部企业建设数据中台的经验，系统总结了一套可落地的数据中台建设方法论。本书得到了包括阿里巴巴集团联合创始人在内的多位行业专家的高度评价和推荐。

中台战略

超级畅销书，全面讲解企业如何建设各类中台，并利用中台以数字营销为突破口，最终实现数字化转型和商业创新。

云徙科技是国内双中台技术和数字商业云领域领先的服务提供商，在中台领域有雄厚的技术实力，也积累了丰富的行业经验，已经成功通过中台系统和数字商业云服务帮助良品铺子、珠江啤酒、富力地产、美的置业、长安福特、长安汽车等近40家国内外行业龙头企业实现了数字化转型。